中国煤炭工业协会重大研究项目

中国煤炭工业安全高效矿井建设年度报告（2014）

王显政 主编

煤炭工业出版社

·北 京·

内 容 提 要

本书是中国煤炭工业协会对2012—2013年度我国煤炭工业安全高效矿井建设工作的总结报告。全书系统分析了2012—2013年度煤炭工业安全高效矿井建设情况，汇总了我国20多年来开展安全高效矿井建设的基本情况，并对2012—2013年度全国部分安全高效矿井（露天）创建经验进行了详细介绍。同时，还对国内外经济发展和煤炭行业经济运行及安全生产进行了简介，并录入了部分相关国家政策文件。

本书可供煤炭行业管理部门（协会）及煤矿企事业单位管理和生产技术人员参考阅读。

编　委　会

编委会主任	王显政				
编委会副主任	梁嘉琨	彭建勋	姜智敏	孙之鹏	田　会
	解宏绪	刘　峰	王虹桥		
编委会成员	孙守仁	张　宏	郭　黎	陈养才	刘　富
	汤家轩	董跃鹰			
编写组组长	彭建勋				
编写组成员	孙守仁	陈　奇	杨树勇	杨汉宏	刘万波
	王世森	邵太升	马世志	张树良	翟德元
	李　禄	李　伟	周　明	魏正均	刘汉喜
	张文辉	程乐金	王利民	王　军	孙高亮
	杨树楷	曹济中	田春旺	唐秀银	秦彦磊
	杨五毅	孙洪江	陈文波	秦加付	耿清友
	杨云涛	任志锋	王学强	黄文凭	刘国兴
执　笔	杨树勇	秦彦磊	于艳华	杨晓强	

前　言

煤炭是我国的主体能源和重要的工业原料。新中国成立以来，特别是改革开放以来，全国煤炭产量由1978年的6.2亿t增加到2014年的38.7亿t，年均增长5.2%；煤炭消费量由5.7亿t增加到近40亿t，年均增长5.5%；支撑了我国国内生产总值由3645亿元增加到63.6万亿元，实现了长周期年均9%以上的增长。在这30多年的发展进程中，煤炭在我国一次能源生产和消费结构中的比重一直占70%左右。据测算，近5年来煤炭生产和利用对我国国内生产总值和增量的贡献率分别为15%和18%左右，煤炭为国民经济和社会长期平稳较快发展提供了可靠的能源保障，做出了巨大贡献。虽然，自2012年下半年以来，全国煤炭市场持续波动下行，需求不足，产能过剩，进口规模大，全社会库存居高不下，煤炭价格大幅下跌，企业利润下降、经营困难，煤矿安全生产和矿区稳定的压力越来越大；但是，全国煤矿安全生产仍然保持了总体平稳。2013年全国煤炭产量36.8亿t，同比增加0.3亿t，增长0.8%；全国煤矿共发生死亡事故604起，死亡1067人，同比减少175起、317人，同比分别下降22.5%和22.9%；百万吨死亡率0.288，同比下降23.0%。

多年来，中国煤炭工业协会致力于推进煤炭工业安全高效矿井建设工作，不断完善评审办法和标准，组织开展评审验收、命名表彰、经验交流活动，得到了政府的支持和全行业的广泛认同及参与。安全高效矿井的基本内涵是单产水平高、劳动效率高、资源回收率高，安全状况好、劳动条件好、经济效益好、环境治理好，其核心是保证安全、提高单产、减头减面、减人提效。开展安全高效矿井创建工作，符合国家政策和煤炭工业发展方向，对我国煤炭工业的安全生产、科学化水平的提高、核心竞争力的提升起到了重要作用。2013年，全国安全高效矿井（露天）达标442处，比2012年增加了36处，增幅达到8.9%；这些煤矿是行业的先进和标杆，实现了安全、高效、绿色和集约开采，产量合计13.9亿t，占全国煤炭总产量的37.77%；百万吨死亡率0.004，仅是全国煤矿平均水平的1.39%。

为继续保持安全高效矿井建设的良好发展势头，中国煤炭工业协会决定在命名表彰2012—2013年度煤炭工业安全高效矿井的工作基础上，组织编写《中国煤炭工业安全高效矿井建设年度报告（2014）》，旨在系统客观地反映我国煤炭工业安全高效矿井（露天）建设情况，详细介绍2012—2013年度安全高效矿井建设的总体情况和建设成果，总结宣传我国煤炭工业安全高效矿井建设技术发展及管理经验，为全国煤矿提供借鉴，带动更多的煤炭企业建设“三高四好”的安全高效矿井（露天），为我国煤炭安全、高效、绿色、集约开采和煤炭工业健康发展发挥积极作用。

在开展安全高效矿井（露天）评选工作和本书编写过程中，得到了广大会员单位和专业工作者的大力支持，在此一并表示衷心的感谢。限于编者水平，本书如有疏漏之处，敬请煤炭行业专家、技术人员和广大读者指正，以便在今后的工作中改进。

编　者

2015年6月26日

目　录

第一章 2014年度国内外及煤炭行业经济运行

第一节 2014年度世界经济运行的主要特点

2014年，发达经济体经济运行分化加剧，发展中经济体增长放缓，世界经济复苏在艰难曲折中行进。

一、经济增长缓慢

2014年末和2015年初，各主要国际组织纷纷下调对世界及主要经济体经济增长率预测值，详见表1－1。按汇率法GDP加权汇总，联合国2014年12月和世界银行2015年1月的预测结果基本相同：2014年世界经济将增长2.6%，增速比上年小幅加快0.1%；共识公司2014年12月预测，2014年世界经济将增长2.6%，增速与上年持平。

表1－1 各国际组织近期下调对世界及主要经济体经济增长率预测值 %

年 份		2012	2013	2014	与上次预测差值
联合国（2014年12月）	世界经济	2.4	2.5	2.6	-0.4
	发达经济体	1.1	1.2	1.6	-0.3
	发展中经济体	4.8	4.8	4.3	-0.8
世界银行（2015年1月）	世界经济	2.4	2.5	2.6	-0.2
共识公司（2014年12月）	世界经济	2.4	2.6	2.6	-0.1

注：2014年为预测数据。联合国、世界银行和共识公司上次预测分别为2014年7月、2014年6月和2014年11月。世界经济均为按汇率法GDP加权。

世界工业生产增长小幅加快。2014年1—11月，世界和发达国家工业生产同比分别增长3.3%和2.2%，比上年同期加快0.6%和2.2%；发展中国家工业生产同比增长 4.9%，比上年同期放缓 1%。世界工业生产同比增长率，详见图 1－1。主要经济体中，美国增长加快，欧元区波动前行，日本自第二季度以后持续恶化。

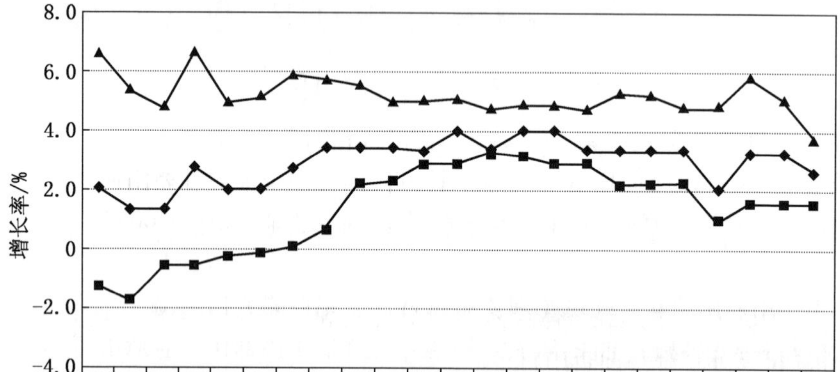

	2013年												2014年										
	1月	2月	3月	4月	5月	6月	7月	8月	9月	10月	11月	12月	1月	2月	3月	4月	5月	6月	7月	8月	9月	10月	11月
—◆— 世界	2.1	1.4	1.4	2.7	2.0	2.0	2.7	3.4	3.4	3.4	3.4	4.1	3.4	4.0	4.0	3.3	3.3	3.3	3.3	2.0	3.3	3.3	2.6
—■— 发达国家	-1.3	-1.7	-0.6	-0.6	-0.2	-0.1	0.1	0.7	2.2	2.3	2.9	2.9	3.3	3.2	2.9	9.6	2.2	2.2	2.3	0.9	1.6	1.6	1.6
—▲— 发展中国家	6.6	5.3	4.8	6.7	5.0	5.1	5.9	5.7	5.5	5.0	5.0	5.1	4.8	4.9	4.9	4.7	5.3	5.2	4.8	4.8	5.9	5.1	3.8

图 1－1　世界工业生产同比增长率

二、经济运行分化加剧

美国第一季度 GDP 环比折年率下降 2.1%，第二、三季度分别增长 4.6% 和 5.0%，其中第三季度为 2003 年三季度以来最高增速；预计全年经济将增长 2.4%，比 2013 年加快 0.2%。欧元区前三季度 GDP 环比分别增长 0.3%、0.1% 和 0.2%，始终在停滞的边缘徘徊；预计全年经济将增长 0.8%，2013 年上升 0.5%。日本因消费税上调引发提前消费潮，第一季度 GDP 环比增长 1.4%，但第二、三季度环比分别下降 1.7% 和 0.5%，经济出现技术性衰退。三大经济体 GDP 环比增长率详见图 1－2。多数发展中经济体经济增长放缓。2014 年第四季度，预计韩国、印度尼西亚、新加坡和中国香港 GDP 将分别增长 3.2%、4.8%、2.0% 和 2.0%，分别比上年第四季度放缓 0.5%、0.9%、2.9% 和 0.9%。马来西亚和菲律宾经济在波动中保持较快增长，预计 2014 年第四季度分别增长 5.2% 和 6.2%，增速与 2013 年第四季度大体持平。2014 年，仅印度经济增长有所加快，预计第四季度增长 7.5%，增速比 2013 年第四季度加快 1.1%。世界及其他主要经济体 GDP 同比增长率，详见表 1－2。

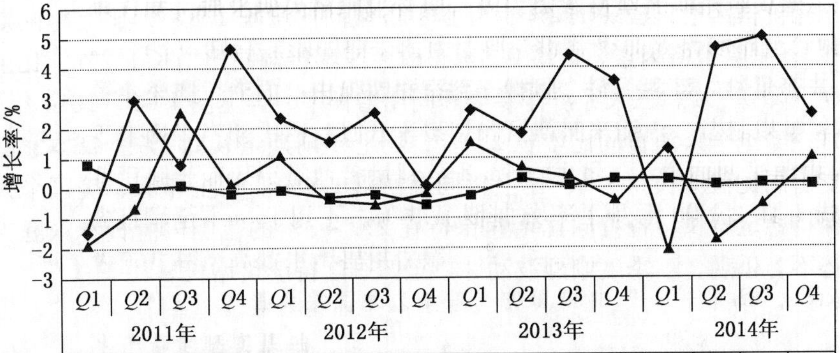

	2011年Q1	Q2	Q3	Q4	2012年Q1	Q2	Q3	Q4	2013年Q1	Q2	Q3	Q4	2014年Q1	Q2	Q3	Q4
◆ 美国	−1.5	2.9	0.8	4.6	2.3	1.6	2.5	0.1	2.7	1.8	4.5	3.5	−2.1	4.6	5.0	2.4
■ 欧元区	0.8	0.0	0.1	−0.2	−0.1	−0.3	−0.2	−0.5	−0.2	0.3	0.1	0.3	0.3	0.1	0.2	0.2
▲ 日本	−1.8	−0.7	2.6	0.2	1.1	−0.4	−0.5	−0.2	1.5	0.7	0.4	−0.4	1.4	−1.7	−0.5	1.0

注：美国环比折年率增长率。三大经济体 2014 年四季度增长率为共识公司 2014 年 12 月预测数据

图 1－2　三大经济体 GDP 环比增长率

表 1－2　世界及其他主要经济体 GDP 同比增长率　　%

年　份	2012	2013	2014	2013		2014		
				三季度	四季度	一季度	二季度	三季度
世界	2.4	2.5	2.6	3.3	2.8	1.7	2.3	3.0
美国	2.3	2.2	2.4	4.5	3.5	−2.1	4.6	5.0
欧元区	−0.7	0.5	0.8	0.1	0.3	0.3	0.1	0.2
日本	1.5	1.5	0.2	0.4	−0.4	1.4	−1.7	−0.5
南非	2.5	1.9	1.4	1.8	2.9	1.9	1.3	1.4
巴西	1.0	2.3	0.1	2.4	2.2	1.9	−0.9	−0.2
印度	5.1	6.9	7.4	7.5	6.4		6.5	8.2
俄罗斯	3.4	1.3	0.7	1.3	2.0	0.9	0.8	0.7
墨西哥	4.0	1.4	2.1	1.6	1.1	1.9	1.6	2.0
中国	7.65	7.67	7.4	7.8	7.7	7.4	7.5	7.3

注：2014 年为世界银行 1 月份预测数据。世界经济增长率按汇率法 GDP 加权汇总。印度数据为印度中央统计局修订后数据；印度由于基期从 2004—2005 年修订为 2011—2012 年，且核算方法及分类体系也有所改变，印度中央统计局上调了 2012—2014 年数据。

三、主要发达经济体消费低迷

2014 年 1—11 月，美国零售额同比增长 4%，比上年同期回落 0.2%，剔除价格因素，放缓 1.2%；日本零售额同比增长 1.8%，比上年同期加快 1%，剔除价格因素，放缓 0.3%；欧元区零售额同比增长 1.2%，比上年同期下降 0.9%。三大经济体零售额同比增长率，详见图 1－3。2014 年 1—11 月，美国个人消费同比增长 2.3%，比上年同期增长 0.3%；日本家庭消费支出同比仅增长 0.1%，比上年同期回落 1.4%。从全年看，美国个人消费保持稳定增长，各月同比增速保持在 2%～3% 的范围内。日本家庭支出形势不容乐观，一季度剧烈波动，二至四季度持续负增长。

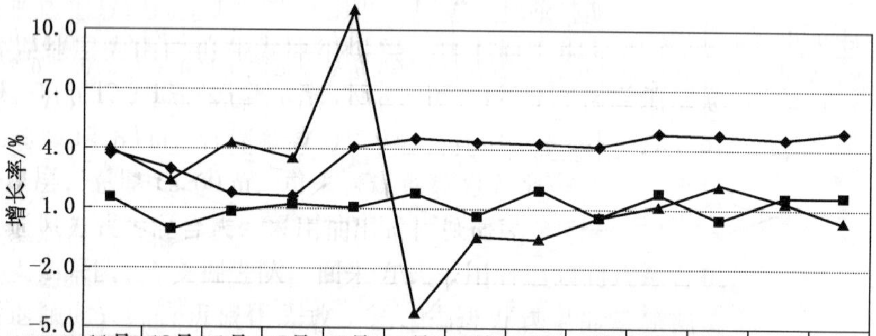

	11月 2013年	12月 2013年	1月 2014年	2月	3月	4月	5月	6月	7月	8月	9月	10月	11月
美国	3.9	3.1	1.8	1.6	4.1	4.6	4.4	4.3	4.2	4.8	4.7	4.6	4.9
欧元区	1.5	0.0	0.8	1.2	1.0	1.8	0.6	2.0	0.6	1.6	0.5	1.6	1.6
日本	4.1	2.5	4.4	3.6	11.0	-4.3	-0.4	-0.5	0.6	1.2	2.3	1.4	0.4

图 1－3　三大经济体零售额同比增长率

四、世界贸易低速增长

据联合国最新预测，2014 年，世界贸易量预计增长 3.4%，比 7 月预测值调低 1.3%，虽略高于上年的 3%，但大大低于国际金融危机前约 7% 的平均水平。世界贸易量同比增长率，详见图 1－4。波罗的海干散货运指数回落。2014 年，波罗的海干散货运指数基本在海运平衡点（2000 点）以下波动回落，从 1 月 2 日的 2113 点降至 12 月 24 日的 782 点，累计下降 62.9%。波罗的海干散货运指数，详见图 1－5。

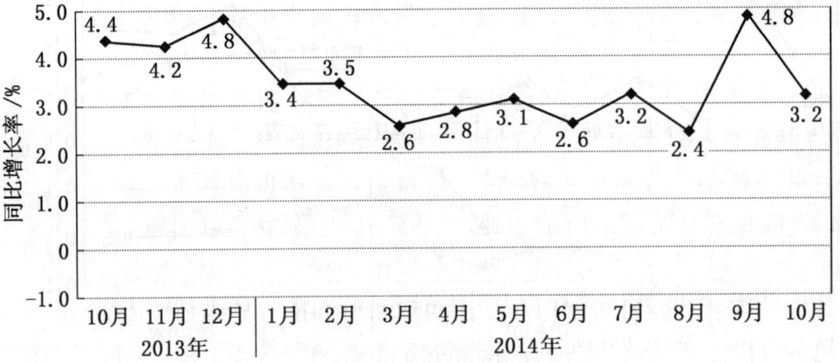

图1-4　世界贸易量同比增长率

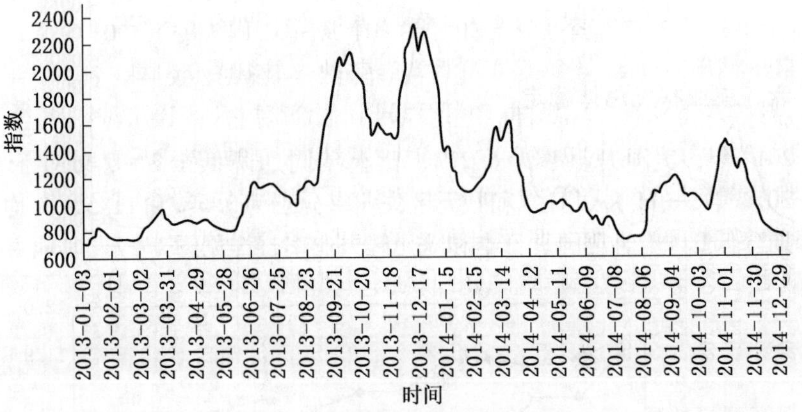

图1-5　波罗的海干散货运指数

五、全球通胀冲高回落

2014 年前 11 个月，世界、发达和发展中经济体 CPI 同比分别上涨 3.7%、1.7% 和 7.8%。分月看，三者涨幅轨迹呈冲高回落走势，世界 CPI 由 5—7 月的年内最高值 3.9% 回落至 11 月的 3.6%，发达国家由 4—6 月的最高值 2.0% 回落至 11 月的 1.5%；发展中国家由 8 月的最高值 8.1% 回落至 11 月的 7.8%。世界、发达国家和发展中国家 CPI 同比上涨率，详见图 1-6。

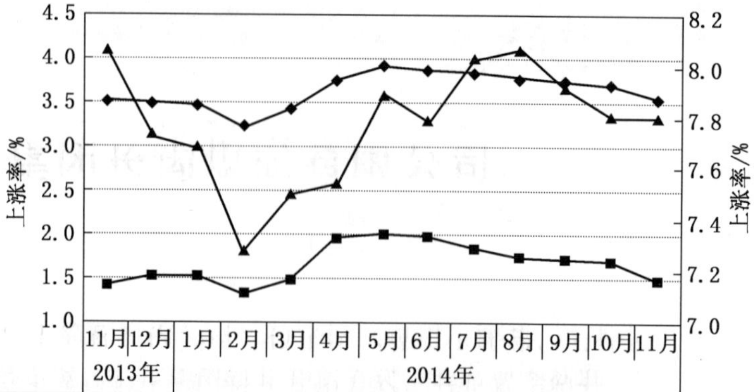

	11月	12月	1月	2月	3月	4月	5月	6月	7月	8月	9月	10月	11月
◆ 世界(左)	3.5	3.5	3.5	3.2	3.4	3.8	3.9	3.9	3.9	3.8	3.7	3.7	3.6
■ 发达国家(左)	1.4	1.5	1.5	1.3	1.5	2.0	2.0	2.0	1.9	1.7	1.7	1.7	1.5
▲ 发展中国家(右)	8.1	7.7	7.7	7.3	7.5	7.5	7.9	7.8	8.0	8.1	7.9	7.8	7.8

图1－6　世界、发达国家和发展中国家CPI同比上涨率

六、就业状况总体稳定

2014年，美国失业率为6.2%，比上年同期降低1.2%，就业形势好转；2014年1—11月，日本和欧元区失业率分别为3.6%和11.5%，均比上年同期降低0.4%。美国、日本和欧元区失业率，详见图1－7。其他主要经

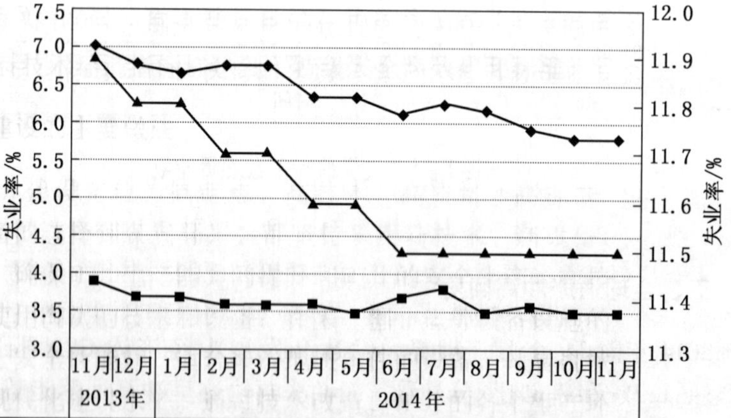

	11月	12月	1月	2月	3月	4月	5月	6月	7月	8月	9月	10月	11月
◆ 美国(左)	7.0	6.7	6.6	6.7	6.7	6.3	6.3	6.1	6.2	6.1	5.9	5.8	5.8
■ 日本(左)	3.9	3.7	3.7	3.6	3.6	3.6	3.5	3.7	3.8	3.5	3.6	3.5	3.5
▲ 欧元区(右)	11.9	11.8	11.8	11.7	11.7	11.6	11.6	11.5	11.5	11.5	11.5	11.5	11.5

图1－7　美国、日本和欧元区失业率

济体就业形势基本稳定，但扩大就业仍是各国的政策导向。部分国家失业率仍然较高，例如希腊和西班牙失业率均高于20%，法国、意大利和葡萄牙的失业率也超过10%。

七、国际市场大宗商品特别是原油价格大幅下跌

（一）大宗商品价格连续三年下跌

据世界银行统计，2014年，能源、非能源价格比上年分别下跌7.2%和4.6%，均连续三年下跌。其中，农产品价格下跌3.4%，肥料下跌11.6%，金属及矿产下跌6.6%。国际市场初级产品价格名义指数走势（2010年指数=100），详见图1-8。

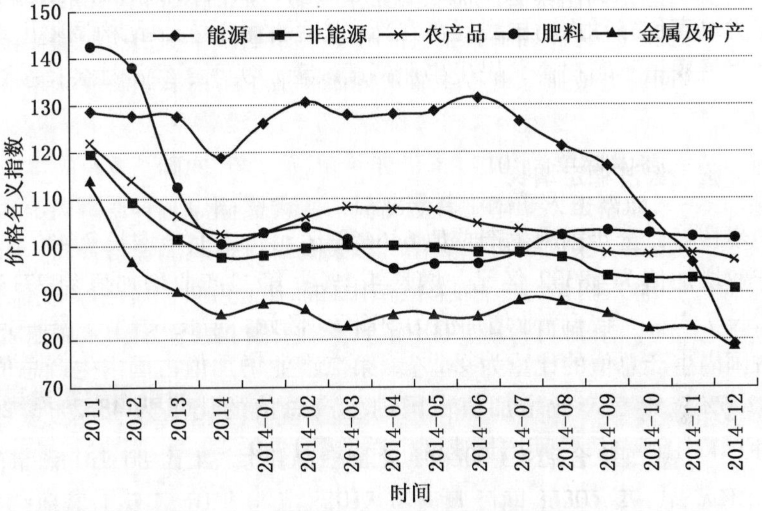

图1-8 国际市场初级产品价格名义指数走势（2010年指数=100）

（二）原油价格暴跌

受全球原油供给增加、原油需求增长放缓、美元继续升值以及投机需求减弱等因素影响，全球原油价格出现暴跌。2014年，欧佩克一揽子原油价格为96.2美元/桶，比上年下跌9.2%；纽约期货市场轻质原油价格为93美元/桶，比上年下跌3.6%，均连续两年下跌。2015年1月12日，欧佩克一揽子原油价格更是创下国际金融危机以来43.55美元/桶的最低点，比2014年内最高点110.48美元/桶暴跌60.6%。

原油价格下跌对世界经济将产生较大影响：一是对世界经济产生正向拉

动，据世界银行测算，油价每下跌30%，将拉动全球经济增长0.5%；二是对石油出口国造成较大负面影响，原油价格每下降10%，其GDP增速将大幅回落0.8%～2.5%。同时还导致财政收入下降、货币贬值、资本外流等不利影响；三是拉低CPI涨幅，加大部分经济体通货紧缩风险。据分析，油价每下降30%，全球CPI将回落0.4%～0.9%。

第二节　2014年度我国经济运行的主要特点

2014年，面对复杂多变的国际环境和艰巨繁重的国内发展改革稳定任务，党中央国务院带领全国各族人民，牢牢把握国内外发展大势，坚持稳中求进工作总基调，全力推进改革开放，着力创新宏观调控，奋力激发市场活力，努力培育创新动力，国民经济在新常态下平稳运行，结构调整出现积极变化，发展质量不断提高，民生事业持续改善，实现了经济社会持续稳定发展。

一、国民经济稳定增长

初步核算，全年国内生产总值636463亿元，比上年增长7.4%。其中，第一产业增加值为58332亿元，增长4.1%；第二产业增加值为271392亿元，增长7.3%；第三产业增加值为306739亿元，增长8.1%。第一产业增加值占国内生产总值的比重为9.2%，第二产业增加值占国内生产总值的比重为42.6%，第三产业增加值占国内生产总值的比重为48.2%。2010—2014年国内生产总值及其增长速度，详见图1-9。

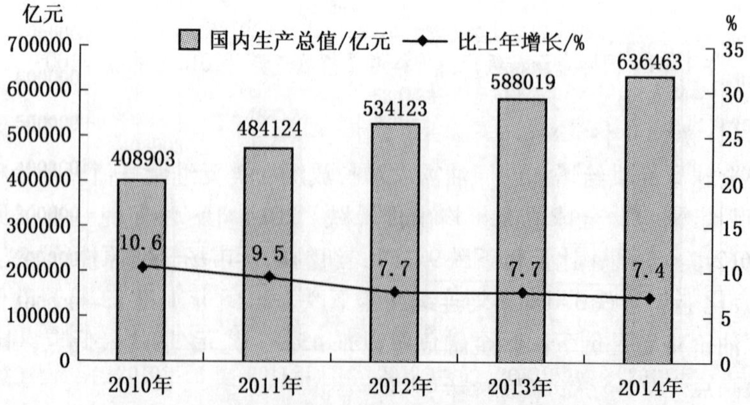

图1-9　2010—2014年国内生产总值及其增长速度

二、就业继续增加

2014 年年末全国就业人员 77253 万人，其中城镇就业人员 39310 万人。全年城镇新增就业人员 1322 万人，2010—2014 年城镇新增就业人数，详见图 1－10。2014 年年末城镇登记失业率为 4.09%。全国农民工总量为 27395 万人，比上年增长 1.9%。其中，外出农民工 16821 万人，增长 1.3%；本地农民工 10574 万人，增长 2.8%。

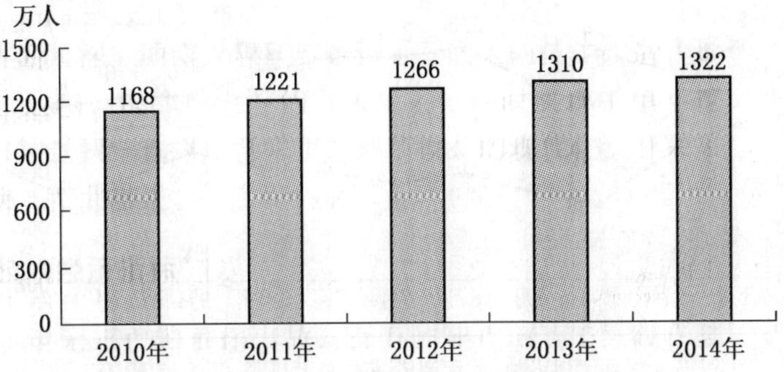

图 1－10　2010—2014 年城镇新增就业人数

三、劳动生产率稳步提高

全年国家全员劳动生产率为 72313 元/人，比上年提高 7.0%。2010—2014 年国家全员劳动生产率，详见图 1－11。

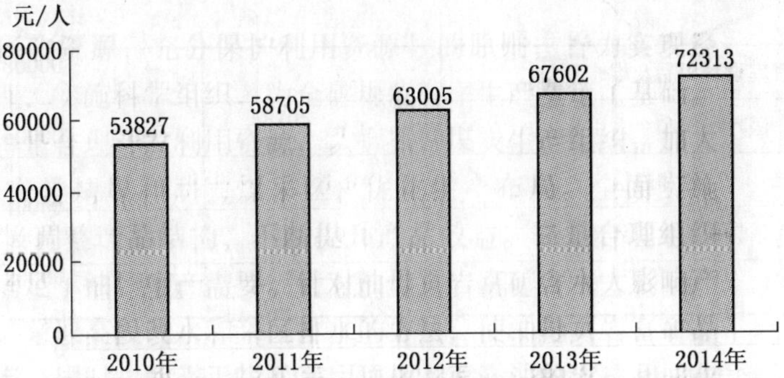

图 1－11　2010—2014 年国家全员劳动生产率

四、价格水平涨幅较低

全年居民消费价格比2013年上涨2.0%，其中食品价格上涨3.1%，固定资产投资价格上涨0.5%，工业生产者出厂价格下降1.9%，工业生产者购进价格下降2.2%，农产品生产者价格下降0.2%。2014年居民消费价格月度涨跌幅度、比2013年涨跌幅度，详见图1-12和表1-3。

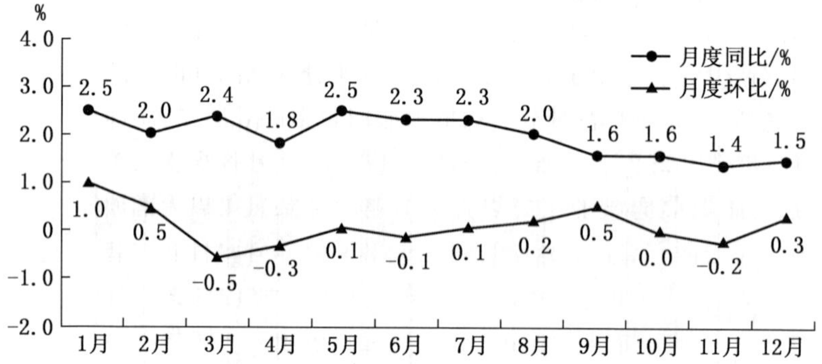

图1-12　2014年居民消费价格月度涨跌幅度

表1-3　2014年居民消费价格比上年涨跌幅度　　%

指　　标	全　国	城　市	农　村
居民消费价格	2.0	2.1	1.8
食　品	3.1	3.3	2.6
烟酒及用品	-0.6	-0.7	-0.5
衣　着	2.4	2.4	2.4
家庭设备用品及维修服务	1.2	1.2	1.2
医疗保健和个人用品	1.3	1.2	1.5
交通和通信	-0.1	-0.2	0
娱乐教育文化用品及服务	1.9	1.9	1.7
居　住	2.0	2.1	1.9

70个大中城市，新建商品住宅销售价格月同比上涨城市个数，上半年各月均为69个，下半年则逐月减少，12月同比上涨城市2个，同比价格下

降城市个数增加至68个。2014年新建商品住宅月同比价格上涨、持平、下降城市个数变化情况，详见图1－13。

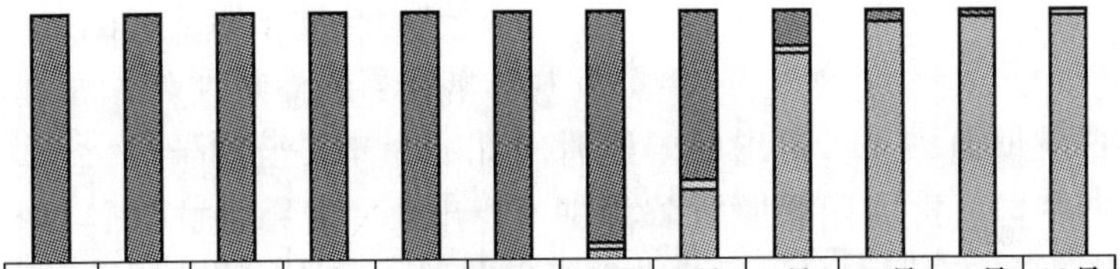

	1月	2月	3月	4月	5月	6月	7月	8月	9月	10月	11月	12月
上涨	69	69	69	69	69	69	65	48	10	3	2	2
持平	0	0	0	0	0	0	2	3	2	0	0	0
下降	1	1	1	1	1	1	3	19	58	67	68	68

图1－13　2014年新建商品住宅月同比价格上涨、持平、下降城市个数变化情况

五、财政收入稳定增长

2014年全年全国一般公共财政收入140350亿元，比上年增加11140亿元，增长8.6%，其中税收收入119158亿元，增加8627亿元，增长7.8%。2010—2014年全国一般公共财政收入，详见图1－14。

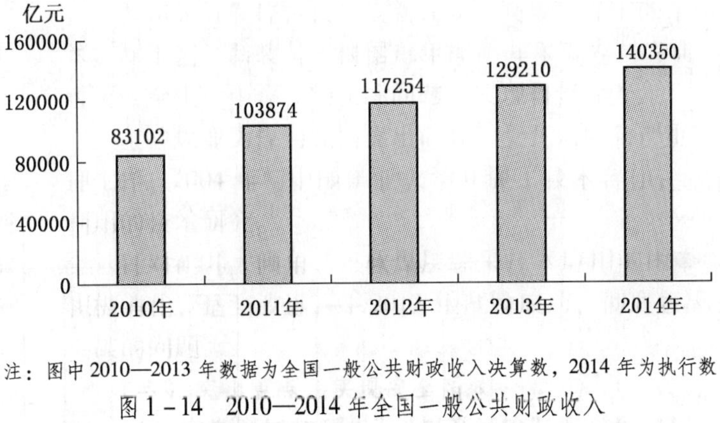

注：图中2010—2013年数据为全国一般公共财政收入决算数，2014年为执行数

图1－14　2010—2014年全国一般公共财政收入

六、外汇储备略有增加

2014年年末国家外汇储备38430亿美元，比上年年末增加217亿美元。

全年人民币平均汇率为 1 美元兑 6.1428 元人民币，比上年升值 0.8%。2010—2014 年年末国家外汇储备情况，详见图 1－15。

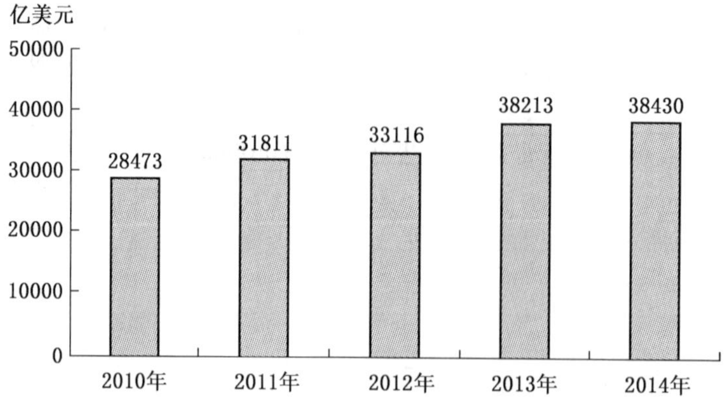

图 1－15　2010—2014 年年末国家外汇储备情况

七、工业生产平稳增长

2014 年全年全部工业增加值 227991 亿元，比上年增长 7.0%。2010—2014 年全部工业增加值及其增长速度，详见图 1－16。规模以上工业增加值增长 8.3%。在规模以上工业中，分经济类型看，国有及国有控股企业增长 4.9%，集体企业增长 1.7%，股份制企业增长 9.7%，外商及港澳台商投资企业增长 6.3%，私营企业增长 10.2%。分门类看，采矿业增长 4.5%，制造业增长 9.4%，电力、热力、燃气及水生产和供应业增长 3.2%。

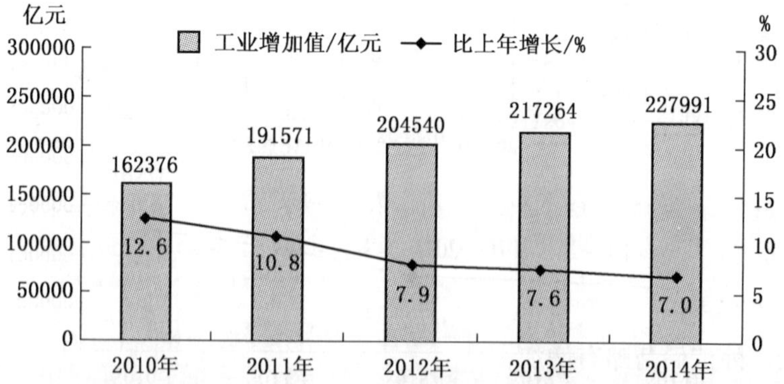

图 1－16　2010—2014 年全部工业增加值及其增长速度

全年规模以上工业中，农副食品加工业增加值比上年增长7.7%，纺织业增长6.7%，通用设备制造业增长9.1%，专用设备制造业增长6.9%，汽车制造业增长11.8%，计算机、通信和其他电子设备制造业增长12.2%，电气机械和器材制造业增长9.4%。六大高耗能行业增加值比上年增长7.5%。其中，非金属矿物制品业增长9.3%，化学原料和化学制品制造业增长10.3%，有色金属冶炼和压延加工业增长12.4%，黑色金属冶炼和压延加工业增长6.2%，电力、热力生产和供应业增长2.2%，石油加工、炼焦和核燃料加工业增长5.4%。高技术制造业比上年增长12.3%，占规模以上工业增加值的比重为10.6%。装备制造业增长10.5%，占规模以上工业增加值的比重为30.4%。2014年主要工业产品产量及其增长速度，详见表1－4。

表1－4　2014年主要工业产品产量及其增长速度

产品名称	单位	产量	比上年增长/%
纱	万t	3379.2	5.6
布	亿m	893.7	－0.4
化学纤维	万t	4389.8	5.5
成品糖	万t	1642.7	3.1
卷烟	亿支	26098.5	1.9
彩色电视机	万台	14128.9	10.9
其中：液晶电视机	万台	13865.9	13.3
家用电冰箱	万台	8796.1	－5.0
房间空气调节器	万台	14463.3	10.7
一次能源生产总量	亿吨标准煤	36.0	0.5
原煤	亿t	38.7	－2.5
原油	万t	21142.9	0.7
天然气	亿m^3	1301.6	7.7
发电量	亿kW·h	56495.8	4.0
其中：火电	亿kW·h	42337.3	－0.3
水电	亿kW·h	10643.4	15.7
核电	亿kW·h	1325.4	18.8
粗钢	万t	82269.8	1.2
钢材	万t	112557.2	4.0

表1-4（续）

产品名称	单位	产量	比上年增长/%
十种有色金属	万t	4380.1	7.4
其中：精炼铜（电解铜）	万t	764.4	15.0
原铝（电解铝）	万t	2435.8	10.3
氧化铝	万t	4777.3	7.3
水泥	亿t	24.8	2.3
硫酸（折100%）	万t	8846.3	8.5
纯碱	万t	2514.2	3.4
烧碱（折100%）	万t	3059.0	4.5
乙烯	万t	1696.7	6.1
化肥（折100%）	万t	6887.2	-2.0
发电机组（发电设备）	万kW	15053.0	6.0
汽车	万辆	2372.5	7.3
其中：基本型乘用车（轿车）	万辆	1248.3	3.1
大中型拖拉机	万台	64.4	-3.3
集成电路	亿块	1015.5	12.4
程控交换机	万线	3123.1	15.7
移动通信手持机	万台	162719.8	6.8
微型计算机设备	万台	35079.6	-0.8

2014年末全国发电装机容量136019万kW，比上年末增长8.7%。其中，火电装机容量91569万kW，增长5.9%；水电装机容量30183万kW，增长7.9%；核电装机容量1988万kW，增长36.1%；并网风电装机容量9581万kW，增长25.6%；并网太阳能发电装机容量2652万kW，增长67.0%。

全年规模以上工业企业实现利润64715亿元，比上年增长3.3%，其中国有及国有控股企业14007亿元，下降5.7%；集体企业538亿元，增长0.4%，股份制企业42963亿元，增长1.6%，外商及港澳台商投资企业15972亿元，增长9.5%；私营企业22323亿元，增长4.9%。

八、能源消耗和安全生产

2014年全年能源消费总量42.6亿吨标准煤，比上年增长2.2%。煤炭消费量下降2.9%，原油消费量增长5.9%，天然气消费量增长8.6%，电力消费量增长3.8%。煤炭消费量占能源消费总量的66.0%，水电、风电、核电、天然气等清洁能源消费量占能源消费总量的16.9%。全国万元国内生产总值能耗下降4.8%。工业企业吨粗铜综合能耗同比下降3.76%，吨钢综合能耗下降1.65%，单位烧碱综合能耗下降2.33%，吨水泥综合能耗下降1.12%，每千瓦时火力发电标准煤耗下降0.67%。

全年各类生产安全事故共死亡68061人。亿元国内生产总值生产安全事故死亡人数为0.107人，比上年下降13.7%；工矿商贸企业就业人员10万人，生产安全事故死亡人数为1.328人，下降12.9%；道路交通事故万车死亡人数为2.22人，下降5.1%；煤矿百万吨死亡人数为0.255人，下降11.5%。

第三节　2013—2014年度煤炭经济运行与安全生产

2012年下半年以来，全国煤炭经济运行形势发生了较大变化，煤炭需求放缓，进口煤大幅增加，库存居高不下，价格大幅下降，煤炭企业经济效益下滑，煤矿建设投资回落，至今大部分煤炭企业出现亏损，煤矿的安全生产形势稳定趋好并创造历史最好水平。

一、2013年度煤炭经济运行与安全生产特点

2013年度全国煤炭市场继续呈现结构性过剩态势，煤炭需求略有增长，生产成本大幅增加，企业利润大幅下降，经营较为困难，煤矿安全生产形势较好。全国煤炭经济运行及安全生产情况呈现以下几个特点：

（1）煤炭产量继续增加，增幅趋缓。全年原煤产量完成36.8亿t，同比增长0.8%；年产超过亿吨的9个主要产煤省（区）里，除安徽省减产外，其余8省（区）全部增长。以原煤产量排序：内蒙古10.3亿t，山西9.62亿t，陕西4.93亿t，贵州1.91亿t，河南1.53亿t，山东1.52亿t，新疆1.46亿t，安徽1.39亿t，云南1.05亿t。以增产幅度排序：新疆+6.8%，陕西+6.5%，贵州+5.6%，山西+5.3%，云南+5.2%，山东+4.2%，河南+1.1%，内蒙古+0.73%，安徽-5.1%。

在大型煤炭企业中，原煤产量同比增长的占2/3。在年产超过亿吨的8个煤炭企业中，除山西焦煤集团减产2.1%外，其他企业全部增长，按照产量增加排序：神华集团（4.95亿t，增产3404万t，增幅7.4%），河南能化

（1.06 亿 t，增产 3106 万 t，增幅 41.3%），中煤能源（1.9 亿 t，增产 1532 万 t，增幅 8.7%），陕煤集团（1.27 亿 t，增产 1393 万 t，增幅 12.3%），大同煤业集团（1.46 亿 t，增产 1378 万 t，增幅 10.4%），山东能源（1.31 亿 t，增产 874 万 t，增幅 7.1%），冀中能源（1.23 亿 t，增产 787 万 t，增幅 6.8%），山西焦煤（1.03 亿 t，减产 224 万 t，增幅 -2.1%）。按照产量减少排序的前 5 名：吉林煤业（减产 1600 万 t），淮南矿业（减产 731 万 t），大唐煤业（减产 598 万 t），伊泰矿业（减产 565 万 t），盘江煤业（减产 323 万 t）。

（2）煤炭销量下降，库存增加。与煤炭产量保持增长的态势相反，2013 年煤炭销量同比下降 0.36%。大型煤炭企业产品销售率为 97.52%，同比下降 1.34%，因此导致企业库存增加，截至 2014 年年底，全国煤炭企业库存为 8600 万 t，同比增加 270 万 t，增长 3.24%。

（3）煤炭进口增加，出口减少。我国全年累计进口 32708 万 t，同比增长 13.4%；累计完成出口 751 万 t，同比下降 19.1%。

（4）煤炭企业利润下降。全国 7975 家规模以上煤炭企业实现利润总额 2369 亿元，同比下降 33.66%；在全国 41 个行业中，利润下降的行业只有 6 个，其中煤炭行业降幅居首位。

全国 90 家大型煤炭企业实现利润总额 1112 亿元，下降 36.19%；盈利最多的前五名企业：神华集团 697 亿元，中煤能源集团 56 亿元，内蒙古汇能集团 52 亿元，山东能源集团 41 亿元，内蒙古伊泰集团 36 亿元。年末亏损的大型煤炭企业为 22 家，亏损严重的前五名企业：龙煤集团亏损 26 亿元，吉林煤业亏损 16 亿元，神华乌海亏损 8 亿元，通化矿业亏损 7 亿元，七台河矿业亏损 5 亿元。

（5）企业应收账款增长。至 2013 年年底，全国规模以上煤炭企业应收账款达到 3256 亿元，同比增长 11.08%；应收账款占流动资产比率达 17.7%，比上年提高 2%。

（6）煤炭企业投资下降。2013 年煤炭开采和洗选业固定资产投资完成 5262 亿元，同比下降 2%。

（7）煤矿安全生产形势趋好。2013 年煤矿共发生事故 604 起，死亡 1067 人，百万吨死亡率 0.288，创历史最好水平。其中，国有重点煤矿发生事故 136 起，死亡 283 人；国有地方煤矿发生事故 144 起，死亡 203 人；乡镇煤矿发生事故 324 起，死亡 581 人。按照煤矿事故类型划分：瓦斯事故 59 起，死亡 348 人；顶板事故 274 起，死亡 325 人；运输事故 109 起，死亡

124 人；透水事故 21 起，死亡 89 人；机电事故 41 起，死亡 43 人；爆破事故 16 起，死亡 18 人；火灾事故 3 起，死亡 16 人；其他事故 81 起，死亡 104 人。

二、2014 年度煤炭经济运行与安全生产特点

在煤炭市场需求不旺、产能建设超前、进口规模依然较大等多重因素影响下，2014 年，煤炭市场供大于求矛盾突出，库存增加，价格下滑，效益下降，企业经营压力加大。随着国家煤炭行业脱困政策措施实施，四季度以来市场出现了一些积极变化，但整个行业运行形势依然严峻。

（1）煤炭产量。根据国家统计局公报，2014 年全国煤炭产量完成 38.7 亿 t，同比下降 2.5%，是自 2000 年以来的首次下降。2006—2014 年煤炭产量增量变化情况，详见图 1－17。

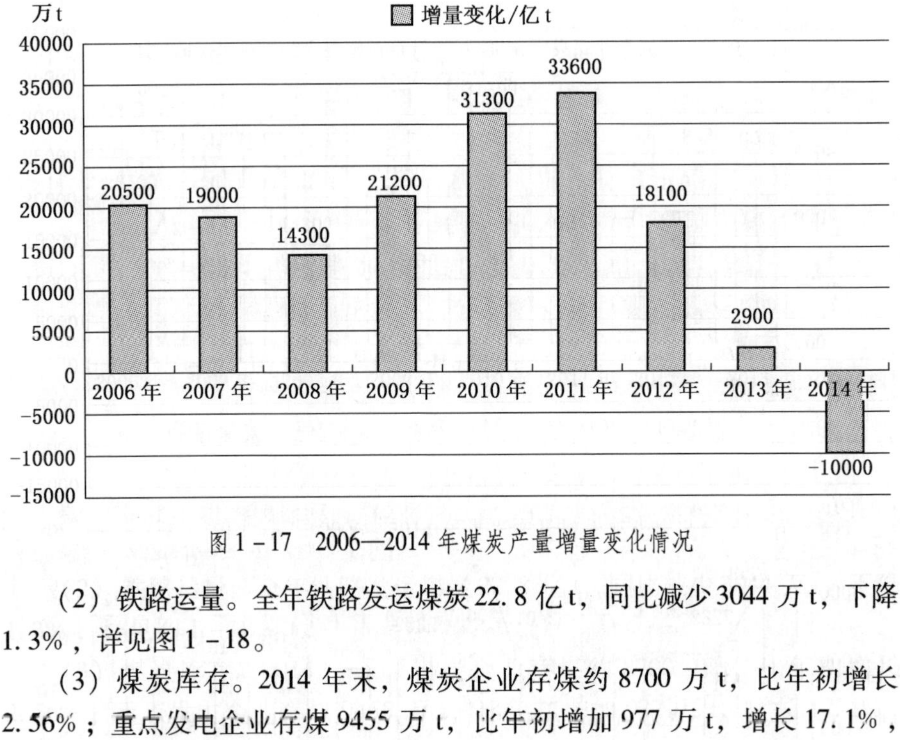

图 1－17　2006—2014 年煤炭产量增量变化情况

（2）铁路运量。全年铁路发运煤炭 22.8 亿 t，同比减少 3044 万 t，下降 1.3%，详见图 1－18。

（3）煤炭库存。2014 年末，煤炭企业存煤约 8700 万 t，比年初增长 2.56%；重点发电企业存煤 9455 万 t，比年初增加 977 万 t，增长 17.1%，可用 24 d，详见图 1－19。

（4）煤炭进出口。全年全国进口煤炭 29180 万 t，同比减少 3580 万 t，下降 10.9%；出口煤炭 575 万 t，减少 177 万 t，下降 23.5%；净进口煤炭 2.85 亿 t，减少 3400 万 t，下降 10.7%，详见图 1－20、图 1－21。

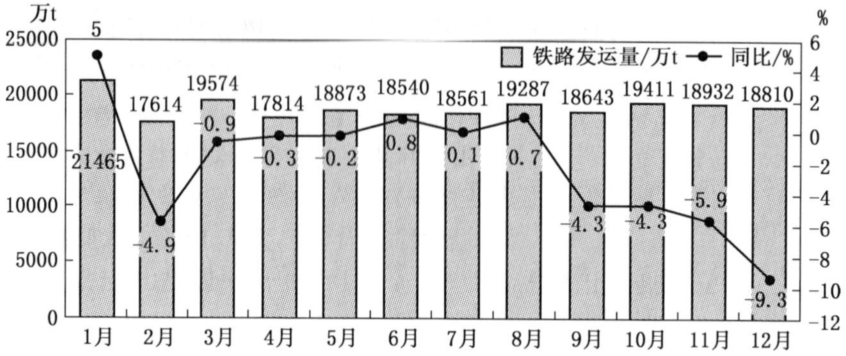

图1-18 2014年全国铁路煤炭发运量

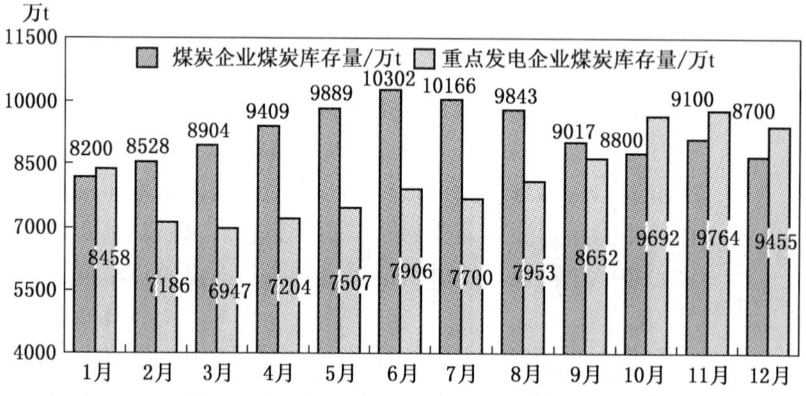

图1-19 2014年煤炭企业及重点发电企业煤炭库存量

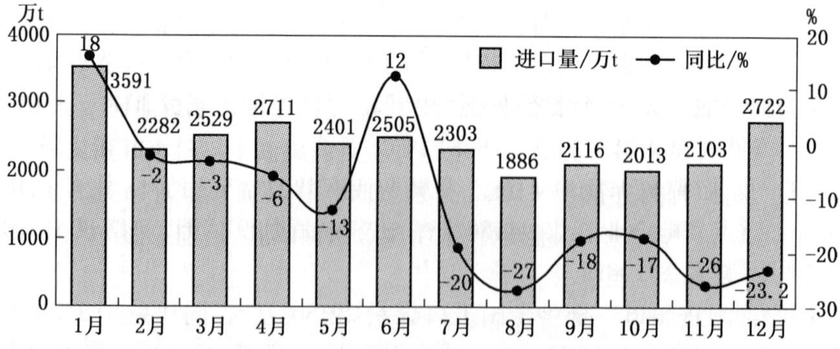

图1-20 2014年各月煤炭进口量

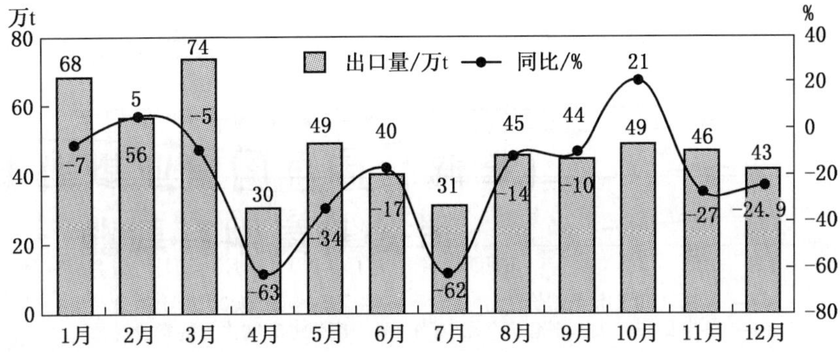

图 1-21　2014 年各月煤炭出口量

（5）全国煤炭价格。煤炭市场价格经历了年初的大幅下滑，10 月以后小幅回升的过程。从中国煤炭价格指数变化看，由年初的 161.8 点下降到 10 月 10 日的 136.2 点（年内最低点），之后小幅回升至年末的 137.8 点，比年内低点回升 1.6 点，但比年初下降 24 点（图 1-22）。

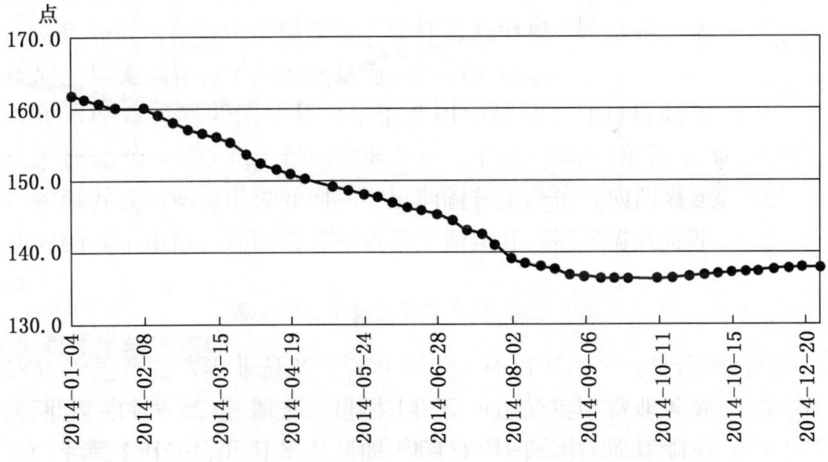

图 1-22　2014 年全国煤炭价格指数走势

动力煤价格，5500 大卡市场动力煤年末山西北部大同地区上站价 375～385 元/t，同比下降 65～70 元/t；秦皇岛港平仓价 510～520 元/t，下降 120 元/t；广州港提货价为 575～585 元/t，下降 140 元/t。环渤海动力煤价格指数全年平均为 523 元/t，下降 66 元/t（图 1-23）。

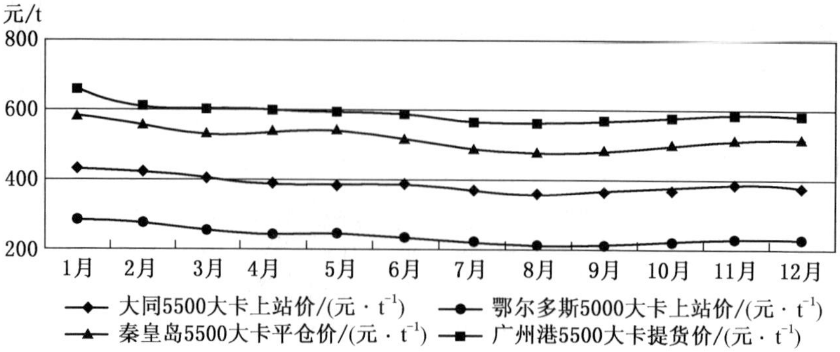

图 1－23 各月末动力煤价格情况

炼焦煤价格，8 月之前明显下降，之后基本维持平稳，部分品种略微上涨 10～20 元/t。年末价格平均比年初下降 250～300 元/t（图 1－24）。

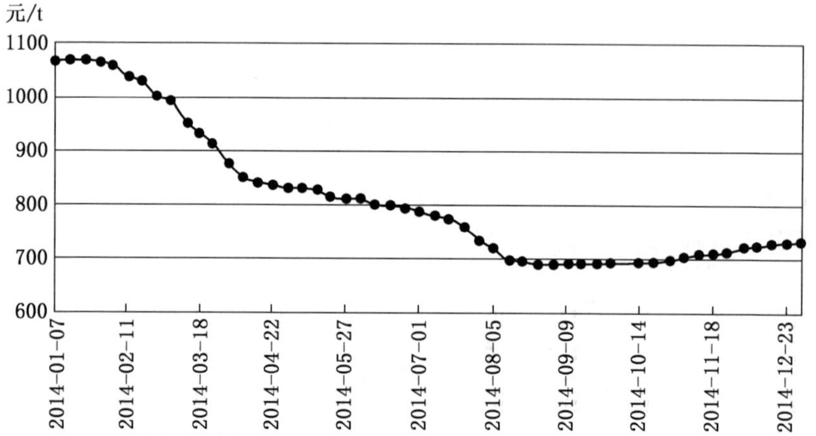

图 1－24 各月末焦肥精煤价格情况

（6）固定资产投资。2014 年全年全国煤炭采选业固定资产投资 4682 亿元，同比下降 9.5%，与“十一五”时期年均增速 26.7% 相比回落了 36.2%（图 1－25）。其中民间固定资产投资 2598 亿元，同比下降 10.9%。

（7）行业效益。1—12 月，全国规模以上煤炭企业主营业务收入 3 万亿元，同比下降 6.7%；企业利润 1268.5 亿元，同比减少 1089.3 亿元，下降 46.2%，与 2012 年同期相比下降 58.9%；亏损企业亏损额 781.7 亿元，同比增长 72.6%，企业亏损面 70% 以上。12 月末，企业应收账款净额 3594.2 亿元，同比增长 10.7%。大部分煤炭企业经营困难，一些企业减发、欠发工资问题突出（图 1－26～图 1－34）。

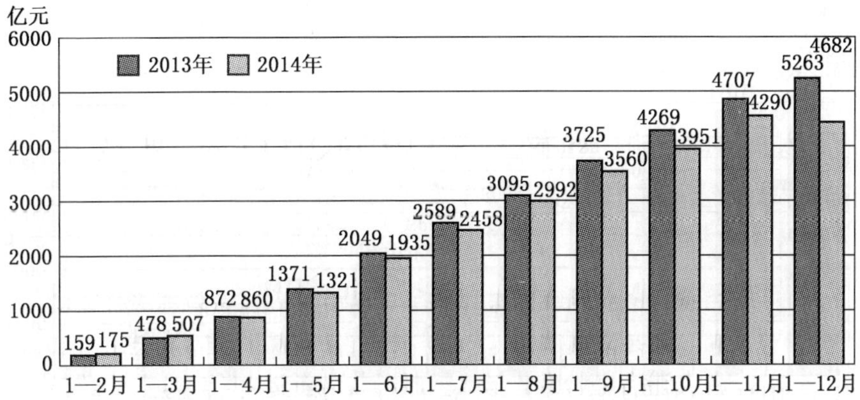

图1-25 2014年煤炭固定资产投资完成情况

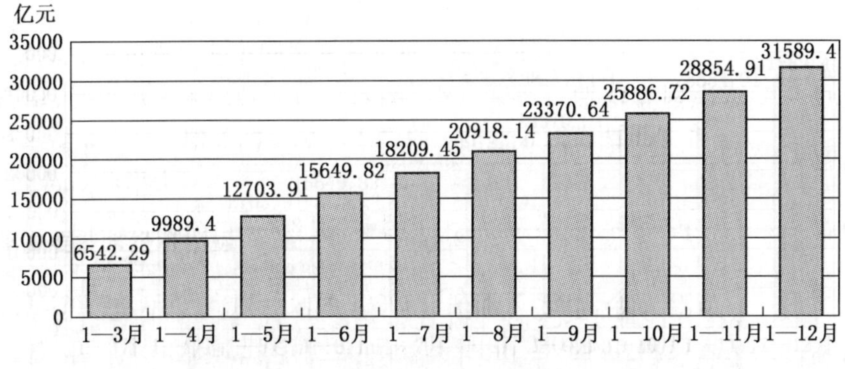

图1-26 2014年大型煤炭企业主营业务收入情况

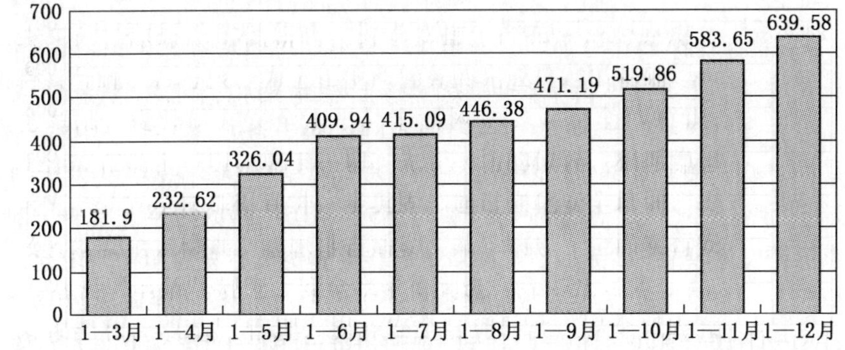

图1-27 2014年大型煤炭企业利润情况

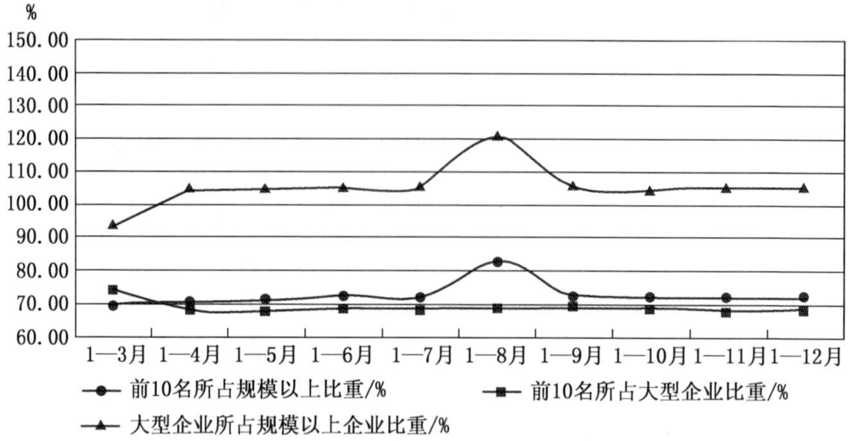

图 1-28　2014 年大型煤炭企业收入比重情况

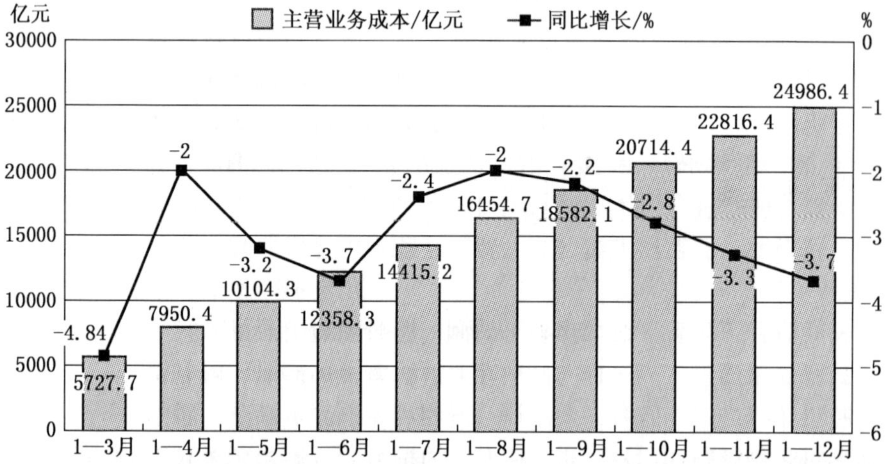

图 1-29　2014 年规模以上煤炭企业主营业务成本情况

（8）煤矿安全生产形势稳定，进一步趋好。2014 年煤矿共发生事故 509 起，死亡 931 人，百万吨死亡率 0.255，创历史最好水平。其中，国有重点煤矿发生事故 119 起，死亡 235 人；国有地方煤矿发生事故 121 起，死亡 203 人；乡镇煤矿发生事故 269 起，死亡 493 人。按照煤矿事故类型划分：顶板事故 196 起，死亡 292 人；瓦斯事故 47 起，死亡 266 人；运输事故 83 起，死亡 103 人；透水事故 19 起，死亡 79 人；机电事故 36 起，死亡

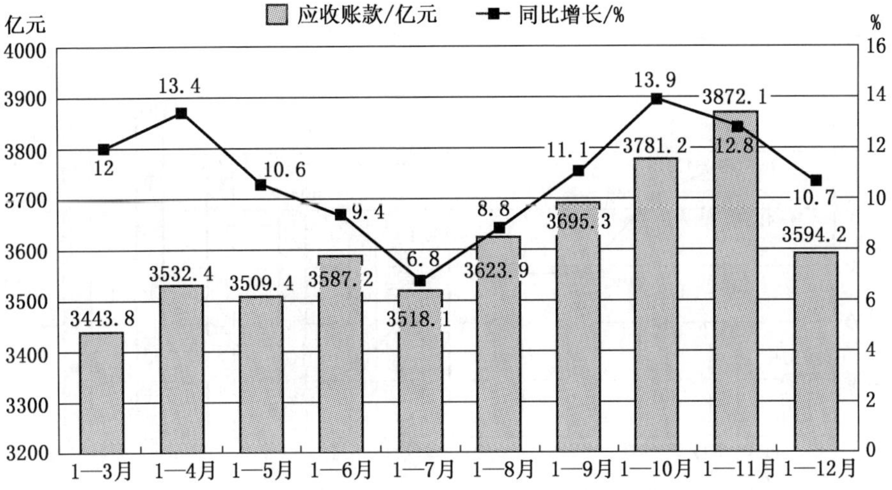

图1-30　2014年规模以上煤炭企业应收账款情况

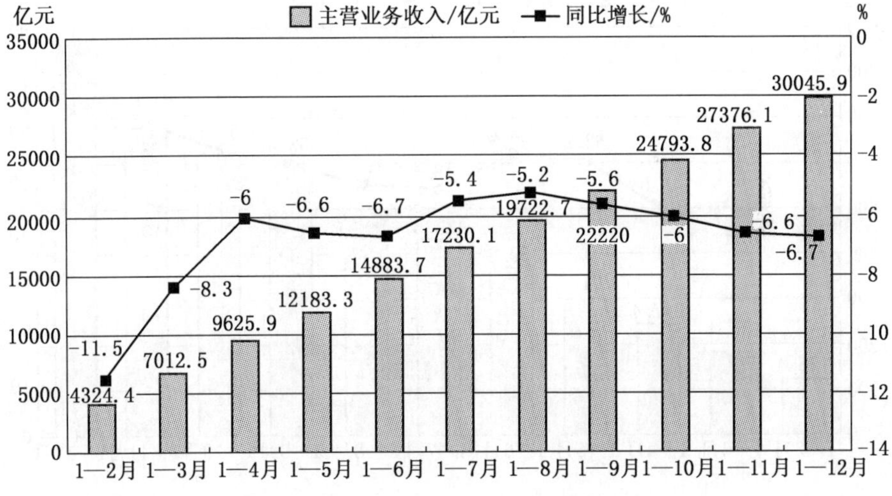

图1-31　2014年规模以上煤炭企业主营业务收入情况

37人；爆破事故13起，死亡19人；火灾事故1起，死亡4人；其他事故114起，死亡131人。

全国煤矿事故多发的省区有12个，分别是：湖南省死亡86人，产量6181万t，百万吨死亡率1.391；重庆市死亡85人，产量3195万t，百万吨

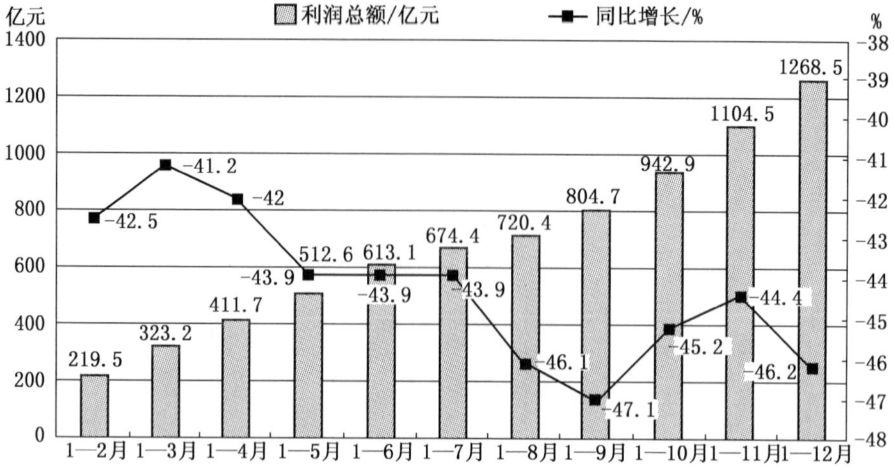

图1-32　2014年规模以上煤炭企业利润情况

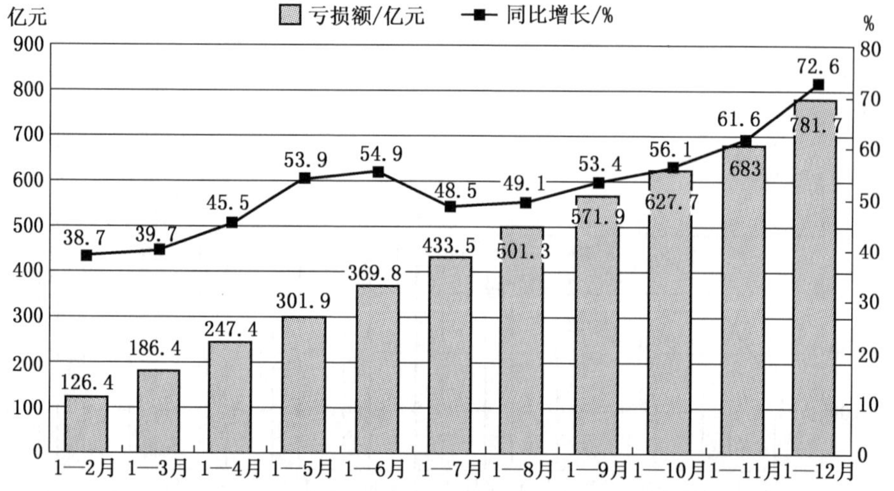

图1-33　2014年规模以上煤炭亏损企业亏损额情况

死亡率2.66；贵州省死亡66人，产量1.85亿t，百万吨死亡率0.356；新疆维吾尔自治区死亡66人，产量1.42亿t，百万吨死亡率0.464；黑龙江省死亡64人，产量6866万t，百万吨死亡率0.932；云南省死亡63人，产量4413万t，百万吨死亡率1.427；陕西省死亡54人，产量5.15亿t，百万吨

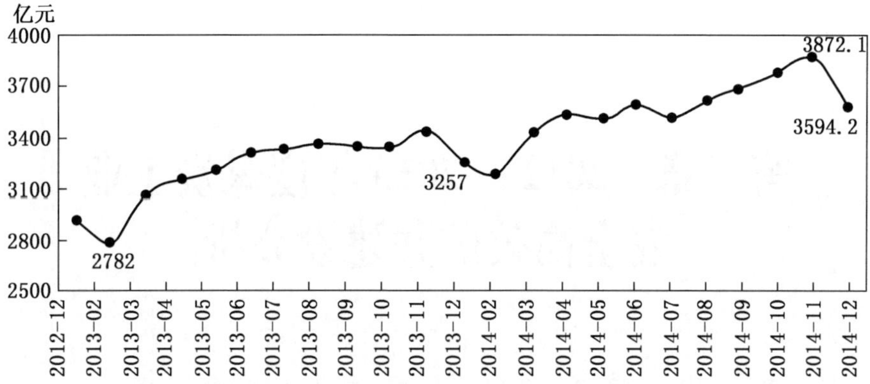

图 1－34　规模以上煤炭企业应收账款净额

死亡率 0.104；辽宁省死亡 52 人，产量 5031 万 t，百万吨死亡率 1.04；安徽省死亡 51 人，产量 1.32 亿 t，百万吨死亡率 0.386；四川省死亡 49 人，产量 4487 万 t，百万吨死亡率 1.09；河南省死亡 47 人，产量 1.37 亿 t，百万吨死亡率 0.343；江西省死亡 40 人，产量 2300 万 t，百万吨死亡率 1.739。

第二章　2012—2013 年度煤炭工业安全高效矿井建设分析

第一节　2012—2013 年度煤炭工业安全高效矿井综合分析

一、2012—2013 年度安全高效矿井评审工作简述

2014 年 1 月，中国煤炭工业协会下发了《中国煤炭工业协会关于申报煤炭工业 2012—2013 年度安全高效矿井（露天）的通知》（中煤协会行调〔2014〕9 号），组织开展安全高效矿井申报评审工作。各省（自治区、直辖市）煤炭管理部门（协会）、中央企业高度重视，积极组织企业（煤矿）申报，认真开展预评工作并按规定报送了材料。2014 年，全国参加申报安全高效矿井（露天）的煤矿共有 463 处，分布 18 个省（自治区）和 7 个中央企业。18 个省（自治区）分别是：山西省、山东省、河南省、河北省、辽宁省、吉林省、黑龙江省、江苏省、安徽省、陕西省、甘肃省、四川省、云南省、青海省、内蒙古自治区、新疆维吾尔自治区、广西壮族自治区、宁夏回族自治区；7 个中央企业分别是：神华集团、中煤能源集团、华能集团、国电集团、国投公司、中电投集团、华电集团。

为保证安全高效矿井建设质量，根据《煤炭工业安全高效矿井（露天）评审办法》规定，2014 年 4—5 月，中国煤炭工业协会组织专家评审会，听取了申报煤矿的汇报并对申报材料进行严格审查，部分煤矿被降级或取消资格。在汇报会议评审工作的基础上，6—9 月开展了安全高效矿井现场验收工作。本次验收工作采取申报单位交替互检验收和中国煤炭工业协会专家组验收相结合的方式，共计组成验收工作组 75 个，参加专家 400 多人，抽查了 325 处煤矿，覆盖面达 70%。各验收工作组由企业选拔具有丰富现场经验的采掘、通风、安全、防治水和劳资等专业的专家组成，验收内容主要有

各申报煤矿安全生产责任制落实情况、矿井质量标准化工作开展情况、矿井是否存在重大安全隐患、安全高效矿井申报表与相关原始基础表数据核实等。各验收组的工作程序：一是听取申报单位汇报，二是组织下井现场检查验收，三是查阅核实相关资料数据，四是根据现场存在的安全隐患和资料核查时发现的问题，提出整改意见和建议，五是与被验收单位交换意见。

2014 年 11 月，中国煤炭工业协会在西安组织召开验收工作汇报会，听取了各验收工作组工作汇报。各验收工作组详细汇报了在验收过程中发现的主要问题，介绍了被验收单位的先进技术和优秀管理经验，并提交了验收工作报告，会议形成了现场验收评审意见。参与验收的同志一致反映在完成验收任务的同时，学习了先进煤矿的技术和管理经验，也开阔了眼界和思路，受益匪浅，收获很大。

2014 年 12 月，中国煤炭工业协会在评审、验收及公示的基础上，发布了《中国煤炭工业协会关于命名 2012—2013 年度煤炭工业安全高效矿井（露天）的决定》，最终通过评审的安全高效矿井（露天）共计 442 处，与 2010—2011 年度相比，增加了 36 处，增幅达到 8.9%。按开采方式划分为井工矿 424 处，露天矿 18 处；按评审级别划分为特级安全高效矿井（露天）198 处，行业一级矿井（露天）167 处，行业二级矿井 77 处。

二、2012—2013 年度煤炭工业安全高效矿井总体指标分析

2012—2013 年度煤炭工业安全高效矿井（露天）共计生产原煤 13.90 亿 t，占 2013 年全国原煤生产总量的 37.77%，百万吨死亡率 0.004。其中，井工矿共计产量 11.50 亿 t，平均核定生产能力 291 万 t/a，综合单产 15.02 万 t/(个·月)，原煤工效 17.33 t/工，单井盈利 0.27 亿元，百万吨死亡率 0.004，多数矿井实现了一井一面（两面）集中生产，基本达到了国际先进水平。露天矿共计产量 2.40 亿 t，平均生产能力 1119.44 万 t/a，综合单产 31.45 万 t/(个·月)，原煤工效 66.76 t/工，平均剥采比 1∶3.67，平均盈利 8.68 亿元，百万吨死亡率 0.004，详见表 2-1。

表 2-1　2012—2013 年度安全高效矿井（露天）主要指标一览表

项　目	单　位	2013 年度
一、技术经济指标		
原煤产量	亿 t	13.90

表2-1（续）

项　　目	单　　位	2013年度
综合单产：井工	万t/(个·月)	15.02
综合单产：露天	万t/(个·月)	31.45
人均收入	万元	8.20
百万吨死亡率	%	0.004
井工矿平均原煤工效	t/工	17.33
二、安全高效矿井数量		
总数	处	442
特级	处	198
一级	处	167
二级	处	77

（一）原煤产量逐年增加

2012—2013年度安全高效矿井原煤产量13.90亿t，与2011年度相比，增长2.61亿t。442处安全高效矿井中共有31处煤矿核定生产能力达到千万吨以上，其中井工矿21处，露天矿10处，见表2-2。安全高效矿井数量与2011年相比，新增加了6处，井工矿和露天矿各增加3处。年产量超过千万吨的综采队有2个，分别是神华神东布尔台煤矿综采一队1212.4万t；内蒙古伊泰京粤酸刺沟矿业有限责任公司综采一队1009.98万t。

表2-2　2013年千万吨级安全高效矿井（露天）

序　号	矿　井　名　称	核定能力/万t	原煤产量/万t
井　　工　　矿			27973.09
1	神华神东煤炭集团补连塔煤矿	2500	2498.90
2	神华神东煤炭集团锦界煤矿	2000	1893.00
3	神华神东煤炭集团布尔台煤矿	2000	1844.50
4	神华神东煤炭集团榆家梁煤矿	1630	1627.00
5	同煤大唐塔山煤矿有限公司	1500	1500.00
6	中国华电内蒙古蒙泰不连沟煤矿	1500	1499.70
7	陕煤集团神木红柳林矿业公司	1500	1498.30
8	神华神宁煤业集团羊场湾煤矿	1500	1491.00

表2-2（续）

序 号	矿 井 名 称	核定能力/万t	原煤产量/万t
9	神华神东煤炭集团上湾煤矿	1400	1396.00
10	神华神东煤炭集团哈拉沟矿	1250	1248.00
11	内蒙古伊泰京粤酸刺沟矿业有限责任公司酸刺沟煤矿	1200	1198.30
12	陕西柠条塔煤矿	1200	1192.00
13	淮南矿业集团张集煤矿	1240	1173.71
14	神华神宁煤业集团梅花井煤矿	1200	1112.51
15	神华神东煤炭集团大柳塔煤矿活鸡兔井	1100	1098.76
16	中煤平朔集团有限公司井工一矿	1000	1000.00
17	陕煤集团神木张家峁矿	1000	998.45
18	神华神东煤炭集团万利一矿	1000	998.40
19	神华神东煤炭集团大柳塔煤矿大柳塔井	1000	997.36
20	中煤平朔集团有限公司井工二矿	1000	915.00
21	晋城煤业集团寺河煤矿	1080	792.20
露 天 矿			21373.01
22	神华准能集团黑岱沟露天煤矿	3400	3259.08
23	神华准能集团哈尔乌素露天煤矿	3500	3242.88
24	神华神宝能源公司露天煤矿	3500	3130.00
25	中煤平朔集团有限公司安太堡露天矿	2200	2200.00
26	中国华能呼伦贝尔公司伊敏露天矿	2200	2070.00
27	中煤平朔集团有限公司安家岭露天矿	2000	1990.00
28	神华胜利能源公司	2000	1784.02
29	内蒙古霍林河露天煤业股份有限公司南露天煤矿	1500	1530.00
30	扎鲁特旗扎哈淖尔煤业有限公司	1500	1510.00
31	云南省小龙潭矿务局布沼坝露天矿	1000	657.03

（二）单产水平稳步提升

424处安全高效井工矿平均综合单产15.02万t/(个·月)，其中，最高单产为神华神东煤炭集团锦界煤矿创造的157万t/(个·月)，较2011年神华神东煤炭集团补连塔煤矿创造97.84万t/(个·月)，大幅度提高了59.16万t/(个·月)，增幅达60%；综合单产超过30万t/(个·月)的井工矿有41个，比2011年度增加8个，见表2-3。18处安全高效露天矿平均综合单产为31.45万t/(个·月)，露天矿最高单产是由神华准能集团哈尔乌素露天煤矿创造的，达到135.12万t/(个·月)，较其集团黑岱沟露天煤矿2011年创造的最高单产69万t/(个·月)，大幅度提高了66.12万t/(个·月)，增幅约达96%，见表2-4。

表2-3　2013年综合单产超过30万t安全高效井工矿

序号	井工矿名称	原煤产量/万t	综合单产/[万t·(个·月)$^{-1}$]
1	神华神东煤炭集团锦界煤矿	1893.00	157.00
2	中煤平朔集团有限公司井工一矿	1000.00	90.80
3	中煤平朔集团有限公司井工二矿	915.00	76.55
4	陕煤集团神木红柳林矿业公司	1498.30	70.33
5	神华神东煤炭集团补连塔煤矿	2498.90	69.41
6	中国华电内蒙古蒙泰不连沟煤矿	1499.70	68.80
7	神华神东煤炭集团上湾煤矿	1396.00	65.87
8	晋城煤业集团寺河煤矿	792.20	62.59
9	同煤大唐塔山煤矿有限公司	1500.00	61.97
10	神华神东煤炭集团布尔台煤矿	1844.50	58.00
11	陕西柠条塔煤矿	1192.00	57.94
12	山西潞安环保能源开发股份有限公司常村煤矿	699.92	56.22
13	神华神东煤炭集团哈拉沟矿	1248.00	53.33
14	神华神宁煤业集团红柳煤矿	656.00	53.00
15	内蒙古伊泰京粤酸刺沟矿业有限责任公司酸刺沟煤矿	1198.30	49.95
16	中煤平朔集团有限公司井工三矿	559.58	46.63
17	中煤华晋王家岭矿	600.00	46.39
18	中国华能扎煤公司灵东矿	500.00	41.91
19	内蒙古伊泰煤炭股份有限公司纳林庙煤矿二号井	500.00	41.67
20	内蒙古伊泰煤炭股份有限公司宏景塔一矿	499.90	41.67
21	陕煤集团神木张家峁矿	998.45	41.44
22	山西怀仁联顺玺达柴沟煤业有限公司	487.00	40.58
23	陕西凉水井煤矿	453.00	40.39
24	铁法煤业（集团）有限责任公司大平煤矿	395.00	40.37

表2-3（续）

序号	井工矿名称	原煤产量/万t	综合单产/［万t·(个·月)$^{-1}$］
25	神华神东煤炭集团大柳塔煤矿大柳塔井	997.36	40.28
26	神华神东煤炭集团榆家梁煤矿	1627.00	40.02
27	陕西省神木县店塔镇榆林市杨伙盘煤矿	417.00	40.00
28	神华神东煤炭集团万利一矿	998.40	37.62
29	神华神宁煤业集团羊场湾煤矿	1491.00	37.40
30	山西中煤华晋能源有限责任公司王家岭矿	600.00	36.82
31	陕西黄陵二号煤矿有限公司	800.00	35.80
32	山东能源新矿集团新巨龙公司	599.60	34.70
33	陕西蒲白矿业建庄矿	401.15	33.40
34	皖北煤电集团钱营孜煤矿	384.99	33.13
35	潞安环能股份公司漳村煤矿	398.00	32.46
36	神华神宁煤业集团梅花井煤矿	1112.51	32.17
37	兖矿集团东滩煤矿	748.61	31.58
38	陕西蒲白矿业建新矿	375.96	31.33
39	神华神东煤炭集团大柳塔煤矿活鸡兔井	1098.76	30.34
40	兖矿集团兴隆庄煤矿	652.18	30.07
41	山西晋煤集团长平煤业有限责任公司	399.60	30.07

表2-4　2013年安全高效露天矿单产统计

序号	矿井名称	原煤产量/万t	综合单产/［万t·(个·月)$^{-1}$］
1	神华包头矿业公司水泉露天煤矿	119.94	9.99
2	神华神宝能源公司露天煤矿	3130.00	28.98
3	神华胜利能源公司	1784.02	29.73
4	神华准能集团哈尔乌素露天煤矿	3242.88	135.12
5	神华准能集团黑岱沟露天煤矿	3259.08	54.32
6	中国华能呼伦贝尔公司伊敏露天矿	2070.00	43.13
7	中国华能魏家峁露天矿	600.00	50.00
8	中煤平朔集团有限公司安家岭露天矿	1990.00	25.51

表2-4（续）

序号	矿　井　名　称	原煤产量/万t	综合单产/[万t·(个·月)$^{-1}$]
9	中煤平朔集团有限公司安太堡露天矿	2200.00	22.92
10	平庄煤业元宝山露天矿	803.00	20.14
11	云南省小龙潭矿务局布沼坝露天矿	657.03	13.69
12	云南省小龙潭矿务局小龙潭露天矿	187.60	15.63
13	张家梁露天煤矿	441.30	36.78
14	抚顺矿业集团有限责任公司东露天矿	73.00	8.11
15	抚顺矿业集团有限责任公司西露天矿	211.00	12.56
16	内蒙古霍林河露天煤业股份有限公司南露天煤矿	1530.00	27.85
17	云南先锋煤业开发有限公司	390.00	14.50
18	扎鲁特旗扎哈淖尔煤业有限公司	1510.00	17.27

（三）煤巷掘进单进水平不断提高

2012—2013年度，安全高效井工矿平均月进尺达360 m/(个·月)，超过1000 m/(个·月)的煤巷掘进工作面共有24处，见表2-5。其中，最高平均月进尺是由神华神东煤炭集团锦界煤矿创造的，为1578 m/(个·月)；最高月进尺和最高日进尺均是由神华乌海能源公司棋盘井煤矿创造的，分别为2470 m/(个·月)和97 m/(个·日)。

表2-5　煤巷掘进工作面平均月进尺超过1000 m/(个·月)矿井

序号	矿　井　名　称	煤巷月平均进尺/[m·(个·月)$^{-1}$]	最高月进尺/[m·(个·月)$^{-1}$]	最高日进尺/[m·(个·日)$^{-1}$]
1	神华神东煤炭集团锦界煤矿	1578	1750	66
2		1461	1660	66
3	山西潞安环保能源开发股份有限公司常村煤矿	1561.2	1990	59.6
4		1257.1	1631	50.1
5	龙煤集团双鸭山分公司东荣二矿	1517	1967	63.45
6	神华神东煤炭集团大柳塔煤矿活鸡兔井	1492.61	1766.8	66
7		1454.12	1800.5	65
8		1224.68	1551.9	61

表2-5（续）

序号	矿井名称	煤巷月平均进尺/[m·(个·月)$^{-1}$]	最高月进尺/[m·(个·月)$^{-1}$]	最高日进尺/[m·(个·日)$^{-1}$]
9	神华神东煤炭集团哈拉沟矿	1461	1804	60
10	潞安集团高河煤矿	1439	1529	83.5
11	神华神东煤炭集团榆家梁煤矿	1412	1654	78
12		1366	1556	72
13	神华神东煤炭集团大柳塔煤矿大柳塔井	1371.21	1902.5	82
14	神华乌海能源公司棋盘井煤矿	1325	2470	97
15	山西潞安环保能源开发股份有限公司王庄煤矿	1323	1930	53
16		1159	1396	46
17	神华神东煤炭集团上湾煤矿	1293.5	1969	83
18	神华神东煤炭集团补连塔煤矿	1273.6	1565	67
19		1134.75	1386	62
20		1126.1	1260	51
21	山东能源淄矿集团唐口煤业公司	1216	398	15
22	东辉集团西坡煤业	1051	1266	68
23	潞安环能股份公司漳村煤矿	1042	1187	39.57
24	山西鲁能河曲电煤公司上榆泉煤矿	1025	1178	45

（四）原煤工效提高

424处安全高效井工矿平均原煤工效达到15.05 t/工，是原国有重点煤矿平均工效的2.2倍，相比2011年度，提高1.32 t/工。18处安全高效露天矿井平均原煤工效达到66.43 t/工。共有8处煤矿原煤工效超过100 t/工，井工矿5处，露天矿3处（表2-6、表2-7）。其中神华神东煤炭集团补连塔煤矿达到122.98 t/工，生产原煤2498.9万t，原煤工效居井工矿第一；中煤平朔集团有限公司安家岭露天矿原煤工效177.24 t/工，居露天矿原煤工效第一。

（五）百万吨死亡率大幅下降

442处安全高效矿井（露天）中，井工矿死亡5人，百万吨死亡率0.0043，约为2011年度安全高效矿井百万吨死亡率的20%，远低于2013年全国煤矿百万吨死亡率0.288；露天矿死亡1人，百万吨死亡率为0.0042。

表2-6　原煤工效超过100 t/工的安全高效井工矿

序号	煤矿名称	原煤产量/万t	综采/综掘机械化程度/%	原煤工效/(t·工$^{-1}$)	利润/亿元	人均收入/万元	收入增幅/%
1	神华神东煤炭集团补连塔煤矿	2498.9	100/100	122.98	49.15	16.25	8
2	神华神东煤炭集团锦界煤矿	1893	100/100	114.97	0.103445	13.67	0.65
3	中煤平朔集团有限公司井工二矿	915	100/100	111.75	1.36	13.2	3.8
4	神华神东煤炭集团布尔台煤矿	1844.5	100/100	111	1.848	13.5	0.9
5	神华神东煤炭集团哈拉沟矿	1248	100/100	107.91	32.61	17.96	27

表2-7　原煤工效超过100 t/工的安全高效露天矿

序号	煤矿名称	原煤产量/万t	剥采比/(m^3·t^{-1})	原煤工效/(t·工$^{-1}$)	利润/亿元	人均收入/万元	收入增幅/%
1	中煤平朔集团有限公司安家岭露天矿	1990.00	4.17	177.24	11.23	12.0	4.00
2	神华神宝能源公司露天煤矿	3130.00	3.61	116.05	15.87	10.2	12.00
3	中煤平朔集团有限公司安太堡露天矿	2200.00	7.41	128.81	17.08	12.1	-0.04

按评审级别划分，行业一级安全高效矿井（露天）死亡4人，行业二级安全高效矿井死亡2人。

（六）企业效益整体下滑

2012—2013年度安全高效矿井（露天）共盈利1269.66亿元，占当年全国规模以上煤炭企业补贴后利润总额的53.6%。全国共有35处安全高效矿井（露天）单矿（井）盈利超过10亿元（表2-8），比2011年度减少10处。其中，神华神东煤炭集团补连塔煤矿、神华准能集团黑岱沟露天煤矿、神华神东煤炭集团哈拉沟矿、神华神东煤炭集团榆家梁煤矿、神华神东煤炭集团上湾煤矿、神华神东煤炭集团大柳塔煤矿活鸡兔井、陕煤集团神木红柳林矿业公司等7处安全高效矿井盈利超过25亿元。井工矿中，补连塔矿盈利最多，达到49.15亿元；露天矿盈利最多的是黑岱沟露天矿，全年盈利38.96亿元。2013年度安全高效矿井（露天）人均收入8.03万元，其中

424 处井工矿人均收入达到 7.9 万元，18 处露天矿达到 9.5 万元；共有 74 处安全高效矿井（露天）人均收入超过了 10 万元。

表 2-8　2013 年度盈利水平超过 10 亿元安全高效矿井（露天）

序号	煤矿名称	原煤产量/万 t	实现利润/亿元	人均收入/万元	收入增幅/%
1	神华神东煤炭集团补连塔煤矿	2498.90	49.15	16.25	8
2	神华准能集团黑岱沟露天煤矿	3259.08	38.96	13.27	
3	神华神东煤炭集团哈拉沟矿	1248.00	32.62	17.96	27
4	神华神东煤炭集团榆家梁煤矿	1627.00	31.03	16.25	7.40
5	神华神东煤炭集团上湾煤矿	1396.00	26.79	15.3	2.20
6	神华神东煤炭集团大柳塔煤矿活鸡兔井	1098.76	25.98	17.27	11
7	陕煤集团神木红柳林矿业公司	1498.30	25.44	19.15	-2.80
8	晋城蓝焰煤业股份有限公司成庄矿	801.95	23.96	11.43	4.60
9	神华神东煤炭集团大柳塔煤矿大柳塔井	997.36	23.74	17.27	11.20
10	神华准能集团哈尔乌素露天煤矿	3242.88	22.15	14.44	
11	中国华能呼伦贝尔公司伊敏露天矿	2070.00	21.51	10.02	1.10
12	兖矿集团东滩煤矿	748.61	19.52	7.64	0.40
13	晋城煤业集团寺河煤矿	792.20	19.19	12.90	2.90
14	永煤公司城郊煤矿	499.50	18.95	9.03	2.00
15	山西煤销集团泰安煤业有限公司	156.40	17.85	9.69	17.00
16	山东能源新矿集团新巨龙公司	599.60	17.73	11.30	1.20
17	兖矿集团兴隆庄煤矿	652.18	17.49	7.52	
18	中煤平朔集团有限公司安太堡露天矿	2200.00	17.08	12.12	-0.04
19	淮南矿业集团张集煤矿	1173.71	16.99	9.09	6.50
20	中煤华晋王家岭矿	600.00	16.30	12.40	15.00
21	神华神宝能源公司露天煤矿	3130.00	15.87	10.20	12.00
22	永煤公司陈四楼煤矿	437.70	13.95	9.48	5.00
23	淮南矿业集团顾桥煤矿	898.68	13.54	9.72	8.32
24	兖矿集团济宁三号煤矿	631.44	13.42	7.51	0
25	兖矿集团鲍店煤矿	621.09	13.25	7.23	
26	东辉集团西坡煤业	102.00	12.26	7.00	5.00

表2-8（续）

序号	煤矿名称	原煤产量/万t	实现利润/亿元	人均收入/万元	收入增幅/%
27	山西华润大宁能源有限公司	360.00	12.25	11.80	10.00
28	陕西黄陵二号煤矿有限公司	800.00	12.00	14.10	1.10
29	山西襄矿晋平煤业有限公司	269.00	11.92	6.40	10.00
30	神华神宁煤业集团羊场湾煤矿	1491.00	11.70	10.93	1.04
31	山西潞安环保能源开发股份有限公司王庄煤矿	709.61	11.57	5.70	
32	中煤平朔集团有限公司安家岭露天矿	1990.00	11.23	12.00	4.00
33	陕煤集团神木张家峁矿	998.45	11.21	16.11	18.00
34	山西柳林兴无煤矿有限责任公司	143.72	10.35	6.50	10.00
35	中煤上海大屯能源股份公司姚桥煤矿	444.10	10.23	7.10	2.30

三、2012—2013年度安全高效矿井（露天）地区及所属企业分布

2012—2013年度，安全高效矿井（露天）分布情况如图2-1所示。其中山西、河南、内蒙古、山东、陕西、河北、安徽、宁夏、甘肃、新疆等省（自治区）达标煤矿数量超过10处。山西省高达117处，占2013年全国安全高效矿井总数的26.47%；其次为河南省66处，内蒙古自治区54处。

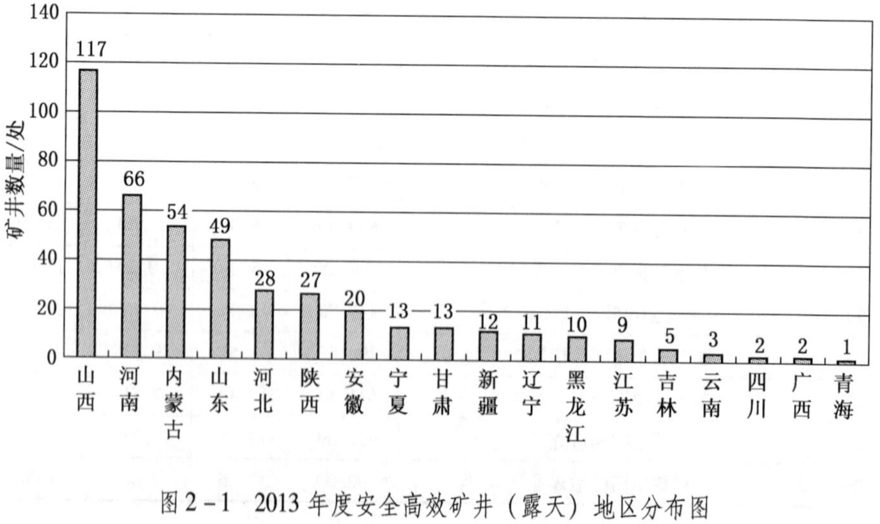

图2-1 2013年度安全高效矿井（露天）地区分布图

2012—2013 年度，安全高效矿井（露天）分布情况分级分布见表 2－9，其中特级矿井主要分布在山西、内蒙古、山东、陕西、河南、宁夏和安徽等 7 省（自治区）的大型煤炭基地；一级矿井主要分布在山西、河南、内蒙古、山东和河北等 5 省（自治区）。

表 2－9　2013 年度安全高效矿井（露天）地区分布

序号	省（自治区）	安全高效矿井数量/处				占全国比重/%
		总量	特级	一级	二级	
1	山西	117	43	55	19	26.47
2	河南	66	13	31	22	14.93
3	内蒙古	54	39	13	2	12.22
4	山东	49	22	19	8	11.09
5	河北	28	9	12	7	6.33
6	陕西	27	18	5	4	6.11
7	安徽	20	12	8	0	4.52
8	宁夏	13	12	0	1	2.94
9	甘肃	13	9	2	2	2.94
10	新疆	12	5	3	4	2.71
11	辽宁	11	8	3	0	2.49
12	黑龙江	10	1	5	4	2.26
13	江苏	9	3	6	0	2.04
14	吉林	5	1	3	1	1.13
15	云南	3	3	0	0	0.68
16	四川	2	0	0	2	0.45
17	广西	2	0	1	1	0.45
18	青海	1	0	1	0	0.22
合　计		442	198	167	77	100

按安全高效矿井所属企业分析，2012—2013 年度达标数量超过 8 处的企业有 18 家（图 2－2），其中达标数量超过 20 处煤矿的有 6 家煤炭企业，分别是神华集团、河南能源集团、山东能源集团、冀中能源集团、平煤神马集团、陕西煤业化工集团。

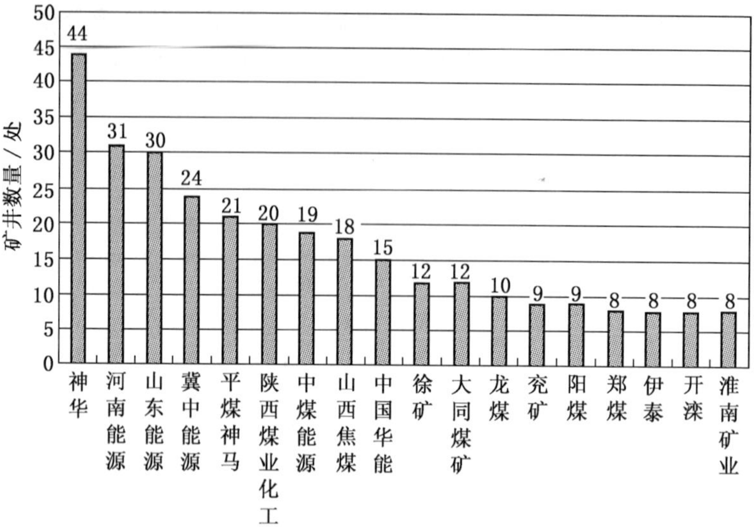

图2－2　2012—2013年度安全高效矿井(露天)企业分布图(达标数量超过8处)

2012—2013年度，安全高效矿井（露天）分级在煤炭企业分布情况见表2－10，特级矿井主要分布在神华集团、山东能源集团、中国华能集团、陕西煤业化工集团、中煤能源集团、兖矿集团、淮南矿业集团和伊泰集团等大型优势煤炭企业集团，其中前3名神华集团、山东能源集团、华能集团占比分别为17.17%、7.07%和6.57%。

表2－10　2012—2013年度安全高效矿井（露天）企业分布
（达标数量超过8处）

序号	企业名称	安全高效矿井数量/处			
		总量	特级	一级	二级
1	神华集团	44	34	9	1
2	河南能源集团	31	7	13	11
3	山东能源集团	30	14	13	3
4	冀中能源集团	24	5	14	5
5	平煤神马集团	21	4	9	8
6	陕西煤业化工集团	20	12	4	4
7	中煤能源集团	19	9	9	1

表2-10（续）

序号	企业名称	安全高效矿井数量/处			
		总量	特级	一级	二级
8	山西焦煤集团	18	6	9	3
9	中国华能集团	15	13	0	2
10	徐矿集团	12	3	5	4
11	大同煤矿集团	12	2	4	6
12	龙煤集团	10	1	5	4
13	兖矿集团	9	7	2	0
14	阳煤集团	9	5	4	0
15	郑煤集团	8	2	4	2
16	伊泰集团	8	7	0	1
17	开滦集团	8	5	1	2
18	淮南矿业集团	8	7	1	0

第二节　2012—2013年度安全高效矿井分级分析

一、特级安全高效矿井（露天）

2012—2013年度，特级安全高效矿井共有198处，其中井工矿183处，露天矿15处。按所属地区分析，主要分布在山西省（42处）、内蒙古自治区（39处）、山东省（22处）、陕西省（18处）、河南省（13处）、安徽省（12处）和宁夏回族自治区（12处）等七省（自治区）。

按所属企业分析，神华集团数量位居全国之首，共有34处特级安全高效矿井；其中有13处年产量超过千万吨，分别为神华神东煤炭集团补连塔煤矿2498.9万t、神华神东煤炭集团锦界煤矿1893万t、神华神东煤炭集团布尔台煤矿1844.5万t、神华神东煤炭集团榆家梁煤矿1627万t、神华神宁煤业集团羊场湾煤矿1491万t、神华神东煤炭集团上湾煤矿1396万t、神华神东煤炭集团哈拉沟矿1248万t、神华神宁煤业集团梅花井煤矿1112.51万t、神华神东煤炭集团大柳塔煤矿活鸡兔井1098.76万t、神华准能集团黑岱沟露天煤矿 3259.08 万 t、神华准能集团哈尔乌素露天煤矿 3242.88 万 t、神华神宝能源公司露天煤矿 3130 万 t、神华胜利能源公司 1784.02 万 t。其次是山东能源集团、华能集团和陕西煤业化工集团分别建设成特级安全高效矿井 14 处、13 处和 12 处；第三方阵是中煤能源集团建设成特级安全高效矿井 9 处，河南能源集团、兖矿集团、淮南矿业集团和伊泰集团均建设成特级安全高效矿井 7 处。

（一）安全技术指标分析

198 处特级安全高效矿井（露天）原煤产量 9.8 亿 t，占当年全国原煤生产总量的 26.6%，占全部安全高效矿井（露天）生产总量的 70.5%。其中，183 处特级安全高效井工矿核定生产能力 82052 万 t，矿平均规模 384.1 万 t/a，生产原煤 76060 万 t，矿平均产量 414.4 万 t/a；15 处特级安全高效露天矿核定生产能力 21940 万 t，矿平均规模 1462.7 万 t/a，生产原煤 20746.83 万 t，矿平均产量 1383.1 万 t/a。

183 处特级井工矿平均单产 22.75 万 t/(个·月)，原煤工效 23 t/工，采煤机械化程度 99.94%。其中，神华神东煤炭集团补连塔煤矿是目前世界生产规模最大的现代化井工矿，核定生产能力 2500 万 t，2013 年全年原煤产量 2498.9 万 t，矿井综合单产达到 69.4139 万 t/(个·月)，采煤机械化程度 100%。该矿为一井三面生产模式，其中综采一队产煤 1212.4 万 t，综采设备为引进的 EKF－SL1000 型采煤机、国产 ZY18000/32/70D 型液压支架、DBT3×1600 kW 型刮板输送机；综采二队产煤 450.83 万 t，综采设备为 EKF－SL1000 型采煤机、国产 ZY12000/28/63 型液压支架、DBT3×1000 kW 型刮板输送机；综采三队产煤 713.11 万 t，综采设备为 EKF－SL1000 型采煤机、国产 ZY12000/25/50D 型液压支架、JOY3×1000 kW 型刮板输送机。

15 处特级露天矿平均原煤工效 71.4 t/工，开采最大剥采比 1∶7.41，最小剥采比 1∶0.69；最大煤层平均厚度 84.29 m，最小煤层平均深度 9.02 m。其中，神华神宝能源公司露天煤矿和神华准能集团哈尔乌素露天煤矿均为目前我国生产规模最大的现代化露天矿，核定生产能力 3500 万 t，其中神华准能集团哈尔乌素露天煤矿原煤产量 3242.88 万 t，该矿剥离采用单斗挖掘机—自卸卡车间断工艺，煤炭开采为单斗挖掘机—自卸卡车—半固定式破碎站—带式输送机半连续工艺，煤层平均厚度 28 m，剥采比 1∶3.9，实现利润 22.15 亿元；神华神宝能源公司露天煤矿原煤产量 3130 万 t，该矿开采工艺为单斗—汽车工艺，煤层平均厚度 22.16 m，剥采比 1∶3.6，实现利润 15.87 亿元。

（二）经济效益

198 处特级安全高效矿井共盈利 955.1 亿元，占当年全国规模以上煤炭企业补贴后利润总额的 40.3%，平均每矿盈利 4.8 亿元。其中，神华神东煤炭集团补连塔煤矿盈利 49.15 亿元，位居特级安全高效矿井第一。198 处特级安全高效矿井职工人均收入 9.2 万元/a，陕煤集团神木红柳林矿业公司人均收入最高，达到 19.15 万元/a。

二、行业一级安全高效矿井（露天）

2012—2013 年度行业一级安全高效矿井共有 167 处，其中井工矿 164 处，露天矿 3 处，主要分布在山西、河南、山东、河北、安徽、内蒙古、辽宁、吉林、江苏、陕西、黑龙江等省（自治区）。

（一）安全技术指标分析

167 处行业一级安全高效井工矿核定生产能力 29770 万 t，矿平均规模 181.52 万 t/a，生产原煤 27143.04 万 t，矿平均产量 165.51 万 t/a。3 处行业一级安全高效露天矿核定生产能力 3610 万 t，矿平均规模 1203.33 万 t/a，生产原煤 3452.02 万 t，矿平均产量 1150 产量万 t/a。167 处行业一级安全高效矿井原煤产量 3.06 亿 t，占当年全国原煤生产总量的 8.32%，占全部安全高效矿井原煤生产总量的 22%。

167 处行业一级井工矿平均单产 9.93 万 t/(个·月)，原煤工效 9.76 t/工，采煤机械化程度 99.7%，掘进装载机械化程度 98.3%；死亡 4 人，百万吨死亡率 0.015，仅为当年全国煤矿百万吨死亡率 0.288 的 5%。其中，神华神东煤炭集团上湾煤矿原煤产量最高，产量达到 1396 万 t。

3 处行业一级露天矿分别为神华集团包头矿业有限责任公司水泉露天煤矿、神华准格尔能源有限责任公司黑岱沟露天煤矿、抚顺矿业集团有限责任公司东露天矿。神华集团包头矿业有限责任公司水泉露天煤矿采用单斗—卡车间断生产工艺，剥采比 1∶2.71，煤层平均厚度 12.8 m，原煤工效 23.45 t/工。神华准格尔能源有限责任公司黑岱沟露天煤矿，剥采比 1∶4.82，煤层平均厚度 28.8 m，原煤工效 83.65 t/工。抚顺矿业集团有限责任公司东露天矿，剥采比 1∶5.5，开采深度 110 m，煤层平均厚度 41.7 m，原煤工效 17 t/工。

（二）经济效益

167 处行业一级安全高效矿井共盈利 279 亿元，占当年全国规模以上煤炭企业补贴后利润总额的 11.77%。其中，神华准能集团黑岱沟露天煤矿盈利38.96亿元，经济效益名列行业一级安全高效矿井第一。行业一级安全高效矿井职工人均收入7.3万元/a，其中神华神东煤炭集团上湾煤矿人均收入最高，达15.3万元/a。

三、行业二级安全高效矿井（露天）

行业二级安全高效矿井共有77处，全部为井工矿。主要分布在河南、山西、山东、河北、黑龙江、陕西、内蒙古等省（区）。

（一）安全技术指标分析

77处行业二级安全高效井工矿核定生产能力9172万t，矿平均规模119.12万t/a，生产原煤7807.4万t，矿平均产量101.39万t/a。77处行业二级安全高效矿井原煤产量占全国原煤生产总量的2.1%，占全部安全高效矿井原煤生产总量的5.62%。

77处行业二级安全高效井工矿平均单产6.89万t/(个·月)，原煤工效6.43t/工，采煤机械化程度99%，掘进装载机械化程度98.1%；死亡2人，百万吨死亡率0.026，仅为当年全国煤矿百万吨死亡率0.288的9%。

（二）经济效益

77处行业二级安全高效矿井共盈利34.76亿元，占当年全国规模以上煤炭企业补贴后利润总额的1.47%，平均每矿盈利0.45亿元。其中，山东省岱庄生建煤矿盈利3.14亿元，名列行业二级安全高效矿井第一。二级安全高效矿井职工人均收入6.6万元/a，其中山东省岱庄生建煤矿人均收入最高，达15.27万元/a。

四、安全高效矿井技术经济指标对比

2012—2013年度，全国安全高效矿井（露天）安全基础工作得到进一步加强，安全事故死亡人数6人，其中一级安全高效矿井死亡4人，二级安全高效矿井死亡2人。特级安全高效矿井（露天）平均单矿盈利达到4.8亿元，分别是行业一级和行业二级安全高效矿井对应指标的2.9倍和10.7倍。特级安全高效矿井职工人均收入为9.2万元/a，分别是行业一级和行业二级安全高效矿井对应指标的1.2和1.4倍，如图2-3所示。

特级安全高效矿井（露天）工作面单产水平23.6万t/(个·月)，其单面月产量分别是行业一级和行业二级的2.3倍和3.4倍。特级安全高效矿井原煤工效平均26.8t/工，分别是行业一级和行业二级的2.6倍和4.1倍，如图2-4所示。

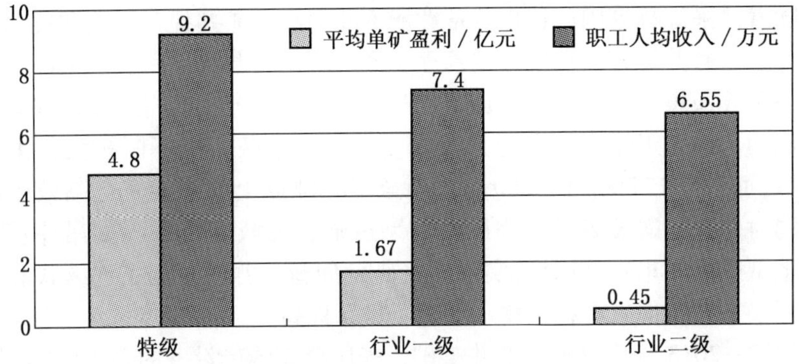

图2－3　2012—2013年度安全高效矿井盈利及收入对比

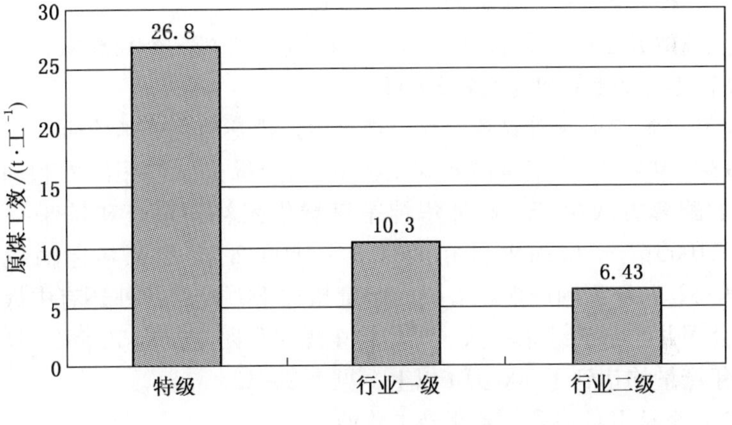

图2－4　2012—2013年度安全高效矿井原煤工效

第三节　2012—2013年度安全高效矿井设备配套及百万吨采煤队分析

一、2012—2013年度安全高效矿井设备配套分析

我国煤炭开采以井工为主，改革开放以来我国煤炭工业取得了长足发展，为国民经济的持续快速发展提供了基础能源保障。1990年以来，以长壁高效综采为核心的矿井建设取得了前所未有的新进展。特别是2000年以

后，随着综采综掘等国产技术装备性能不断提高，矿井提升运输和装车系统自动化、全矿井综合自动化等技术逐步推广应用，厚煤层一次采全高、特厚煤层综采放顶煤开采、薄煤层自动化开采等先进生产工艺得到实现并取得了巨大成功。综采工作面生产能力大幅度提高，采区范围不断扩大，出现了“一矿一面”年产 300 万 ~ 500 万 t 乃至千万吨以上的煤炭安全高效生产模式。同时，我国露天煤矿引进国外大型运输、装载等装备（如吊斗铲、轮斗、重型载重汽车），并结合实际自主研发创新，普遍采用了连续式和半连续式开采工艺，使生产科学化水平有了显著提高。

2012—2013 年度安全高效井工矿，采用全套国产设备的采煤队达到 605 个，产量约 11 亿 t；部分采用引进国外设备的采煤队有 70 个，产量合计约 3 亿 t；全套引进国外设备的采煤队有 1 个，产量为 298.27 万 t。

（一）采用全套国产设备的生产工作面

安全高效井工矿工作面使用全套国产设备的 605 个采煤队，产量在前 20 名的采煤队及装备配套见表 2 - 11。

（二）引进部分国外设备，配以部分国产设备的生产工作面

2013 年共有 39 个安全高效井工矿的 70 个综采队使用国外和国产设备相结合的配套方式生产，如神华神东煤炭集团补连塔煤矿综采一队使用 EKF - SL1000/7 m 型采煤机和 DBT 3 × 1600/2.05 型刮板运输机，配以 ZY18000/32/70D 型国产液压支架，产量超过千万吨；此外还有中煤平朔集团有限公司井工一矿综采一队、神华神东煤炭集团哈拉沟矿综采一队等 2 个综采队年产量均达到了 900 万 t 以上，见表 2 - 12。

（三）全套引进国外设备生产工作面

2013 年安全高效矿井只有山西华润大宁能源有限公司 1 个煤矿的 1 个综采队全部采用引进全套国外综采设备，见表 2 - 13。

二、2012—2013 年度安全高效矿井百万吨采煤队工艺分析

424 处井工矿中共有百万吨采煤队达到 362 个，平均单队年产量 231.87 万 t，集约化程度进一步增强。其中，年产量超过 300 万 t 的采煤队有 69 个（表 2 - 14），年产量超过 600 万 t 的采煤队有 20 个，年产量超过 900 万 t 的综采队 4 个，分别是神华神东煤炭集团补连塔煤矿综采一队 1212.40 万 t、内蒙古伊泰京粤酸刺沟矿业有限责任公司酸刺沟煤矿采煤一队 1009.98 万 t、中煤平朔集团有限公司井工一矿综采一队 980.6 万 t、神华神东煤炭集团哈拉沟矿综采一队 909.05 万 t。

表2-11　2013年安全高效矿井采用全套国产设备采煤队（产量前20名）

序号	采煤队名称	采煤工艺	工作面产量			工作面设备		
			年产量/万t	平均月产/[万t·(个·月)$^{-1}$]	平均日产/(t·d^{-1})	液压支架型号	采煤机型号	刮板输送机型号
1	内蒙古伊泰京粤酸刺沟矿业有限责任公司酸刺沟煤矿采煤一队	综放	1009.9	84.16	30605	ZF21000/25/45D	MG750/1860-GWD	SGZ1000/2×1000 SGZ1200/2×1000
2	兖矿集团兴隆庄煤矿综采一队	综放	611.53	53.14	17373	ZF10000	MG650/1480-WD	SGZ1000/1400
3	兖矿集团鲍店煤矿综采队	综放	505.69	43.71	14366	ZFS7200	MG400/940-WD	SGZ1000/1050
4	中国华能扎煤公司灵东矿综采一队	综放	491.5	40.96	13212	ZF12000/25/40 ZF11000/25/40	MG650/1560-WD	SGZ1000/1400 SGZ1000/2000
5	伊泰煤炭股份有限公司纳林庙煤矿二号井综采队	综采	487.49	40.62	13540	ZY8640/25.5/55	MG750/1915-GWD	SGZ1000/1400
6	山西怀仁联顺玺达柴沟煤业有限公司综采队	综放	468.35	39.03	13010	ZF13000/133	MG400/930-WD	SGZ1000/1200
7	神华神宁煤业集团梅花井煤矿综采二队	综采	432.39	31.2	10400	ZY10000/23/50D	MG750/1920-WD	SGZ1000/2×855
8	神华神宁煤业集团羊场湾煤矿综采五队	综采	428.9	43.62	14539	ZY10000/28/62D	MG900/2250-WD	SGZ1250/3×855
9	陕西凉水井煤矿综采队	综采	414.8	34.57	13274	ZY3000/17.5/35	MG650/1620-WD	SGZ1000/2×700
10	兖矿集团济宁三号煤矿综采一队	综放	406	33.83	11600	ZFS7200/18/35	MG400/940-WD	SGZ1000/1400

表2-11（续）

序号	采煤队名称	采煤工艺	工作面产量			工作面设备		
			年产量/万t	平均月产/[万t·(个·月)$^{-1}$]	平均日产/(t·d^{-1})	液压支架型号	采煤机型号	刮板输送机型号
11	淮南矿业集团谢桥煤矿综采三队	综采	404.62	33.72	11083	ZZ9200/24/50	MG750/1860-WD	SGZ1000/1400
12	神华神宁煤业集团梅花井煤矿综采一队	综采	402.2	30.5	10167	ZY10000-18/37D	MG650/1710-WD	SGZ1000/2×855
13	陕西黄陵二号煤矿有限公司综采一队	综采	402	33.5	11166	ZY10000-26/55D	MG900/2215-WD	SGZ1200/2565
14	铁法煤业（集团）有限责任公司大平煤矿综放队	综放	389.01	40.37	13277	ZF8000/17/29H ZF9600/18/32H等	MG940/400-WD	SGZ1000/2000
15	潞安环能股份公司漳村煤矿综采队	综放	381.68	31.81	11095	ZFS6000/17/33	MGTY250/600/1.1D	SGZ830/2×400
16	皖北煤电集团钱营孜煤矿采煤事业部	综采	377.64	31.47	10490	ZY8800/21/42	MG650/1620-WD	SGZ1000/2000
17	陕西蒲白矿业建庄矿综采队	综放	371.15	30.9	11242	ZF10500/20/36	MG400/930-WD	SGZ880/2×525
18	山西潞安环保能源开发股份有限公司王庄煤矿综采一队	综放	369.3	30.78	11191	ZF7000/20/40	MGTY400/930	SGZ960/1400
19	神华神宁煤业集团羊场湾煤矿综采二队	综放	367.16	30.6	10199	ZF10000/18/35D	MG650/1620-WD	SGZ960/1400
20	中煤华晋王家岭矿综采一队	综放	354.89	29.58	16400	ZFY8000/22/35	MG400/930-WD	SGZ/800/1050

表2-12　2013年安全高效矿井国产设备和进口设备相结合采煤队

序号	采煤队名称	工作面地质条件			工作面产量			工作面设备		
		采煤工艺	煤层平均厚度/m	煤层平均倾角/(°)	年产量/万t	平均月产/[万t·(个·月)$^{-1}$]	平均日产/(t·d^{-1})	液压支架型号	采煤机型号	刮板输送机型号
1	神华神东煤炭集团补连塔煤矿综采一队	综采	7.08	1	1212.40	101.03	33677	ZY18000/32/70D	EKF-SL1000/7 m	DBT3×1600
2	中煤平朔集团有限公司井工一矿综采一队	综放	12.4	3	980.6	82.81	30672	ZFY12000/23/40D ZFYG12000/23/10D ZFP11000/25/40D	EKF-SL750	SGZ1000/2000 SGZ1200/2400
3	神华神东煤炭集团哈拉沟矿综采一队	综采	5.28	0	909.06	75.75	25252	ZY12000/2.55/5.5	JOY-7LS6/LWS572	DBT3×1000
4	中煤平朔集团有限公司井工二矿综采一队	综放	4.5	2	885.07	70.19	26818	ZFY12000/23/40D	SL750	SGZ1000/2×1000
5	神华神东煤炭集团上湾煤矿综采一队	综采	6.11	1.5	864.8	72.07	26206	ZY18000/28/63	EKF-SL1000	DBT3×1000
6	中国华电内蒙古蒙泰不连沟煤矿综放一队	综放	15.3	6.5	770.26	69.14	22722	ZF13800/27/43	JOY-7LS6C	SGZ1000/2×1000 SGZ1200/2×1000
7	陕煤集团神木红柳林矿业公司综采二队	综采	6.8	1	755.85	66.14	22045	ZY17000/32/70D	SL1000	SGZ1400/3×1500
8	晋城煤业集团寺河煤矿综采一队	综采	6.2	5	732.27	61.02	19727	ZY12000/173	SL500	JOY3×855
9	同煤大唐塔山煤矿有限公司综采二队	综放	11.17	4	727.36	62.23	21392	ZF13000/25/38	SL500	PF6/1142 PF6/1342

表 2-12（续）

序号	采煤队名称	工作面地质条件			工作面产量			工作面设备		
		采煤工艺	煤层平均厚度/m	煤层平均倾角/(°)	年产量/万t	平均月产/[万t·(个·月)$^{-1}$]	平均日产/(t·d^{-1})	液压支架型号	采煤机型号	刮板输送机型号
10	同煤大唐塔山煤矿有限公司综采一队	综放	12.88	3	722.64	61.83	21254	ZF15000/28/52	SL500	PF6/1142 PF6/1342
11	神华神东煤炭集团补连塔煤矿综采三队	综采	4.96	1	713.11	59.43	19808	ZY12000/25/50D	EKF-SL1000	JOY3×1000
12	神华神东煤炭集团榆家梁煤矿综采一队	综采	4.1	1.5	711.3	59	22000	DBT8638/2.4-5.0	7LS6LWS536	变频三机 3×1000 kW/1140 V
13	神华神东煤炭集团布尔台煤矿综采三队	综采	6.02	1	709	59.1	18467	ZY12500/25/39	JOY-7LS6CLWS739	SJZ1000/4×1000
14	中国华电内蒙古蒙泰不连沟煤矿综放二队	综放	15.6	4	689.74	68.84	22541	ZF15000/27/43	JOY-7LS6C	SGZ1000/2×1000 SGZ1200/2×1000
15	神华神东煤炭集团锦界煤矿综采一队/连采二队	综采	3	1	689	57	19000	ZY12000/17/35D	7LS6C-4000 kW	JOY2×1000
16	陕煤集团神木红柳林矿业公司综采一队	综采	6.5	1	660.45	59.53	19844	ZY12000/28/73D	JOY-7LS	SGZ1250/3×1000
17	山西潞安环保能源开发股份有限公司常村煤矿综采队	综放	6.22	2.67	647.61	53.97	19625	ZFS6000 ZF7000 等	MGTY400/930、EL1000	SGZ1000/2000 SGZ960/1400
18	兖矿集团东滩煤矿综采工区	综放	9.43	5	618.88	53.63	17632	ZF12000-22/42	SL750	SGZ1000/1400 SGZ1000/1400

表2-12（续）

序号	采煤队名称	工作面地质条件			工作面产量			工作面设备		
		采煤工艺	煤层平均厚度/m	煤层平均倾角/(°)	年产量/万t	平均月产/[万t·(个·月)$^{-1}$]	平均日产/(t·d^{-1})	液压支架型号	采煤机型号	刮板输送机型号
19	神华神东煤炭集团布尔台煤矿综采一队	综采	3.2	1	594	49.5	16300	ZY12000/18/35	JOY-7LS6C	JOY3×1000
20	陕煤集团神木张家峁矿综一队	综采	5.8	2	590.94	49.2	16000	ZY12000/28/63D	7LS-7	SGZ1250/3×1000
21	神华神东煤炭集团大柳塔煤矿大柳塔井综采一队	综采	6.8	1	579.2	52.46	17248	ZY18000/32/70	EKF-SL1000/6698	DBT3×1600
22	神华神东煤炭集团锦界煤矿综采三队/掘进队	综采	3	1	559	46	15400	ZY12000kN/17/35D	LWS635-2020kW	JOY3×1000
23	神华神东煤炭集团锦界煤矿综采二队/连采五队	综采	3	1	534	44	15000	ZY12000/20/40	LWS740-2125kW	JOY3×855
24	中煤平朔集团有限公司井工三矿综采一队	综放	13.2	6	531.39	52.72	17365	ZF10000/23/37	SL750	SGZ1000/2000 SGZ1200/2000
25	陕西柠条塔煤矿综采三队	综采	4.5	0.25	515	42.91	15600	ZY10000/27/58D	7LS6C	SGZ1000/3000
26	神华神东煤炭集团大柳塔煤矿活鸡兔井综采二队	综采	3.8	1	492.04	46.59	15319	ZY12000/25/50/201	EFK-SL1000/6629	天明3×1000
27	神华神东煤炭集团万利一矿综采一队	综采	4.8	2	478.2	59	21771	DBT8638/25.5/55	EKF-SL500	SGZ1000/3×1000

表2-12（续）

序号	采煤队名称	工作面地质条件			工作面产量			工作面设备		
		采煤工艺	煤层平均厚度/m	煤层平均倾角/(°)	年产量/万t	平均月产/[万t·(个·月)$^{-1}$]	平均日产/(t·d^{-1})	液压支架型号	采煤机型号	刮板输送机型号
28	神华神东煤炭集团布尔台煤矿综采二队	综采	3.8	1	469	39.1	10600	ZY12000/20/40	EFK-SL750	DBT3×855
29	神华神东煤炭集团榆家梁煤矿综采二队	综采	3.5	1.5	454.73	37.89	14000	ZY12000/40/40D	7LS6-LWS714	变频三机 3×1000 kW/1140V
30	神华神东煤炭集团补连塔煤矿综采二队	综采	5.31	1	450.83	37.57	12523.14	ZY12000/28/63	EKF-SL1000	DBT3×1000
31	淮南矿业集团张集煤矿综采二队	综采	5.6	3	418.13	36.36	11946	ZZ13000/28/65	7LS6A	SGZ1000/1710
32	淮南矿业集团顾桥煤矿综采二队	综采	4.1	4	416.34	37.71	12428	ZY9200/25/50D	JOY-7LS6	SGZ1000/1710
33	神华神东煤炭集团万利一矿综采二队	综采	4.8	2	415.7	41.7	15164	ZY9000/24/50	EKF-SL500	JOY3×1000
34	陕西柠条塔煤矿综采一队	综采	4.1	0.25	412	34.33	12500	ZY12000/29/65D	7LS7	SGZ1250/3000
35	神华神东煤炭集团哈拉沟矿综采二队	综采	5.28	0	371.38	30.95	10316	ZY10800/2.8/6.3	EKF-SL1000/6.3 m	DBT3×1000
36	神华神东煤炭集团上湾煤矿综采二队	综采	3.68	3.5	367.6	30.63	11139	ZY2000/4000/ 2×6000	7LS6C（LWS636）	DBT3×1000

表2－12（续）

序号	采煤队名称	工作面地质条件			工作面产量			工作面设备		
		采煤工艺	煤层平均厚度/m	煤层平均倾角/(°)	年产量/万t	平均月产/[万t·(个·月)$^{-1}$]	平均日产/(t·d^{-1})	液压支架型号	采煤机型号	刮板输送机型号
37	山西晋煤集团长平煤业有限责任公司综采一队	综采	5.58	6	350	29.17	9723	ZY12000/28/62	EKF－SL500	SGZ1000/1710
38	神华神东煤炭集团大柳塔煤矿大柳塔井综采五队	综采	3.8	1	344.1	28.67	10094	ZY12000/20/40	JOY－7LS6	JOY3×1000
39	神华神东煤炭集团大柳塔煤矿活鸡兔井综采四队	综采	3.2	1	334.25	27.85	9068.7	ZY15000/26/50D	JOY－7LS6C/LWS657	JOY3×1000
40	山东能源新矿集团新巨龙公司综采一队	综放	8.1	4	324.25	27.02	12282	ZF15000/23/43	KSW－1500EU	GZ1000/2400 GZ1200/2400
41	山西国阳新能股份有限公司一矿综五队	综放	7.1	5	323	26.92	9022	ZF6200	EKF－SL750	SGZ1000/1400
42	陕煤集团神木张家峁矿综二队	综采	3.8	1	309.16	25.8	8000	ZY9000/20/40D	7LS－3A	SGZ1000/3×700
43	淮南矿业集团张集煤矿综采三队	综采	4.2	3	303.88	26.42	8682	ZZ9200/24/50	7LS6C	SGZ1000/1400
44	晋城蓝焰煤业股份有限公司成庄矿综采三队	综采	5.75	4	280	23.29	8246	ZY12000/28/62D	JDY－7LS6C	SGZ1000/3×855
45	淮南矿业集团张集煤矿综采一队	综采	3	5	256.18	22.28	7319	ZZ7200/18/38	SL750	SGZ1000/1400

表 2－12（续）

序号	采煤队名称	工作面地质条件			工作面产量			工作面设备		
		采煤工艺	煤层平均厚度/m	煤层平均倾角/(°)	年产量/万t	平均月产/[万t·(个·月)$^{-1}$]	平均日产/(t·d^{-1})	液压支架型号	采煤机型号	刮板输送机型号
46	神华神东煤炭集团柳塔煤矿综采队	综采	3.2	3	252.2	21.02	7006	ZY8800/17/35	SL750	JOY3×700
47	神华神宁煤业集团金凤煤矿综采一队	综采	3.4	6	250.85	21.32	8300	DBT2200/4500－2×3804－1750	MG750/1920－WD	AFC2×855
48	山东能源新矿集团新巨龙公司综采二队	综放	8.3	5	249.75	20.81	9460	ZF15000/23/43	KSW－1500EU	GZ1000/2400 GZ1200/2400
49	淮南矿业集团谢桥煤矿综采一队	综采	2.8	12.5	248.46	20.71	6807	ZZ10800/18/38	EL2000	SGZ1000/1400
50	淮南矿业集团顾北煤矿综采一队	综采	3.8	5	237.91	19.83	6518	ZZ10800/22/45	JOY－7LS6C	SGZ1000/1400
51	神华神东煤炭集团上榆泉煤矿综采二队	综放	8.7	1	235.00	19.75	6600	ZF8600	SL300	SGZ1000/1400
52	神华神东煤炭集团榆家梁煤矿综采三队	综采	1.9	1.5	232.84	19.4	7000	ZY7600/1.2/2.4	JOY－7LS1A/LWS631	JOY2×1000
53	淮南矿业集团顾桥煤矿综采一队	综采	3.38	3	230	20.87	6879	ZY8800/18/38D	JOY－LWS710	SGZ1000/1400
54	淮南矿业集团顾桥煤矿综采三队	综采	3.25	3	219.96	19.92	6566	ZY8800/18/38D	SL750	SGZ1000/1400

表2-12（续）

序号	采煤队名称	工作面地质条件			工作面产量			工作面设备		
		采煤工艺	煤层平均厚度/m	煤层平均倾角/(°)	年产量/万t	平均月产/[万t·(个·月)$^{-1}$]	平均日产/(t·d^{-1})	液压支架型号	采煤机型号	刮板输送机型号
55	内蒙古伊泰煤炭股份有限公司大地精煤矿综采队	综采	3.3	2	218.54	17.61	5870	DBT8824/24/50	JOY-7LS6	SGZ1400/3×855
56	淮南矿业集团谢桥煤矿综采二队	综采	2.3	13.9	207.72	17.31	5691	ZZ6400/15/30	SL750	SGZ1000/1710
57	山西焦煤集团有限责任公司东曲矿综采一队	综采	4.3	5	185.02	15.42	5139	ZY9600/25.5/55	EKF-SL500	SGZ900/1050
58	中煤上海大屯能源股份公司姚桥煤矿综采二队	综放	5.91	10	182.8	19.78	6505	ZF6200/18/28	SL300	SGZ800/1050
59	神华神东煤炭集团大柳塔煤矿活鸡兔井综采三队	综采	3	1	175.07	14.59	5344.4	ZY8820/17/35	JOY-7LS6C/LWS738	JOY3×1000
60	神华宁夏煤业集团有限责任公司灵新煤矿综采二队	综采	2.9	12	169.14	15.27	5526	TAGOR-5200/17/35	MG-450/1030-WD	SGZ900/1400
61	神华神东煤炭集团上榆泉煤矿综采一队	综采	2.4	1	143.4	12	4000	ZY6600	SL300	SGZ1000/2×700
62	神华宁夏煤业集团有限责任公司灵新煤矿综采一队	综采	2.8	13	139.24	13.68	5042	TAGOR-5200/17/35	MG-450/1030-WD	SGZ900/1400
63	中煤上海大屯能源股份公司姚桥煤矿综采一队	综放	5.33	8	134.2	18.65	6187	ZFY6800/16/28	SL300	SGZ800/1050

表 2-12（续）

序号	采煤队名称	工作面地质条件			工作面产量			工作面设备		
		采煤工艺	煤层平均厚度/m	煤层平均倾角/(°)	年产量/万 t	平均月产/[万 t·(个·月)$^{-1}$]	平均日产/(t·d^{-1})	液压支架型号	采煤机型号	刮板输送机型号
64	陕西柠条塔煤矿综采二队	综采	1.75	0.75	120	10	3600	ZY10000/16/26D	7LSC1	SGZ900/1050
65	淮南矿业集团新庄孜矿采煤二队	综采	2.2	27	112.81	9.4	3270	ZZ7000/13/26	JOY-7LS2A	SGZ900/1050
66	淮南矿业集团潘一煤矿综采三队	综采	1.8	7	111.09	9.64	3174	ZZ7000/13/26	SL300	SGZ900/1050
67	兖矿集团东滩煤矿生产准备一区	综采	2.7	6	109.38	9.48	3023	ZY6400/18.5/38	SL300	SGZ1000/1050
68	淮南矿业集团新庄孜矿采煤一队	综采	1.8	25	102.85	8.57	2981	ZZ7000/13/26	JOY-7LS2A	SGZ900/1050
69	徐矿集团三河尖煤矿采煤一区	综采	2.84	17	93.29	8.17	2971	ZY6800/16/35	EL2000	PF6/1142
70	淮南矿业集团潘一煤矿综采二队	综采	1.8	6	90.57	7.86	2587	ZZ7000/13/26	SL300	SGZ900/1050

表 2-13　2013 年度煤炭工业安全高效矿井全部采用进口设备的采煤队

采煤队名称	煤层平均厚度/m	煤层平均倾角/(°)	工作面产量		工作面设备		
			年产量/万 t	平均月产/[万 t·(个·月)$^{-1}$]	液压支架型号	采煤机型号	刮板输送机型号
山西华润大宁能源有限公司	4.85	4	298.2718	24.856	DBT-2550/5500-2×3926-1750	JOY-7LS6	LA-0530　PF4

表 2-14　2013 年年产量超过 300 万 t 安全高效井工矿综采队

序号	采煤队名称	工作面地质条件			工作面产量		工作面设备		
		采煤工艺	煤层平均厚度/m	煤层平均倾角/(°)	年产量/万 t	平均月产/[万 t·(个·月)$^{-1}$]	液压支架型号	采煤机型号	刮板输送机型号
1	神华神东煤炭集团补连塔煤矿综采一队	综采	7.08	1	1212.40	101.033	ZY18000/32/70D	EKF-SL1000/7 m	DBT 3×1600/2.05
2	内蒙古伊泰京粤酸刺沟矿业有限责任公司酸刺沟煤矿采煤一队	综放	11.76	3	1009.98	84.1655	ZF21000/25/45D	MG750/1860-GWD	SGZ1000/2×1000 SGZ1200/2×1000
3	中煤平朔集团有限公司井工一矿综采一队	综放	12.4	3	980.6	82.815	ZFY12000/23/40D ZFYG12000/23/10D ZFP11000/25/40D	EKF-SL750	SGZ1000/2000 SGZ1200/2400
4	神华神东煤炭集团哈拉沟矿综采一队	综采	5.28	0	909.05	75.7547	ZY12000/2.55/5.5	JOY-7LS6/LWS572	DBT3×1000
5	中煤平朔集团有限公司井工二矿综采一队	综放	4.5	2	885.07	70.194	ZFY12000/23/40D	SL750	SGZ1000/2×1000
6	神华神东煤炭集团上湾煤矿综采一队	综采	6.11	1.5	864.8	72.0666	ZY18000/28/63	EKF-SL1000	DBT3×1000
7	中国华电内蒙古蒙泰不连沟煤矿综放一队	综放	15.3	6.5	770.26	69.1436	ZF13800/27/43	JOY-7LS6C	SGZ1000/2×1000 SGZ1200/2×1000

表 2-14（续）

序号	采煤队名称	工作面地质条件			工作面产量		工作面设备		
		采煤工艺	煤层平均厚度/m	煤层平均倾角/(°)	年产量/万t	平均月产/[万t·(个·月)$^{-1}$]	液压支架型号	采煤机型号	刮板输送机型号
8	陕煤集团神木红柳林矿业公司综采二队	综采	6.8	1	755.85	66.1364	ZY17000/32/70D	SL1000	SGZ1400/3×1500
9	晋城煤业集团寺河煤矿综采一队	综采	6.2	5	732.27	61.0225	ZY12000/173	S500	JOY3×855
10	同煤大唐塔山煤矿有限公司综采二队	综放	11.17	4	727.36	62.2314	ZF13000/25/38	SL500	PF6/1142 PF6/1342
11	同煤大唐塔山煤矿有限公司综采一队	综放	12.88	3	722.64	61.8275	ZF15000/28/52	SL500	PF6/1142 PF6/1342
12	神华神东煤炭集团补连塔煤矿综采三队	综采	4.96	1	713.11	59.426	ZY12000/25/50D	EKF-SL1000	JOY3×1000
13	神华神东煤炭集团榆家梁煤矿综采一队	综采	4.1	1.5	711.3	59	DBT8638/2.4-5.0	7LS6-LWS536	变频三机 3×1000 kW/1140 V
14	神华神东煤炭集团布尔台煤矿综采三队	综采	6.02	1	709	59.1	ZY12500/25/39	JOY-7LS6C-LWS739	SJZ1000/4×1000
15	中国华电内蒙古蒙泰不连沟煤矿综放二队	综放	15.6	4	689.74	68.8363	ZF15000/27/43	JOY-7LS6C	SGZ1000/2×1000 SGZ1200/2×1000
16	神华神东煤炭集团锦界煤矿综采一队/连采二队	综采	3	1	689	57	ZY12000/17/35D	7LS6C-4000 kW	JOY2×1000

表 2-14（续）

序号	采煤队名称	工作面地质条件			工作面产量		工作面设备		
		采煤工艺	煤层平均厚度/m	煤层平均倾角/(°)	年产量/万 t	平均月产/[万 t·(个·月)$^{-1}$]	液压支架型号	采煤机型号	刮板输送机型号
17	陕煤集团神木红柳林矿业公司综采一队	综采	6.5	1	660.45	59.5345	ZY12000/28/73D	JOY－7LS	SGZ1250/3×1000
18	山西潞安环保能源开发股份有限公司常村煤矿综采队	综放	6.22	2.67	647.61	53.97	ZFS6000 ZF7000 等	MGTY400/930、 EL－1000	SGZ1000/2000 SGZ960/1400
19	兖矿集团东滩煤矿综采工区	综放	9.43	5	618.88	53.6301	ZF12000/22/42	SL750	SGZ1000/1400 SGZ1000/1400
20	兖矿集团兴隆庄煤矿综采一队	综放	9.13	8	611.53	53.1399	ZF10000	MG650/1480－WD	SGZ1000/1400
21	神华神东煤炭集团布尔台煤矿综采一队	综采	3.2	1	594	49.5	ZY12000/18/35	JOY－7LS6C	JOY3×1000
22	陕煤集团神木张家峁矿综一队	综采	5.8	2	590.94	49.2	ZY12000/28/63D	7LS－7	SGZ1250/3×1000
23	神华神东煤炭集团大柳塔煤矿大柳塔井综采一队	综采	6.8	1	579.2	52.4638	ZY18000/32/70	EKF－SL1000/6698	DBT3×1600
24	神华神东煤炭集团锦界煤矿综采三队/掘进队	综采	3	1	559	46	ZY12000KN/17/35D	LWS635－2020	DBT3×1000

表 2－14（续）

序号	采煤队名称	工作面地质条件			工作面产量		工作面设备		
		采煤工艺	煤层平均厚度/m	煤层平均倾角/(°)	年产量/万 t	平均月产/[万 t·(个·月)$^{-1}$]	液压支架型号	采煤机型号	刮板输送机型号
25	神华神东煤炭集团锦界煤矿综采二队/连采五队	综采	3	1	534	44	ZY12000/20/40	LWS740－2125	JOY3×855
26	中煤平朔集团有限公司井工三矿综采一队	综放	13.2	6	531.4	52.718	ZF10000/23/37	SL750	SGZ1000/2000 SGZ1200/2000
27	陕西柠条塔煤矿综采三队	综采	4.5	0.25	515	42.91	ZY10000/27/58D	7LS6C	SGZ1000/3000
28	兖矿集团鲍店煤矿综采队	综放	7.96	8	505.7	43.7147	ZFS7200	MG400/940－WD	SGZ1000/1050
29	神华神东煤炭集团大柳塔煤矿活鸡兔井综采二队	综采	3.8	1	492.04	46.5947	ZY12000/25/50/201	EFK－SL1000/6629	天明 3×1000
30	中国华能扎煤公司灵东矿综采一队	综放	14.3	3	491.5	40.9582	ZF12000/25/40 ZF11000/25/40	MG650/1560－WD	SGZ1000/1400 SGZ1000/2000
31	内蒙古伊泰煤炭股份有限公司纳林庙煤矿二号井综采队	综采	5.6	2	487.49	40.6242	ZY8640/25.5/55	MG750/1915－GWD	SGZ1000/1400
32	神华神东煤炭集团万利一矿综采一队	综采	4.8	2	478.2	59	DBT8638/25.5/55	EKF－SL500	SGZ1000/3×1000

表2-14（续）

序号	采煤队名称	工作面地质条件			工作面产量		工作面设备		
		采煤工艺	煤层平均厚度/m	煤层平均倾角/(°)	年产量/万t	平均月产/[万t·(个·月)$^{-1}$]	液压支架型号	采煤机型号	刮板输送机型号
33	神华神东煤炭集团布尔台煤矿综采二队	综采	3.8	1	469	39.1	ZY12000/20/40	EFK－SL750	DBT3×855
34	山西怀仁联顺玺达柴沟煤业有限公司综采队	综放	13.2	3	468.35	39.0298	ZF13000 /133	MG400/930－WD	SGZ1000/1200
35	神华神东煤炭集团榆家梁煤矿综采二队	综采	3.5	1.5	454.73	37.89	ZY12000/40/40D	7LS6－LWS714	变频三机 3×1000 kW/1140V
36	神华神东煤炭集团补连塔煤矿综采二队	综采	5.31	1	450.83	37.5694	ZY12000/28/63	EKF－SL1000	DBT 3×1000
37	神华神宁煤业集团梅花井煤矿综采二队	综采	3	19	432.39	31.2	ZY10000/23/50D	MG750/1920－WD	SGZ1000/2×855
38	神华神宁煤业集团羊场湾煤矿综采五队	综采	7.3	9	428.9	43.6169	ZY10000/28/62D	MG900/2250－WD	SGZ1250/3×855
39	淮南矿业集团张集煤矿综采二队	综采	5.6	3	418.13	36.3591	ZZ13000/28/65	7LS6A	SGZ1000/1710
40	淮南矿业集团顾桥煤矿综采二队	综采	4.1	4	416.34	37.7118	ZY9200/25/50D	JOY－7LS6	SGZ1000/1710
41	神华神东煤炭集团万利一矿综采二队	综采	4.8	2	415.7	41.7	ZY9000/24/50	EKF－SL500	JOY3×1000

表 2-14（续）

序号	采煤队名称	工作面地质条件			工作面产量		工作面设备		
		采煤工艺	煤层平均厚度/m	煤层平均倾角/(°)	年产量/万 t	平均月产/[万 t·(个·月)$^{-1}$]	液压支架型号	采煤机型号	刮板输送机型号
42	陕西凉水井煤矿综采队	综采	3	1	414.8	34.5667	ZY8000/17.5/35	MG650/1620－WD	SGZ1000/2×700
43	陕西柠条塔煤矿综采一队	综采	4.1	0.25	412	34.33	ZY12000/29/65D	7LS7	SGZ1250/3000
44	兖矿集团济宁三号煤矿综采一队	综放	5.93	5	406.01	33.8338	ZFS7200/18/35	MG400/940－WD	SGZ1000/1400
45	淮南矿业集团谢桥煤矿综采三队	综采	4	13.2	404.62	33.7187	ZZ9200/24/50	MG750/1860－WD	SGZ1000/1400
46	神华神宁煤业集团梅花井煤矿综采一队	综采	3.2	15	402.2	30.5	ZY10000/18/37D	MG650/1710－WD	SGZ1000/2×855
47	陕西黄陵二号煤矿有限公司综采一队	综采	4.6	2	402	33.5	ZY10000/26/55D	MG900/2215－WD	SGZ 1200/2565
48	铁法煤业（集团）有限责任公司大平煤矿综放队	综放	10.5	7	389.01	40.3705	ZF8000/17/29H ZF9600/18/32H 等	MG940/400－WD	SGZ1000/2000
49	潞安环能股份公司漳村煤矿综采队	综放	6.08	6	381.69	31.8072	ZFS6000/17/33	MGTY250/600/1.1D	SGZ830/2×400
50	皖北煤电集团钱营孜煤矿采煤事业部	综采	3.1	13	377.64	31.4696	ZY8800/21/42	MG650/1620－WD	SGZ1000/2000
51	神华神东煤炭集团哈拉沟矿综采二队	综采	5.28	0	371.38	30.9484	ZY10800/2.8/6.3	EKF－SL1000/6.3 m	DBT3×1000

表2-14（续）

序号	采煤队名称	工作面地质条件			工作面产量		工作面设备		
		采煤工艺	煤层平均厚度/m	煤层平均倾角/(°)	年产量/万t	平均月产/[万t·(个·月)$^{-1}$]	液压支架型号	采煤机型号	刮板输送机型号
52	陕西蒲白矿业建庄矿综采队	综放	5.54	3.5	371.15	30.9	ZF10500/20/36	MG400/930-WD	SGZ880/2×525
53	山西潞安环保能源开发股份有限公司王庄煤矿综采一队	综放	6.83	2	369.3	30.775	ZF7000/20/40	MGTY-400/930	SGZ960/1400
54	神华神东煤炭集团上湾煤矿综采二队	综采	3.68	3.5	367.6	30.6333	ZY2000/4000/2×6000	7LS6C（LWS636）	DBT3×1000
55	神华神宁煤业集团羊场湾煤矿综采二队	综放	10.5	14	367.16	30.5963	ZF10000/18/35D	MG650/1620-WD	SGZ960/1400
56	山西中煤华晋能源有限责任公司王家岭矿采煤一队	综放	5.91	2	354.89	23.47	ZFY8000/22/35	MG400/930-WD	SGB630/150
57	山西晋煤集团长平煤业有限责任公司综采一队	综采	5.58	6	350	29.17	ZY12000/28/62	EKF-SL500	SGZ1000/1710
58	淮南矿业集团丁集煤矿综采一队	综采	4.5	3	348.57	29.0474	ZZ6400/22/45	MG650/1480-WD	SGZ1000/1400
59	神华神东煤炭集团大柳塔煤矿大柳塔井综采五队	综采	3.8	1	344.1	28.6662	ZY12000/20/40	JOY-7LS6	JOY3×1000

表2－14（续）

序号	采煤队名称	工作面地质条件			工作面产量		工作面设备		
		采煤工艺	煤层平均厚度/m	煤层平均倾角/(°)	年产量/万t	平均月产/[万t·(个·月)$^{-1}$]	液压支架型号	采煤机型号	刮板输送机型号
60	陕西蒲白矿业建新矿综采队	综放	11.1	3	342.94	28.6	ZF8600/18/35	MG400/930－WD	SGZ800/2×400
61	神华神东煤炭集团大柳塔煤矿活鸡兔井综采四队	综采	3.2	1	334.25	27.8542	ZY15000/26/50D	JOY－7LS6C/LWS657	JOY3×1000
62	山东能源新矿集团新巨龙公司综采一队	综放	8.1	4	324.25	27.0209	ZF15000/23/43	KSW－1500EU	GZ1000/2400 GZ1200/2400
63	陕西黄陵二号煤矿有限公司综采二队	综采	3.6	1.5	323	26.9166	ZY10000/23/45D	MG750/1910－WD	SGZ1000/2100
64	山西国阳新能股份有限公司一矿综五队	综放	7.1	5	323	26.9167	ZF6200	EKF－SL750	SGZ1000/1400
65	汾西矿业高阳煤矿综采一队	综放	9.5	5.5	319.54	26.6282	ZF5800/17/32	MGTY300/700－WD	SGZ764/630 SGZ880/800
66	中国华能华亭煤业华亭煤矿综采一队	综放	11.43	8	316.53	26.3778	ZF12000/23/35H	MGTY400/930－3.3D	SGZ1000/2×700
67	陕煤集团神木张家峁矿综二队	综采	3.8	1	309.16	25.8	ZY9000/20/40D	7LS－3A	SGZ1000/3×700
68	阳泉煤业集团有限责任公司五矿贵石沟井综采一队	综放	6	8	307.29	25.6078	ZF5600/17/32	MGTY400/930	SGZ1000/1400
69	淮南矿业集团张集煤矿综采三队	综采	4.2	3	303.88	26.4243	ZZ9200/24/50	7LS6C	SGZ1000/1400

多数百万吨采煤队采煤工作面煤层赋存条件较好，其中大多数为厚煤层或中厚煤层，煤层倾角多为近水平或缓倾斜，但是也有少数采煤队在倾斜煤层和急倾斜煤层的工作面年产超过百万吨，见表2－15。神华神宁煤业集团枣泉煤矿综采三队在煤层平均倾角25°、最大倾角27°、煤层平均厚度7.2 m、最大厚度8.0 m条件下，采用综放开采工艺，全年生产原煤261.26万t，创造了2013年全国倾斜煤层工作面最高生产纪录。

表2－15　2013年安全高效矿井大倾角开采百万吨采煤队

序号	采煤队名称	采煤工艺	煤层平均倾角/(°)	煤层平均厚度/m	采煤队年产量/万t
1	神华神宁煤业集团枣泉煤矿综采三队	综放	25	7.2	261.26
2	神华神宁煤业集团清水营煤矿综采三队	综采	25	4.8	255.7
3	宁夏王洼煤业有限公司王洼二矿第一采煤队	综采	26	10.3	198.1
4	中国华能华亭煤业砚北煤矿综采一队	综放	30	40.2	170.5
5	中煤上海大屯能源股份公司孔庄煤矿综采一队	综放	25	4	154.69
6	徐矿集团宝鸡秦源煤业有限公司综采工区	综放	30	7	134.8
7	济宁市阳城煤矿采二工区	综放	30	7.2	122.71
8	皖北煤电集团刘一矿综采区	综采	26.5	3.4	119.47
9	中煤上海大屯能源股份公司龙东煤矿综采一队	综放	25	5.4	115.11
10	淮南矿业集团新庄孜矿采煤二队	综采	27	2.2	112.81
11	甘肃窑街煤电集团公司三矿综采一队	综放	75	65	108.60
12	济宁市阳城煤矿采一工区	综放	26	7.5	108.55
13	神华神新能源公司碱沟煤矿综采一队	综放	86	55	108.47
14	龙煤集团鹤岗分公司兴安煤矿综采一队	综放	25	8.2	108.25
15	中国平煤神马集团平煤股份十矿综采二队	综采	26	3.3	107
16	淮北矿业集团涡北煤矿综采区	综放	26	7.5	106.50
17	徐矿集团张双楼煤矿综采一区	综采	28	3.8	102.85
18	淮南矿业集团新庄孜矿采煤一队	综采	25	1.8	102.85
19	冀中能源股份有限公司邯郸云驾岭煤矿采一区	综采	25	4.21	102.6

第三章　煤炭工业安全高效矿井建设发展概述

第一节　煤炭工业安全高效矿井建设发展介绍

一、煤炭工业安全高效矿井（露天）建设发展历程

我国煤炭工业安全高效矿井（露天）建设工作自1992年煤炭部时期开始，至今已有20多年的历史。安全高效矿井建设的发展历程大体经历了摸索试点、规范发展、提高和推广三个阶段。

（一）摸索试点阶段

开展建设“百万吨综采队”活动，摸索探讨高产高效矿井建设模式。从20世纪80年代开始，我国在提高采煤机械化程度的同时，为提高工作面单产和单进，在全国煤矿组织开展了等级采煤队、掘进队和综采队“年产创百万吨”活动，促进了采煤工作面单产的提高，“百万吨综采队”数量不断增加。1990年国有重点煤矿原煤产量完成4.8亿t，采煤机械化程度达到65.1%，其中综采机械化程度达到35.47%，原煤工效实现1.2t/工，回采工作面平均月产达到1.6万t，百万吨综采队达到46个。综合机械化采煤技术和装备的发展，大大提高了采煤工作面单产，为我国高产高效矿井（露天）建设奠定了基础。

（二）规范发展阶段

学习和借鉴国外的成功经验，制定高产高效矿井标准，全面规划和开展高产高效矿井建设。随着20世纪中叶科学技术的发展，一些发达国家开始用新的科学技术对煤炭等传统工业进行技术改造，在煤矿开采中不断提高机械化程度，按照以集中生产为核心，以综合机械化开采为基础，以提高工作面单产和劳动效率为目标，向高度集约化和大型化发展来获取最大经济效益的发展思路，主要产煤国家基本实现了矿井的高产高效。

在学习和借鉴西方先进采煤国家发展综采技术与装备，建设高产高效矿井成功经验的基础上，1992 年 7 月，原煤炭工业部在河北邢台矿务局召开了“全国高产高效矿井建设工作会议”，要求我国煤炭企业吸收和借鉴当今世界各国一切适合现代化生产规律的先进技术、经营方式和管理方法，提高煤矿生产技术、装备和管理水平，推动了矿井高产高效建设。会议决定在邢台东庞矿、兖州南屯矿等 12 个矿井进行试点，首先开展“减头减面、减人提效”工作、最终实现“一井一面”集中生产，建设我国第一批高产高效矿井，并对采用不同采煤工艺的矿井原煤工效提出了目标要求：综采工作面的矿井劳动效率要达到 10 t/工以上，综采与高档普采工作面相结合的矿井劳动效率要达到 5 t/工以上，高档普采工作面的矿井劳动效率要达到 2 t/工以上，煤炭工业部召开的邢台会议正式拉开了我国建设高产高效矿井的序幕。

1992 年以后，晋城古书院矿、大同燕子山矿、兖州南屯矿等煤矿引进了电牵引采煤机、重型刮板输送机和电控设备，与国产设备配套的高产高效综采工作面先后投产，不断刷新我国单一长壁综采工作面单产的最高纪录；1995 年我国自行开发研制的日产 7000 t 综采成套设备在铁法矿务局试验成功，大大推动了我国高产高效开采技术与装备的发展。

从 1992 年到 1998 年期间，原煤炭工业部先后在大屯、潞安、青岛、铁法和兖州召开了全国高产高效矿井建设工作会议，不断总结交流各煤炭企业高产高效矿井建设的经验和做法，隆重表彰在高产高效矿井建设中做出了突出贡献的单位和个人。原煤炭工业部陆续出台了《建设高产高效矿井暂行管理办法》《建设高产高效露天矿暂行管理办法》和《建设特级高产高效矿井的通知》等规范性文件，对高产高效矿井建设工作发挥了重要的指导和推动作用。各煤炭企业均制定了高产高效矿井建设发展规划，在采煤工艺、矿井生产能力、工作面产量和原煤工效等方面提出了明确的发展目标。

为加速煤矿向集约型生产转变的进程，1995 年原煤炭工业部党组做出了“关于加快高产高效矿井建设的决定”。规划用五年时间在全国建成 100 处高产高效矿井，实现原煤工效达到 2 t/工、减人达到 30 万人的奋斗目标。这个目标在 2001 年得以实现，100 处高产高效矿井完成原煤产量 2.38 亿 t，占当年国有重点煤矿产量的 38%。我国高产高效矿井建设取得了初步成果。

（三）提高和推广阶段

建设具有中国特色的高产高效矿井，赶超世界先进水平，引领行业发展方向。1998 年煤炭工业管理体制改革后，中国煤炭工业协会承担了推动全国煤矿继续开展高产高效矿井建设的组织工作。

2002 年 9 月，中国煤炭工业协会在成都市召开了“全国煤炭工业高产高效矿井建设经验交流大会”，全面总结了十年来高产高效矿井建设的经验和做法，研究讨论新时期的工作思路和对策，对高产高效矿井建设的管理办法提出了修改意见，对煤矿安全生产、经济效益、采掘机械化程度等指标，以及信息化建设和环境保护等方面提出了更高要求。

2004 年，中国煤炭工业协会在广泛征求意见的基础上，对原煤炭工业部《建设高产高效矿井暂行管理办法》进行了修订，发布了《煤炭工业高产高效矿井（露天）标准及评审办法》。从我国煤矿的实际情况出发，考虑了不同井型生产能力和开采煤层条件的差异，提出了特级、行业级、省级高产高效矿井标准及评审办法，全面推动了高产高效矿井建设工作。

随着建设高产高效矿井的理念深入人心，企业建设高产高效矿井的积极性也越来越高。2005 年全国有 33 个煤炭企业原煤生产能力达到千万吨以上，共建成高产高效矿井 197 处，生产煤炭 6.35 亿 t，占全国煤炭产量的 29%，平均单井产量 322 万 t，平均原煤工效 17.543 t/工，平均单矿盈利 1.58 亿元，百万吨死亡率 0.045，各项技术经济指标接近国际先进水平。高产高效矿井数量和建设质量较 20 世纪 90 年代初期有了极大提高。2005 年在国家发改委颁发的《产业指导目录》(40 号令）中被列为煤炭行业鼓励发展类项目，以此可在部分省区（国家西部大开发包括 14 个省、区、市及新疆建设兵团）享受企业所得税减免优惠政策。

2007 年我国“高产高效矿井”更名为“安全高效矿井”，更加突出了煤矿生产必须坚持“安全第一、安全发展”的理念。同年，中国煤炭工业协会发布了《煤炭工业安全高效矿井（露天）评审办法》，在评审办法中将“特级、行业级、省级高产高效矿井”名称修订为“特级、行业一级、行业二级安全高效矿井”，分级方式一直沿用至今。

2010 年，国务院国资委办公厅下发了《关于印发国资委评比达标保留项目的通知》，明确保留了中国煤炭工业协会继续开展煤炭工业安全高效矿井评选表彰项目，体现了开展煤炭工业安全高效矿井建设的必要性和特殊性，以及对这项工作的认可。

2012 年中国煤炭工业协会在郑州市组织召开了“全国煤炭工业安全高效矿井（露天）建设经验交流会”，全面总结 20 年来全国煤炭工业安全高效矿井建设工作取得的主要成效，阐述了我国煤炭工业安全高效矿井建设的主要做法和基本经验，探讨煤炭工业安全高效矿井（露天）建设的发展大计。河南省工信厅、山西省煤炭厅、神华集团、中煤能源集团、山东能源集团、冀中能源集团、四川煤炭产业集团和淮北矿业集团等十多家单位作了经验介绍。

2013 年，中国煤炭工业协会参考郑州市“全国煤炭工业安全高效矿井（露天）建设经验交流会”总结的经验和做法及会议形成的共识，为更好地适应形势发展的需要，进一步推进煤炭工业安全高效矿井（露天）创建工作，组织对《煤炭工业安全高效矿井（露天）评审办法》（中煤协会行调〔2007〕2 号）进行了修订，河南省工业与信息化厅沈天良、神华集团有限责任公司张文辉、中国中煤能源集团公司陈立武、冀中能源今天有限责任公司邵太升、淮北矿业（集团）有限责任公司王世森、四川省煤炭产业公司刘万波等 15 位专家参与了修订工作。在充分征求意见的基础上，于深圳市组织召开了研讨会，全国省（市、区）煤炭行业主管部门和企业代表 120 余人参加会议，完善并形成了新的《煤炭工业安全高效矿井（露天）标准及评审办法》，2014 年作为《中国煤炭工业协会关于申报煤炭工业 2012—2013 年度安全高效矿井（露天）的通知》（中煤协会行调〔2014〕9 号）的附件下发并执行。

二、煤炭工业安全高效矿井建设取得的成效

（一）提升了煤炭行业科学化和生产力水平

20 多年来，我国建成的安全高效矿井（露天）数量逐年增加，分别是 1993 年 12 处、1994 年 32 处、1995 年 56 处、1996 年 70 处、1997 年 80 处、1998 年 88 处、1999 年 92 处、2000 年 82 处、2001 年 100 处、2002 年 134 处、2003 年 164 处、2004 年 176 处、2005 年 197 处、2006 年 219 处、2007 年 268 处、2008 年 292 处、2009 年 359 处、2010—2011 年 406 处、2012—2013 年达到了 442 处，特别是近十年我国建成的安全高效矿井（露天）数量有了大幅增加，如图 3 - 1 所示。多年来，建设安全高效矿井（露天）规范了从矿井设计到施工建设、从大型装备研制到生产应用、从采煤工艺选取到矿井管理的技术管理体系，培育出较高素质的职工队伍，使煤炭行业的整体科学化水平有了显著提高。

安全高效矿井的建设使煤矿生产技术水平逐步提升，矿井采掘机械化程度、单产单进及劳动效率增幅明显。2013 年，我国原国有重点煤矿采煤机械化程度达到 95.95%，比 1992 年提高了 23.69%，其中综采程度达到 93.73%，比 1992 年提高了 52.66%；采煤工作面平均单产达到 7.45 万 t/月，

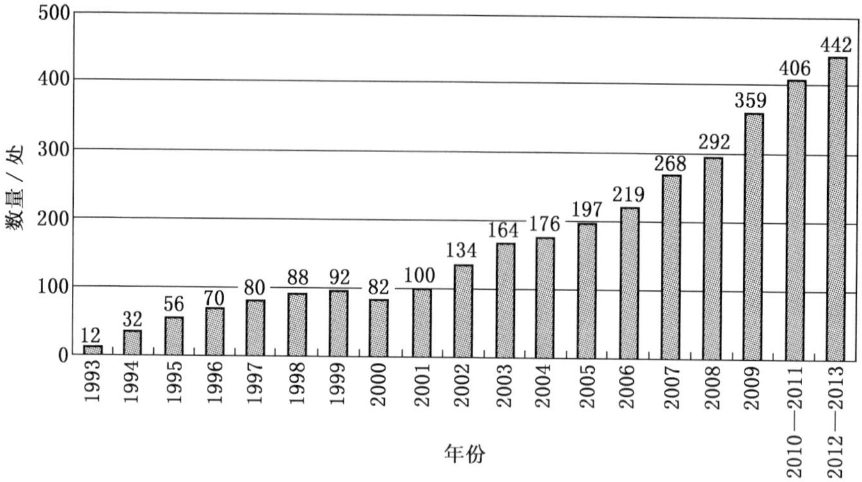

图 3－1　1993—2013 年全国安全高效矿井数量

比 1992 年增加了 5.56 万 t/月，提高了 294%；掘进工作面平均单进达到 166 m/月，比 1992 年增加 38 m/月；原煤工效达到 7.06 t/工，是 1992 年 1.33 t/工的 5.31 倍。

（二）促进了煤炭产业结构调整和快速发展

产业组织结构不断优化。煤炭企业通过建设安全高效矿井，加大采掘机械化程度，减头减面，简化环节，提升生产集约化程度，提高单产水平和劳动效率，促进经济发展方式转变，增强企业盈利能力和市场竞争能力，取得快速发展。截至 2012 年底，全国产量超过千万吨的企业由 2001 年的 24 家、总产量 5.8 亿 t、占全国总产量的 33.6%，提高到 2013 年的 52 家、总产量 27 亿 t、约占全国总产量的 70%。其中，亿吨级企业 8 家、产量 13 亿 t，3000 万～1.0 亿 t 的企业 19 家、产量 12 亿 t，3000 万 t 以上企业产量占全国总产量的 62.5%，煤炭生产集中度进一步提高。全国 11 家煤炭企业进入世界 500 强。神华、中煤能源、同煤、山西焦煤、陕西煤业化工、山东能源、冀中能源、河南煤化等 8 家企业煤炭产量超亿吨，产量占全国总产量的 35.04%。

煤矿趋向大型化，落后产能逐步淘汰。截至 2013 年，全国建成年产 120 万 t 以上的大型煤矿 850 多处，比 2005 年增加 565 处，产量占全国总产量的比重由 37.3% 提高到 65%（其中，建成年产千万吨级的特大型煤矿 50 处，产量 6.3 亿 t）；年产 30 万 t 以下的小型煤矿 9800 多处（其中 9 万 t 以下的煤矿 7500 处），数量比 2005 年减少了 1 万多处，产量占全国的比重由近 48.8% 下降到 16% 以下，详见表 3－1。

表 3－1　2005—2013 年煤矿数量与生产能力变化情况

	矿井数量/处		生产能力/亿 t		所占比重/%	
	2005 年	2013 年	2005 年	2013 年	2005 年	2013 年
全国	24813	12289	22.64	40	100	100
大型煤矿	285	850	8.43	26	37.3	65
小型煤矿	24055	9800	11.04	6.5	48.8	16

据相关分析，2013 年全国正常生产的煤矿仅有 5500 多处，一半以上的煤矿处于停产和半停产状态。据山西省相关部门统计数据，截至 2014 年 2 月底，全省 1061 个煤矿中，正常生产的煤矿有 323 个，停产停工的则为 487 个，有 251 个煤矿处于办停半开状态。

产业结构调整取得进展。煤电一体化，煤焦、煤化一体化，煤炭物流业在促进产业结构调整、转变发展方式方面发挥了积极的作用，初步形成了煤炭上下游产业融合发展的格局。如神华煤电化路港航一体化，晋城、平煤、山焦等煤、焦、化工产业融合发展，开滦集团、淮南矿业集团等煤炭物流产业发展优势明显。2013 年，晋煤集团煤化工产业氨醇总产量 1450.46 万 t，尿素产量 1360.74 万 t，煤化工板块营业收入 683 亿元，利润 2 亿元。同时，一些中央企业积极办矿，中央企业 2013 年煤炭产量，见表 3－2。

表 3－2　中央企业 2013 年煤炭产量

序　号	企　业　名　称	2013 年煤炭产量/万 t
1	中国华能集团公司	7000
2	中国国电集团公司	5100
3	中国电力投资集团公司	6700
4	国家开发投资公司	2900
5	中国大唐集团公司	1000
6	中国华电集团公司	3300
7	中国保利集团公司	520
8	国家电网公司	5000

循环经济发展延伸了产业链。煤炭循环经济产业发展取得的新成效。初步统计，2013 年原煤入选能力 23.5 亿 t，入选量 22.14 亿 t，原煤入选率 59.8%，同比提高 3.8%。煤矸石发电总装机容量突破 3000 万 kW；利用煤矸石 4.9 亿 t，折合 5600 万 t 标准煤；全年煤层气（煤矿瓦斯）抽采量 155 亿 m^3，其中，井下瓦斯抽采量 125 亿 m^3，地面煤层气产量 30 亿 m^3。目前，大同塔山循环经济工业园形成了“一矿八厂一条路”的发展模式；山西晋城无烟煤集团以煤炭、煤层气开发利用、煤化工为主的循环经济发展模式。到 2013 年底，煤炭企业参股控股电力总装机容量 1.3 亿 kW，占全国火电总装机的 15% 左右。

（三）提升了煤矿安全生产水平

煤炭企业建设安全高效矿井，通过加大安全投入，提升技术保障能力，增强煤矿安全保障能力，促进安全状况持续稳定好转。全国煤矿事故起数和伤亡人数基本逐年下降趋势（图 3-2），百万吨死亡率从 2003 年的 3.710 下降到 2013 年的 0.288（图 3-3），而同期原煤工效从 1.33 t/工提高到 7.06 t/工。2003—2013 年国有重点井工矿和露天矿原煤工效如图 3-4 和图 3-5 所示。科学化水平的提升促进集约、高效生产，是近年国有重点煤矿百万吨死亡率大幅度下降的重要因素之一。2013 年我国安全高效矿井（露天）442 处，“零死亡”煤矿 436 处，仅有 6 处煤矿发生 6 起死亡事故，死亡 6 人，百万吨死亡率仅为 0.004，处于世界煤矿安全生产领先水平。

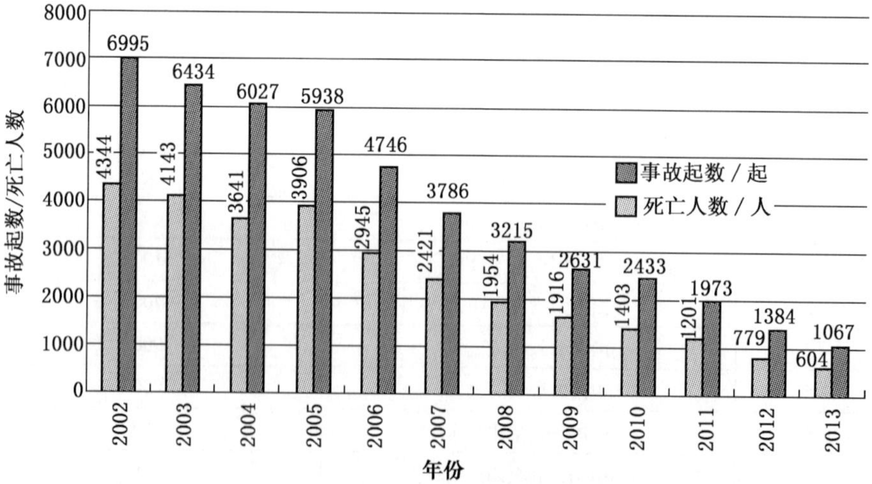

图 3-2　2002—2013 年全国煤矿事故起数和伤亡情况

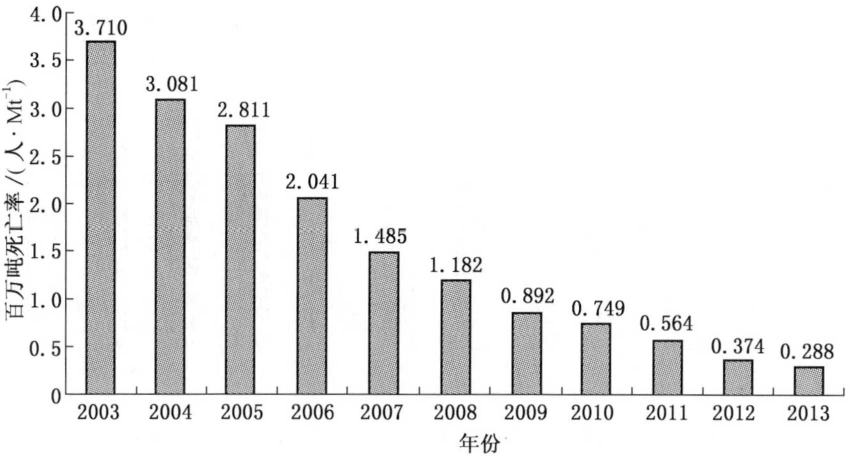

图3-3　2003—2013年全国煤矿百万吨死亡率

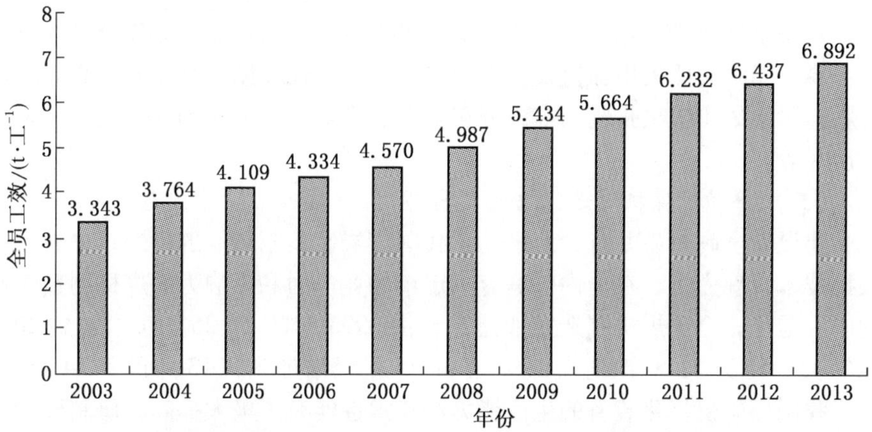

图3-4　2003—2013年国有重点井工矿原煤生产效率

（四）推进了企业管理工作进步

多年来煤炭企业通过建设安全高效矿井，不断创新、完善和提高企业管理工作，取得了丰硕的成果。各企业根据自身情况总结出适合自身发展的管理体系，如神华集团提出持续提升安全高效水平，努力创建世界一流煤矿，其神东矿区在我国首次建立完成了基于网络控制与信息技术的矿区生产与管理综合自动化系统，锦界煤矿建成全国数字化示范矿山；大同煤矿集团提出

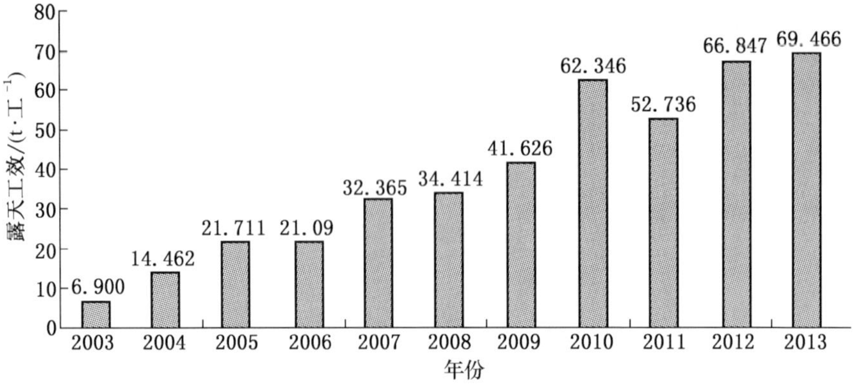

图3－5　2003—2013年国有重点煤矿露天矿原煤生产效率

建设千万吨级安全高效矿井群，提升煤炭核心竞争力；河南能源化工集团提出坚持科学发展、安全发展，建设高产高效矿井；兖矿集团提出科技创新谋发展，安全高效创特色，中煤能源集团提出努力创造行业一流安全高效新水平；冀中能源集团提出加快安全高效矿井建设步伐，助推企业安全高效绿色发展；伊泰集团提出强基固本，夯实安全生产基础，务实创新，建设安全高效矿井等。

（五）推动了煤机制造业快速发展

建设安全高效矿井有力地推动了我国煤炭装备制造业的发展，提升了一大批技术管理先进、在国内外具有一定市场竞争力和影响力的煤机制造企业的国际地位。全国煤机制造企业总产量由1993年的21.25万t增加到2013年的434.55万t；总产值由1993年的25亿元增加到2013年的1074.66亿元。我国煤矿机械化装备的生产能力和技术性能有了极大提高，研制开发大功率电牵引采煤机、大功率硬岩掘进机、重型刮板输送机、电液控制强力液压支架等具有先进技术水平的综采综掘装备；同时，煤矿机电设备的产品质量、技术功能和可靠性也都有了大幅度的提高，为安全高效矿井建设做出了贡献。

当然，受国内外经济发展形势的影响，2013年中国煤矿机械行业在保持十年连续稳步增长的情况下，产值、产量首次出现回落。全年国内主要煤机企业总产值、总产量，分别较上年下降148.46亿元和59.88万t，分别下降12.13%和12.11%。综合机械化采煤主要装备“三机一架”的产量呈现十年增长之后首次回落。其中，采煤机产量1081台，比上年减少256台，下降 19. 15%；掘进机产量 1716 台，比上年减少 225 台，下降 11. 63%；刮板输送机产量 4215 台，比上年减少 560 台，下降 11. 73%；液压支架产量 83761 架/180. 87 万 t，比上年减少 19253 架/42. 90 万 t，下降 18. 69%/19. 17%。带式输送机、转载机等煤机产品产量均有回落。但是，随着国家建设安全、高效、绿色、集约开采政策的落实，煤机行业发展的基础和前景仍然看好。国内主要煤机企业工业总产值与总产量，分别如图 3-6 和图3-7 所示。

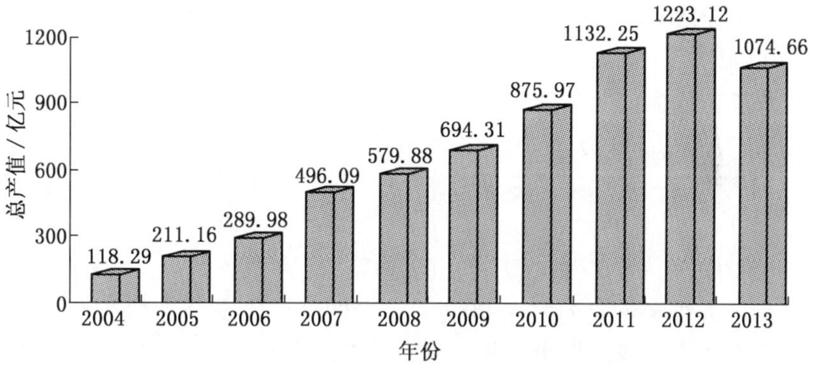

图 3-6　2004—2013 年国内主要煤机企业工业总产值

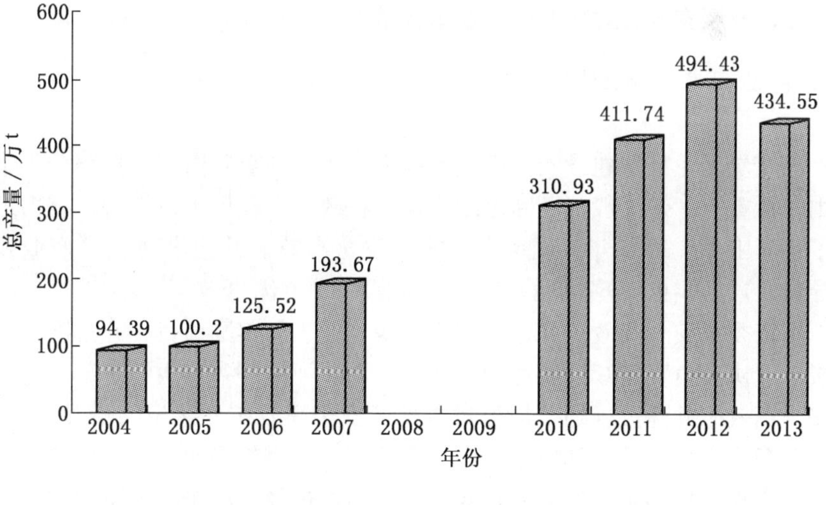

图 3-7　2004—2013 年国内主要煤机企业总产量

（六）提高了中国煤炭工业地位

经过20多年的努力奋斗，2012—2013年度全国有18个省（区）建成了442处安全高效矿井，在技术管理上处于国内先进水平。部分安全高效矿井的主要技术经济指标、装备条件、科技水平和管理水平达到了世界领先的水平，创造并保持了煤矿开采的多项世界纪录。早在2004年，神华集团神东公司上湾煤矿使用美国JOY公司的综采设备，采用一次采全高综采工艺，单面年产原煤1075万t，创造了新的综采工作面年产世界纪录；该公司榆家梁矿（“一井两面”）使用德国EKF公司生产的LS500型采煤机、美国JOY公司生产的JOY－2×7625kN型液压支架和JOY700型刮板输送机，煤矿年产达到1480万t，刷新了单井年产最高的世界纪录；2005年10月，上湾煤矿在工作面两次搬家的条件下，生产原煤106万t，其中10月9日在51104工作面日产原煤5.09万t，刷新了当时综采工作面月产和日产世界纪录。从此，我国煤矿就一直保持了综采工作面的年产、月产和日产世界纪录并不断刷新。

一大批安全高效矿井（露天）的建成，代表着我国煤矿现代化建设的方向，为广大煤炭企业的发展提供了宝贵的经验。安全高效矿井（露天）的发展彻底改变了我国煤炭工业的落后面貌，改善了煤矿职工劳动条件，推动了企业管理提升，促进了煤炭工业生产力的提高，整体向安全、高效、绿色和集约发展，大大提高了我国煤炭工业的国际地位。

三、开展安全高效矿井建设基本经验

（一）国家、行业管理部门和企业重视，是建设安全高效矿井的前提条件

原煤炭工业部把建设安全高效矿井列入工作的重要内容，按照分类指导原则，抓重点，带一般，不断总结交流，在政策上积极予以扶持，有力地推进了这项工作。2005年，国家发改委把安全高效矿井建设列入《产业发展指导目录》，可在部分省区享受企业所得税减免优惠政策。2010年，国务院、国资委把安全高效矿井建设列入煤炭工业表彰奖励项目，并批准由中国煤炭工业协会负责持续开展此项工作。山西、河南等省煤炭管理部门还制订了安全高效矿井建设规划，加强对本地区安全高效矿井建设的指导。神华、冀中能源、兖矿、龙煤和伊泰等中央企业和大型煤炭企业，把煤矿安全高效矿井建设作为推动企业发展的重要手段和根本途径，给予高度重视，把这项工作列为企业发展的规划，确定目标，建立完善各项保障制度，真正把这项

工作与企业的生产经营活动联系在一起，并长期地坚持。有些单位结合实际，建立了激励机制，出台了奖励政策，大大调动了职工建设安全高效矿井的积极性。如河南省把安全高效矿井作为评审省级“五优矿井”的基本条件；淮北矿业集团把创建安全高效矿井作为煤矿安全生产的重要考核项目，并对获得中国煤炭工业协会表彰的煤矿给予奖励。

（二）大力发展采掘机械化，是建设安全高效矿井的有力保障

机械化生产是煤炭开采发展的方向，是提高采掘工作面单产单进水平，实现“减头减面，减人提效”的基础，煤炭企业应结合本单位情况（经济能力和职工队伍），因地制宜地大力发展机械化生产和自动化控制，为实现集约化生产创造条件，使煤矿开采技术条件得到改善，煤矿工作环境更加安全，煤矿生产得到保障。如机械化的应用，在复杂开采条件下也取得了安全高效生产的成果。山东能源枣庄矿业集团滨湖矿综采队在煤层平均厚度 1.25 m 条件下，采用 ZY400－0.9/2.0 型液压支架和 MG200/456－WD 型采煤机，全年生产原煤 99.25 万 t，创造了全国薄煤层工作面最高生产纪录；兖矿集团北宿矿采煤二队在煤层平均厚度 0.93 m 条件下，采用高档普采工艺，全年生产原煤 60.05 万 t；广西百色矿务局东怀煤矿综采二队在煤层平均厚度 1.5 m 条件下，全年生产原煤 55 万 t；甘肃华亭砚北煤矿综采一队在煤层平均倾角 41°、最大倾角 52°，煤层平均厚度 48 m、最大厚度 60 m 条件下，采用倾斜水平分段综放开采工艺，全年生产原煤 192.5 万 t。

（三）优化开采布局、合理集中生产是建设安全高效矿井的重要措施

优化开采布局、合理集中生产，是简化生产系统和管理，实现安全高效生产、提高煤炭资源采出率和设备利用率的最有效措施。煤炭企业通过改革开拓布局，优化巷道设计，简化了生产系统和环节，实现了合理集中生产。通过优化设计，加大采区和工作面长度，提高了资源回收率和服务年限，以解决提高单产带来的服务年限缩短和搬家次数增多的问题，同时也为简化管理创造了条件。随着煤炭企业集中生产的推进，许多企业已基本上实现了“一井一面（两面）”的集约化生产模式。如神华集团神东煤炭集团立足世界前沿，结合优秀的煤炭赋存条件，创新采煤技术、优化布局、简化系统，实行无盘区条带式开采，采用国际一流技术装备，煤炭采掘机械化率达到 100%，形成了千万吨矿井群建设核心技术体系。先后建成全国第一个年产 1000 万 t、1200 万 t、1400 万 t 综采队，第一个年产 1500 万 t、2000 万 t、2500 万 t、3000 万 t 矿井；相继创新了第一个 300 m、360 m、400 m、450 m 加长工作面；创造了世界上第一个 5.5 m、6.3 m、7 m 大采高重型工作面和

中厚偏薄煤层自动化工作面。资源采出率达到80%以上，最高全员工效达124 t/工。2011年启动实施了以“安全、绿色、高效、智能”为标志的大柳塔世界一流示范矿井建设，为煤炭工业发展引领了方向。

（四）生产系统稳定可靠是建设安全高效矿井的必要保障

确保各个生产系统具备与采区生产能力相匹配的生产能力是建设安全高效矿井的重要工作之一。在安全高效矿井建设过程中，许多煤矿以采煤工作面为核心，重视各个生产系统和生产环节的完善和运转，保证运行质量和生产能力，特别是通过系统改造，解决生产瓶颈问题，对矿井实现安全高效开采起到必要的保障作用。

（五）依靠科技进步是建设安全高效矿井的必要条件

煤炭行业科技进步推动了我国煤炭工业卓越发展，建设安全高效矿井同样离不开科技支撑。依靠科技的同时，矿井发展又促进了技术体系完善和创新，带动了煤炭工业的科技进步，安全高效矿井建设历程见证了我国煤矿整体科技水平的逐步提高。20年来，我国煤矿在采掘机械化、“三下”开采、地质勘探、信息化、自动化技术和装备等方面不断创新和提高，是我国煤炭工业建设安全高效矿井的不竭动力。在安全高效矿井建设中，产学研联合攻关是依靠科技进步的成功经验。彬县下沟矿由炮采小矿变为综采大矿，靖远、铁法和川煤集团难采煤层的改革成功就是充分发挥产学研联合作用的结果。2000年3月，原煤科总院北京开采研究所与陕西彬县煤炭有限责任公司签订了以资本与技术投入共同经营下沟煤矿的合同书，下沟煤矿经过技改后，从年产45万t的地方煤矿扩建为年产300万t的大型现代化矿井，实现了以采煤方法为核心的全面技术改造升级，合作双方取得了显著的经济效益和社会效益。在我国煤炭科技大会上，中国煤炭工业协会将这个项目誉为院企优势互补、以较少的投入激活较大的存量、用先进适用技术改造中小煤矿的“陕西彬县模式”，并号召在全国类似矿井学习和推广。

四、煤炭工业安全高效矿井建设存在的问题

（1）安全高效矿井（露天）建设，存在发展不平衡现象。安全高效矿井（露天）建设工作，在山西、河南、山东和河北等大部分产煤省，神华集团、中煤能源集团和中国华能集团等大型企业都得到了高度重视，他们积极主动开展工作，取得了显著成效，达标煤矿逐年增加。但是，少数产煤大省（区）申报偏少，如陕西省和新疆维吾尔自治区；一些煤炭赋存条件较差的省份，由于资源赋存条件差、采掘机械化程度低等原因，煤矿很多，申

报却很少或为零，如云南、贵州、湖南、江西等省；部分央企和民营企业，煤矿数量和产量都较大，申报还存在空白，如大唐集团、保利集团和内蒙古的一些民营企业等。

（2）我国煤炭工业整体发展水平，较世界先进国家和国内先进企业还有较大差距，能达标申报安全高效矿井总量偏少，有待进一步增加。2013年，全国有生产煤矿约5500处，安全质量标准化达标煤矿5074处，申报2012—2013年度的安全高效矿井（露天）的只有463处，申报煤矿占正常生产煤矿和安全质量标准化达标煤矿的比例仅为8%和9%。

（3）由于煤炭行业经济形势的影响和老矿区开采条件日趋困难，一些省份达标数量较上一年度明显减少。东北三省2012年达标41处，2014年仅为27处；安徽省2012年达标26处，2014年仅为20处；四川省2012年达标4处，2014年仅为2处。如何推进这些地方通过资源整合建设高标准的新煤矿，或者通过技术改造提升现有煤矿的科学化水平，逐步加强安全高效矿井建设，将是煤炭工业发展一个重要课题。

（4）部分中央企业没有开办煤矿经验，在涉足煤炭行业领域后，出现工程技术人员短缺、安全管理人员不够、对煤矿安全生产法规标准不熟悉、安全管理机构待完善等问题。同时，办矿水平参差不齐，既有规模上千万吨的大型矿井，又有几十万吨的小型煤矿，煤矿安全基础条件、生产管理水平和采掘机械化水平相差悬殊。但从目前我国中央企业建设的煤矿规模、建设速度、用人标准以及机械化程度来看，中央企业所属煤矿大多数具备达到煤炭工业安全高效矿井（露天）标准的基本条件，只要企业领导高度重视，各级煤炭管理部门积极引导，多数煤矿建成安全高效矿井（露天）是有可能的。

（5）一些煤矿对安全高效矿井标准及评审办法不能正确把握，申报材料存在问题。一是产量。矿井、回采、掘进、计效产量及煤量混淆使用，导致单产、效率计算基础不实，数据不准。二是天数和个数。采煤队实际生产天数与矿井实际天数比值不对，导致个数不实，单产不准。三是计效人数及工数。未按规定统计计效人数和工数，累计工日数、期末人数和平均累计人数相互混淆，随意累加并填取，汇总表和基础表前后不符，导致人数、效率都不准。

（6）安全高效矿井现场验收中，发现部分企业和申报煤矿存在问题。主要原因是对建设安全高效矿井意义认识不足，重视不够，没有工作规划和计划；少数煤矿安全基础较差，安全质量标准化水平不高等。

第二节　大力推进煤炭工业安全高效矿井建设

一、当前煤炭行业的经济运行和安全生产情况

2015 年上半年煤炭行业的经济运行情况是产销量继续下降，进口大幅减少，发运量减少，库存持续处于高位，价格大幅下滑，投资持续减少，行业效益大幅滑落。煤矿安全生产形势进一步好转。

（一）产销量继续下降

据国家统计局数据，上半年全国原煤产量 17.89 亿 t，同比减少 1.1 亿 t，下降 5.8%；其中 6 月份产量 3.27 亿 t，同比减少 1683 万 t，下降 4.9%。据协会快报，上半年全国煤炭企业销量 16.2 亿 t，同比减少 1.42 亿 t，下降 8.1%；其中 6 月份销量 2.86 亿 t，同比减少 1900 万 t，下降 6.2%。

（二）进口大幅减少

上半年全国累计进口煤炭 9987 万 t，同比下降 37.5%。其中，6 月份当月进口 1660 万 t，同比减少 845 万 t，下降 33.7%；出口 234 万 t，同比下降 25.9%；净进口 9753 万 t，同比减少 5909 万 t，下降 37.7%，详见图 3－8。

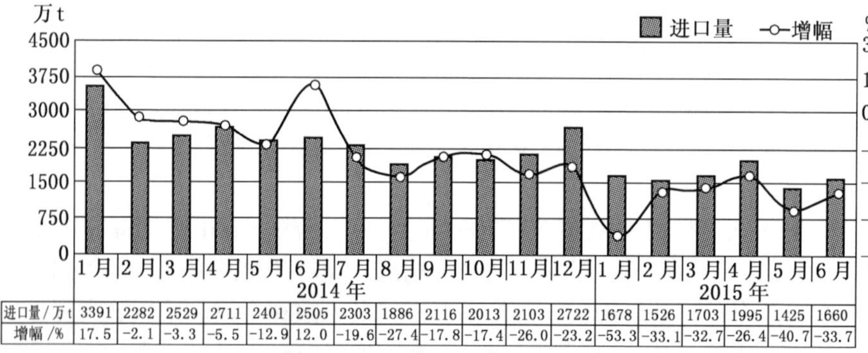

	1 月	2 月	3 月	4 月	5 月	6 月	7 月	8 月	9 月	10月	11月	12月	1 月	2 月	3 月	4 月	5 月	6 月
进口量/万 t	3391	2282	2529	2711	2401	2505	2303	1886	2116	2013	2103	2722	1678	1526	1703	1995	1425	1660
增幅/%	17.5	-2.1	-3.3	-5.5	-12.9	12.0	-19.6	-27.4	-17.8	-17.4	-26.0	-23.2	-53.3	-33.1	-32.7	-26.4	-40.7	-33.7

图 3－8　各月煤炭进口情况

（三）发运量减少

上半年全国铁路累计发运煤炭 10.2 亿 t，同比减少 1.27 亿 t，下降 11.1%，其中 6 月份发运 1.61 亿 t，同比下降 14.1%，连续 10 个月下降，降幅比上月再扩大 0.9%，详见图 3－9。上半年主要港口发运煤炭 3.3 亿 t，

同比下降3.2%，其中6月份发运5895万t，同比增长3%，详见图3-10。

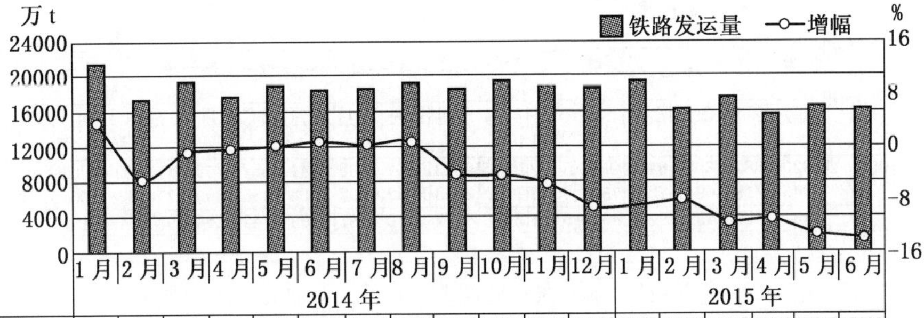

	2014年1月	2月	3月	4月	5月	6月	7月	8月	9月	10月	11月	12月	2015年1月	2月	3月	4月	5月	6月
铁路发运量/万t	21465	17614	19574	17814	18873	18540	18561	19287	18643	19411	18932	18810	19599	16302	17512	15935	16545	16098
增幅/%	5	-4.9	-0.9	-0.3	-0.2	-0.8	0.1	0.7	-4.3	-4.3	-5.9	-9.3	-9	-8.4	-11.5	-11.2	-13.2	-14.1

图3-9 全国铁路煤炭发运情况

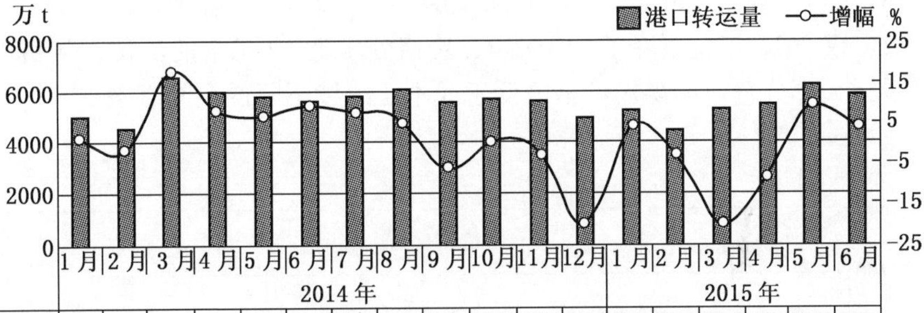

	2014年1月	2月	3月	4月	5月	6月	7月	8月	9月	10月	11月	12月	2015年1月	2月	3月	4月	5月	6月
港口转运量/万t	5056	4609	6622	6025	5837	5725	5851	6168	5668	5774	5722	5034	5276	4496	5281	5535	6367	5895
增幅/%	1	-2	17.7	8.3	6.7	9.1	7.7	6.4	-6.5	0	-2	-20.7	3.2	-2.4	-20.3	-8.1	9.1	3

图3-10 全国主要港口煤炭运转情况

（四）库存持续处于高位

截至6月末，全社会存煤已持续42个月超过3亿t。煤炭企业存煤持续在1亿t左右。电厂存煤比年初明显下降，5月下旬电厂开始补库存，存煤环比上升，6月30日重点发电企业存煤6541万t，比年初减少2914万t，比5月末增加657万t，可用22天。主要港口存煤3967万t，比5月末减少6%，比年初减少16.4%。各月末煤炭企业、电厂及港口库存变动情况，详见图3-11。

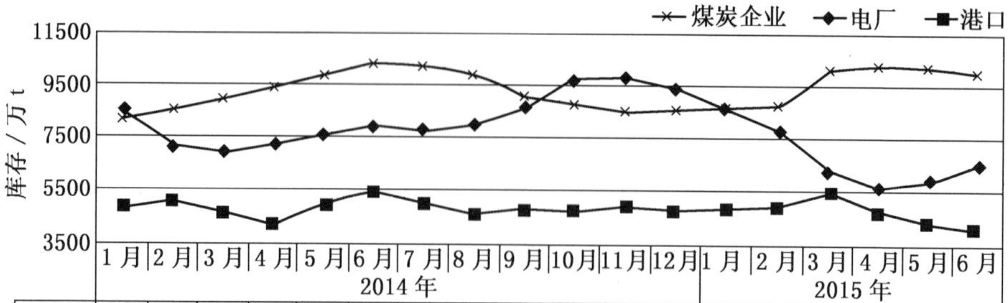

	1月	2月	3月	4月	5月	6月	7月	8月	9月	10月	11月	12月	1月	2月	3月	4月	5月	6月
	2014年												2015年					
煤炭企业	8200	8828	8904	9409	9889	10302	10166	9843	9007	8800	8541	8657	8700	8717	10054	10200	10171	9950
电厂	8458	7186	6947	7204	7507	7906	7700	7953	8652	9692	9764	9455	8590	7770	6281	5625	5884	6541
港口	4814	5070	4512	4207	4989	5414	5078	4572	4810	4687	4903	4743	4864	4937	5430	4694	4222	3967

图3-11　各月末煤炭企业、电厂及港口库存变动情况

（五）价格大幅下滑

从国内煤炭价格变动情况看，近三年全国煤炭价格大幅下降。动力煤价格每年下降100元/t左右，秦皇岛港5500大卡动力煤价格由2012年5月的780元/t下降至2015年7月15日的410～420元/t，降幅47%，详见图3-12。仅2015年就下降了110元/t，价格处于近10年来的低位，从目前情况看，大部分企业的煤炭价格已低于成本，继续下降的空间有限。

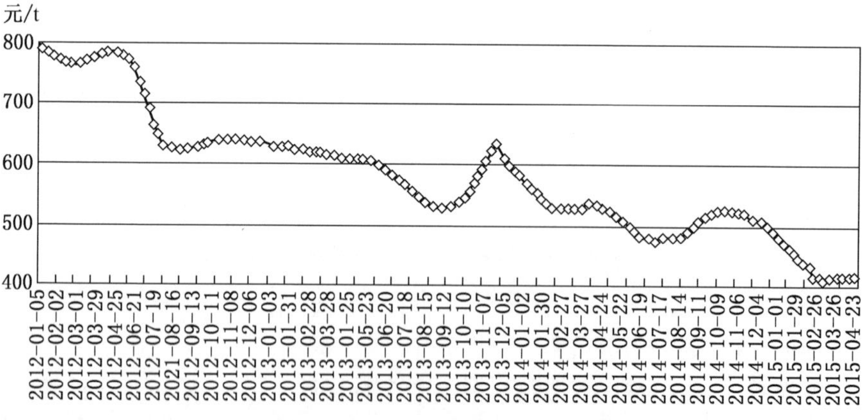

图3-12　秦皇岛5500大卡市场动力煤月价格变动情况

炼焦煤价格降幅更大,山西焦肥精煤综合售价由2012年5月的1540元/t降至目前的640元/t左右。目前炼焦煤价格平均比年初下降了80～100元/t,降幅10%左右,同比下降300元/t左右，降幅30%。

从国际煤价变动情况看，近三年来也出现了较大的下降。澳大利亚纽卡斯尔港优质动力煤价由 2012 年 5 月的 100 美元/t 降至目前的 60 美元/t；澳大利亚海角港优质炼焦煤价格由 2012 年 5 月的 220 美元/t 降至目前的 80 美元/t 左右，降幅 63%。

据协会对进口煤价格的跟踪监测，进口煤的价格与国内价格的差距逐步缩小，7 月 15 日 5500 大卡动力煤价格比国内低 15.61 元/t。

（六）投资持续减少

全国煤炭采选业固定资产投资自 2013 年以来连续下降。今年上半年投资 1686 亿元，同比下降 12.8%，降幅同比扩大 7.2%；其中民间固定资产投资 970 亿元，同比下降 9.8%，详见图 3－13。

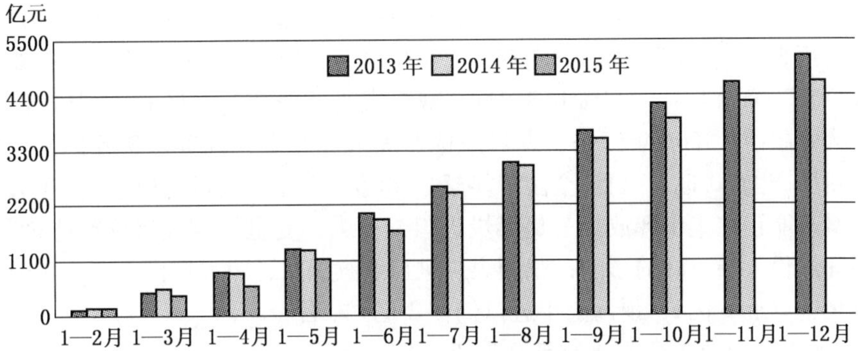

图 3－13　2013 年以来各月煤炭投资额变化情况

（七）行业效益大幅滑落

前 5 个月，全国规模以上煤炭企业主营业务收入 10258.4 亿元，同比下降 13.6%，降幅比 2014 年扩大 6.9%；利润额 168.5 亿元，同比下降 66.8%，降幅比 2014 年扩大 20.6%。6 月 19 日财政部发布，前 5 个月全国煤炭国有及国有控股企业整体亏损。协会直接统计的 90 家大型煤炭企业前 5 个月亏损 4.85 亿元（去年同期利润 265.47 亿元）。从目前了解的情况看，6 月份煤炭企业经营情况更加严峻（有的特大型优势企业利润由月度十几亿元降至几千万元，有的特大型煤炭上市企业半年报已报预亏）。

（八）煤矿安全形势进一步好转

通过认真贯彻落实党中央、国务院关于加强安全生产工作一系列重要决策部署，强化生命红线意识，牢固树立安全发展理念，深化改革创新，推进依法治安，严格落实属地管理责任、部门监管责任和企业主体责任，抓预防、重治本，狠抓各项工作措施落实，煤炭行业共同努力工作，有力促进煤矿安全生产形势明显好转，实现了事故总量、较大事故、重特大事故的“三个大幅下降”。今年上半年发生死亡事故181起，死亡308人，事故起数和死亡人数比去年同期分别下降29.8%和30.6%，煤矿百万吨死亡率降为0.179，比去年同期下降26.6%；今年上半年全国煤矿发生较大事故23起，死亡103人，事故起数和死亡人数相比去年大幅下降；发生重大事故1起，死亡21人，连续28个月未发生特别重大事故。

二、当前影响煤炭行业发展的突出矛盾和问题

（一）市场供大于求的矛盾加剧

一是煤炭需求减少，受宏观经济增速放缓、能源结构优化等因素影响，主要用煤行业耗煤减少，据测算，上半年电力、钢铁、建材三个主要行业耗煤分别下降6.4%、2.3%和8.8%，减少煤炭消费超过1亿t。二是产能建设大幅超前，2006年以来，煤炭采选业固定资产累计投资3.3万亿元，累计新增产能30亿t，目前全国产能超过40亿t，在建项目规模超过10亿t，新增产能正在集中释放。三是煤炭进口规模大，受世界煤炭市场产能过剩、国际煤价大幅下降的影响，我国煤炭进口继续保持了较大规模。上半年全国煤炭进口近1亿t，预计全年进口仍在2亿t左右。

（二）行业竞争力低的问题凸显

一是计划经济时期建设的一大批煤矿，资源禀赋不好，矿井自然灾害重，井型小，条件差；全国目前生产矿井1万处，其中9万t以下的矿井占56%。二是生产集中度低，排名前4家的企业煤炭产量仅占全国的25%。三是劳动生产率亟待提高，2014年全国煤炭行业从业人员611万人，煤炭产量38.7亿t，人均630t，与发达国家人均1万t的水平相比仍有很大差距。四是结构调整任务繁重，一方面近些年建设的一批大型现代化煤矿人员效率达到国际先进水平，但另一方面计划经济时期建设的资源枯竭、安全条件不好的老煤矿不能及时退出。

（三）企业负担依然沉重

一是税负重，2009年煤炭增值税进项税率由13%调整为17%，煤炭增值税负担大幅增加，实际税负比全国平均水平高出3倍多；国家推进资源税改革使大部分地区煤炭企业负担有所降低，但受多种因素影响仍有一些地区煤炭企业税负负担有所加重，个别地区乱收费的问题仍然存在。二是煤炭铁

路运费调整煤炭企业成本大幅增加，近几年国家连续调增煤炭铁路运价，2015 年 2 月煤炭运价再次提高，全国吨煤运输成本提高 10 元左右，有的运距较长地区提高近 20 元，在煤炭市场供大于求的情况下，铁路运价提高已经全部由煤炭企业负担。三是企业办社会职能分离难，历史形成的煤炭矿区特别是独立矿区“三转一业”社会服务职能和离退休人员退休金统筹外费用全部由企业负担，一些大型煤炭企业年费用支出超过数亿元，有的超过 20 亿元，目前企业经营愈加困难，负担沉重的问题凸显。四是一些煤矿破产遗留问题仍困扰企业发展，过去几年全国关闭破产了 270 个煤矿，随着破产政策到期，破产煤矿的一些机构、人员和社区经费没有来源，全部由存续企业负担。五是衰老报废煤矿退出机制不健全，淘汰落后生产能力缺少政策支持，根据对 20 个省区初步调研，全国面临关闭退出的原国有重点煤矿有 115 处，其中资源枯竭的煤矿 70 处，涉及在职职工 30 万人。

（四）市场无序竞争

一是部分煤矿违法违规建设和生产问题突出，前些年在市场拉动、地方政府的推动下，一些煤炭企业未经审批建设了一大批大型煤矿，一些煤矿实际生产能力大大超过了核准能力。据有关部门数据，2014 年年末全国煤矿公告产能 32.6 亿 t/a，同期全国煤炭产量超出公告能力 6.1 亿 t；全国违法违规建设煤矿总规模在 7 亿 t/a 左右。二是一些企业采取“以量补价”方式，竞相降价促销，抢占市场份额。加之，一些煤炭用户为降低成本，通过招标采购方式进一步压低煤炭采购价格，或改变煤炭交货方式、货款结算方式，或延缓付款，增加承兑比例，使煤炭市场竞争更加激烈。

（五）企业经营困难问题日益突出

一是企业亏损面不断扩大。今年以来煤炭企业利润呈逐月大幅下滑态势，1—3 月月均利润 40.7 亿元，4 月利润 32.1 亿元，5 月利润仅 14.4 亿元，环比下降 55.1%，同比下降 85.7%。据调研，全国煤炭企业除个别优势企业和部分上市公司外，其他大部分企业都已亏损。12 个省区对外发布数据，规模以上煤炭企业出现了整体亏损。二是资金紧张问题凸显。一方面，煤炭销售愈加困难，企业应收账款大幅增加，5 月末规模以上煤炭企业应收账款 3755.9 亿元，比 2012 年同期增加 1100 亿元。另一方面，企业回款质量下降，承兑汇票比例明显提高。同时，因煤炭企业效益下滑和信用等级下降的影响，一些银行收紧信贷，企业融资愈加困难。据调研，受此影响，在 21 个省（区）中除福建外其余 20 个省（区）煤炭企业普遍下调了职工工资，有的下调幅度超过了 30%。调查全国 85 家煤炭企业，有 40 家煤炭企业存在缓发和拖欠职工工资问题。有的企业还大量拖欠应缴纳社会养老、医疗保险费用，拖欠原材料和设备采购款数额大量增加。与此同时，减少安全生产投入的问题越来越突出，煤矿安全生产及矿区社会稳定面临严峻挑战。

三、煤炭的主体能源地位难以改变，煤炭行业还将有良好发展

一方面，我国“煤为基础、多元发展”的能源方针不会改变，煤炭消费总量还有增长空间。习近平总书记在阐述推动能源消费、能源供给、能源技术和能源体制革命，加强国际合作的同时，强调指出，我们正在压缩煤炭比例，但国情还是以煤为主，在相当长一段时间内，甚至从长远来讲，还是以煤为主的格局，只不过比例会下降，我们对煤的注意力不要分散；我国煤炭资源丰富，在发展新能源、可再生能源的同时，还要做好煤炭这篇文章。美国能源发展重点是页岩气，我们则要重视资源丰富的煤炭。我国在着力推动能源革命，加大能源结构调整的进程中，煤炭作为我国主要能源的地位和作用是难以改变的。

综合国内多家研究机构的预测成果，结合国家统计局对煤炭生产和消费量数据调整情况，到 2030 年，全国煤炭消费总量将达到 45 亿 ~48 亿 t 左右，在现有基础上，仍有一定的发展空间。

另一方面，国家出台了一系列稳增长的政策措施，必将推动宏观经济持续回升，有利于拉动煤炭消费需求增长。近期，国务院连续出台了加强基础设施建设、推动一批重大项目开工，总投资规模超过 2. 8 万亿元，必将带动电力、钢铁和建材需求增长；同时，国家通过实施结构性减税、营改增等政策措施，将进一步减轻企业负担，提升市场活力。宏观经济有望继续持续向好，从而带动煤炭消费增长。

四、加快安全高效矿井建设是煤炭行业发展的必然要求

在经济发展新常态和推动能源革命的新形势下，煤炭行业进入“四期并存”的发展阶段，对煤炭行业改革发展，既是严峻的挑战，也蕴含着重要的发展机遇；煤炭行业必须深刻认识到，以追求数量和速度为目标的粗放型的发展模式已经结束，必须转向以质量和效益为目标的集约型发展模式，必须转向依靠理念创新、科技创新，推动结构调整，促进转型发展，重视并加强煤矿安全高效矿井建设符合当前形势和国家要求，是实现煤炭安全、高效、绿色和集约开采的必然途径。

（一）深刻认识开展安全高效矿井建设的重要意义

开展安全高效矿井建设工作，对于煤炭企业发展具有重要意义，主要体现在以下方面：

一是提高煤炭企业科学化水平的需要。我国煤炭地质条件极为复杂，自然灾害危害严重，目前对一些自然灾害的机理还未完全掌握；部分煤矿生产方式粗放，技术和管理水平发展不平衡，很多小型矿井没有解决笨重体力劳动和落后生产工艺和装备的问题。通过安全高效矿井建设，促进企业大力发展机械化和自动化，以“机械化换人、自动化减人”，提高煤矿生产力水平和抗灾能力。

二是提高企业核心竞争力和脱困的需要。随着国家经济体制改革的不断深入，市场经济对资源配置作用越来越大。在市场经济中企业必须依靠自身的优势，求生存，谋发展。建设安全高效矿井可以大幅提高采煤工作面单产水平和劳动效率，实现矿井集约化生产，提高企业经济效益，提升企业的竞争能力。同时也为增加职工收入，改善职工生活，提高职工生活质量创造了必要条件。

三是保障安全生产的需要。安全高效矿井建设是煤矿安全生产的重要措施，是贯彻落实习近平总书记、李克强总理等党中央、国务院领导同志关于安全生产的系列重要指示精神，坚守安全红线、促进安全发展，履行保护人民生命安全最高职责的具体行动。安全高效矿井建设坚持“安全第一”的方针，前提条件就是要实现煤矿安全生产。煤炭企业通过建设安全高效矿井，改善技术装备，改变落后面貌，减少职业危害，加强安全薄弱环节管理，提升现场技术管理水平，夯实安全基础基层工作，给职工创造良好的劳动环境，保障职工人身安全，促进煤炭工业安全生产状况持续稳定好转。

四是推动产业结构调整的需要。从产业结构角度来说，通过安全高效矿井建设和大型煤炭基地建设，培育一批走新型工业化道路的大型煤炭企业，使其成为煤炭工业的主体，提高大型煤炭企业市场占有率，提高资源回收率和保障程度，提升行业抗风险能力，减少无序竞争现象，确保行业可持续健康发展。同时造就一批技术先进、竞争力强的特大型企业集团，参与国际煤炭市场的竞争，提高国际市场占有率。

2005 年，国务院《关于促进煤炭工业健康发展的若干意见》提出：“煤炭工业要坚持依靠科技进步，走资源利用率高、安全有保障、经济效益好、环境污染少和可持续发展的道路”；2014 年，国务院《能源发展战略行动计划（2014—2020 年）》提出“推进能源绿色发展，着力推动科技进步，切实提高能源产业核心竞争力，打造中国能源升级版，为实现中华民族伟大复兴的中国梦提供安全可靠的能源保障"；近期，国家能源局《关于促进煤炭工业科学发展的指导意见》(国能煤炭〔2015〕37号）强调"坚持提质增效、集约发展，坚持深化改革、创新驱动"。因此，煤炭工业开展以"三高四好"的安全高效矿井（露天）建设工作，是新时期新形势下提高企业竞争力、促进煤炭工业健康发展的基本途径和重要保证，也是实现煤炭行业转变经济发展方式的主要途径，符合国家的政策方针，引导了煤炭工业的发展方向。

（二）贯彻落实《煤炭工业发展"十二五"规划》目标，进一步加快安全高效矿井建设步伐

《煤炭工业发展"十二五"规划》已确定了安全高效煤矿建设的奋斗目标：2015年全国将要建成800处安全高效煤矿，原煤产量达到25亿t。根据《煤炭工业发展"十二五"规划》的要求，煤炭工业安全高效矿井建设面临着更多的机遇和挑战，安全高效矿井（露天）建设工作任重而道远。

受客观条件所限，我国多数矿区地质构造复杂，开采条件与世界主要产煤国家相比，属于中等偏下，自然灾害严重，开采难度很大。全国以井工方式开采的原煤产量约占总产量的90%，露天矿产量仅占总产量的10%。高瓦斯和煤与瓦斯突出矿井数量达到3000多处，约占全国煤矿总数的1/3。井工矿开采深度平均达400 m以上，超过千米的深井47处，开采最深的矿井达到1500 m。随着矿井开采深度的增加，高瓦斯、高地温、冲击地压和围岩底鼓等现象日趋严重，对煤矿安全生产和职工劳动强度的影响逐年加大。在这样复杂难采的地质条件下，建设安全高效现代化矿井是一项十分艰巨的任务。

贯彻落实习近平总书记系列讲话和党的十八大精神，根据国务院《能源发展战略行动计划（2014—2020年)》、国家能源局《关于促进煤炭工业科学发展的指导意见》《关于促进煤炭安全绿色开发和清洁高效利用的意见》和国家安全监管总局《关于开展"机械化换人、自动化减人"科技强安专项行动的通知》提出的方针、目标及要求，新时期深入开展安全高效矿井（露天）建设的指导思想：以科学发展观为指导，深入贯彻党的十八大精神，以统筹规划、科学布局、安全高效、绿色开采为发展方针，以采用高新技术和先进适用绿色开采技术为支撑，以优化煤矿开拓部署、简化优化生产系统、减少工作面个数和大力发展机械化、自动化及信息化为着力点，继续以实现单产高、效率高、资源回收率高和安全状况好、经济效益好、劳动条

件好、环境治理好为最终目标，积极推进煤炭工业安全高效矿井建设，促进煤矿实现安全、科学、高效、绿色发展。

煤炭工业深入开展安全高效矿井（露天）建设的基本思路：一是按照“安全、科学、高效、绿色”的理念，全面提升煤矿生产技术水平、经济发展基础和安全保障能力。二是统筹规划、科学布局，在保持优势省（区）、大型煤炭企业安全高效矿井建设的基础上，着力推进西南部条件困难的省（区）和中小煤矿大力发展机械化，创造条件建设安全高效矿井。三是积极推动煤矿采用高新技术和先进适用绿色开采技术，实施创新驱动发展战略，加大科技创新，提升采掘装备智能化、系统自动化和管理信息化水平。四是通过优化设计，合理集中生产，简化生产系统和环节，减头减面，减人提效，提高矿井综合能力和系统可靠性。五是加强技术培训，提高职工队伍素质，建立人员精干、办事高效、管理科学的安全生产管理体系。六是通过提高煤矿生产效率和经济效益来提升煤炭企业核心竞争力，夯实企业经济基础，提高职工生活质量，增强企业凝聚力和影响力。七是加强井上下环境治理，建设绿色文明和谐矿山。八是适时开展煤炭工业安全高效矿井建设、管理和技术经验交流活动，树立榜样，以典型引路，推动建设发展。

为此，国家、行业管理部门、协会和煤炭企业要共同高度重视安全高效矿井建设工作，增强做好安全高效矿井建设工作的责任感和使命感，全面贯彻落实习近平总书记的系列讲话、党的十八大和新时期各项政策文件精神，坚持依靠科技进步和自主创新，不断增强科技创新能力，实施创新驱动发展战略，开展生产领域的重大关键技术攻关，进行采煤方法和采煤工艺的改革，加大新技术、新产品、新工艺和新装备的推广应用，遵循煤炭工业发展规律，进一步加快我国安全高效矿井（露天）建设步伐，努力推进煤炭安全、科学、高效、绿色开采，促进煤炭行业科学化水平的提升，打造煤炭工业的升级版，为经济社会发展提供安全、经济、可靠的能源保障。

第四章　2012—2013年度煤炭工业安全高效矿井建设经验

神华集团神东煤炭公司布尔台煤矿

一、矿井概况

布尔台煤矿是中国神华神东煤炭集团公司所属的大型煤炭生产矿井，井田面积192.632 km^2，地质储量33.03亿t，可采储量20.13亿t。矿井设计生产能力2000万t/a，服务年限71.9年。矿井产出的煤，煤质优良，具有特低灰、特低硫、特低磷、富油（或含油）低熔灰等特点，是优质的动力用煤和民用煤。

矿井采用斜井—平硐—立井联合开拓方式，主斜井、辅运平硐、进风斜井和回风斜井设在矿井工业广场，进风立井、回风立井设在风井工业广场。采煤方法为走向长壁后退式开采，全部垮落法管理顶板，开采方式为综合机械化采煤。

二、2013年主要技术经济指标

2013年生产原煤1844.5万t。全年未发生重大伤亡事故及重大以上机电事故，百万吨死亡率为0。实现利润18480万元，职工人均年收入13.5万元，是煤炭行业人均收入的3.3倍，同比增幅0.9%。采掘机械化程度100%。采掘关系正常，采区中厚煤层采出率达到87.6%，厚煤层采出率达到86.1%。矿井生产规模达1844.5万t，原煤工效111.131 t/工，矿井综合单产58万t/(个·月)。

三、安全高效矿井建设的主要做法

（一）强化安全生产主体责任落实，明确安全生产责任制，严格落实安全问责制

进一步加大了安全检查力度，严格执行领导带班“工单制”和带班制度，如要在井下现场交接，重点盯现场。不断改进带班工作质量和效果，领

导下现场定任务、定指标，避免了领导下现场流于形式、走过场。强化现场监督检查和各类隐患的排查治理，并及时进行整改，跟踪落实督办。全面提高了井下现场安全管理水平，推动安全工作健康稳定发展。

（二）完善各项制度，全面提升质量标准化水平

以安全质量标准化达标竞赛为契机，修改和完善各项质量标准化管理办法，积极推广实施了公司各批亮点工程。不断强化考核，注重过程管控，以培训和经济杠杆为手段，促使全员意识到质量标准化的重要性，确保员工按标准化作业流程作业。以本安信息系统分数为标准，确保考核公平公正，编写了《布尔台煤矿亮点工程推广手册》，并下发到各区队，不断提升作业现场安全质量标准化达标水平。

（三）合理安排采掘接续和优化工作面设计

在工作面回撤通道外煤柱施工排矸巷，减少矸石地面排放量。优化巷道施工工艺，利用掘锚机施工机头硐室一次成巷及岩石上山。合理优化巷道支护工艺及支护参数，避免巷道二次支护。在保证安全高效的同时，大大节约了各项费用支出。

（四）实施设备精细化管理

通过在智能点检终端仪中增加标准化检修项目，将日常检修纳入点检信息化系统，实现了电子化记录。利用EAM系统导入标准检修工单、故障体系，检修人员在现场直接引用标准工单，查询故障原因和处理方法。通过实施精细化点检，规范了检修作业，提高了检修质量和员工技能，降低了设备故障率。

（五）努力提高队伍素质

现代化矿井建设靠的是科技和管理，而先进的科技、管理知识必须掌握在高素质的人才手中才能保证矿井的现代化建设。矿区通过师带徒、加强培训等方式，努力提高队伍素质。

（六）环境保护工作

主要是井下产生的煤矸石、洗选矸。井下产生的煤矸石排至井下专用排矸巷，并及时对排矸巷进行封闭；洗选矸排至矸石山填沟覆土绿化。在保证矿井接续、高速发展的同时，加大矿区环保投资力度，环保设施齐全到位，各种污染物排放均达到国家标准要求。

（七）科技创新工作

始终坚持“科技兴矿、以人为本”的宗旨，2013年全矿共有12项科技创新项目，受到矿级表彰奖励的有8项，获得公司级奖励4项，全年向获奖部门与个人发放奖金40万元，极大地鼓舞了员工创新增效的积极性。

神华集团神东煤炭公司寸草塔二煤矿

一、矿井概况

神东寸草塔二煤矿位于内蒙古自治区鄂尔多斯市伊金霍洛旗境内，属乌兰木伦镇辖区。截至 2013 年年末煤层剩余保有储量 2.84 亿 t，可采储量 2.02 亿 t。矿井原设计生产能力 60 万 t/a，2007 年 10 月产业升级改造后设计生产能力达到 270 万 t/a。

矿井采用主斜副平开拓方式。产出的煤以长焰煤为主，不黏煤（BN31）次之，这两种煤具有低灰、低硫、特低磷、高挥发分、中高发热量等特点。

工作面呈条带式布置，主运输为带式输送机，辅助运输为无轨胶轮车。采煤方法为走向长壁综合机械化采煤，全部垮落法管理顶板。掘进方式采用连采机、掘锚机掘进，连运车、梭行矿车配合带式输送机运煤。

二、2013 年主要技术经济指标

矿井全年未发生重大伤亡及以上人身安全事故，也未发生二类及以上机电事故。全年实现利润 2.4 亿元，职工人均年收入 14.5 万元。矿井采区采出率达 85%。矿井生产规模 268.4 万 t，采掘机械化程度 100%，原煤工效 18.4 t/工，矿井综合单产 22.36 万 t/(个·月)。

三、安全高效矿井建设的主要做法

（一）夯实基础促提升

（1）分季度开展系统性及岗位危险源再辨识和风险评估，对新查出的高风险、高频次、人为因素等产生的安全隐患，深入分析其产生的原因，制定防止隐患重复出现的纠防措施，并对相关责任人进行严肃问责。

（2）深入开展全员事故案例警示教育工作。管理干部在早调度会召开前、区队员工在班前会学习一部事故警示案例片，从事故案例中寻找安全管理上的不足，做到举一反三、警钟长鸣，深刻吸取事故教训，杜绝同类事故的重复发生。

（3）对不同专业标准作业流程进行写实，梳理出适用于矿井的采掘类标准作业流程、机电故障诊断流程。工作面设置标准作业流程查询台，促进标准作业流程的执行与推广。

（4）建章立制，修改完善各项规章制度。分专业分科室重新编制、修改各类制度，重新划分矿领导、各科队岗位职责，完善管理人员到生产一线每个岗位的岗位责任制。

（5）加强培训管理，提高员工素质。建立完善实操培训基地，使培训学习更加直观真实。

（6）实现矿井全方位无死角立体式检查。通过矿领导三班带班路线无死角检查、一周一次突击夜查、每月两次步行检查及各项专项检查活动，将地面至井下各处死角隐患全方位排查整治。

（7）组织火灾、水灾、顶板、瓦斯等事故应急演练工作。通过应急演练，检验了应急预案的可操作性、事故应急处置、员工队伍的应变和事故救援能力，提高了广大干部员工对应急演练工作的重视程度，同时改进在应急救援工作中发现的问题。

（二）优化系统保安全

（1）优化通风系统，确保稳定可靠。根据综采工作面、各掘进工作面贯通情况对通风系统进行调整；及时封闭废旧巷道及暂时不用的巷道，降低了通风阻力，提高了矿井的有效风量，满足了各个需风地点对风量的要求，确保了矿井的安全生产。

（2）矿井回风巷道全部实现了风泵排水，提高了矿井安全系数。

（3）提高主要硐室自动化水平。通过一系列改造完成了22煤、31煤中央水泵房、31煤盘区水泵房、31煤中央变电所及31煤盘区变电所自动化控制，实现了无人值守。

（4）优化机头硐室设计。工作面巷道机头与大巷采用立交方式，减少了矿务工程量，大大缩短了基础施工时间。同时，加工制作了安全、可靠、简便、易拆的大巷立交平台，为过巷立交掘进创造了安全快捷条件。

（5）完善并规范井下监控分站、各类传感器设置，并将全部设备按时标校、调试，保证监控数据准确、断电可靠、上传及时。

（6）主要巷道交叉口的交通信号灯增设了语音报警功能、井口安设车辆检修平台、改装防爆车倒车灯、辅运平硐及斜井安设照明灯和避险车道，以上措施促进了辅助运输管理水平的稳步提升。

（7）在综采距回风最近的一个回风联络巷口设置全断面防尘过滤网，掘进面设置全断面防尘过滤网，重点部位的喷雾都加设了反冲洗自动过滤器，有效降低了巷道粉尘，保障了职工的职业健康安全。

（三）多措并举创效益

（1）加强支护材料领用管理，修订下发《掘进队支护材料管理办法》，实行月考核、季度兑现，降低支护材料浪费。

（2）规范矿务工程施工，明确施工要求及流程，减少不必要的返工，最大限度降低矿务工程费用。

（3）利用顶板支护锚杆作为单轨吊锚杆。综采设备列车机轨分离布置时，在放移变列车的巷道掘进过程中，利用一套顶锚杆作为单轨吊锚杆。选用定制长螺纹锚杆，满足单轨吊锚杆外露要求并按规定涂抹黄油。

（4）优化回采方案，降低生产成本。综合工作面的煤厚、工作面宽度、推进度等因素，制定最优方案，在资源回收率基本相同的前提下，减少工作面的搬家倒面。

（5）优化巷道布置，提高硐室利用率。通过优化工作面巷道，使瓦斯泵房服务多个工作面，提高硐室利用率，减少硐室掘进及矿务工程费用。

（6）油脂统一管理，加强“修旧利废”力度。为了实施矿井绿色开采，降低油脂消耗成本，对全矿油脂实行统一管理。清洗整理电缆挂钩、风筒、托辊、掘锚机钻箱等物资，严格执行“有旧不领新”制度。

神东寸草塔二矿在注重安全生产的同时，加强员工教育培训、管理、技术创新，加强精神文明建设，保持矿井质量标准化先进水平，努力打造“本质安全型、质量效益型、资源节约型、科技创新型、和谐发展型绿色矿山”。

神华集团神东煤炭公司上湾煤矿

一、矿井概况

上湾煤矿是中国神华能源股份有限公司神东煤炭集团主力生产矿井之一，位于内蒙古鄂尔多斯市伊金霍洛旗乌兰木伦镇境内。井田面积61.8 km^2，地质储量12.3亿t。井田地质构造简单，赋存稳定，煤质具有特低灰、特低硫、特低磷、高发热量等特点。

矿井各生产系统实现了集中控制，辅助运输实现了低污染无轨胶轮化运输。现场实现了自动化监测监控，工业电视及办公实现了计算机网络化。井上下实现了“小灵通”无线移动通信，安装了井下人员和车辆定位监测系统。矿井主运输系统、供排水系统及供电系统实现了集中控制。

矿井采用斜井-平硐-立井联合开拓方式，生产布局为“一井两面”，生产组织模式为“二综两连”。工作面采煤工艺为一次采全高，采煤方法为倾斜长壁后退式全部垮落综合机械化采煤。矿井综采和连采工作面全部装备了先进的采掘设备，采掘机械化程度达到100%。

二、2013年主要技术经济指标

2013年完成原煤生产1396万t，商品煤1340万t，掘进进尺30520 m。原煤工效85.29 t/工，回采工效545.8 t/工。矿井百万吨死亡率为0.0007。商品煤全水分为16.7%，灰分为8.2%，硫分为0.53%，发热量为23.45 MJ。

三、安全高效矿井建设的主要做法

（1）深入开展“找抓促”活动，持续推进本安体系建设，认真落实《进一步加强安全生产的特别规定》，层层落实安全生产责任制。借助精益化管理全面梳理流程的契机，开展岗位危险源、系统性危险源辨识和重大安全隐患挂牌整治活动，提高风险管控能力。独创“833”步行隐患排查法，消灭了盲区死角，重点隐患同比下降75%。丰富不安全行为管控手段，如采用过“五关”、待岗培训与安全奖、风险抵押金挂钩等方法对不安全行为进行管理，取得了不错的效果，全年中等以上不安全行为同比下降53%。

开展结对子帮教活动，建立“互相监督、共同进步”的安全保障机制。

（2）响应国资委及两级公司开展的“管理提升年”活动，构建精益化管理体系，形成高产高效矿井精益运营模式。综采生产克服12206工作面地质构造复杂、三盘区首采等困难，完成“4安4撤”。

（3）不断优化生产组织方式，使“3+X柔检修”落到实处，实现了开机率、负荷率、设备综合效率日通报、月总结。按照三盘区不同的生产方式，及时调整主运输带式输送机的开停时间和运行速度，最大限度降低电耗和设备磨损。

（4）队伍建设成绩突出。完善三级培训管理体系，建成神东职工教育培训实操基地，员工的基础素质、业务技能实现质的飞跃。成立了班组长协会、QC小组、兴趣小组，班组建设风生水起，年度考核位列全公司第一。

（5）持续开展精益化检修活动，实施综采、连采“3+X柔检修”，有效减少了“过维修、欠维修”的现象。优化检修流程463个，规范员工日常操作行为。初步建立TPM全员参与设备维护体系，提高设备点检及维护保养水平。利用MES功能，建立设备故障分析模式，完善预防性维修体系，做到超前预控设备故障的发生。克服辅助运输管理难度大的困难，创新安全行车“五五法则”，保障车辆安全运行。

（6）矿井建设技术先行。完成了井下永久避难硐室工程，完善了“六大系统”安全工程，提高了煤矿安全生产防灾抗灾能力。实施井下输送混凝土工程，解决了三盘区工程车辆运输距离远、车辆不足等难题，加快了工程进度。以精益化管理为切入点，编制矿务工程建设流程图，提高了工程质量，生产运营保障能力也得到了改进。

（7）优化了矿井通风系统，平衡了南北风井主要通风机负压。新掘了三盘区专用回风巷，解决了独立回风问题。

（8）加强基层党组织建设，完善政治思想学习制度，优化学习方式，不断弘扬正气，压制歪风邪气。开展地面不文明行为、井下质量标准化常态化治理工作。本着“开拓思路找差距，踏踏实实抓整改，抓住机遇促提升”的思想，及时实施地面“十大”工程。安全文化、精益文化深入人心。工作环境、生活环境、人文环境不断优化，使“美丽上湾”变成现实。

神华集团神东煤炭公司榆家梁煤矿

一、矿井概况

榆家梁煤矿隶属中国神华能源股份有限公司神东煤炭集团，是集团公司的千万吨矿井之一。矿井位于陕西省神木县店塔镇，井田面积 56.33 km^2，地质储量 5.04 亿 t，可采储量 3.84 亿 t。煤质优良，具有特低灰、特低硫、特低磷、高发热量等特点，属不黏煤，是优质动力、化工、食品工业用煤和民用煤。

矿井为多井筒分煤层联合开采，大巷布置在井田中央，工作面呈条带式布置在大巷两翼。矿井设计生产能力 1840 万 t/a，2006 年核定生产能力为 1630 万 t/a。

矿井主要采煤方法为倾斜长壁采煤法，采煤工艺为综采，全部垮落法管理顶板，边角块段采用连采机进行短壁式回采。巷道掘进为全断面连采机掘进。

矿井安全避险“六大系统”已全部建成并投入使用。

二、2013 年主要技术经济指标

2013 年矿井煤炭产量 1627 万 t，掘进进尺 4.77 万 m。原煤工效 91.65 t/工。职工人均年收入 16.25 万元。矿井综合单产 39.92 万 t（个·月）。全年实现利润 31.03 亿元。

三、安全高效矿井建设的主要做法

（一）严格制度落实与考核管控

持续加强安全生产管理制度建设，狠抓制度落实。严格执行全员风险抵押制度，加大隐患排查整改力度。坚持以危险源辨识为基础，以实现安全“零伤害”为目标，以风险预控为核心，严格落实现场管理标准及措施，执行重奖、重罚的安全绩效工资考核办法和安全风险抵押办法。

（二）加强标准化建设与文化培育

通过增加保障投入、加强培训和强化现场质量标准化管理，深入开展各类标准化建设提升活动，如互检互评、对标学习和“零”管理等活动，矿井安全质量标准化工作得到有效提升。结合班组建设和安全文化建设，积极培育文化软实力，如拍摄微电影、开展安全幸福账单活动等，提升员工整体素质和安全意识。

（三）推进科技创新与人才队伍建设

积极推进科技创新和人才队伍建设，建立实操培训平台和技术干部培养、选拔、考核机制，组织科学技术例会并交流经验，推广应用新技术成果，有效助推了矿井安全高效生产工作。

2013 年榆家梁煤矿在 42 煤大巷煤柱回收时采用线性支架，实现顶板全部垮落法短壁机械化回采工艺，该工艺安全性好，资源回收率高，推广前景较好，相比单翼回采采出率可提高 20% 以上。

在 43308 工作面试点推行了柔模混凝土沿空留巷技术，留巷长度 1980 m，增加煤炭资源 6.6 万 t。

（四）推进信息化管理与自动化控制

选用先进的综合自动化控制系统，对矿各主要生产环节及相关辅助环节的生产过程进行监控记录。借助 EAM 系统、班组核算系统、绩效考核系统等信息化平台，实现了经营管理信息化。

应用本安信息系统，使用虹膜考勤机，投入在线考试系统，建设网络论坛，使各项管理工作更安全、高效、规范。

中煤能源集团山西中新唐山沟煤业有限公司

一、矿井概况

山西中新唐山沟煤业有限公司前身为唐山沟煤矿，该矿始建于1971年。矿井井田位于大同市西北部新荣区上深涧乡刘安窑村及张旺庄村一带，形状大致呈三角形，南北宽约3.5 km，东西长约7.4 km，面积11.7024 km^2，核定生产能力1.5 Mt/a，批采规模1.5 Mt/a。

矿井为斜井开拓，布置有主斜井、材料斜井、行人斜井、1号回风井和2号回风井。采煤方法为壁式综合机械化一次采全高自然垮落法，掘进采用综合机械化一次成巷法。矿井监测监控系统、井下人员定位系统、井下紧急避险系统、矿井供水施救系统、矿井压风自救系统、矿井通信联络系统等“六大系统”都已建设完成，并投入使用。

二、2013年主要技术经济指标

2013年完成原煤产量119.89万t，掘进进尺10244 m。销售收入41724.7万元，实现利润2100.4万元，人均年收入7.5万元，同比增长10.2%，累计计效人数5692人，累计计效工数156570，原煤工效7.64 t/工。

三、安全高效矿井建设的主要做法

（1）引进新装备、新材料、新技术，为高产高效提供重要技术保障。将采煤机、刮板输送机、支架等工况信息及控制状态通过工作面集成控制系统集中显示，进行远程控制。通过数据交互，实现了设备间程序控制、顺序启动/闭锁、自动化操作及远程人工干预，成套设备自动化程度高、效率高、人工少，为薄煤层安全开采提供保障。成套设备不仅实现了工作面无人或少人开采，而且提高了薄煤层的资源回收率，更为安全开采提供了技术保障。

（2）全力抓好安全工作。围绕解决制约安全生产影响因素这条主线，对新装备、新技术进行再研究、再创新，持续强化安全控制。2012年公司针对采煤工作面端头顶板破碎、矿山压力较大、掘进工作面过构造带等一系列安全问题，采取打注马利散黏结顶板的方法，取得了较好的效果。

（3）优化生产布局，减少工作面搬家倒面次数。12号煤层地质赋存条件较复杂，特殊地质构造带和老空区、旧的废弃巷道严重影响回采工作面的布置。针对这种情况采取避让、钻穿、过空回采的办法，尽量增加工作面走向长度，增大可采储量。现圈定的8207和8208工作面通过超前钻探、跨越废弃旧巷、设计远离老空区和开口避开构造带等措施，使工作面走向长度达到960.7 m和898.4 m，较2012年圈定的8205工作面走向长度增加了108 m，可采储量增加了4.14万t。

（4）优化巷道设计规格，减少支护费用，提高单进水平。原回采巷道采用4.5 m宽、2.7 m高的机轨合一布置设计，但8号和12号煤层平均厚度都不足2 m，开挖巷道卧底工程量较大。为提高工作面单进水平、减少支护费用，采取机轨巷分开布置，机巷宽度改为4.2 m，轨巷宽度改为3.8 m，巷高改为2.3 m，单进水平由原来平均日进9 m提高到平均日进11 m，每米支护费用降低了85元。

（5）改造辅助运输系统，提高运输效率。2013年后逐步将井下调度绞车的运输方式由接力运输式升级为一次牵引式，淘汰了井下调度绞车，采用无极绳绞车运输，达到了减人增效的目的。目前12号煤层主要大巷3部无极绳绞车均已投入使用。

（6）强化劳动组织形式，提高工时利用率。原有的“三八”工作制不变，主要是改变作业工时，将原有的8 h检修时间缩短为6 h。综采检修完毕，组织人员进行2 h的试刀出煤。综掘施工人员在上一班施工接近尾声提前2 h入井进行生产前的准备工作，以满足连续生产的要求。

（7）充分发挥公司培训中心作用，全力提升员工素质。2013年培训中心采取月初培训、月末考试的方式，分层次、分阶段对各级管理干部和特有工种进行培训考核。创造性地开展了岗位技能提升和专业技术管理水平提升活动，围绕推进“双高”矿井建设的实际情况，使员工能够熟练掌握本岗位的技术工艺技能、操作标准和安全行为规范。

兖矿集团兖州煤业股份有限公司
东　滩　煤　矿

一、矿井概况

兖州煤业股份有限公司东滩煤矿位于山东省济宁市境内，跨邹城、兖州、曲阜三县市。井田面积 59.9606 km^2，可采煤层有 2、3、6、$15_{上}$、$16_{上}$、17、$18_{上2}$共 7 层。矿井采用立井开拓，中央对角式布置，设计 -660 m、-745 m 两个水平。矿井设计生产能力 400 万 t/a，核定生产能力 750 万 t/a，煤炭生产为综合机械化采煤。

二、2013 年主要技术经济指标

原煤产量 748.6073 万 t，其中主采队单产 618.8767 万 t。矿井综合单产达到 31.5808 万 t/(个·月)。安全百万吨死亡率为 0。安全质量标准化达到国家一级标准。综采机械化程度 100%，综掘机械化程度 78.46%，掘进装载机械化程度 100%。原煤工效 18.501 t/工，矿井生产安全费用实际完成 11243.84 万元，吨煤投入 15.02 元。实现利润 195210 万元，职工人均收入 7.6375 万元/人。工作面开采程序符合规定，中厚煤层采区采出率 93.00%，厚煤层采区采出率 81.90%。

三、安全高效矿井建设的主要做法

（一）突出风险预控，安全工作在“三查三反”中持续加强

树立安全“红线”意识，扎实开展“三查三反”活动和安全生产百日攻坚行动，实现安全生产超过 3000 天，保持了稳定的安全发展态势。

（1）健全制度抓安全。对照上级新法规和公司新要求，修订下发安全管理配套机制。

（2）创新培训促安全。利用安全办公会等时机，随机抽查管理人员业务知识掌握情况。将典型事故集中汇编、形成教材，采取“现身说法”“挂图分析”等形式，将警示教育深入到班组和现场。

（3）亲情帮教助安全。以职工和家属联合签名的方式，签订“零三违”安全承诺书5810份，“三违”帮教签字单49份，全员联动自主抓安全的氛围更加浓厚。

（4）六项整顿保安全。全面开展安全思想、工作作风、制度落实、现场管理、技术措施、安全培训等整顿。

（5）精品工程筑安全。组织开展质量达标会战，高标准建成4条精品线路、3个精品采煤工作面、13个精品掘进头、5条精品皮带巷、7个精品机电硐室，安全质量达到国家一级标准。

（二）突出均衡稳定，生产在安全高效中有序推进

（1）系统稳定。从掘进→采煤→皮带运输→提升运输→洗选加工→煤炭发运等系统源头抓起，规范流程，严格管控，形成环环相扣、互相支撑的保障体系，确保了大系统安全可靠。

（2）掘进高效。综掘区队发挥大功率掘进机优势，提高大断面巷道掘进效率，保证了重点接续工程快速推进。普掘区队发挥岩石快掘作业线装备优势，岩巷大断面单进突破120 m，创出近三年新高，达到公司领先水平。

（3）采煤可靠。1307工作面曾连续两个月过落差12.5 m的大断层，40多组支架割全岩，轨顺变形最严重时，巷道面积缩减一半。通过科学组织，发挥主辅协同优势，既巩固保持了主采队600万t采煤队水平，又确保了特殊时期的稳产高产。

（4）准备超前。立足当前着眼长远，将近三年重点接续头面倒排工期至每一周，全面开展接续准备会战。

（5）关键保障有力。供电系统、通防系统、运输系统等关键部门，通过超前检修、规范管理，为煤炭生产提供了强力保障。

（三）突出系统优化，“三减三提”在深化拓展中取得实效

坚持以减促提、以降促增，分14个专业拓展“三减三提”内涵，逐项实施改进措施，做到“三优化、三减少”。

“三优化”的具体做法有：

（1）优化生产布局。按照“合理高效生产，逐步收缩采区；加快新区开拓，保证长远接续”的思路，制定近三年生产系统优化和接续方案。六采区由原来12个工作面减为10个工作面，该项目可节约掘进巷道成本及工作面安撤费5300万元。

（2）优化系统检修。针对主井提升运输系统老化、满负荷的实际，深化设备“零故障”活动。采取日常检修、停产检修、长时和短时检修相结

合的方式，安全优质地完成主井 2 号提升机主电机、提升钢丝绳更换等重点检修任务。

（3）优化运输系统。改进一采行人上山架空乘人装置，减少岗位工 3 人，减少设备投入 60 万元。进行矿井局部运输系统改造，推广无轨运输，实现运输系统的安全高效。

“三减少”的具体做法有：

（1）减少人员岗位。推行瓦检员、安监员、质检员“三员合一”，严格控制职工总量。

（2）减少综机费用。制定《综机设备配件回收管理办法》，提高旧设备和配件的利用率。

（3）减少废旧物资闲置。将废旧工字钢和钢轨改成铁轨枕，利用废旧锚杆和钢材加工抗棚器，每年节省费用 120 余万元。

（四）突出生态文明，绿色矿山建设在可持续发展中稳步前行

绿色低碳、生态文明是当代发展的主题，是企业的社会责任。以建成国家级绿色矿山为动力，以高效开采、清洁生产、循环利用和低碳运行为目标，全面打造“资源节约型、环境友好型”生态文明矿井。

（1）绿色开采到位，以煤岩置换和充填开采为主攻方向，按照分步走的原则，着力推进煤矸分离技术，减轻提升运输和洗选压力，赢得主井检修时间，为实现矸石回填、煤岩置换奠定基础，延长矿井服务年限。

（2）技术改造到位，完善实施节能规划，采取优化供电系统、安装无功补偿装置、设备变频改造、避峰填谷措施，淘汰高耗能设备。推广使用高电压等级电机，利用合同能源管理项目改造工作面乳化液泵站。

（3）循环利用到位，规范运行矿井水净化、深度处理和生活污水处理系统，提高水资源利用率。利用废旧工字钢、废锚杆改成铁轨枕、拉杆，实施循环利用。

（4）环境优化到位，巩固无尘化矿井建设成果，完善立体式、全方位的综合防尘治理体系。深化绿化美化工程，全面打造环境优美的现代化“花园式”矿山。

兖矿集团兖州煤业股份有限公司
济宁二号煤矿

一、矿井概况

济宁二号煤矿为设计年产400万t的特大型现代化煤矿，隶属兖州煤业股份有限公司。井田面积87.1067 km^2，地质储量7.90亿t，可采储量1.39亿t。矿井采用立井开拓，主井、副井、风井均布置在工广区内，采用中央并列抽出式通风。主要水平大巷分区开拓，工作面沿煤层布置，采煤方法为采区前进式、工作面后退式开采。厚煤层采用综采放顶煤开采，中厚煤层采用普通综采，全部垮落法管理顶板。矿井投产后坚持走安全高效之路，依靠科技进步与管理创新，使矿井得到科学、安全、绿色和可持续发展。

二、2013年主要技术经济指标

矿井百万吨死亡率为0，实现了安全生产。利润43690万元；职工人均工资73141元。年采煤机械化程度为100%，掘进装载机械化程度为100%，综掘机械化程度为91.08%。矿井采区中厚煤层采区采出率为81.9%，厚煤层采区采出率为81.2%。矿井综合单产13.1256万t/(个·月)，原煤产量311.3276万t，原煤工效为16.130 t/工。

三、安全高效矿井建设的主要做法

（一）加强组织领导，营造实施安全高效矿井建设的氛围

继续加强对安全高效矿井建设的组织领导，明确责任、多点启动，出台了顶板控制、辅助运输、锚网支护等对安全高效矿井建设密切相关的各项管理规定，突出重点，综合布置。成立了以矿长为组长的安全高效矿井建设实施领导小组，统一思想、统一认识，认清形势，理清思路，并付诸实践，讲究工作实效。各级领导深入现场，及时解决现场出现的各种困难和问题，对工程质量、生产接续、设备配套等关键环节，集中时间、集中精力，认真加以解决。

（二）深严细实抓管理，安全形势持续稳定

坚持以人为本，认真贯彻落实上级一系列安全指示精神及公司安全工作部署，始终把安全摆在重要位置，全面强化安全管理。牢固树立“安全第一、生命至上”的理念，健全安全管理机制，明确岗位职责，狠抓不放心人员排查和安全隐患排查治理。加强《煤矿矿长保护矿工生命安全七条规定》的宣贯，逐级签订安全承诺，逐项分解任务、落实责任。积极推进区队班组建设，严抓现场交接班、“手指口述”安全确认，深入开展安全专项整治和“百日安全会战”活动，分专业对重要地点、薄弱环节进行全面排查治理。以制度措施落实为总抓手，加强“一通三防”、冲击地压防治、工作面安撤等重点工作的安全管理，提高安全防控能力。加大隐患治理力度，保持严抓严管、高压制胜的态势，精心组织防洪、反风、停产撤人和应急疏散演练，提高矿井防灾抗灾能力，确保安全形势的稳定。

（三）全力以赴保接续，稳产保效能力显著提升

加快调整步伐，优化开拓方式，科学合理组织生产。2013 年主要在九采区和十一采区组织生产，两翼均衡布置，严格执行开采规程，合理确定薄厚煤层、难易煤层开采顺序。坚持科学调整，合理配置，细排工期，加强组织生产，确保采煤队在合面、过断层等特殊时段的连续生产。严控工程质量，细化规程措施，严格现场管理。大力发展机械化，提高单产单进和 3 个煤量可采期，提高生产正常接续水平。

（四）依靠科技进步，增强系统保障能力

依靠科技进步积极实施矿井工艺技术、工作面设计、采掘装备、生产系统和人员组织“五个优化”。优化通风系统，及时封闭了南翼西部 4 条大巷、九采 $3_{上}$ 等 1 万余米闲置巷道，南翼风量有效利用率达到 90% 以上。在 9307 工作面撤除过程中，采用单轨吊安撤技术，取消了矿用绞车和轨道运输，减少岗位作业人员 10 人/班，安撤效率提高了 30% 以上，工作面单轨吊安撤技术工艺试验取得成功。在十采区皮带巷安装了吊挂式皮带运输系统，该系统对巷道适应性更强，拆装更快捷，清理卫生更方便，减轻了职工的劳动强度。积极推广可回收墩柱式沿空留巷技术，该技术在 9307 工作面成功留巷 1700 m，回收煤炭 22491 t，产生经济效益 1349.4 万元。配套实施了机尾驱动新型转载机改造，完成了南翼架空乘人装置、皮带变频改造，在南、北翼主运皮带安装了破碎机，确保了系统安全可靠运行。

（五）精打细算降成本，经济运行质量稳步提升

树立一切生产经营活动均有成本节约空间的理念，从生产源头管起，从

生产过程中的每一个细小环节入手，严抓成本管控。创新经营管理方式，细化成本费用指标，每月一总结、一分析、一安排，每天编制《商品煤产量和成本日报表》《经营效益分析日报表》，实现了成本及收入超前预警、动态控制。坚持“有旧不领新”原则，严控材料费用支出。

（六）统筹协调推进，为安全高效矿井奠定牢固基础

坚持以人为本、人才兴矿战略，围绕破除“四风”主线，深入开展了“解放思想大讨论”和“度危机、求生存、保发展形势”任务教育，狠抓劳动纪律、效能监察和业绩考核，强化作风建设、廉政建设和“四好”班子建设，各级管理人员、工程技术人员自觉履责、服务发展的责任意识有了新提高。加强了信访稳定、民主管理、群团建设、计划生育、社会管理综合治理等工作，营造了奋发有为、和谐稳定、共谋发展的良好氛围。

山东能源新汶矿业集团翟镇煤矿

一、矿井概况

翟镇煤矿隶属山东能源新汶矿业集团公司，井田面积 13.58 km^2，地质储量 19039 万 t，工业储量 15258 万 t，可采储量 9970 万 t。

矿井可采煤层有 2、4、6、11、13、15 煤层，主采煤层为 2、4、11 煤层，主要煤种为气煤、气肥煤、肥煤。商品煤品种主要有冶炼精煤、动力精煤、混煤、块煤、煤泥等。精煤产品主要有“双八”和“翟镇”两个品牌，具有低灰、低硫、高发热量、高挥发量、高熔点等特点。

翟镇煤矿由一对立井开拓，井口标高 +180.7 m，现开采水平 -400 m。矿井为立井、斜井混合，集中大巷、采区石门开拓方式，采煤方法为走向长壁后退式，全垮落法管理顶板。

矿井采用综合机械化采煤，综采机械化程度达到 100%，掘进采用综掘、炮掘，综掘机械化程度达到 69.2%。采掘关系正常，采出率有所提升。2013 年矿井水平接替正常，采区和工作面开采程序符合规定，采区采出率达到 90.5%。

二、2013 年主要技术经济指标

2013 年矿井在保证安全生产必要投入的前提下，产出原煤 150.77 万 t，企业盈利 6566 万元，人均年收入达到 7.83 万元，同比增幅 11.22%。

三、安全高效矿井建设的主要做法

（一）开采布局不断优化

按照“简化系统、集约生产”的思路，对生产布局进行科学规划，实现了集中合理生产。封闭后五采区，压缩生产线，减少了设备占用。加快后一采区工作面推进速度，封闭后一下部采区。及时调整生产布局，封闭 6 层煤三采区。通过采场布局优化，减少了 2 个采区、1 个采煤面、2 个掘进头，生产布局更加合理、集中。

（二）采煤提速提效方面

（1）以6204 W 面为示范，对工作面“三机”配套进行升级：投用 MG2 × 300/700AWDK 型采煤机、SGZ－730/630 型刮板输送机、PLM1000 型破碎机、SZB－730/200 kW 型转载机等大功率装备，将供液系统由两泵一箱升级为三泵两箱，运输巷安设自移式皮带机尾。前组煤单产由 5 万～7 万 t 提高到 9 万～12 万 t，后组煤单产由 3 万～5 万 t 提高到 7 万～9 万 t，采煤效率提高 40%。

（2）以矸换煤重点突破。针对七采西翼工作面对应地表为加油站、翟良路等重要设施的生产实际，创新实施了“采充留”无煤柱高密实性充填开采技术。将 7203W 工作面布置为仰采，应用双伸缩大行程捣实机构、双巷沿空留巷等技术，优化沿空留巷工艺，实现 7202W 工作面轨道巷全断面留巷，解决了低充实率充填工作面留巷效果差的问题，同时实现 100% 密实性充填，这种充填可使留巷不变形、开采无动压、地表不下沉。

（三）掘进提速提效方面

装备升级促进单进提高。一是研究岩石作业线配套模式，在西翼运输大巷安装奥钢联 MR340X 型综掘机，效率提升 50%。二是引进大功率综掘机，在 31101E 运输巷安装三一重工 EBZ230 型综掘机，效率提升 30%。三是引进山东胜沃研制的 PST6 型推链式湿式混凝土喷射机组，提高了砼体强度，减少了回弹料，降低了粉尘浓度，提高了施工速度。四是应用了 MQT130/2.8 型大扭矩、大功率锚杆机，引进扭矩放大器、风动扳手等机具，打眼、安装锚杆速度提高 1 倍。五是运输巷皮带全部升级为 1 m 宽的，掘进竣工后可直接交付回采使用，避免了皮带二次安撤带来的重复返工。

（四）安全管理方面

翟镇煤矿始终坚持“安全第一，预防为主”的安全生产方针，严格遵守国家关于煤炭安全生产的法律法规及其他要求，不断加大安全投资力度，不断探索和实施新的安全管理模式。通过构建“3＋3”安全诚信管理模式，形成了以立信、守信、重信和学习力、执行力、发展力为核心的“3＋3”安全诚信管理体系。通过“超前预防—纠偏管理—应急控制”三个梯度管控，实施“计划—实施—考核—评价—消缺”五环管理，不断延长矿井安全生产周期。以创建本质安全型矿井为目标，着力推进矿井安全生产管理建设，已实现安全生产 4000 天。

淮北矿业股份有限公司孙疃煤矿

一、矿井概况

孙疃煤矿位于淮北市濉溪县孙疃镇境内，南与任楼矿井接壤，北与杨柳井田毗邻。矿井原设计生产能力 1.8 Mt/a，2012 年 6 月核定生产能力为 3.0 Mt/a，矿井剩余服务年限为 69 年。

二、2013 年主要技术经济指标

孙疃煤矿坚持以科学发展观为引领，不断推动体制创新、管理创新、技术创新。2013 年矿井完成原煤产量 282.7656 万 t，矿井综合单产为 12.1551 万 t/(个・月)。采煤机械化程度 100%，掘进装载机械化程度达到 100%，综掘机械化率 50.31%，原煤工效 12.13 t/工。全年实现利润总额 14857.83 万元，在岗职工人均年收入 6.3770 万元。建立并完善了适应市场经济规律的新井管理体制和模式，环境保护达到国家要求。

三、安全高效矿井建设的主要做法

（一）坚持科学管理，优化生产布局，简化生产系统，提高装备水平，合理组织生产，提高单产、单进

（1）坚持集约化发展，不断提高单产、单进水平，成功打造 160 万 t 以上综采队和 100 万 t 以上综采队。最高月产 26.88 万 t，最高日产 9608 t。大力推行采掘机械化，配备了 2 个综采区、1 个预备区，采煤机械化达 100%。矿井综合单产 12.1551 万 t/(个・月)，克服了工作面断层多、大倾角俯采等实际困难，全年共生产原煤 282.7656 万 t。积极探索复杂地质条件下的支护技术，逐步建立以锚网喷、锚网索喷、全封闭 U 形支架、锚锚联合支护的支护体系。

（2）发挥技术源头作用，为均衡高效生产提供技术支撑。进一步优化设计、优化系统，合理选择巷道布置方式和支护方式，减轻职工劳动强度，减少作业环节，简化生产系统。定期组织采掘平衡，努力提高单产单进和机电运输保障能力，积极开展技术创新和科技攻关，着力解决影响和制约安全

高效生产的难题，保证采掘接替正常。进一步完善技术措施和技术标准，加强技术方案落实情况的监督检查。

（二）扎实推进安全生产体系建设，不断夯实安全管理基础，确保矿井安全形势持续稳定

坚持强基固本，安全形势持续平稳。扎实推进安全生产体系建设，严格按照“统领、固化、丰富、完善、创新、坚定”的原则，着力抓好15个要素总体推进。

（1）隐患排查整治实现了制度化。进一步完善了具有孙疃特色的“五级”隐患排查制度，并在矿安全办公会上及时通报隐患排查整治情况，推动了隐患排查闭环式管理。

（2）质量标准化创建实现了全覆盖。对井下各施工头面的重点和难点进行集中创建，消灭了质量标准化创建的死角和盲点，以点带面，推动了矿井整体质量标准化的提升。

（3）矿区安全自主管理实现了常态化。每月评选出10个卓越班组和20名业务骨干。通过激励，卓越班组建设初见成效，2013年综采一区二队被中华全国总工会评选为“全国工人先锋号”。

（三）扎实推进卓越班组建设，建设高素质的职工队伍，努力打造煤炭行业一流班组

紧紧围绕班前、班中、班后，深入推行班组安全管理“654链式流程”，最大限度地激发了班组管理的活力。一是积极推行班前“六仪”，按照班前“一点”“二讲”“三问”“四查”“五唱”“六誓”6项礼仪，规范班前会程序，增强了职工安全意识。二是严格执行班中“五步”，即严格执行集体入井、现场安全确认、班中安全巡查、收工安全评价及集体升井汇报5个步骤，使生产现场的隐患得到有效控制，职工违章蛮干的行为逐渐减少。三是强化落实班后“四保”，坚持班后安全工作总结、技能培训、安全帮教和安全担保，通过落实班后四项保障措施，筑起坚固的安全防护屏障，夯实班组安全生产基础。

淮北矿业股份有限公司涡北煤矿

一、矿井概况

涡北煤矿隶属淮北矿业股份有限责任公司，井田面积约19 km^2，矿井垂直深度640 m。主采8_1、8_2煤层，可采储量3662万t，矿井设计生产能力120万t/a，服务年限33.5年。2012年6月经安徽省经信委核定生产能力为180万t/a。

二、2013年主要技术经济指标

原煤产量179.8048万t，其中综放开采原煤174.4078万t；掘进进尺6345 m。矿井实现了安全年，百万吨死亡率为0。全年实现利润31863万元，在岗职工人均年收入65388元，同比增幅1.5%。

采煤机械化程度100%，掘进装载机械化程度100%。矿井为厚煤层开采，采区采出率为85.8%。原煤工效7.36 t/工，2013年综放开采产量为174.4078万t，平均工作面个数1.756个，综合单产为82730 t/(个·月)。

三、安全高效矿井建设的主要做法

（一）提高集约化生产经营水平，努力实现稳产高效

合理组织生产，对采掘、机电、运输等队伍进行优化组合。优化生产布局，简化生产系统，不断提高单产、单进水平，确保了采掘关系平稳发展。

（二）大力实施管理创新，不断提升企业管理水平

强力推进精细化和内部市场化管理，2013年综合成本完成269.48元/t。加大修旧利废和自制加工力度，吨煤利废值实现6.53元，全年修旧利废减少成本投入1175万元。

（三）加大科技创新力度，不断增强企业的科技贡献率

一是利用CT震波勘探，查明了工作面内部构造发育情况，给回采工作提供了技术支持。二是完成了井下制冷降温工程，使采掘工作面平均温度下降4~6 ℃、湿度下降15%~20%，改善了井下的工作环境。三是建立了井下主要带式运输机地面集中控制系统，提高了运输效率。

（四）加强安全质量标准化建设，打造本质安全矿井

构建“安全生产保障6个工作平台”，着力开展精装采掘工作面、精装硐室三条线创建。一是每周召开一次安全办公会，每月第一周以“一通三防”、防治水为重点。二是每天早上各系统召开日分析会。三是每周各系统召开一次例会，并形成会议纪要。四是每周由采掘系统副总主持召开一次生产技术例会。五是每月由总工程师组织召开一次技术平衡会。六是每天下午召开调度会，采掘分管矿长、安全矿长、总工程师、机电矿长必须参加。

（五）加大职工安全培训力度

坚持重实际、讲实效，组织职工“分工种、分岗位、分专业”进行全员培训，不断提高职工的实际操作能力。

（六）着力深化内部改革，增强企业活力

加强人事制度改革，在工人中选拔优秀人才，把优秀班队长、技术尖子纳入矿区后备干部队伍。

淮南矿业（集团）有限公司
潘集第一煤矿

一、矿井概况

潘集第一煤矿隶属淮南矿业（集团）有限公司，设计生产能力300万t/a，核定生产能力500万t/a。矿区井田面积54.6717 km^2，剩余资源储量87534.7万t，可采储量44998.7万t。矿井存在水、火、瓦斯、煤尘、顶板五大自然灾害，属煤与瓦斯突出矿井，采用立井、主要石门及分组集中大巷开拓方式。划分两个水平，一水平标高-530 m，现为生产水平；二水平标高-788 m，开采范围-720～-800 m，正在开拓延伸。

矿井生产设施齐全，工作面均采用走向长壁后退式综合机械化开采，全部垮落法处理采空区。

二、2013年主要技术经济指标

2013年矿井实现安全年，全年生产原煤490万t，原煤工效12.91 t/工。全年完成掘进总进尺30610 m，其中岩巷进尺13600 m、煤巷进尺17010 m。实现利润21865万元，在岗职工人均年收入9.37万元。矿井质量标准化保持行业一级标准，矿井“三量”以及可采期符合国家规定，能够保证正常接替。矿井采煤综合机械化程度达100%，综掘程度达54.26%，装载机械化程度达100%。

三、安全高效矿井建设的主要做法

（一）合理组织生产，保证矿井高产、稳产、可持续发展

在采场安排上做到13-1厚煤层和11-2薄煤层关键保护层合理配采，充分发挥2341(3)、2641(3)两个13-1煤层大采高工作面生产能力，最高月单产30.13万t，保证矿井产量。11-2薄煤层关键保护层的开采，解放了13-1主采厚煤层，保证了矿井可持续发展。

（二）升级施工设备，优化施工工艺，提高掘进单进

坚定不移推行岩巷综掘工艺，创建了2631(1)高抽巷等3条综掘作业线，平均单进达150 m。加快炮掘进度，大断面坚持台阶施工法，小断面坚持正规循环作业，当班打眼当班爆破，平均单进高（底）抽巷达150 m，大断面巷道达80 m。

超前谋划煤巷掘进工作面施工准备，增加有效进尺时间。强推“机轨合一”，配备无极绳绞车、单轨吊连续运输，提高迎头物料、设备运输效率。2013年，最高单进11－2煤层达到312 m、13－1煤层达到360 m。

（三）提高矿井开机率

综采工作面使用大功率设备，设备先进，开机率高。超前设备准备，优选设备型号，认真做好入井前检修工作。严格计划管理，强化“三机”调试、工程交接验收，确保工作面投产后的高开机率。

（四）以技术创新为依托，为矿井稳产、高产提供保障

（1）创新大采高综采工作面快速飘车工艺，通过使用支架、顶梁、伸缩梁、千斤顶，利用支架的高压供液系统快速起吊工作面刮板输送机，提高大采高工作面过特殊地质构造期间的飘车效率，为矿井完成产量任务做出了较大贡献，最大限度回收煤炭资源。在采煤工作面开展的初采工作面顶板预裂爆破及上、下隅角超前预裂爆破控制技术，主动超前松动顶板，强迫顶板及时垮落充填采空区及上、下隅角，降低了顶板控制难度，减小了巷道变形量，减轻了职工的劳动强度，也有利于治理瓦斯。

（2）优化支护方式，单进水平逐年提高，矿井的煤巷综掘率近100%，岩巷综掘率也在逐年提高。煤巷锚索网支护技术日臻完善，在2341(3)、2641(3)等沿空巷道采用中空注浆锚索支护，有效控制了顶、帮位移，确保了支护安全。针对二水平大采深难题，加大了锚索支护密集度，并采用全长锚固支护技术，有效控制了地压。

（3）加快机电运输升级改造步伐，实现装备现代化、控制自动化。2012年以来，加快辅助运输连续化和自动化排水技术的研究和实践，完成了二副井伸缩罐道的国产化研究及应用、主井提升系统升级改造工程、主井供电设备光栅温度在线监测等技术研究，提高了提升系统的能力和安全性。

（五）科学管理，实现人力资源最大化

以经济效益为中心，坚持经济技术一体化。理顺人力资源流向，建立由地面机关向辅助单位、辅助单位向生产一线有序流动的机制，严禁人力资源倒流（健康等特殊原因的除外）。各单位根据岗位工作需要，逐步实现“操检合一、一专多能、一岗多责”。

冀中能源峰峰集团有限公司九龙矿

一、矿井概况

冀中能源峰峰集团有限公司九龙矿行政区划分隶属邯郸市峰峰矿区及磁县路村营乡管辖。矿井设计采用立井分水平开拓方式，采区前进、工作面后退、分组联合开采。主采煤层为2号煤层和4号煤层，煤质为肥煤和焦煤。截至2013年年底，矿井地质储量22540.8万t，工业储量10486.9万t，可采储量7611.2万t。

二、2013年主要技术经济指标

全年实现了安全生产，百万吨死亡率为0。原煤产量150万t，完成总进尺16541 m。矿井综合单产97715 t/(个·月)，原煤工效7.04 t/工。实现利润9443万元，职工人均年收入7.41万元。采煤机械化程度达到100%，综采机械化程度达到100%。掘进装载机械化程度达到100%，综掘机械化程度达到45%。

三、安全高效矿井建设的主要做法

（1）推行“大安全观”，即通风抽防第一、机电运输第二、采掘生产第三。突出通风抽防第一，在管理平衡上，优先考虑通风、防治水、防灭火、防瓦斯、防突及瓦斯预抽等。

（2）实施安全“八个三”管理法，即强化“三不”、严格“三查”、厉行“三严”、确保“三到位”、管理人员遵循“三先三再”、员工做到“三先三后”，强化安全意识。

（3）实施“1+3+1”安全自主管理模式。通过开好一个班前会，抓好员工岗位、管理人员安全确认及管理人员走动式巡查、小班质量评估三项制度的落实；开好一个收工会，实现区队和员工的自主安全管理。

（4）实施安全“三步管控法”。通过风险评估及风险预控、隐患排查及安全确认、隐患治理及效果评价三个步骤，将“想一想、查一查、做一做”运用到岗位全过程，实现了安全的闭合管理。

（5）实施动态互保联保。将固定的互保联保组变为每班组合一次的互保联保组，实行互保联保组成员责任共担、利益共享，有效保证了过程的安全。

（6）推行“两述一知”。通过实施手指口述、岗位描述和风险预知，有效消除了作业环境、岗位操作过程中的安全隐患，提高了员工的风险预知、预控能力。

（7）实施“图表检查法”。职能部门在对井下头面、质量、安全隐患、机电设备完好的检查过程中，依据检查内容，制定具体图表，按图表逐项检查。印制《安全检查标准》小册子，班组长以上管理人员人手一册，下井随身携带，做到有目的的检查，实现了检查无遗漏、管理无盲区。通过创新安全思维，严格落实安全生产责任，有效提升了安全管理水平，确保了矿井安全生产。

（8）实施矸石回填。矸石回填工艺逐步推进，2013 年第四季度井下回填矸石量达到 2. 5 万 t，用于修路 7700 t，矸石利用率达到 95% 以上。种植藤类、荆条等 6150 株、播种草籽 150 kg。对矸石山进行了绿化治理，极大地改善了矸石山的环境。

（9）利用电厂余热。积极推广使用溴化锂制冷新工艺，实施电、冷、热联产联供，集中供冷供热面积达 3. 64 万 m^2，不仅改善了职工的工作和生活环境，而且制冷期节电 60 万 kW · h、节标煤 73. 7 t，采暖期节标煤 880. 93 t，节约了能源，保护了环境。

（10）优化设计。246 工作面由原来的后退式采煤改为前进式采煤，沿 246 工作面边缘，对 228 坡底至反掘外切眼范围下帮和 228 坡底至回风巷上口上帮进行沿空留巷，期间跨过 3 条巷道。该措施一是省去了搬家倒面；二是不留煤柱，多回收煤炭资源 25 万余吨；三是减少了巷道掘进。

冀中能源峰峰集团有限公司万年矿

一、矿井基本情况

万年矿位于河北省邯郸市西部、峰峰矿区北部，井田南北长约 9.0 km，东西长不超过 4.0 km，面积为 21.2 km^2。矿井可采储量为 2802.1 万 t，开采深度为 800 m。采用轻型综采放顶煤和综采开采工艺，采煤方法为走向长壁后退式采煤。

二、2013 年主要技术经济指标

全年实现了安全生产，百万吨死亡率为 0。原煤产量 299 万 t，完成总进尺 24200 m。矿井综合单产 12.04 万 t/(个·月)，原煤工效 12.47 t/工。实现利润 26000 万元，职工人均收入 8.01 万元，同比增长 12%。采煤机械化程度达到 100%。综采机械化程度达到 100%。掘进装载机械化程度达到 100%，综掘机械化程度达到 48%。厚煤层采出率达到 96%。

三、安全高效矿井建设的主要做法

（一）合理安排和调整生产地区，保证矿井生产地区正常衔接

加强北三采区的生产准备，保证北三采区 200 万 t/a 以上的生产能力，为稳定生产奠定基础。认真组织南翼地区的生产与衔接，保证南翼始终有一组生产地区，形成南翼地区 60 万 t/a 以上的生产能力。保证北一下山采区 40 万 t/a 以上的生产能力。

（二）开展深部巷道大地压、高应力、大变形条件下的支护技术研究

积极推广钻、锚、注三位一体施工技术，提高围岩承载抗变形能力，并在工作中不断改进和完善。积极应用二次支护理论，实施多种形式联合支护，合理让压，加强对巷道断面的控制。实施巷道围岩注浆加固技术，积极对巷道和采面过断层、过破碎带进行超前注浆加固，大力推广化学浆快速超前加固技术应用，控制片帮冒顶，改进现场作业条件，实现安全高效。

（三）工作面受地质条件影响变化较大，为保证地质条件正常生产，采取了一系列行之有效的措施

（1）回采工作面上下端头处采用端头支架，减少高档支护段。

（2）采用掏出式出支架法，既可正常使用端头支架，又可以安全、快速地加减支架。

（3）加强回采工作面上下安全出口 25 m 范围内的巷道支护，确保巷道高度和宽度，保证上下安全出口畅通无阻。

（4）工作面刮板输送机使用大工作阻力防滑千斤顶，实现了工作面倾角 30°正常推进不调斜。

（5）创新使用滑轨、滑道实现了快速、安全搬家倒面。

（6）开切眼倒台阶扩帮，既满足了支架掉头，又实现了对煤壁的有力控制。

通过采取这些措施，保证了工作面正常生产，保证了矿井安全高产。

（四）优化采掘工艺，提高采掘机械化水平

优化采煤工艺，发展大功率采煤设备，实现了过断层不爆破、为快速推进创造条件。优化工作面布置，实现了中央采区到北三采区布置了一面布置。使用综采一次采全高工艺，提高了单面产量，提高了回收率。推广使用电液阀轻放支架和遥控采煤机，降低了职工劳动强度，为安全生产奠定基础。工作面安装、拆除使用滑轨及滑道，实现了快速、安全搬家倒面。

通过使用大功率掘进机，提高了掘进效率和掘进速度，保证了生产地区的正常衔接。岩巷掘进应用全液压钻车及侧卸式装岩机，使用先进技术装备提高了工作效率，减轻了工人劳动强度，提高了单进水平，掘进工作面的顶板事故有所下降。

冀中能源邢矿集团老母坡煤业有限公司

一、矿井概况

老母坡煤业有限公司隶属冀中能源邢台矿业集团有限责任公司（简称冀中能源邢矿集团）。井田面积8.04 km^2，矿井设计生产能力为60万t/a。

主斜井安装一台带式输送机，负责全矿井煤炭的提升运输。副斜井安装一台单滚筒提升机，负责全矿井设备、材料的运输。轨道大巷采用无极绳牵引普通轨卡轨车作为辅助运输。

薄煤综采工作面采用ZY3200/08/16型电液控二柱掩护式液压支架、SGZ730/320型刮板输送机、SZZ730/132型刮板转载机、MG200/456-WD1型采煤机。矿井使用两台掘进机，一台为EBZ-100型、一台为EBZ-135型。

二、2013年主要技术经济指标

原煤产量年累计完成59.8万t，年总进尺完成5324 m，矿井综合单产达到6.04万t/(个·月)，原煤工效达到4.26 t/工，完成利润14633万元。

三、安全高效矿井建设的主要做法

（一）狠抓落实，努力打造本质安全型矿井

公司始终把安全生产放在首位，从质量标准化建设、安全装备升级入手，提升安全管理水平，防范各类安全事故发生。扎实推进安全质量标准化建设，2013年底通过山西省组织的验收，成功建成质量标准化一级矿井。在安全装备升级方面，完善了“六大系统”，先后改造了斜井人车，安装了无极绳架空乘人装置、束管监测系统和顶板在线监测系统，优化了矿井通风系统，提高了安全生产保障能力。

（二）科学组织，优化升级，全力推进矿井高产高效

积极优化生产布局，针对2号、3号两煤层间距7~8 m的地质条件，科学组织生产，优化通风系统，实现了安全高效生产。加快高产高效区队建设，通过开展劳动竞赛、改进工艺、细化管理等措施，采掘效率明显提高，

综合单产同比提高 13%，综合单进同比提高 14%。积极推进采掘设备升级，大力推广应用薄煤层综采、综掘、电液控制系统等新工艺、新技术，矿井综采、掘进装载机械化程度全部达到 100%，综掘程度达到 96%。

（三）梳理流程，强化管控，积极推行矿井精细化管理

根据自身实际情况，全面规范管理程序，加强预算管理，严格定额控制，降低企业生产运营成本。一是深入开展降成本活动，通过全面加强预算管理，严格定额控制，广泛开展节支降耗，原煤完全单位成本同比下降 65 元/t。二是严抓施工现场，杜绝返工现象，避免施工材料二次投入，有效降低了材料成本；同时安排专人负责井下废旧物资的回收，每月各项复用材料的回收率达到 90% 以上，节支 30 余万元。三是强力压缩招待费、差旅费、办公费、会议费及其他费用；大力推广无纸化办公，减少使用纸张、墨盒及打印机的次数，2013 年非生产性支出同比下降 19.38%。

（四）积极推广使用新技术、新工艺、新材料和新设备

（1）大力实施薄煤综采工艺。通过不断优化“三机”配套，强化生产控制，推广电液控等先进技术，薄煤综采管理水平和回采效率迅速提升。2013 年薄煤综采队回采产量 55.84 万 t。

（2）积极推广沿空留巷技术。通过不断优化方案，完善技术措施，加强巷道观测，抓好巷道维护，成功在 2 号、3 号煤层实施沿空留巷，提高了资源回收率。2013 年成功留巷 680 m，多回收煤炭资源 6000 余吨，增加收益 350 万元。

开滦（集团）有限责任公司 东欢坨矿业分公司

一、矿井概况

东欢坨矿业分公司隶属开滦（集团）有限责任公司，矿井生产能力3.0 Mt/a。矿井采用立井多水平阶段石门开拓方式，现矿井生产水平为-500 m和-690 m，延深水平为-950 m。

二、2013 年主要技术经济指标

全年实现了安全生产，百万吨死亡率为0。杜绝了重伤及二级以上非伤事故，安全质量标准化保持了一级水平。全年完成原煤产量299.6 万 t，矿井综合单产达到120397 t/(个·月)，原煤工效达到15.54 t/工。单进562.5 m/(个·月)，掘进进尺1.71 万 m，各项指标继续创出新高，达到行业特级水平。采区采出率达到86.2%，采煤机械化程度达到100%，掘进装载机械化程度达到100%，综掘机械化程度达到64.3%。全年实现利润23000 万元，员工人均年收入7.76 万元。

三、安全高效矿井建设的主要做法

（一）抓好煤矿安全生产责任制落实

（1）狠抓安全责任落实。进一步修订、完善了《安全管理制度汇编》，囊括了安全管理的机构、责任、流程等具体规定。明确了安全防范的重点和要求，并将其纳入目标管理。同时公司全员签订了安全生产责任书，切实将安全生产责任逐级落实到基层，落实到每个岗位，落实到每个人身上，明确责任范围，形成层层抓落实的局面。

（2）完善安全考核机制。为了适应和满足安全管理工作的需要，2013年制定了九项安全考核办法，进一步细化了考核内容。增加了员工健康保障体系运行考核办法、职业危害防治考核办法、重大安全隐患报告和处理奖励规定、安全隐患管控及走动式管理考核规定、安全教育培训考核规定、安全风险抵押考核办法六个方面的单项考核，体现了“谁主管，谁负责”的原则。

（二）落实煤矿安全质量标准化达标工作

（1）加强安全质量标准化建设。对照《煤矿安全质量标准化基本要求及评分办法》中的新标准，组织召开了安全质量标准化培训会，结合实际，细化、量化、深化了考核内容，进行了质量标准化责任划分。按照新标准定期对各专业进行监督检查，确保生产各环节始终处于受控状态。

（2）加强重点单位安全管理。依据安全管理信息系统中的不安全指数及月安全综合评价结果每月确定安全管理重点单位。及时组织相关人员对重点单位实施“系统追问”，查找其存在的安全问题。对重点单位的工程设计、作业规程及施工措施、安全行为及隐患、文明生产及质量标准化工作进行检查，追踪整改措施的落实情况。

（3）重视职业病危害防治工作。努力提高职业病危害控制防治工作效率，进一步制定相关规定和工作程序，实行职业病危害控制防治责任制。加强全员监护，普及职业健康检查。对接触粉尘人员定期进行体检和职业病诊断，做到及时发现、及时治疗。

（4）不断深化“三按”管理。为进一步深化“三按”管理，重新编制了2013年《“三按”管理工作安排意见》，对开拓、掘进、安装、回采、回撤重新进行了梳理。从巷道套修锚注、卧底修道、管线吊挂、安全设施、牌板制作等方面以“攻坚战役”的形式，进一步加大治理力度，使全公司安全质量标准化水平有了明显提高，效果显著。

（三）加大煤矿安全隐患排查管理工作

按照上级部门的要求，严格执行国家的各项规定，认真执行《煤矿安全规程》的各项内容，对发现的隐患积极采取措施进行处理。

（1）结合安全大检查活动，深入开展安全隐患排查。实行隐患彻查及建档销号的新管理模式，确保各类安全隐患得到及时发现和整改。

（2）加强员工行为管控。认真贯彻落实员工安全行为管控体系建设现场推进会议精神，结合安全管理的实际，坚持以人为本、培训在先的原则，全方位、多角度、深层次开展安全教育培训活动。

（3）狠抓专项治理工作。在辅助运输专项治理工作中，严格按照两级公司机电治理的相关要求，对井上下所有机电设备进行全面的统计整理，最终实现管理规范化、循环良性化，促进“以机保煤”。

（四）积极推动煤矿信息化和自动化建设

推动矿井“综合自动化模式研究与应用”。通过项目的实施使公司的生产效率、节能降耗、安全生产等上升到一个新的水平，并带来显著的经济效益与社会效益。

（五）做实环境保护和生态文明建设

坚持以科学发展观为统领，依靠科技进步和管理创新，加快经济发展方式转变步伐，大力发展循环经济，全面推动产业升级，坚定不移地走好内涵式发展道路。建设了水源热泵技术制冷采暖系统、矿井水沉淀池过滤工程，综合利用水平达到国内领先水平。

认真落实矿山环境治理保证金制度和环境保护“三同时”制度，加大地质环境治理投入，矿区绿化面积达到80%以上。因地制宜，加快矿区硬化、美化、绿化进程，实现了“广场花园化、道路林荫化”“三季有花、四季常青”的目标，使矿井具有浓郁的园林气氛和时代气息。

开滦（集团）有限责任公司
钱家营矿业分公司

一、矿井概况

钱家营矿业分公司2013年核定生产能力为600万t，矿井保有储量90754.9万t，可采储量58194.3万t，开拓煤量2185万t，准备煤量648.4万t，回采煤量374.7万t，采掘关系正常。

采用走向长壁后退式综合机械化采煤工艺，通风方式为两翼对角抽出式通风。

二、2013年主要技术经济指标

原煤生产598.8万t，原煤工效达到15.32 t/工，工作面单产达到196250 t/(个·月)，掘进总进尺23589 m，年产精煤262万t，实现利润67734万元，员工人均年收入达到7.47万元，同比增长1.4%。

三、安全高效矿井建设的主要做法

（一）发挥300万t高产作业线优势，确保矿井稳产、高产

2013年，公司将MG650/1515－WD型交流变频电牵引采煤机、ZY9200－20/42D型电液控支架和MRB－400/3.15Ⅱ型大流量液压泵站等成套高端设备配备在2873 W工作面，该工作面走向长度1200 m，倾斜长度200 m，工作面煤层厚度3.8 m，一次采全高。为确保该套设备功能得到充分发挥，注重从液压支架自动移架、乳化液泵站介质自动配比、后路运输控制等全方位提标准、抓完善。同时，针对工作面涌水量较大的实际，不断优化排水设计，组织铺设专用排水管路，清理卧水沟，分段排水，确保有效排水和顺利回采。

（二）大力推广新工艺、新技术，原煤生产效率实现新提升

坚持把推广新工艺、新技术作为提高生产效率的关键来抓。一是在重点工作面投入SQ－120/132P型变频无极绳绞车，累计运输长度达到1500 m，

连续转弯4次，实现了平石门至采面上出口的一站式运输，大大地提高了辅助运输的安全性，人员配置减少50%以上。二是对所有采掘工作面安装顶板离层在线监测系统，既做到了减人提效，又可以对顶板压力情况进行实时监测，并根据累计数据进行数值模拟，为矿井深部开采的设备选型提供理论依据。三是改进掘进工作现状，投入12台大功率掘进机，大大提高了掘进速度；调整安装工作面工艺，针对辅助运输路线较长的情况，采取了尾巷运输方式，减少了辅助运输工作量，安装效率提高了30%以上。四是推行采面溜煤井技术，减少运输环节，使煤炭经顺槽皮带直接进入主皮带，每个工作面减少运输设备3部以上。

（三）强化机电信息化管理，为正常生产提供保证

坚持把“信息化、自动化、数字化”矿山建设作为科技兴企的重点工作来抓。仅用两个月时间完成了集中控制中心的筹建、安装和调试，实现了矿井排水、供电、皮带运输等远程集中监控。在重点回采工作面成功投入运输集控系统，实现了下运皮带、转载机、刮板输送机等外围运输系统的自动化控制。在回采、掘进和安装工作面推广应用新型转车平台、视频监控和语音通信联络系统，提升了辅助运输本质安全水平。投入使用CDMA无线通信和井下人员定位系统，提高了矿井综合管理水平；利用电力自动监控系统和智能化闭环控制手段，实现了井下二石门、三石门、十采中部变电所及－850 m水泵房的有人巡视，无人值守。

（四）深化“三按五精”管理，努力打造本质安全环境

坚持把设计零缺陷、巷道免维护和无缝衔接等“三按”理念运用到生产实践中去，探索实施辅助硐室随主巷道一次成巷，回采单位提前介入安装过程管理等创新工程，不断提高安全技术管理水平。以推进“三按”管理延伸为重点，在进一步完善“五位一体”管理模式和“8种工作法”的基础上，积极拓展“三按”管理向开拓工程延伸，实现了安全效果、施工质量双提升。以“造精品、铸亮点、创品牌”为目标，积极融入“五精”管理手段，持续开展文明环境达标治理，拓展作业空间，优化生产环境，使矿区环境得到了有效改善，先后打造一批具有集团影响力的品牌工程。

开滦能源化工股份有限公司
范各庄矿业分公司

一、矿井概况

范各庄矿业分公司位于开平煤田东南翼的中部，距京山线古冶车站10.2 km，井田面积38.3 km^2。开拓方式为立井多水平集中上山采区石门开拓。

二、2013年主要技术经济指标

2013年矿井原煤产量469.9158万t，矿井原煤生产期末人数1205人，原煤工效达到15.506 t/工，实现利润49447万元，人均年收入7.924万元，百万吨死亡率为0。

三、安全高效矿井建设的主要做法

（一）依靠科技进步，推广和应用新技术、新工艺，为高产高效矿井建设提供新动力

一是积极探索矿井深部锚网巷道支护工艺，为综采工作面的高速推进创造条件，为公司原煤生产任务的完成打下了坚实的基础。二是积极推进新设备、新工艺的应用。为进一步提高综采工作面上、下超前和下出口顶板的支护，2013年引进一套ZT2×4000－18/35型超前支架和ZT20000－19/35型端头支架，并在3571S工作面投入使用，取得了较好的支护效果。三是立足小革小改，开发了插绳机、装车平台等设备，实现减人提效。全年实现技术改进项目180项，为高产高效矿井建设打下了技术基础。

（二）加强生产组织，推进管理创新，为安全高效矿井建设提供有力支撑

2013年主要生产布局为三水平，为追求最佳生产效率，紧紧围绕“安全、高效、准时、可控”的目标，不断推动管理创新。一是实行重大地质构造会审制度，实施全过程现场技术指导，强化现场生产工艺管理，确保了公司的持续稳定生产。二是优化设计，实现煤质科学配采，不仅保证了安全高效生产，而且还有效保证了煤层的合理配采和工作面顺畅衔接。三是立足

"以机保煤"，遵循"科学检修、合理使用"的原则，把握设备运转规律和检修周期，全面推行设备的项目化管理，规范检修行为，提高检修质量，降低了机电事故率，为原煤稳产、高产创造了条件。四是安装工作面高起步，严格按照"三按"要求进行安装，搞好质量标准化基础工作，为进入采煤区后尽快正规循环做好准备，真正做到无缝衔接。

（三）加强人才队伍建设，提高员工素质，为安全高效矿井建设提供人才保障

一是加强区队干部学习培训。2013年以来，以矿内培训和外出学习培训相结合的方式，组织开展了一系列培训活动。通过这些活动，促进了干部队伍整体学习能力、创新能力和管理技术素质的提高。二是认真落实"员工素质提高五年规划"，以提高员工操作技能和职业素养为重点，采取自培、送培、业余培训与集中培训相结合等方式，深入开展全员技术培训和技术练兵比武活动，造就了一支高素质的操作员工队伍。三是开展技术比武，使技能型人才脱颖而出。在组织全员培训的同时，举办了专业知识竞赛和技术比武活动，对表现突出的89名技术能手给予奖励，掀起了全矿职工学习业务的热潮。

（四）夯实基础，加强质量标准化管理，为安全高效矿井建设创造良好环境

始终将加强质量标准化管理作为创建安全高效矿井的基础性工作，健全制度，规范管理，不断提高质量标准化水平，为安全高效矿井建设奠定了坚实基础。一是认真落实国家关于煤矿企业安全生产工作通知中"六大系统"的建设要求，完成了人员定位系统的建设，完善了压风自救、监测监控等系统。二是进一步落实《河北省煤矿安全质量标准化标准及考核评级办法》，从基础工作抓起，指定相应工作目标，认真落实质量标准化工作；加强质量标准化考评工作，对逾期完不成任务的进行强制整改，强力推进质量标准化工作的开展。三是强化矿井防尘综合治理，实施了综合防尘自动化改造工程，现有工作面全部建成了自动灭尘系统，采煤工作面煤尘显著下降，为安全高效矿井建设创造良好环境。

（五）加强企业安全文化建设，促进矿井安全生产

一是深化了教育文化建设。二是深入推进了安全文化创建工作。三是坚持用企业文化打造高标准全国文明单位。开展了以弘扬"新中国第一矿"精神为重点的职业道德教育以及责任意识教育，以举办"齐心协力'保双五'、我与企业共发展"诗歌朗诵比赛、开展"读经典文章、提文化品位、树文明形象"主题书评等活动为载体，着力提高员工文化品位。

开滦能源化工股份有限公司
吕家坨矿业分公司

一、矿井概况

吕家坨矿业分公司位于河北省唐山市古冶区境内，西距唐山 18 km，北距古冶 9 km。矿井井田平均走向长度 8.5 km，倾向长度 4.67 km，井田面积 39.7 km^2。

二、2013 年主要技术经济指标

原煤产量完成 329.9 万 t，矿井综合单产 13.16 万 t/(个·月)，原煤工效 15.590 t/工。采煤机械化程度 100%，综掘机械化程度 74.84%。2013 年员工人均年收入达到 7.6 万元，同比增长 1%。实现利润 21894 万元。2012 年矿井质量标准化达到特级，实现了安全生产年。

三、安全高效矿井建设的主要做法

（一）突出“安全红线”管理，打造本质安全型矿井，为安全高效矿井建设创造了稳定环境

（1）创新实施了“五观、四反、三基、两重、一学”的本质安全教育管理模式（“54321”模式），使员工“常念安全之经，常思事故之痛，常练规范操作之技”，有效提高了员工安全意识，规范了员工行为。狠抓现场过程控制，规范管理和操作行为。开展经常性的安全检查，采取动态检查、随机抽查、连续检查的方式，不断加大过程违章查处、考核力度，持续保持高压态势。

（2）坚持把建立一套科学有效的管理机制作为抓好安全生产的重要导向。在进一步完善“安质效”结构工资机制的基础上，突出机制的正向激励作用。创新实行了“安全红线”管理办法，突出了人的行为在安全管理中的重要地位，逐级把住“安全红线”，对安全生产起到了促进作用。

（3）加强了安全设施治理，完成了集团公司更换第三批井工禁止设备进度要求，研制使用了自动转盘、自动阻车器、工作面输送机卸车平台、轨道新型托绳滚、掘进机上梁器等先进设备，既提高了设备的安全状态，又提高了生产效率。

（4）坚持把抓好质量标准化、改善员工作业环境作为加强安全高效矿井建设的重要一环，大力开展了“质量达标上档次、‘三按’施工创精品”等活动，工程质量和作业环境有了明显改善。2012 年，矿井实现了安全生产年，质量标准化达到特级。

（二）优化生产布局，加强生产准备，为安全高效矿井建设提供了可靠保障

（1）优化了矿井规划设计。公司集中针对 2 年、5 年、长远衔接重新进行了优化安排，大力推广沿空掘巷、巷道重叠布置、上行开采以及局部补强技术，优化设计，简化系统，减少巷道施工，降低了万吨掘进率，从源头上为综采提效创造了有利条件。

（2）加快了开拓和掘进进尺。坚持以机械化促进尺，引进了 EBZ－260 型、EBZ－200H 型硬岩掘进机，扩大机掘进尺范围，煤巷、半煤岩巷道掘进全部实现了机械化。针对不同设备、不同工作面、不同条件，研究不同的施工工艺，推广使用高强锚杆和锚索、充填锚注、联合支护等新技术、新工艺，提高了进尺效率。

（3）完善了生产系统。坚持把自动化作为矿井的发展方向，制订了矿井自动化改造方案，严格按计划组织实施，完成了井下主运皮带、－800 m 及－950 m 斜山缆车、－600 m 中央泵房、－800 m 中央泵房、－950 m 中央泵房、地面矸石皮带、井下配电室等的自动化改造，实现了无人值守、远程自动控制。

（三）从基础工作抓起，加强综采生产管理，为安全高效矿井建设提供了有力保证

（1）狠抓员工素质提升。把加强员工培训作为公司的长期战略，利用“六大中心”、4 个培训基地和 3 个群众工作室等培训机构，采取理论学习、现场实际操作训练以及送外矿委培等形式，加强员工技术培训。

（2）狠抓技术创新，引领综采生产发展。对影响综采生产的顶板、瓦斯以及液压系统等问题，坚持向科技要答案，积极采用煤巷锚注、小煤柱护巷、煤壁固化等技术，实施高位钻孔、预埋管等瓦斯抽放综合措施，优化采面供风系统，大力开展液压系统治理，保证了综采正常生产。

（3）强化机电管理，减少事故对生产的影响。把加强机电管理作为抓好综采生产的重点，牢固树立“大机电”意识和“以机促煤”的思想，强化机电的超前管理，加强设备档案化建设，推行“包机制”，规范设备的使用和检修，提高了机电设备的完好率，机电事故同比下降10%以上。

准格尔旗云飞矿业有限公司
串草圪旦煤矿

一、矿井概况

内蒙古自治区准格尔旗云飞矿业有限公司串草圪旦煤矿井田总储量为163.48 Mt，其中已消耗资源量10.60 Mt，全井田总保有资源量为152.88 Mt。

矿井采用斜井单水平开拓方式，在矿井工业场内布置主、副斜井和回风斜井3个井筒。矿井生产系统健全，煤炭运输采用带式输送机，辅助运输采用防爆无轨胶轮车。通风方式为抽出式通风，压风系统、供排水系统、注浆系统、注氮系统、矿压监测系统健全，有完善的“六大安全系统”。

采用走向长壁采煤法，回采工艺采用综采和综放，掘进全部实现综掘。

二、2013年主要技术经济指标

煤井的生产模式为“一井一面”，有一个综采队、一个掘进区。2013年原煤产量实现240万t，原煤工效达到25 t/工。综采队产煤220万t，掘进进尺完成6000 m。

三、安全高效矿井建设的主要做法

（一）统一思想，走高产高效矿井建设之路

建立高产高效建设领导小组，健全高产高效考核机制，制定年度高产高效的目标。结合公司实际情况，制订建设规划和实施细则，明确分工，将任务分解到基层组织，齐心协力建设高产高效矿井，将高产高效矿井建设工作落到实处。

（二）合理安排生产衔接，制订作业计划，实现高产高效

按照高产高效建设的要求，安排生产衔接，制定2013年的年产原煤目标为240万t。结合具体情况制订详细准确的月生产计划，积极组织兑现，使累计产量达到高产高效建设的分解任务指标之上。

（三）依靠科技进步，推进“双高”矿井建设

优化工作面设计，设计大走向的综采和综放工作面。4104 综采工作面走向长度 1820 m，倾向长度 260 m；6104 综放工作面走向长度 2090 m，倾向长度 150 m。通过对 6206 综放工作面的现场实测和分析研究，制定了切实可行的放顶煤操作程序和管理规定，既保证了煤质，又提高了煤炭的产量和回收率。

采准巷道掘进全部使用掘进机，采用锚网索支护，锚网支护率达 100%，既优化了锚杆支护设计，又提高了掘进速度，单进达到 400 m 以上。

（四）以质量标准化建设为手段，以实现安全生产为目标，保证“双高”矿井建设健康发展

质量标准化建设是煤矿企业生产管理、技术管理的基础工作，是煤矿企业建设高产高效现代化矿井的重要途径。质量标准化建设工作不断在严、细上下功夫，在动态管理上做文章，进一步明确质量标准化的管理职责。同时，开展了顶板管理、辅助运输、“一通三防”、防治水、机电管理等安全检查，认真做好隐患排查工作，防止重大事故发生，保持了较好的安全生产形势，为高产高效建设提供了良好环境。

（五）强化教育培训，从提高队伍素质上提供保障

强化全员培训、提高职工队伍的文化水平和技术素质是“双高”矿井建设的必要保证。公司一方面有计划地组织领导干部及工程技术人员培训，另一方面对采掘一线工人进行培训并考试，提高一线员工的技术素质和岗位技能。以上举措对提高管理人员、技术人员和广大职工的素质以及促进“双高”矿井建设均起到了积极作用。

兖州煤业股份有限公司鲍店煤矿

一、矿井概况

鲍店煤矿是我国自行设计施工、核定年生产能力640万t的大型现代化矿井。矿井采用一对主、副立井开拓，在井田南北翼分别设通风立井，采用对角抽出式通风。井田分为两个水平，现生产水平标高 -430 m，主采3煤（$3_{上}$、$3_{下}$）。矿井主运输采用胶带运输，辅助运输大巷采用轨道运输。矿井具有完善的综合防尘供水管路系统与粉煤灰注浆、地面制氮、束管监测等综合防灭火系统。

二、2013年主要技术经济指标

2013年完成原煤产量621.09万t，实现利润13.25亿元，职工人均年收入72269元。百万吨死亡率为0，矿井累计安全生产4889天，安全产煤8160万t。矿井综采机械化程度100%，综掘机械化程度达到67.99%，掘进装载机械化程度100%，累计完成掘进进尺28766 m，开拓进尺6538 m。

三、安全高效矿井建设的主要做法

（一）坚持超前预控，夯实基础管理，实现安全生产

（1）严抓安全生产。以坚定的决心、务实的态度，紧盯现场隐患防控和规范职工行为，确保了安全形势稳定。

（2）强化基础管理。始终把安全作为推进各项工作的首要前提，持续推进安全思想教育精细化，建成安全教育基地，扎实开展事故案例警示教育和“反骄防松”教育。

（3）强化教育培训。全员持证上岗率、培训合格率、建档率100%。

（二）坚持科学调控，严抓过程控制，实现高效生产

（1）科学组织煤炭生产。面对“三下”压煤制约、安撤任务繁重、现场条件复杂等困难，积极克服五采区提高开采上限及避汛期开采、六采区集中生产、七采区瓦斯治理、十采区冲击地压防治等诸多压力挑战，科学组织生产。

（2）精心组织高效快掘。以提高开机率和单进水平为重点，强化工效管理和正规循环，严格掘进计划考核及早调度会通报分析制度，积极推进重点接续工程，确保了矿井接续大局稳定。

（三）坚持对标挖潜，强化经营管理，经济运行质量持续提升

（1）健全经营管控体系。围绕矿井生产经营实际，制定下发了以2013年经营管理工作意见为核心，涵盖全面预算、对标管理、成本费用、资金计划等内容的管理制度汇编，形成了全面有效的经营管控体系。

（2）强化全面预算管理。完善五级预算体系，积极推行个性化预算，每季度组织人员对各单位预算管理工作进行监督检查，确保预算管理工作开展有序。严格执行货币资金管理制度，强化审批程序和会计监督。

（3）实施经营对标管理。按照矿总体规划要求，理顺职能关系，全面设定了2013年对标值，引导各单位向先进指标看齐，增强创优争先意识。全矿14大类442项指标，379项达标，达标率88.97%。

（4）严抓节能环保、增收节支。节能环保考核指标全部完成，荣获全国重点流域水污染防治工作考核先进企业、污染物总量减排工作先进企业和集团公司环保节能示范单位。

（5）提高洗选发运效率。强化煤质源头管控，实现产品质量精细流程、全过程控制，着力提升精煤产率及重介开机率，增加高附加值产品。找准市场需求，生产适销对路产品，提高发运效率，增加内部收入。确保产品质量合格率100%，继续保持用户零投诉。

（四）实施减人增效，优化人员结构，建立人员进出长效机制

（1）清理离岗人员。对“两不找”、长学、长病等各类离岗人员，严格按照公司有关规定进行全面清理。

（2）落实特殊工种提前退休政策。按照上级政策认真落实特殊工种提前退休规定，对因病完全丧失劳动能力的干部、工人以及从事井下、高空、高温、特别繁重体力劳动的工人办理了提前退休。

（3）建立人员退出、补充长效机制。通过劳动力市场，对需要转岗安置的人员，统一组织转岗培训，培训合格后，本着先井下后井上、先生产后辅助、先重点岗位后辅助岗位的原则，进行了补充、调剂。矿井职工队伍结构进一步优化，减人增效各项政策措施得到了有效落实。

（五）完善系统装备，提升矿井安全避险和应急保障能力

（1）人员定位系统。矿井装备了KJ69J型井下人员定位系统，覆盖矿井各个人员出入井口、重点区域出入口、限制区域、主要（采区）轨道巷、

采掘工作面门口，实时掌握井下各个作业区域人员的动态分布及变化情况，充分发挥了系统在定员管理和应急救援中的作用。

（2）紧急避险系统。完成紧急避险系统建设并通过山东省煤炭工业局验收，矿井强化紧急避险设施使用培训，确保所有入井人员熟练掌握紧急避险设施的操作方法，开展紧急避险应急演练，提高全员应急自救、紧急避险的综合能力，有效提高了矿井抵御灾害的能力。

兖州煤业股份有限公司杨村煤矿

一、矿井概况

杨村煤矿位于山东省济宁市高新区王因镇境内，隶属于兖州煤业股份有限公司，距济宁市区约20 km，距兖州市约10 km。井田南北走向长约9.0 km，中偏北部最宽处约5.4 km，面积27.4583 km^2，截至2011年年末保有可采储量1900.7万t。3、$16_{上}$、17煤组为主要可采煤组。厚煤层煤质属于中灰、低硫，发热量在18.84～23.027 MJ；薄煤层煤质属于中灰、高硫，发热量在16.747～20.934 MJ。产的煤主要为动力用煤和民用煤。

矿井1989年6月20日投产，核定生产能力60万t。1995年经山东省煤炭工业管理局批准，调整矿井东部边界，增加了厚煤层（3煤层）的部分储量，1995年矿井进行技术改造，实现厚、薄煤层合理配采。2006年核定矿井生产能力115万t。单水平分区开拓，主井、副井均采用双滚筒缠绕式提升机提升，开采水平标高－273 m。大巷采用1 t矿车、平巷人车运输，采煤方式为走向长壁缓倾斜厚煤层综放与薄煤层综采联合开采，通风方式为两翼对角抽出式通风。

二、2013年主要技术经济指标

原煤产量完成112.2万t，掘进总进尺完成13500 m，矿井综合单产达8.0127万t/(个·月)。实现利润3439万元，员工人均年收入69769元。

三、安全高效矿井建设的主要做法

（一）优化井下掘进工艺

积极推广应用“四新”成果，促进掘进技术、装备水平全面提高，合理平衡采掘关系。引进掘锚护一体机、岩巷履带式液压耙装机，喷浆实现自动上料，配合胶带排矸，减少了辅助运输环节，提高了巷道单进水平。半煤岩巷道两帮使用双向拉伸塑料网，该网质量轻、抗静电、阻燃、耐腐蚀，加快了现场联网速度，降低了支护成本，缩短了巷帮支护时间，确保了安全高效掘进。

（二）优化厚煤层回采工艺

完成综放工作面初采阶段顶煤回收技术研究，在开切眼内高压注水促使顶煤预裂，减小初次垮落步距，提前放煤约 15 m，多回收煤炭 2.7 万 t，价值 1080 万元。优化厚煤层综放工作面揭露大落差断层回采工艺，分段控制割煤角度，微倾斜调面开采，减少矸石揭露范围，严控底煤丢失，最大限度回收断层两侧 30 m 范围的煤炭，有效预防了煤壁片帮、顶板漏顶等事故的发生，确保了工作面安全高效生产。

（三）优化薄煤层回采工艺

薄煤层工作面矿山压力显现不明显，采煤机滚筒截割困难，利用工作面超前压力松动夹矸分布区域煤层，前滚筒割底煤处置靠近顶板区域的夹矸，减缓了采煤机滚筒正面截割及撞击。实施煤矸分流，在带式输送机机头安装分矸装置，解决了大块夹矸堵塞漏斗、影响运输的问题。采用中部槽抬底装置辅助采煤机完成割底作业，及时飘刀、刹刀，有效解决了底煤问题。

（四）创新应用快速安撤设备技术

针对薄煤层工作面部分区段梯形开采需在轨顺侧边采边加支架、溜槽等特殊情况，创新应用增减支架装置技术，加架周期由每架 4 h 缩短至 1 h，工效提高 300%。

山东济矿鲁能煤电股份有限公司 阳　城　煤　矿

一、矿井概况

阳城煤矿位于汶上县郭楼镇境内，井田面积 46.1 km^2，设计生产能力 180 万 t/a，核定生产能力 240 万 t/a。主采煤层为 3 煤层，平均厚度 7.5 m，平均倾角 26°，属低磷、低硫气煤。

采用立井 - 暗斜井开拓，布置主井、副井、风井 3 个井筒，井底车场水平标高 -312 m，主水平标高 -650 m。目前矿井生产采区为北一、北三采区（上部），两采区各布置一个综放工作面，采煤工作面均采用走向长壁后退式采煤法，顶板管理方式为全部垮落法。

二、2013 年主要技术经济指标

全年无重大以上机电事故，无轻伤以上人身事故，百万吨死亡率为 0。全年生产原煤 239.67 万 t，原煤工效 12.3 t/工，综合单产 11.1 万 t/(个·月)。采煤机械化程度 100%，掘进转载机械化程度 100%，综掘机械化程度 46.3%。全年盈利 29505.82 万元，2013 年年末全矿在籍 2278 人，人均年收入 10.11 万元，同比增幅 2%。采掘关系正常，采区采出率达 81.2%。

三、安全高效矿井建设的主要做法

（1）严格实行“四六制”作业制，生产区队实现综合工种制，优化了劳动组织，建立严格的劳动定员制度，并实行井下人员定位考勤及井上指纹考勤制度，有效提高了劳动利用率。

（2）制定完善《动态检查制度》《薄弱时间安全管理规定》《矿井安全质量标准化管理考核办法》等安全制度 21 项；通过矿媒体和基层学习阵地，广泛宣传矿井安全质量标准化，形成了矿井质量标准化网络体系。

（3）优化采场开拓布置，合理安排采掘接续。本着建设集约化高产高效现代化矿井的思想，对开拓布局进行多次优化，实现了开拓布局优化、生产相对集中、生产环节少，保证了按设计、按定员组织生产。

（4）加强采掘机械化投入，提高矿井生产机械化程度。采煤工作面实现综合机械化开采；掘进工作面煤巷实现综合机械化掘进，岩巷实现耙装机械化；井下回采巷道采用锚网锚索梁支护，开拓准备巷道采用锚网（锚索）喷支护，压力明显巷道采取锚网索喷浆 + 架 U 型钢棚支护。

（5）2012 年《阳城煤电管控体系的构建与实施》获国家煤炭工业协会科技进步二等奖，《局部机械制冷降温技术研究及应用》获山东省煤炭科学技术三等奖。2013 年《综放工作面防火技术研究》获山东省煤炭协会三等奖，《综放开采顶板运动诱发动力灾害防控技术》《深井复合软岩穿层大巷支护技术》通过山东省科技厅鉴定。

（6）严格执行国家法律和有关规定，将主要污染源——煤矸石充分利用，运入阳城电厂进行煤矸石发电，矸石堆放场地达到国家规定标准，矿井水采用絮凝沉淀处理并经无阀过滤器过滤、消毒处理后达到国家一级排放标准，矿井持有国家合法排污证件。

郑煤集团（河南）白坪煤业有限公司

一、矿井概况

郑煤集团（河南）白坪煤业有限公司位于河南省登封市境内，是河南省“十一五”重点建设工程项目之一，矿井储量 1.29 亿 t，设计生产能力 180 万 t/a，服务年限 45 年，为煤与瓦斯突出矿井。采用综采放顶煤回采法，伪斜走向长壁式开采方式，全部垮落法管理顶板。2013 年矿井引进一套低位放顶煤综采设备，原煤工效达 10 t/工，实现月最高产量 155126 t，创建矿井成立以来最好生产水平。

二、2013 年主要技术经济指标

矿井百万吨死亡率为 0，无重大事故发生，实现了安全年，达到了国家级安全质量标准化矿井。计划产量 162 万 t，实际完成 162 万 t，100% 完成计划，实现了全年的奋斗目标。计划进尺 5580 m，实际完成 5693 m，完成计划的 102% 。

三、安全高效矿井建设的主要做法

（一）生产组织措施

（1）严抓各采煤工作面正规循环。从正规循环工序抓起，坚持动态生产、动态检修，把预防性、计划性检修变为主动检修和动态检修，由过去的“二采一准”变为“8871”工作制，即 2 个生产班各生产 8 h，一个生产班生产 7 h，一个生产准备检修班实行动态检修和点检，在 2 个生产班交接班时进行 1 h 的检修。在每次延伸、回撤胶带期间重点进行设备检修，在设备暂时“闲置”状态下交替检修，为生产做好充分的准备工作。以上措施提高了效率，充分利用非生产时间，保证了生产作业时间，提高了检修质量，提高了工时利用率，充分发挥系统能力优势，提高了劳动生产率，效果良好。

（2）采用自动化连续运输系统。在采煤工作面回风巷、运输大巷、主斜井及地面煤楼等主煤流系统全部采用带式输送机运煤，实现连续性运输，并于 2013 年全部实现自动化控制，确保主煤流系统的可靠性。自动化连续运输系统具有：连续性运输能力大，连续生产时间长，可使采煤工作面生产能力得到充分发挥；设备爬坡能力强，对地比压较小，能适应底板的各种变化；设备运输工艺可靠，对底板的破坏程度小，运行环境比较安全且不易洒落浮煤，便于现场管理。

（二）安全科学管理

（1）强力推行安全风险预控体系建设。公司成立安全风险预控体系建设领导小组，把风险预控管理贯穿安全生产全过程、全序列，确定 525 项工作任务、2302 个工序、114 条重大危险源，做到超前预防，把安全隐患消灭在萌芽状态。

（2）深化安全管理。强化培训和管理，部门负责有针对性的培训，增强员工安全意识，提高员工操作能力，规范员工行为，并加强考核，将结果与工资挂钩。

（3）加强技术管理。坚持开展“三评价、一评定”，超前掌握现场的隐患，及时采取防范措施，防范了重大事故的发生。

（4）加强现场管理。对重要环节和重点部位加强跟班、盯班，严格落实工程技术人员跟班制度，建立台账并跟踪落实，协调解决施工环节中存在的安全隐患，确保安全生产。

黑龙江龙煤矿业集团股份有限公司鸡西分公司杏花煤矿

一、矿井概况

杏花煤矿位于黑龙江省鸡东县哈达镇境内，井田面积约为35 km^2。截至2013年年末剩余地质储量13000万t，可采储量9703万t。矿井属于高瓦斯矿井，无煤与瓦斯突出危险，无自然发火倾向，有煤尘爆炸危险，煤尘爆炸指数33.45%～49.68%。矿井正常涌水量120 m^3/h，最大涌水量135 m^3/h。

矿井采用立井多水平上下山开拓，现开采一水平标高为－300 m，二水平（标高－630 m）改扩建正在施工。矿井现有2个综采队，5个综掘队，9个普掘队，采掘比为1∶7，采掘关系正常。

二、2013年主要技术经济指标

原煤工效12.18 t/工，综合单产12.597万t/(个·月)。采区采出率86.8%，采煤机械化程度100%，综掘机械化程度51.7%。实现利润13165万元。

三、安全高效矿井建设的主要做法

（一）发展机械化提高单产、单进，减少人员，提高效率

发展机械化提高单产、单进是实现减人提效的最佳途径。随着采深的增加，矿压逐渐增大，以往的支架越来越不能满足采场的要求。通过使用ZY4600型支架配套MG－300/730－WD型采煤机在同样的条件下比ZY4400型支架配套MG－200/490－WD型采煤机平均每月多回采2.3万t煤，综合单产由2010年的9.5万t提升至目前的12.5万t。

引进综合机械化全岩综掘机，并应用到半煤岩巷道施工中，以解决薄煤层施工巷道效率不高的问题，提高平均单进。综合单进由2010年的168.5 m提升至目前的191.3 m。

（二）依靠信息化、自动化管理和监控手段减少井下作业人员数量

依靠信息化、自动化管理和各种监控手段，发挥技术优势，不断优化运

输环节，使用大功率、智能化运输系统，减少固定岗位人员数量。从地面到井下逐渐进行，资金逐渐落实，使之与不断增强的系统能力相匹配。

（三）加强定员管理，分离与计效无关人员，提高全员效率

2013 年，对管理人员和井下作业人员按一职多能原则实行极限定员，精化干部、工人队伍。严把人员入口关，随着机械化和管理水平的不断提高，将进一步加大减员力度。

（1）严格按照国家规定和计效口径切块用人，把原煤生产人员、原煤生产服务及原煤生活服务人员“三大板块”的内部市场经营运作进一步理顺，组建高效原煤生产队伍。

（2）通过优化井下布局，减少两个采区，实现井下生产集中化，减少井下作业人员数量。

（3）井下作业人员按一职多能原则实行极限定员，精化干部、工人队伍。

（4）减人提效降低生产成本，提高作业人员工资收入。

（四）合理开拓布局，实现集中生产，提高矿井综合生产能力

截至 2013 年年末，矿井的自然采区为 5 个（两个生产采区、三个准备采区）。2011 年 2 月关闭东三采区，2011 年 5 月关闭西二、西三采区，使矿井达到合理的采区布局。打造了回采百万吨以上队组，提高了矿井综合生产能力。

（五）坚持正规循环

以“安全高效”为目标，以“非正规循环的进尺坚决不要”为原则，在生产过程中不冒进；以技术力量为指导，量力而为，由技术人员现场制订当班任务，经过多方面努力实现了百万吨零死亡率的目标。

内蒙古平庄能源股份有限公司
老公营子煤矿

一、矿井概况

老公营子煤矿位于赤峰市东40 km，行政区隶属赤峰市元宝山区风水沟镇。井田南北长约2.7 km，东西宽约2.24 km，井田面积约6.05 km^2。煤层地质储量约195 Mt，可采储量112 Mt，矿井设计生产能力1.2 Mt/a，服务年限67年。2012年核定生产能力1.8 Mt/a，矿井剩余服务年限41.2年。井田内赋存11个煤组、18个可采煤层，最大可采煤层总厚度达72.42 m，可采煤层平均可采总厚度为27.51 m，煤系地层平均厚550 m左右。煤质为褐煤。矿井瓦斯等级鉴定为瓦斯矿井。

煤矿开拓方式为立井多水平开拓。矿井提升方式为塔式多绳摩擦轮提升，主井为多绳摩擦式9 t箕斗提升，副井为多绳摩擦式单层罐笼提升。矿井主要运输方式为带式输送机运输，通风方式为中央并列抽出式。老公营子煤矿配备一个回采工作面，采用走向长壁综合机械化采煤法，全部垮落法管理顶板。

二、2013年主要技术经济指标

2013年原煤产量179.99万t，完成掘进进尺8158 m，实现利润10474.9万元。百万吨死亡率为0，原煤工效达到11.010 t/工。矿井综合单产达到144458 t/(个·月)，人均年收入8.48万元。采区采出率79.4%。采煤机械化程度达到100%，掘进装载机械化程度达到100%，综掘机械化程度达到95.01%。

三、安全高效矿井建设的主要做法

（一）安全工作

（1）开展了质量标准化达标竞赛活动，推行工程质量终身负责制，进行专项治理，全矿质量标准化基本实现动态达标。

（2）强制推行“五勤一线”工作机制、“6S”现场管理法、准军事化管理、安全确认及“手指口述”操作法，促进全员规范化操作素养形成。重点工作执行工程网络图法，通过过程控制确保安全生产。

（3）开展季度安全竞赛活动，根据考核结果兑现奖罚，以此调动基层单位安全生产的积极性。同时，深入开展形式多样的安全教育活动，营造安全氛围。

（二）生产组织

（1）坚持正规循环作业，加强设备的检修和维护，并根据实际情况在循环时间、循环工作量、循环质量等方面严格要求。同时，进行生产写实，提高正规循环水平。

（2）以机电设备安全经济运行为目标，通过编制设备型谱，健全各种设备档案，准确掌握各种设备性能和运行状态，确保各种设备安全高效运转。加强设备的检修和维护，重点加强各队包机组的工作，除检修时间外，任何设备出现问题都列为事故，追究包保人员的责任。同时，严格交付验收程序，做到“安装维护精准化，一步到位不返工”。

（3）早安排早动手，抓好采场接续，加强快速掘进队伍建设，精心组织，统筹规划，采场接续紧张的局面得到彻底缓解。

淮北矿业股份有限公司祁南煤矿

一、矿井概况

祁南煤矿坐落在安徽省宿州市祁县镇浍河南岸，设计生产能力为180万t/a，矿井服务年限为132.8年，后经技术改造，核定生产能力为300万t/a。

矿井开拓方式为立井、集中运输大巷、分区石门分水平开拓，一水平标高为－550 m，二水平设计标高为－800 m，目前仅一水平生产，二水平尚未开拓。井田共有可采煤层10层，分别为2_3煤、3_2煤、6_1煤、6_2煤、6_3煤、7_1煤、7_2煤、8煤、9煤、10煤，其中3_2煤、7_2煤、10煤为矿井主要可采煤层。2013年开采的煤层为3_2煤、10煤、7_1煤、7_2煤。矿井为煤与瓦斯突出矿井，煤层具有自燃倾向，煤尘有爆炸危险性。

二、2013年主要技术经济指标

全年实现了安全生产，矿井百万吨死亡率为0，为国家煤矿及省煤矿安全质量标准化一级矿井。经济效益不断提高，实现利润2141万元，职工平均年收入由2012年的6.78万元增长到6.8万元，涨幅为0.03%。矿井原煤产量299.7万t，其中综采产量280.2万t，综采机械化程度100%，矿井综合单产80238 t/(个·月)，原煤工效6.6 t/工。掘进进尺19092 m，其中开拓进尺1230 m，综掘进尺13944 m，综掘机械化程度72.77%。

三、安全高效矿井建设的主要做法

（一）不断优化生产布局和采区设计，保证矿井产量稳步提升

始终按照“着眼当前、兼顾长远”的总体发展思路，根据矿井发展情况提出“稳定三煤、配采十煤、确保薄煤层综采不脱节，在保障瓦斯治理时空的前提下，合理集中生产，加快老采区的报废”的生产布局原则。

（二）积极推广新技术、新工艺、新装备，全面提高矿井效能

（1）“科技兴矿”是煤矿发展的趋势。积极推广应用快速掘进与支护技术，对岩巷施工采用皮带化连续运输，实现了岩巷快速掘进；煤及半煤巷全部采用综掘机施工；条件具备的修复巷道增加挖掘机，大大减少人工劳动强

度，提高了修复效率；积极推广应用单轨吊辅助运输技术，并根据单轨吊使用要求，优化巷道布置、设计参数及运输系统，制订了36、84采区《单轨吊运输系统改造技术方案和实施计划》，为运输新技术的推广应用创造了条件，也为煤矿的安全生产打下了坚实的基础。

（2）本着“围岩治理是保证矿井安全生产的前提，是提升矿井安全质量标准化水平的基础”这一认识，以“依托科技、多措并举，积极构建矿井围岩综合治理模式”为目标，采取与科研院校合作等方式积极开展围岩治理攻关，坚持“大断面、高强度、一次到位”的支护理念，实施应用了锚架注、锚锚注、深孔注浆、底板钻锚注一体化等支护技术，形成了“一层一策、一区一策、一面一策、一巷一策”的治理技术体系。矿井支护形式发生了“从被动支护到主动支护、从架锚支护到锚架支护、从单一支护到复合支护”质的转变。

（3）开展薄煤层和大采高综采工作面高效开采技术研究。成功回采了7_1-22、6_1-21、6_1-23、7_1-24四个薄煤层（保护层开采）工作面，薄煤层综采工艺日趋成熟。加强大采高综采端面片帮掉顶规律性研究，提出并实施了“科学监测、加强预报、超前固化、固支结合、以支为主”的片帮、冒顶治理理念，在已回采的713、716大采高工作面得以成功运用，大采高综采工艺已达到高产高效水平。

（三）依托科技，敢创新、建模式，狠抓瓦斯治理工作

突出防突工作重点，全面实施“区域治理先行、局部治理补充”的瓦斯治理战略和“一层一策、一区一策、一面一策”的瓦斯治理战术，研发了“组合式保护层开采及卸压瓦斯抽采”“底板岩巷条带穿层钻孔强化预抽+顺层钻孔强化预抽”“倾向顺层长钻孔递进掩护瓦斯抽采”等区域治理技术。

淮浙煤电有限责任公司顾北煤矿分公司

一、矿井概况

顾北煤矿位于安徽省淮南市凤台县西北约 23 km 处，行政区划隶属顾桥镇管辖。设计生产能力 300 万 t/a，核定生产能力 400 万 t/a。矿井采用立井、主要石门、分组集中大巷的开拓方式，中央并列式通风。矿井设计两个水平生产。一水平标高为 -648 m（位于 11 -2 煤层底板），为生产水平；二水平标高暂定 -800 m。

矿井生产系统完善，有通风、排水、供电、运输、抽采、灌浆（注氮）、压风、通信、监测监控等系统。矿井采用长壁综采采煤法，区内后退式回采，全部垮落法处理采空区。

二、2013 年主要技术经济指标

全年煤炭产量 330.60 万 t，矿井综合单产 18.8 万 t/(个·月)；矿井当年最高月产 30.14 万 t。实现销售收入 167024 万元，利润 13256 万元。2013 年期末原煤工效 11.44 t/工，在岗人员人均年收入 10.65 万元，同比增幅 2.0% 。

三、安全高效矿井建设的主要做法

（一）走新型煤电一体化道路，实现矿井可持续发展

坚持走新型煤电一体化道路，配合电厂二期扩容工程，提高配套生产能力。积极谋划新采区、新块段的规划、设计及开拓工作，以实现矿井的可持续发展。

（二）以质量标准化为重点，创造良好、安全的作业环境

2013 年，进行品牌工程和亮化工程管理，以点带面促进质量标准化工作的深入开展，对矿井采、掘、机、运、通、地测、调度、选煤八大专业实行进一步精细化、定置化、管理模式化、信息系统化管理。同时，建立、健全各种监督、检查、考核机制和质量目标责任制，促进矿井质量标准化工作向纵深方向发展，初步形成了质量标准化内生动力机制，矿井在质量标准化

方面达到煤炭行业一级标准。

（三）坚持“可保必保、应抽尽抽”的瓦斯综合治理方针

在瓦斯综合治理上坚持超前谋划、综合治理，提高技术创新力度，进一步完善瓦斯治理效果。非突出煤层工作面正常回采期间利用顶板走向钻孔、上隅角埋管抽采瓦斯；突出煤层工作面采用顺层钻孔消突、Y 形通风方式。同时，采取开采保护层等综合防突措施。

（四）强化成本管理，降低吨煤成本

强化“现场管理，从严控制成本，深挖潜力，节资降耗”的经营工作方针，依靠科技管理，开展降成本、降灰分、增效益、涨工资的工作方案。对经营目标实行责任考核制，并与职工工效挂钩，提高节资降耗意识，充分调动职工的积极性。合理精简机构，优化资源配置，同时加强机电设备的管理，提高开机率，切实做到运行经济化。严格机电设备的检修及维护制定，减少事故率，延长设备的使用寿命。

（五）加强职工培训，综合提高职工素质

着力提高全员防突安全管理和责任意识，年初制订自主培训计划、培训工作制度和规定。健全和完善各种考核激励机制，坚持“一人多岗，一岗多责，一专多能”的培训理念，实行“教考分离，实学实训，以考促学”的教育模式，强抓以“一通三防”、地质为龙头、采掘开采和机电运输并重的职工培训工作。分季做部署，按月排计划，分口抓落实，全面推动职工队伍建设的深入健康发展。

（六）以安全环保为重点，力争全面实现绿色开采

以建设和谐能源基地为发展战略，走煤电一体化道路。正确处理节约资源、环境保护、经济发展、社会进步、安全生产与可持续发展的关系，实现开发资源与节约资源并举。矿区工业广场绿化覆盖率达到41.05%。

陕西陕煤铜川矿业有限公司 下石节煤矿

一、矿井概况

矿井于1970年开工基建，设计生产能力为90万t/a，2011年核定生产能力为185万t/a。下石节井田地处黄陇侏罗纪煤田焦坪矿区西南部，鄂尔多斯台向斜的南缘。煤系地层为倾向北西的单斜构造，共含1、2、3、4、4-2号煤层，分属中侏罗系直罗群及下侏罗系延安群。4-2号煤层为主采煤层，3号煤层局部可采。4-2号煤层单斜构造，煤层稳定，较坚硬，普氏硬度系数为1.5~2.0，属特厚易燃煤层。煤层倾角为5°~24°，由浅到深倾角逐渐变小，煤层平均厚度为10~12 m，最厚34 m。

目前开采深度约600 m（地面标高为1572~1480 m，井下标高为1045~945 m），不属于深部矿井开采（小于800 m）。煤层倾角为3°~11°，地表无较大人为水体和自然水体存在，水文地质条件中等。矿井水来源主要是老窑积水、大气降水、含水层水和井下灌浆脱水。

下石节煤矿属于高瓦斯矿井，尚未发现冲击地压、煤与瓦斯突出等自然灾害。采用平硐—斜井—暗斜井综合开拓方式，井田划分为两个水平，即一水平（+1000 m）和二水平（+950 m）。水平内不再划分采区，沿水平主井筒两翼走向分段式布置综采工作面，两个工作面为一个条带，采用段内后退的采煤方法。

矿井提升、运输、一通三防、排水、供电等生产系统和各生产环节均符合行业技术规范和标准。

二、2013年主要技术经济指标

矿井综合单产为15.4万t/(个·月)，工作面最高月产为18.6万t/(个·月)。全年生产原煤184.7万t；掘进进尺9016 m，其中开拓进尺1358 m。全年实现利润5343万元，完成年计划的381%。采煤机械化程度为100%，综掘机械化程度为82%，装载机械化程度为100%。

三、安全高效矿井建设的主要做法

（1）狠抓“一通三防”管理。加强通风基础管理工作，优化矿井通风系统；优化瓦斯抽放参数，提高瓦斯抽放效率；加强防瓦斯、防火、防尘工作；深入开展专项治理活动，抓难点、堵漏洞，查找矿井存在的重大安全隐患。

（2）进一步发挥综掘优势，提高单进水平，同时加强采煤工作面顶板控制，提高煤质。

（3）抓好机电运输管理。强化矿井小绞车运输，加大井下零散车辆的运输安全管理力度，对井下机电设施实行闭锁管理和专人管理，大力开展机电运输会战，加大机电检修力度，为安全生产提供保障。

（4）抓好质量标准化工作。严格按照局、矿各项规章制度，切实抓好综采和掘进工程质量，实行精细化管理、精细化考核；搞好安全质量标准化培训工作，提高职工安全质量标准化意识；采掘机运通要加强标准化区域和“样板”工程建设，有重点、有特色地搞好质量达标工作，促使矿井安全质量标准化工作健康发展。

（5）加强安全技术培训教育力度，不断提高从业人员安全素质和技术操作水平，为打造本质安全型矿井奠定坚实基础。

（6）积极推广新技术、新理念；开展全员创新活动，激发职工主观能动性，推动矿井安全、高效、快速发展。

（7）加强现场管理，严格落实“四位一体”安全质量确认制度、“工作面顶板控制签字制度”及小绞车“五人联签”制度，进一步明确相关人员职责。

（8）认真贯彻落实安全生产责任制。进一步完善各项规章制度，从务实的角度出发，健全管理、严格考核。理顺和落实工作思路，把安全综合管理、安全基础管理和安全质量标准化工作有机结合，不断夯实矿井安全基础，全面建立安全质量标准化一流矿井。

淮南矿业（集团）有限责任公司
谢　桥　煤　矿

一、矿井概况

谢桥煤矿隶属于淮南矿业（集团）有限责任公司，位于安徽省阜阳市颍上县。矿井设计生产能力为400 万 t/a，核定生产能力为960 万 t/a。矿区井田面积为38. 2 km²，资源储量为58325. 6 万 t，可采储量为34302. 8 万 t。井田划分为两个水平开采：一水平标高为 -610 m，建有 -720 m 辅助水平，开采 -720 m 以浅煤层，采用立井、主要石门、集中大巷及分区石门的开拓方式，划分为三个采区开采，即东一、东二、西翼采区；二水平标高为 -920 m，开采范围为 -720 ~ -1000 m，采用立井、两翼集中大巷、分区石门的开拓方式，划分为两个采区开采，即东翼、西翼采区。

矿井可采煤层共11 层，自下而上依次为1、4 -2、5、6、7 -1、7 -2、8、11 -2、13 -1、16 -1、17 -1 号煤层，可采煤层总厚23. 10 m，占煤层总厚的73. 5% 。

矿井生产系统齐全，有通风、排水、供电、运输、抽采、灌浆（注氮）、通信、监测监控等系统。矿井工作面均采用走向长壁后退式综合机械化开采，全部垮落法处理采空区。

二、2013 年主要技术经济指标

2013 年，谢桥煤矿无死亡事故和重大非死亡事故，质量标准化保持行业一级并处于集团公司领先水平。全年原煤产量为889. 23 万 t（其中回采产量为875. 16 万 t），综合单产为25. 43 万 t/(个 · 月)，最高月产量为82. 47 万 t，最高日产量为35618 t。全年完成掘进总进尺38238 m，其中，煤巷进尺15744 m，岩巷进尺22494 m。原煤工效为19 t/工。在岗职工人均年收入为9. 40 万元，增幅达3. 96% 。矿井采煤综合机械化程度100% ，煤巷综掘程度80% 左右，装载机械化程度达95% 。

三、安全高效矿井建设的主要做法

（一）更新设计理念，优化采区设计，实现高产高效

在设备能力允许的条件下，尽量加大采区和工作面的几何尺寸，为采煤工作面和矿井提供储量保证。目前采区和采煤工作面最大走向长度 3000 m。

（二）加快综采设备升级换代步伐，提高综合开机率

谢桥煤矿先后引进了 ZZ9200/24/50、ZY10800/30/65、ZZ10800/18/38 型液压支架；配备了性能稳定的国产 MG750/1860 - WD 型采煤机、德国艾柯夫 750 采煤机和美国久益采煤机；300 m 长工作面配备了 SGZ1000/1710 型刮板输送机，工作面设备故障率大幅降低，开机率显著提高。

（三）引进新技术，革新掘进工艺，单进跃上新水平

全面推广煤巷锚网支护技术，并引进液压锚杆机和履带式钻机等新型设备，并在局部地段进行全长锚固试验，有效地控制了采煤工作面在回采期间两巷的矿压现象和围岩变形量。在岩巷快速掘进方面，使用新型 EBZ260 型岩巷综掘机和大功率锚杆钻机，同时积极地开展了中深孔爆破技术并试验使用安全高效水胶炸药，岩巷单进水平得到了大幅提高。

（四）强化机电设备检修和维护，发挥系统保障能力

严格执行机电设备管理规定，机运保障能力得到了充分发挥。2013 年完善了综采机电设备“一机一档”“液压系统纯净性”等管理制度，落实了强检和预检制度，保证了系统设备完好运行，保障了系统的能力。

（五）瓦斯治理到位，保证安全可靠开采

在瓦斯治理方面，坚持“通风可靠、抽采达标、监控有效、管理到位”十六字方针，严格落实区域性瓦斯治本措施和局部瓦斯治理措施，加强预测预报工作，坚定不移地开采薄煤层保护层。

（六）安全高压严管，实现安全年

2013 年，谢桥煤矿制订并实施了矿井灾害预防与处理计划，制定下发了安全管理 1、2、3、4 号文，推行安全预警制度，形成了安全上的高压严管态势。

冀中能源峰峰集团有限公司大淑村矿

一、矿井概况

井田位于峰峰矿区东北部，东西走向长4.8 km，南北平均宽约2.0 km，矿井面积为9.7568 km^2。矿井设计生产能力为90万t/a，核定生产能力为125万t/a。

矿井开拓方式为立井单水平分区开拓方式。生产水平标高为－450 m。目前矿井共分为6个采区，一、二、四采区为生产采区，三采区为准备采区，五、六采区为延深采区。矿井主要开采2号、4号煤层，煤层倾角一般为8°～32°，平均倾角为15°。

二、2013年主要技术经济指标

全年实现了安全生产，百万吨死亡率为0。全年原煤产量为125万t，完成总进尺13671 m。矿井综合单产为5.47万t/(个·月)，原煤工效为5.06 t/工。全年实现利润2800万元；职工人均年收入为8.1万元，同比增长3.1%。采煤机械化程度达到100%，综采机械化程度达到100%。

三、安全高效矿井建设的主要做法

（一）生产管理方面

（1）在薄煤层工作面应用综采工艺，淘汰高档工艺，使用的电液控支架，可同时保证6个支架移架顶溜和邻架操作，提高了工人劳动效率和安全系数，保证了在薄煤层工作面实现安全高效生产。

（2）在薄煤层工作面推广无煤柱泵注混凝土充填钢模板沿空留巷工艺，实现了Y形通风，减少了巷道掘进量。同时，一次性柔膜模板留巷改为能够重复利用的钢模板沿空留巷技术获得成功，可以节约1/3的成本。

（3）针对采煤工作面爆破期间易崩坏电液控操作系统的问题，大淑村煤矿对薄煤层综采支架进行了改进，在距顶梁1.3 m处设置挡矸板，降低了因崩坏设备投入的维修费用。

（4）综放工作面下端头使用端头支架，消除了超前支护高挡段，提高了端头和超前支护段的支护强度，减轻了工人劳动强度。

（5）在工作面使用高架型端头过渡支架，该支架能减少上下端头丢底煤，减小上端头过渡坡度。

（6）在岩巷掘进工作面后路设置缓冲矸仓，解决了因后路运输供罐能力差影响生产的问题，保证了生产的连续性。

（二）经营管理方面

（1）严格按计划进行预算，利用预警制度控制材料费。单位月度材料费在系统网内达到预算的80%时，采用红色预警，重点监控单位领料，分析原因采取措施，如因单位超产的，可以追加。否则控制使用，保证重点需用，将材料费控制在计划之内。

（2）加强井下现场的监督、检查力度，减少材料浪费：将成本中心的坑带员按井下地区进行划分，采取包头、包面，责任到人。

（3）加强修旧利废和废旧物料的回收。加强井下材料的跟踪管理，执行全过程监督，避免了以往职工在施工时乱扔、乱放、丢失、浪费现象。

（三）安全生产方面

抓对标管理。积极引荐其他单位的安全管理经验，在全矿推行“21+1”员工培训模式（即员工出勤21天，带薪学习培训1天）。“1+3+1”区队自主管理法（1是认真开好班前会，3是抓好跟班领导、班组长过程掌控和岗位相互监控，1是抓好收工会），建立了安全掌控信息管理系统。

（四）瓦斯防治方面

建成了河北省第一套煤与瓦斯突出综合预警系统。从瓦斯地质、采掘影响、日常预测、瓦斯涌出、防突措施等5个方面建立了大淑村矿突出预警指标体系及预警规则，形成了大淑村矿煤与瓦斯突出综合预警模型，并对大淑村矿的煤层赋存、地表地物、井巷工程、瓦斯参数、地勘钻孔、地质构造、采掘工作面等矿井基础信息进行了数字化入库，实现了矿井煤与瓦斯突出相关信息的数字化。

山西中煤华晋能源有限责任公司
王家岭煤矿

一、矿井概况

王家岭煤矿位于山西省乡宁县和河津市境内，井田面积为119.71 km^2，地质储量为9.72亿t，可采储量为7.77亿t，主要开采2号煤层。矿井设计生产能力为600万t/a，服务年限为92.6年，其中首采2号煤层的平均厚度为6.2 m，服务年限为56.8年。煤种为中灰、低硫、特低磷的优质瘦煤。

采煤工作面采用单一走向长壁后退式综合机械化低位放顶煤开采，采高为3.1 m，放煤高度为3.1 m，采放比为1∶1，按一刀一放的正规循环作业，循环进度、放煤步距都为0.8 m，采用自然垮落法管理采空区顶板。掘进工作面一般采用EBZ－220(260）型掘进机进行割煤、装煤，采用可伸缩带式输送机或刮板输送机运煤，利用局部通风机供风。

二、2013年主要技术经济指标

2013年原煤产量为556.56万t，综合单产为26.3万t/(个·月)，最高月产量为54.86万t，最高日产量为1.83万t。掘进进尺指标：全年完成进尺12610 m，平均单进210.2 m/(个·月)，最高月进尺1539.7 m，最高日进尺77 m。

三、安全高效矿井建设的主要做法

2013年，从优化完善矿井各大系统、提高矿井机械化开采水平、建设本质安全型矿井等方面，对矿井各生产系统进行了合理调整、优化完善，提高了矿井安全生产装备水平，夯实了矿井安全基础，有力地推动了“安全高效矿井”的建设工作。

（1）加强安全责任落实力度。按照“分级管理、逐级负责”的原则，明确了矿、科队、班组的安全职责范围，全矿以抓重点为中心、科队以抓常态为中心、班组以抓现场为中心，形成了全方位、立体的监管体系，有效地提升了安全监督效果。

（2）增加全矿的安全投入。安全投入必须满足安全生产需要，除正常安全投入外，对必须投入的关键区域、环节，调拨专项资金予以保证，提升了系统整体保障能力；建立健全了监测监控、人员定位、紧急避险、压风自救、供水施救、通信联络等“六大系统”，形成了预防和避险的“双保险”。

（3）严格执行下井带班制度。矿领导和所有管理干部全部参与井下带班、值班，加大了作业现场巡视力度，并对安全监管重点和生产关键环节进行现场盯防，取得了较好成效。全年共计查出安全问题及隐患 4904 条，员工不安全行为 635 起，有效地防止了事故的发生，保障了安全生产。

（4）严格规范个人行为。通过制定各岗位操作红线和严格的监管制度，各岗位员工作业流程得到了有效规范，降低了“三违”发生率。开展以“查隐患为手段、促整改为重点、防事故为目标”的隐患排查治理活动，推广应用隐患排查治理闭合预警系统，实现了隐患自动提醒、动态跟踪、闭环管理，将隐患排查治理工作常态化、制度化、科学化和规范化。

（5）提升单产单进效率。对采区进行了合理的规划、设计，通过对煤层赋存情况、地质条件和开采技术等的综合分析，合理安排采掘工作计划，有效地缩短了工作面的形成时间。制定高产高效管理规定，激励职工提高工作效率。

（6）合理编制生产接续。超前计划，盯住接续工程施工情况，细排时间节点，每班调度安装进度，保证了正常生产接续工程的推进。目前，三量充足，确保了矿井正常接续，保证了矿井健康发展。

（7）降低设备故障率。根据实际情况制定了机电设备包保制度，责任到人、考核到人，建立了机电设备台账，完善了“一机一档”设备资料档案，同时加大对机电设备的巡查和巡检力度，降低了设备故障率，提高了设备开机效率，保证了原煤产量。

晋城蓝焰煤业股份有限公司成庄矿

一、矿井概况

成庄矿位于山西省晋城市泽州县境内，井田内地质构造较复杂，煤质优良。其中可采煤层3层，3号煤层为主要开采煤层，平均厚度为6.44 m，可采储量为3.76亿t。

成庄矿作为高瓦斯矿井，建有合理的通风系统、抽放系统和监测监控系统，能够满足安全生产需要。矿井瓦斯等级鉴定结果：矿井瓦斯绝对涌出量为389.71 m^3/min，瓦斯相对涌出量为22.59 m^3/t。2005年底已实现瓦斯民用，2008年已经应用于发电、供暖等系统。

二、2013年主要技术经济指标

2013年原煤产量为801.9449万t，进尺37515 m。全年实现利润239565.61万元，人均年收入为114270元。原煤工效为24.12 t/工。原煤百万吨死亡率为0。

三、安全高效矿井建设的主要做法

（1）夯基础。狠抓三项基础工作。引申系统安全技术评价，创建岗位风险评估机制，形成了系统评价防大事故、岗位风险评估防突发性事故的安全预控体系，实现了关口前移、超前防范。全面推进了矿井“6S”管理，深入开展了标准化集中整治、岗位达标和基础项目整治，突出重点专业、重点工作面和重点时段的管理，确保了现场高标准受控。建立了员工安全技能账户，深化了安全信誉机制运行，开展了群众性隐患排查。经过全员努力，矿井实现了连续11年安全无事故。

（2）建机制。一是修订了“矿级领导干部带班下井及管理人员下井管理实施办法”，促进了各级人员作风转变和责任落实。二是建立了“采掘工作面瓦斯超限、瓦斯突出预警管理办法”，前移关口，传递压力，实现了瓦斯“零断电、零超限”。三是制定了“成庄矿创建五优班组实施办法”，充分发挥班组在安全生产中的基础性作用。四是下发了“井上下各系统（专业）安全技术评价实施方案”和“八大系统”支撑性文件，为引申重大隐患排查、深化安全技术会诊、加强系统管控提供了载体。与此同时，成庄矿狠抓制度落实，强化安全问责确保了责任和制度落地。

（3）优系统。主动系统完成了三五盘区主运改造和二盘区换带工程，三盘区主运能力由1400 t/h提升至2500 t/h，井下盘区带式输送机全部实现了地面集中控制；辅运系统基本实现了四五盘区胶轮化运输，二四盘区运输通道形成，三五盘区换装站建成投用，胶轮化运行线路达35 km，极大地提升了运输效率；洗选系统块仓扩容工程主体完工，能力提升工程完成设计初审，即将开工建设。以上装备加大驱动动力，大力推广大采高装备和锚杆钻车，第二套大采高设备已安装投用，锚杆钻车已实现了熟练使用。狠抓设备预防性检修，全年共10个区队实现了月度机电零事故，事故影响时间较同期下降31%。

（4）抓创新。对照成庄煤矿“科技发展规划”确立的重点工作，定期召开推进会，促进项目落地，全年完成16项科技项目。积极开展科技论坛、学术交流、五小创新活动，调动了全员参与创新的激情活力。全年共有8项小改小革获新技术、新工艺和新机具命名；3项管理成果获省级煤炭行业成果奖；49项科技成果获集团公司以上奖励。其中“重介悬浮液密度智能控制系统研究”获山西省科学技术奖，“沁水煤田3号煤层脉动水力压裂增透技术研究”等3项科技成果获中国煤炭工业协会科学技术奖。

山西晋城无烟煤矿业集团有限责任公司 寺河煤矿

一、矿井概况

寺河煤矿位于山西省晋城市沁水县。井田范围内可采煤层有3号、9号、15号煤层，总厚度为10.32 m，其中3号煤层为主采煤层，厚度为4.45～8.75 m，平均厚度为6.31 m，结构较简单，全区稳定可采。

矿井东井区采用斜井开拓，共有10个井筒，采用分区式通风方式。2013年，东井区采掘区域主要为东一、东三、东四盘区，形成了“一井一面”的生产布局，采掘布局合理。矿井采用倾斜长壁大采高综合机械化采煤方法，掘进巷道主要采用12CM27－11EYL型连续采煤机和S200MJ型连掘机及锚杆钻车进行掘进、支护，支护方式为锚杆、锚索联合支护。

矿井东井区建有完善、规范的监测监控、人员定位、紧急避险、压风自救、供水施救和通信联络“六大系统”，达到了“系统可靠、设施完善、管理到位、运转有效”的要求。矿井建有3个永久避难硐室，应急广播通信系统覆盖井下所有工作面。

二、2013年主要技术经济指标

全年原煤产量为792.1975万t，掘进进尺19976 m，瓦斯抽放纯量2.6亿m^3。全年实现利润19.19亿元，原煤工效为26.5 t/工，人均年收入为12.9万元，百万吨死亡率为0。

三、安全高效矿井建设的主要做法

（一）以煤矿安全质量标准化为基础，夯实“三基”工作

紧紧围绕山西省的“六个”标准，以安全质量标准化、隐患排查网络化、岗位作业规范化为抓手，深入开展红黄旗竞赛活动，坚持对标立标，积极推动矿井“七高一文明”建设。

（二）多措并举，突出瓦斯治理工程

（1）优化生产布局，合理分配风量，确保通风系统可靠。

（2）推行“三级瓦斯”抽采模式，即地面井先行，井下顺层千米钻机钻孔为主，普通钻机加密钻孔为辅的“三级瓦斯”治理模式。通过加大抽采力度，强化现场精细化管理，积极探索新型瓦斯治理方法。

（3）制订详细的抽采衔接计划，将各类抽放指标细化分解到每个盘区、每个采掘工作面，由矿调度室统一管理、统一考核，保证矿井、采区和采煤工作面生产能力与计划开采煤层的瓦斯抽采能力、达标煤量等相匹配。做到巷道掘进前煤层瓦斯含量降至 8 m^3/t 以下，工作面回采前煤体可解析瓦斯含量降至 4 m^3/t 以下，矿井瓦斯抽放率不低于 60%，真正做到抽采达标，为矿井高产高效生产提供保障。

（三）完善大采高采煤工艺，实现矿井“一井一面”，为实现安全高效生产奠定坚实基础

矿井主要采取倾斜长壁大采高采煤方法，大采高开采工艺也随着矿井的发展不断优化、完善。工作面长度由原来的 225 m 优化加长为 300 m，巷道布置也由单一的“三进两回”五巷布置，优化为“三进一回”“两进两回”等多种巷道布置方式。大采高开采技术始终走在国内开采技术的最前沿。

针对大采高工作面进入煤帮作业容易片帮伤人的问题，寺河煤矿又制定出台了“寺河矿进入煤帮作业 24 字规定”，进一步完善了大采高工艺，确保了大采高工作面的安全生产。

（四）节支降耗

寺河煤矿积极响应集团公司号召，认真贯彻落实 20 条规定、36 项措施等文件的要求，主动出击，迅速行动，深入开展“苦练内功强管理，人均节支壹万元”活动。结合实际情况，寺河煤矿制定出台了各系统增收节支具体措施及实施办法，并对具体措施的执行情况和工作进度及效果进行跟踪落实，每月利用生产经营分析会平台通报各系统指标完成情况，按照奖优罚劣的原则，确保了东井区全年各项经营指标顺利完成。

阳煤集团寿阳开元矿业有限责任公司

一、矿井概况

阳煤集团寿阳开元矿业有限责任公司（以下简称开元公司）位于山西省晋中市境内，距寿阳县城 14 km 的平舒乡黄丹沟。矿井属于沁水煤田，井田面积为 27.9 km^2，煤炭地质储量为 3.9 亿 t。2000 年 3 月 18 日，阳煤集团正式兼并该矿。开元公司矿区行政区划属寿阳县平舒乡及南燕竹镇管辖，属于国有煤炭企业。矿区地势西高东低，北高南低，属黄土丘陵地貌。

井田内主要含煤地层为山西组和太原组煤层，自上而下编号为 1、2、3、4、5、6、8、9、11、12、13、$13_{下}$、15、$15_{下}$、16、17 号。含煤地层总厚 180.78 m，煤层总厚 17.83 m，含煤系数为 9.9%。其中可采煤层为 3、6、8、9、15、$15_{下}$ 号煤层，总厚 13.60 m，可采含煤系数为 7.5%。

开元公司矿井通风方式为混合式，采用抽出式机械通风。

开元公司有 2 支回采队，3 支掘进队。回采方式采用后退倾向式综合机械化综采工艺和后退倾向式综合机械化综放工艺，掘进方式全部是综掘工艺。

二、2013 年主要技术经济指标

全年原煤产量为 295.5816 万 t，原煤工效为 9.39 t/工，百万吨死亡率为 0。机械化程度达到 100%，采煤工作面平均单产 12.1764 万 t/(个·月)。全年实现利润 6465 万元。

三、安全高效矿井建设的主要做法

开元公司独立运作后，积极调整发展思路，结合安全、生产、经营、发展实际，提出了“打造精品矿井、构建和谐开元”的长远发展愿景和“做精做优、追求卓越”的企业发展战略，明确了“吃苦、敬业、忠诚、自信”的企业精神、“凝心聚力、荣辱与共、艰苦奋斗、争创一流”的团队精神和“看不准不动手、看准了不松手、干不成不放手”的干部作风等一系列企业文化理念。有关部门对公司发展愿景和公司独具特色的企业文化进行了总结和提炼，并下发到每名员工手中进行学习交流，深刻理解公司文化的内涵，同时，有关部门利用电子显示屏、大型户外喷绘、系列展板、语音广播进行了有力的宣传。开元公司完善和推行“6S”行为养成，进一步规范员工的日常行为，按照 REM 精细管理要求，严格考核，认真执行。开元公司对各种企业标识进行全方位整合，实现统一、规范、完整，认真研究和出台了企业形象宣传实施细则，有计划地更新和完善了厂区各种牌板、灯箱、标识，树立品牌形象，展示出强势企业的综合实力。

在开元公司的建设发展中，公司始终将精神文明、企业文化建塑与公司的安全、生产、经营等工作紧密结合，立足于员工关心的热点和难点，从而凝聚了人心，鼓舞了士气，增强了信心。公司从员工的吃、穿、住、行、洗澡和员工的业余文化生活等关系到员工切身利益的事入手，下大力气改善员工的生活、生产条件。公司在丰富员工文化生活的同时，还下大力气建设了体育馆、职工文化活动广场、电子阅览室、图书室、健身室等场所，以工会兴趣协会为主体，坚持经常性的员工文化活动，不断丰富职工业余文化生活。开元公司结合企业发展实际，制定了一整套集人生观、企业精神、价值观、发展战略、愿景规划等 16 个方面的企业文化理念，对强化企业管理、提升发展内涵发挥了作用。公司在原有的安全理念的基础上进一步整合优化，大力开展安全文化理念征集活动，确定了以“安全第一、预防为主、有险先停、警钟长鸣”为核心的 15 条安全文化理念，有力地推动了公司的安全管理。

阳泉煤业集团长沟煤矿有限公司

一、矿井概况

长沟煤矿有限公司（以下简称长沟公司）位于沁水煤田东北部，太行山背斜的西翼，沁水向斜的东翼。矿井采用斜井开拓方式，共布置主斜井、副斜井、猴车斜井和回风立井4个井筒。副斜井井筒落底于+1200 m，斜井落底布置于井底车场后，向前布置轨道石门至井田边界附近，再向西北见15号煤层后沿井田边界向西北布置轨道大巷。

采煤工作面采用走向长壁采煤法，后退式开采；综合机械化一次采全高采煤方式；全部垮落法管理顶板。掘进工作面采用综掘和炮掘工艺。

二、2013年主要技术经济指标

2013年公司实际完成原煤产量160万t，总进尺9703 m，百万吨死亡率为0，实现利润3744万元，职工平均年收入为6.65万元。矿井原煤工效达到10.5 t/工，综合单产为12.4万t/(个·月)，采区采出率（厚煤层）为78.3%。采煤机械化程度为100%，掘进装载机械化程度为100%，综掘机械化程度为47.1%。所有技术经济指标均达到了特级安全高效矿井标准。

三、安全高效矿井建设的主要做法

（1）长沟公司把矿井建设定位为高起点、高技术、高质量、高标准。从井巷工程的施工，设备的选择到煤炭开采，都坚持采用新技术、新设备，从提高机械化程度入手，确保矿井生产能力的提升和矿井的安全生产。在技术改造上投入资金，不使用淘汰的技术和设备；在采、掘、运等设备设施的选择上，采用技术成熟、安全性能好、适合长沟地质条件的设备，开展机械化升级改造，推进矿井现代化建设水平。通过技术改造，矿井的各个生产环节协调运转，产量、进尺、安全、效益都稳步提高。

（2）超前地质预测，为设计提供依据，井田地面采用三维地震勘探进行超前探测，以查明采区内地质构造及煤层状况等，为设计部门提供可靠的地质依据。工作面形成以后，对所有工作面进行了坑透，然后利用钻探手段进行验证，必要时采用巷探查明。以上措施有效地保障了矿井安全高效建设。

（3）矿井的运输环节是直接制约和影响生产能力的一个重要环节。矿井在主运输上全部采用了带式输送机运输。带式输送机确保了煤炭运输的连续化。带式输送机全部采用变频软启动，保护齐全，保证了运输的可靠性。

（4）提高掘进机械化程度，选择科学的支护方式，实现了快速掘进。综掘机掘进对巷道围岩的破坏性小，有利于工作面顶板控制，同时也能加快掘进速度。公司设计沿煤层布置大巷，为实现掘进机械化创造了有利条件。

（5）积极引进新工艺、新设备。2013 年 5 月开始使用湿式喷浆机，减少了回弹料的产生，提高了喷浆效率。小巷运输推广使用无极绳连续牵引绞车，提高了小巷运输的安全系数。中央水泵房实现了无人值守，提高了工作效率和排水性能。

国投公司新登郑州煤业有限公司

一、矿井概况

国投公司新登郑州煤业有限公司位于河南省登封市东南 15 km 的阳城工业区内，是由国投煤炭公司和郑州新登企业集团有限公司于 2008 年 8 月联合组建的股份制公司，是核定生产能力为 84 万 t/a 的中型现代化矿井。

矿井位于河南省登封市箕山井田，煤层走向（南北）平均长度约为 5.1 km，倾斜（东西）平均宽度约为 2.1 km，井田面积约为 10.4 km^2。矿区为低山丘陵地貌，地势南高北低，地面标高为 506.2 ~ 229.3 m，高差为 276.9 m。井田内主要可采煤层为$二_1$煤层，属贫瘦煤种，层位稳定，结构简单，可采煤层平均厚度为 4.41 m，为瓦斯矿井。2013 年末，矿井剩余地质储量为 3567.6 万 t，可采储量为 1325.9 万 t。

矿井开拓方式为斜井多水平开拓，目前矿井生产主要集中在二水平下山 31 采区。现有一个 31061 综采工作面，采用走向长壁后退式采煤方法，综合机械化放顶煤工艺全部垮落法管理顶板。目前两个（31081 机巷和 31 采区北翼输送机巷）掘进工作面。各生产系统运行正常，采掘平衡，采区能满足矿井年产量的需求。

二、2013 年主要技术经济指标

2013 年生产原煤 83.98 万 t，其中综采生产原煤 815573 t，采煤机械化程度为 100%。工作面平均采出率为 93%，原煤工效为 5.62 t/工，矿井综合单产为 8.29 万 t/(个·月)。掘进工作面两个，分别为 31081 机巷和 31 采区北翼输送机巷。全年掘进进尺 3081 m，综掘机械化程度为 35%。全年实现利润 5498 万元，职工人均年收入为 5.44 万元，同比增长 1.12%。各项指标达到安全高效矿井行业二级标准。

三、安全高效矿井建设的主要做法

公司认真贯彻落实上级有关文件精神，按照国投公司及煤炭公司的规划要求和国投公司的“三为”宗旨，牢牢把握“安全生产、成本控制、精细化管理”三大主题，以文化育人，以文化塑人，深入开展了企业文化理念宣传和安全文化渗透、亲情文化辐射、感恩文化培育等系列主题实践活动。从“让我学”到“我要学”，从“让我安全”到“我要安全”等的转变，使公司每位员工的思想发生了根本性转变。在自身素质不断提高的同时，切实增强了员工的使命感和主人翁意识，提高了员工的工作积极性和主动性，同时也提升了员工的综合安全素质。

公司结合现状坚持从工作的实际情况出发，在区队中开展给职工家属的一封信、召开职工家属座谈会、今日我当班、人人都是班组长等活动，以亲情、责任为手段，感化班组成员，使职工更加了解安全的重要性，更加安心、放心地工作，没有后顾之忧。同时公司号召每位员工严格按照操作规程进行作业，杜绝“三违”，坚持“三不生产”，抓好工程质量管理，提高作业现场的动态管理。在全矿开展班前三确认、班中四检查、坚持关口前移抓隐患，重心下移抓班组，紧紧围绕“安全和谐型”班组建设工作，制订了班组长及各岗位工种安全生产责任制等17种管理制度，并做到有计划、有措施、有落实、有记录、月初有计划、月底有总结。认真总结过去的管理经验，量化标准，并在班组中签订了“师徒带班协议”，通过传、帮、带等方式，形成互相激励，互相进步的氛围，营造“比、学、赶、超”的良好环境。同时，强化和提高基层班组的安全管理。在日常管理中，强化班组的集体安全意识，形成个人安全保班组安全、班组安全保区队安全、区队安全保全矿安全的良好局面。

生产一线班组围绕“安全”创精品；生产辅助班组围绕“设备三率、安全运行、系统顺畅”创特色；地面班组围绕“服务一线、环境美化”创特色，深入开展了先进文明科室、安全文明区队、安全文明班组、安全文明标兵、首席员工和劳动竞赛等活动，取得了明显效果。

郑州磴槽企业集团金岭煤业有限公司

一、矿井概况

金岭煤业有限公司（以下简称金岭煤业）位于登封市君召乡境内，为河南豫联煤业集团有限公司骨干矿井。井田面积为6.4 km^2，设计生产能力为60万t/a，服务年限为33.5年。矿井于2000年3月开工筹建，2004年5月正式投产。

矿区内含煤地层为上石炭统太原组和下二叠统山西组、下石盒子组，其中赋存于山西组下部的$二_1$煤层、太原组的$一_7$煤层为矿井主要可采煤层，可采煤层总厚6.67 m，可采含煤系数为1.03%。

二、2013年主要技术经济指标

2013年煤炭产量478800 t，开拓掘进总进尺6900 m，实现利润5017.6万元，原煤工效为10.66 t/工。全年无人身事故和二级以上非伤亡事故，矿井百万吨死亡率为0，实现了安全生产。

三、安全高效矿井建设的主要做法

（一）优化采掘工艺，实现减员提效

在极其复杂的条件下，采煤工作面从传统的铰接梁、单体支柱支护工艺，逐步发展为综合机械化采煤，支护工艺实现了跨越式发展。通过科学组织，合理调配，公司实行了“两采一准”，近两年来，生产效率提高了30%，减轻了工人劳动强度，提高了工作效率，杜绝了顶板事故。

（二）狠抓安全管理，实现安全生产

公司安全管理总体思路是：围绕一条主线（安全质量标准化），搞好两项建设（基层、基础），开展三项活动（安全思想教育活动、安全宣讲系列活动、安全质量标准化竞赛活动），落实四项制度（矿级领导下井带班制度、安全生产问责制度、安全风险抵押金制度、风险预控管理制度）。

公司充分利用网络、电视、广播、悬挂条幅标语等宣传手段，引导广大干部职工关心、支持和参与安全生产工作，增强了安全生产意识。在实行每

季度开展一次“工作无违章、安全摸大奖”活动的同时，积极推行“三违帮教”、安全联保、工会班组安全网格管理和安全生产隐患举报奖励制度，由要我安全的强制手段，转化为我要安全的自觉行为，营造了强有力的安全氛围，实现了安全生产。

（三）安全质量标准化建设情况

公司成立了质量标准化管理领导机构，下设质量标准化办公室，共设11个质量标准化专业小组；明确各管理部门职责，每个小组设有组长，推行每周自查、月底互验的检查验收办法。公司建立了奖惩机制，对优差单位实行悬挂红黄旗制度，并严格执行安全、质量、效益工资考核。公司实行层级管理，分解目标计划，逐级落实责任，认真执行目标管理，形成了公司、矿、区队和班组四级安全质量标准化管理体制和保证体系。

（四）以人为本，强化培训

为提高广大干部职工的安全责任意识，公司采取了以下措施：一是每年初详细制订年度培训计划，并认真组织实施；二是组织职工学习安全法律、法规和安全业务知识，以安全知识大培训、手指口述、岗位描述、入井宣誓、班前会、文化长廊、“全家福”等内容形式，营造浓厚的安全文化氛围；三是应用模拟教学培训系统对职工进行案例警示教育和实景培训，实行全员过关考试、井上下避灾演练，培训合格率达100%。

（五）走科技进步和创新之路

公司充分发挥科技与创新在安全高效矿井中的作用，积极引进推广新技术、新工艺、新装备。根据每年度矿井采掘安排，研究制定科研攻关项目，解决安全生产中存在的实际问题，实现科技保安。

金岭煤业为煤与瓦斯突出矿井，受瓦斯威胁严重。公司高度重视瓦斯治理工作，2004年与中国矿业大学开展了技术合作，开展保护层和瓦斯抽采利用的技术研究。

针对矿井大倾角、三软煤层综采技术应用的困难，金岭煤业大胆引进，积极消化，适当改进，于2012年试验成功，彻底解决了采煤工艺难以革新突破的问题。

（六）突出重点，实现安全高效

（1）定期开展“顶板”“提升运输”“一通三防”等不同专业的专项安全检查活动，解决了一批危及安全、影响安全高效的问题。

（2）组织开展“安全质量创精品工程活动”，把创精品掘进头、采煤工作面，创精品机房硐室，创精品轨道运输斜巷等作为活动内容，通过开展创精品工程活动，进一步把安全高效创建工作推向顶峰。

（七）提高信息化管理水平

公司投资建设了综合办公自动化信息系统。通过井上下环网闭合将井下各个自动化系统的所有监控信息集中到调度指挥中心，并通过数据库服务器进行存储，做到了信息资源共享，提升了矿井综合管理水平，实现了遥控、遥检、遥调系统控制。

在日常办公方面，利用 OA 网络智能办公系统和数字化综合调度系统，实现了计算机网络化管理。

华能集团北方魏家峁煤电有限公司
魏家峁露天煤矿

一、矿区概况

魏家峁矿区位于内蒙古自治区鄂尔多斯市准格尔旗东部，行政隶属于内蒙古自治区鄂尔多斯市准格尔旗龙口镇管辖。煤矿煤炭储量丰富，资源可靠，地质条件简单，煤质为低硫高热值长焰煤，煤电市场条件良好，开发条件优越。

煤矿采煤选用液压铲—卡车—半固定破碎站—皮带系统工艺；剥离均采用单斗—卡车开采工艺。

二、2013 年主要技术经济指标

2013 年煤炭产量为 609.8 万 t，剥离产量为 3955.09 万 m^3，生产剥采比为 6.49 m^3/t。原煤工效为 50.96 t/工。2013 年末开拓煤量 213 万 t，回采煤量 100 万 t，“二量”满足生产接续要求；煤炭采出率达到 96%。

三、安全高效矿井建设的主要做法

（一）全面夯实安全基础管理，不断提升现场管理水平

健全各种安全管理制度，明确岗位职责与安全责任制，切实加强基础管理工作。通过不断补充完善各项安全管理制度，促进安全工作制度化、规范化。将煤矿安全管理与技术保障相互结合，确保安全工作顺利进行。深入开展危险源辨识和风险评估，将安全管理进一步关口前移。

（二）狠抓“增产、提质”两个关键点，千方百计优化生产组织

努力克服征地工作推进缓慢制约剥离工作全面展开、红黏土及钙质结核层带来剥离难度及成本增加等困难，始终坚持以“保产量，争利润”为工作原则，统筹考虑运距及季节影响，将产量任务及对应的剥离量分解到各月，细化到每周；根据征地进展情况及时调整采掘设计及施工方案，合理组织生产，将影响降到最小；坚持从源头抓起加强煤质管理，对生产、运输、

化验等各个环节进行全过程监控，加强生产组织、煤质化验及配煤销售；制定煤质管理考核办法，加大煤质考核力度，提高市场竞争力。

（三）加大设备运行监管力度，保设备综合“三率”先进水平

加强设备安装、验收管理工作，加大设备运行监管力度和检查考核力度，树立“清洗、检测、紧固、润滑、密封”十字检修方针，有计划地开展维修保养及新设备磨合保养工作，对设备的点检、维护、保养进行规范化管理，落实责任制，确保设备良好运行、设备管理工作有序开展，全面保证设备的完好率。

加强成本控制，建立设备单机成本消耗台账，优化生产，降低成本消耗。加强物资及成本管理工作，制定合理的附属油、材料和备品备件需求计划，优化物资申报及领取流程，在满足生产需要的同时，最大限度地保持计划与使用的动态平衡。

（四）全面启动“创一流”相关工作，向管理要效益

（1）管理提升练内功。按照煤电公司创一流暨管理提升活动整体安排，进一步完善及优化穿、采、运、排全过程中的生产管理流程，把控生产管理、设备运行过程中的风险点和关键点，提高煤矿管理水平。在全矿实行了综合计划管理，生产作业量、用电、燃油、材料、配件、工器具、职工培训等均已纳入计划管理。公司将班组建设工作视为各项管理工作的核心。

（2）控制成本勤算账。坚持量本利分析，及时掌握成本变化情况和原因，对生产管理提供有效的指导意见。强化成本控制，加强电耗、油耗、轮胎损耗等消耗对标管理，制定合理的消耗定额，加强各段月、季、年度消耗值考核。建立设备单机成本消耗台账，优化生产，降低成本消耗。加强物资及成本管理工作，制订合理的附属油、材料和备品备件需求计划，优化物资申报及领取流程，强化成本监督管理。

焦作煤业（集团）有限责任公司
赵　固　二　矿

一、矿井概况

赵固二矿位于焦作煤田的东部，矿井地质储量为3.39亿t，可采储量为1.4亿t，矿井设计生产能力为180万t/a。煤矿主采煤层为二叠系山西组$二_1$号煤层，为单一近水平煤层，煤层平均厚度为6.16m，服务年限为55.5年。矿井开拓方式为立井单水平盘区开拓，工业场地内布置主立井、副立井和回风立井3个井筒。

井田总体形态为走向NW、倾向SW、倾角一般为4°～10°的单斜构造。受区域构造控制，井田内构造特征以断裂为主，局部发育小幅度次级褶曲。

采煤工作面采用走向长壁分层综合机械化采煤，沿煤层顶板回采，采高为3.5m，全部垮落法管理顶板。掘进工作面采用综掘机掘进，锚网（索）支护。采掘工作面各项施工工序均为机械化，实现了100%掘进机械化。

二、2013年主要技术经济指标

2013年原煤产量为161.68万t，月最高产量为166500t，综合单产达134730t/(个·月)，原煤工效为10.3t/工。2013年实现利润33305.29万元，人均年收入达6.79万元，矿井百万吨死亡率为0。

三、安全高效矿井建设的主要做法

（一）加强培训，确保安全生产

为切实把“一号工程”安全培训工作落到实处，赵固二矿紧紧围绕安全“零”目标，坚持“培训围绕应用转”，不断创新培训方法，丰富培训内容。通过不同形式的安全培训活动，提高了员工的安全意识和实际安全操作技能，为实现本质安全打下了坚实基础。

（二）强势起步，加强管理，夯实安全质量标准化基础

矿井开建之初，就按照建设“安全高效”矿井的目标严格要求、科学

管理、标准施工。深入持久地开展了质量标准化工作，以各采掘工作面全部达到一级质量标准化为主线，不断创新，逐步形成了一套行之有效的安全质量管理体系和方法，进一步提升了矿井安全生产保障能力。

（三）强化安全监督管理，狠抓质量标准化，保证了安全生产

实行全员安全风险抵押金制度，加强质量标准化建设和隐患排查治理工作，建立覆盖全矿井的安全防控监督体系；突出区域采用“四位一体”管理，完善了瓦斯抽采系统；采取超前物探、底板注浆加固等措施，保证了安全生产的可靠性；狠抓质量标准化，坚持每周一进行质量标准化检查，通过安全体系建设的不断完善和安全管理的加强，使安全生产环境不断改善，保证了经济效益的逐步提高。

（四）科学管理，提高原煤工效，全面增加职工收入

积极推行“竞争上岗，动态转换”的劳动用工机制，积极推行一岗多责、兼职作业，提高效率。坚持科技创新、科技兴矿的战略思想，大力推广新技术、新工艺，坚持“多上设备少用人”的管理理念，提高原煤工效。制订了岗效工资考核管理办法，实行了工程承包机制，充分调动了职工劳动积极性、创造性，保证了职工收入稳步上升。

抚顺矿业集团有限责任公司西露天矿

一、矿井概况

西露天煤矿坐落于辽宁省抚顺市西部，矿区交通便利，距沈阳 45 km，距大连港 400 km。

随着开采水平的不断延深，西露天煤矿曾进行了 5 次大的技术改造，形成了“分区开采、联合运输、内部排土”的开采工艺，同时实现了单斗挖掘机—采矿汽车—带式输送机—选煤厂开采工艺环节设备的现代化。开采采用东西拉沟、水平分层、南北推进。

二、2013 年主要技术经济指标

安全生产稳定，全年无死亡和重伤事故，百万吨死亡率为 0，截止到 2013 年 12 月 31 日实现连续安全生产 3349 天。巩固了质量标准化成果，各系统及全矿质量标准化均达到了行业级标准。经济运行良好，全年实现利润 15864 万元，上缴税金 12145 万元，职工人均年收入达到 6.8 万元。采煤、剥离机械化水平达到 100%。采掘关系正常，煤炭采出率达 98%。原煤工效达 25.4 t/工。全矿的调度指挥、质监检查验收、安全监控、财务工资、经营管理等系统已实现计算机网络化管理。

三、安全高效矿井建设的主要做法

坚持“最大限度回收资源，充分保护利用资源”的原则，着力实现经济运行，规范现场管理，实施科学组织，为全矿规范有序生产奠定了基础。

在生产组织上，一是合理开发利用资源，认真抓好煤炭生产组织，加大露煤工程力度，合理安排精煤和动力煤采区，优化生产布局。全面实施“精煤生产战略”，积极调整产品结构，不断提升产品效益。二是合理组织油母页岩富矿生产，满足了油厂生产需要。针对油母页岩富矿含水大影响产油的问题，西露天煤矿采取高段改水和采区排水的方法，使油母页岩富矿品位保持相对较好的状态。同时，西露天煤矿采用顶板剥离露油的方法和回收底板油母页岩富矿的方式，对含油率为 4.0% 以上的油母页岩富矿全部进行回采。三是加强防排水工程建设，实现了安全度汛。2013 年初，对全矿的防排水工程项目进行了认真规划，完善了原有的防排水设施，增强了防排水系统的安全性、可靠性。四是利用信息化手段，科学、合理地指挥组织生产。2013 年，矿总调度大屏幕监控系统在生产指挥中的应用，坑下调度 GPS 卡车调度卫星定位系统在生产现场指挥中的应用等，提高了工作效率，减少了岗位人员。

根据安全生产实际情况，西露天煤矿不断健全和完善安全管理制度和规定，为健全安全管理体系，实现基础性、本质性安全管理奠定了坚实的基础。同时西露天煤矿认真贯彻落实安全质量标准化新标准，大力加强露天煤矿 13 个部分的质量标准化建设，并坚持开展安全质量标准化最佳班组（设备）竞赛评比活动，每季度进行一次检查考核和奖罚兑现。自 2009 年以来，西露天煤矿连续 5 年被辽宁省煤炭工业管理局授予一级安全质量标准化矿井，并且依托安全文化，进行安全教育引导。西露天煤矿设有 5 个安全培训教学实习场所，2013 年投资 20 余万元，更换了培训中心桌椅，配备了心脏复苏模拟人、电视投影仪、办公电脑等硬件设施，按照培训计划对安全管理人员、特种作业人员、一般从业人员进行了培训。

焦作煤业集团赵固（新乡）能源有限责任公司

一、矿井概况

焦作煤业集团赵固（新乡）能源有限责任公司（以下简称赵固一矿）位于焦作煤田东部、太行山南麓，行政隶属于辉县市管辖。井田东南距新乡市 39 km，西南距焦作市 50 km，东北距辉县市 17 km，南距获嘉县 20 km，其间均有公路相通，交通便利。

赵固一矿设计生产能力为 240 万 t/a，服务年限为 49 年。2012 年重新核定后，生产能力为 415 万 t/a，剩余服务年限为 24. 9 年。矿井主采二叠系山西组二$_1$ 号煤层，煤层倾角一般为 2°～12°，煤层赋存稳定，平均厚度为 5. 92 m，属于全区可采的近水平稳定型厚煤层。煤种为低中灰、特低硫、低磷、高发热量的优质三号无烟煤，平均发热量为 29. 9 MJ/kg。

矿井采用立井单水平盘区式开拓，井口位于井田中深部，井口标高为 +83. 8 m，车场水平标高为 -525 m，井深 608. 8 m。工业广场内布置主、副、风 3 个立井。通风方式初期为中央并列式，后期随着生产地区向两翼延深，考虑到矿井边界的安全出口，在两翼各布置一个回风井，通风方式逐步过渡为两翼对角式。

二、2013 年主要技术经济指标

2013 年煤炭产量为 414. 9 万 t，掘进总进尺 14952 m。全年主营业务收入 271634. 42 万元，利税 156810. 78 万元，利润 106451. 05 万元，原煤制造成本 235. 43 元/t，总资产达到 687047. 40 万元，净资产 539847. 69 万元。

三、安全高效矿井建设的主要做法

（一）理念创新

赵固一矿始终坚持以解放思想为先导，以思想理念融合为核心，积极推动观念的转变、理念的更新，提高各级员工的执行力。“用心做事，追求卓越”的核心价值观深入人心。“科学管理，安全发展”“激活生产要素，降低生产消耗”“转变思想观念，挖潜内部市场，提升管理水平，提高经济效益”“安全零理念”等先进理念融入了全体员工的思想、工作和生活中。

“发展速度快，工作节奏快，办事效率高”，各项管理要求高于规程、高于国家和行业标准。这种理念为赵固一矿的发展奠定了扎实基础，也为其他思想理念的灌输和实施提供了强大动力。

（二）管理创新

赵固一矿把管理创新作为企业永续发展的不竭动力，不断创新管理模式，在管理上树标杆，提升标杆，强化目标考核机制，优化薪酬分配机制，施行精细化管理，加强执行力建设，使各项管理制度得到实实在在的贯彻落实，充分调动了员工的生产积极性，激活了企业生产经营的各个要素。

赵固一矿深入实施内部市场化管理，构建了矿、区队、班组和个人四级市场核算体系，严格按照市场化要求运作。内部市场化使员工有了经营意识，不仅要多出煤，出好煤，还要进行成本核算。在材料使用方面，实行了谁回收、谁使用、谁受益，避免了材料浪费。

（三）科技创新

2013 年，赵固一矿围绕生产实际，着力研究解决制约安全、优质、高效生产的技术难题，先后完成了“赵固一矿东三盘区 DX_1 陷落柱探查技术研究”“赵固矿区厚冲积层薄基岩大采高巷道支护技术研究”“矿井辅助运输系统提效研究及应用”“主井伸缩罐道装置的研究与应用”“皮带过风门墙控风装置推广应用”等 270 余项技术实用、效果明显的自主创新研究，极大地提高了煤炭生产的科技含量，为矿井的安全高效建设提供了可靠的技术支撑，取得了显著的经济效益和社会效益。其中，3 项重大科技项目通过了中国煤炭工业协会的鉴定，2 项通过了焦煤集团的验收，获中国煤炭工业科技进步二等奖 1 项、三等奖 1 项，获国家能源科技进步二等奖 1 项，获河南省工业和信息化科技成果一等奖 2 项、二等奖 2 项，申报国家专利 6 项。这些科技成果的应用，极大地推动了矿井各项生产经营目标的完成，为赵固一矿顺利跻身安全高效现代化大型矿井行列提供了强有力的技术支持。

洛阳义安矿业有限公司正村煤矿

一、矿井概况

正村煤矿是河南大有能源股份有限公司与万基控股集团有限公司合资经营的大型现代化矿井。正村煤矿位于新安县正村乡境内，南距新安县城、陇海铁路、连霍高速公路 18 km，S314 省道从井田通过。矿井设计生产能力为 120 万 t/a，服务年限为 55. 8 年。

井田煤炭资源储量为 16407 万 t，可采储量为 9382. 2 万 t。煤种为低中灰、中高硫、特低磷、高发热量粉状贫煤。矿机采煤、掘进、机电、运输、通风、排水六大系统完善可靠，井下安全紧急避难系统完善。

原煤生产采用综合机械化采煤法。目前布置了 3 个采区，即 11、12 和 14 采区，现有综采设备 3 套，服务两个综采工作面。作业方式为两班生产、一班检修，三班正规循环作业。

二、2013 年主要技术经济指标

全年生产原煤 131. 78 万 t，完成计划的 132%，保证了产销平衡，创矿井自投产以来最好纪录。全年开掘进尺 7112 m（其中开拓 280 m），煤质发热量为 23027 kJ/kg。全年销售收入为 5. 8 亿元，实现利润 3456. 37 万元。

三、安全高效矿井建设的主要做法

一是强力组织生产，原煤产量创新高。科学安排生产布局，对原煤计划、开掘进尺进行日分解、月考核，为全年生产任务的完成奠定了基础。

二是狠抓安全基础，提升矿井安全水平。牢固树立“大安全”意识，始终坚持把安全工作放在高于一切、重于一切、先于一切的位置，狠抓隐患治理，严格责任追究，使安全根基得到进一步巩固。通过强化安全培训，提高职工技能；持续开展安全大检查、隐患排查活动，减少隐患；全面实行安全“红线”管理、落实“七条”规定，安全水平得到进一步提升。

三是加强风险预控和“双基”管理，提升安全管理层次。安全风险预控体系建设是河南省政府部署的一项重点工作。2013 年，正村煤矿把推行安全风险预控管理作为提升安全管理水平的重要手段，成立了领导小组，设立了专门机构，抽调了专职人员，举办了专题培训，形成了“会辨识、懂防控、保安全”“人人都是安全员、人人会辨危险源”等风险预控理念，有力地推进了风险预控管理体系建设。

2013 年在“双基”管理方面，建立了董事长、总经理考核副总经理，副总经理考核分管科室，科室考核基层区队，区队考核班组，班组考核个人的层层考核、人人考核体系。强化了安全管理细节，规范了各项工作记录，促进了工作整改落实，有力地推动了安全管理水平的提升，安全管理抓手作用日益凸显。

四是突出瓦斯综合治理，主要灾害防治工作进一步加强。积极推行打钻市场化，在井下采用瓦斯视频监控，大力实施底板岩巷水力冲孔、顺层钻孔预抽等措施，强化瓦斯抽采管理。全年抽放瓦斯 762.7 万 m^3，利用瓦斯 476.8 万 m^3，实现了瓦斯零超限，瓦斯治理工作迈上了新台阶。

五是强化成本管理，确保降本增效。严格材料消耗四级管控模式，企管科对材料实行总额控制，各系统对区队的材料费用进行二次分配，监管使用，节奖超罚；从工程设计入手降低成本费用，工程设计既要满足安全需要，又要使材料能回收复用；加强回收、复用与修旧利废管理，全年共回收物资 2038.3 万元，复用物资 1979.9 万元，修旧利废 786.1 万元。强化资金控制，强化资金计划管理，杜绝计划外工程；健全现金流预算管理制度，强化动态管理；大力压缩会议费、办公费、招待费、差旅费、修理费等可控费用和非生产性支出。

六是强化煤质管理，确保企业增效。完善煤质管理办法，煤质指标与工资挂钩，加强源头管理和环节控制，对采煤工作面采取划段分采、遇矸放松动炮、控制煤墙注水等措施，强化源头管理。加强环节控制，对不同工作地点分系统运输、分仓储存、分别销售，对地面螺旋筛进行改造，最大限度地提高了煤质，实现了企业收益最大化。

中国平煤神马集团平顶山天安煤业股份有限公司二矿

一、矿井概况

二矿位于平顶山矿区中部，毗邻平顶山市区，1955 年开工建设，1957 年投产，原设计年生产能力为 21 万 t。经技术改造，矿井设计生产能力达到 170 万 t/a，现核定能力为 170 万 t/a。

井田走向平均长 4.4 km，倾向平均宽 6 km，面积约 26.4 km^2。主采煤层为己$_{16}$、己$_{17}$和庚$_{20}$煤层，井田开拓方式为主斜、副立多水平分区式，现生产采区为二水平庚一、己二采区。2013 年矿井正常涌水量约为 380 m^3/h，排水系统为三级排水。

矿井通风方式为对角混合式，通风方法为抽出式，由中央进风井、副井、皮带主斜井、南斜井、西斜井、三水平进风井进风，由西翼回风井和三水平回风井回风。

二、2013 年主要技术经济指标

2013 年原煤产量为 169.1 万 t，开掘进尺 9800 m，原煤工效为 8.56 t/工，年销售收入为 56717.83 万元，吨煤成本为 306.9 元，职工人均年收入为 63080 元。全年实现了安全生产。

三、安全高效矿井建设的主要做法

（一）依靠科技创新，倾力打造高标准安全高效矿井

（1）依靠科技创新，强力推进综采设备的更新换代。2013 年，二矿己$_{16}$、17－22060 综采工作面首次引进了刮板转载机和破碎机，选用功率较大的电牵引采煤机，机巷使用普强带式输送机，采煤工作面支护选用大阻力液压支架，引进全液压掘进钻车、大功率掘进机等装备，采掘工作面实现了综合机械化。

（2）优化设计，创新发展。2013 年开发设计了己一采区上部，预计

2015 年投产，优化了矿井的生产运输系统，实现了己、庚煤层煤炭分运和煤矸分运，提高了矿井的经济效益。

（3）调度、生产实现了数字化、信息化、自动化。建立了数字化综合安全生产调度指挥中心、井下工业环型以太网络系统、人员定位系统、水文监测系统、内部 OA 办公自动化系统、管理人员走动巡查信息系统、职工安全上岗档案查询系统、重要场所视频监控系统，各大系统和主要设备实现了在线监测，办公网络系统覆盖全矿。

（二）明确目标、扎实工作，实现矿井本质安全

加大瓦斯治理工程和设备的投入，杜绝了瓦斯超限事故；完善了通风系统和设施，并对二水平己一采区、庚一采区和三水平庚一采区的通风系统进行了优化，确保了通风系统稳定可靠。

对在带压工作面物探异常区中布置的底板放水孔进行疏水降压，逐步建成了泄水巷、水平水仓等重点防治水工程，采用了先进的防治水技术设备，保证了庚三采区综采工作面回采的安全性。

深化工程质量标准化建设，提出了“提升质量标准化水平，打造精品二矿”，成立了专门的领导小组，建立了严格的监督考核制度。坚持“旬检、月验、班评估”制度，实现了采掘工程精品化、机电管理标准化、管线吊挂艺术化、作业顶板规范化、设备设施明净化。

（三）实施精细化管理，打造“精品二矿”特色的管理文化

建立了“4 +8”安全管理网络，明确了 4 个管理层次和安全“八条线”的管理内容、管理标准和管理责任，形成了自下而上的一级保一级的安全保障体系；实施的“五位一体”群监员考核机制和开展的“四个三”党员安全责任区活动为集团首创；制定了“深入推进‘三基三抓一追究’量化细化考核办法”，先后建成了 16 个示范工作面、硐室，多次召开集团现场会推广经验；实施了物资管理全过程流程控制，推行物资周转复用一体化管理方法；建立了物资信息日报制，做到物资实时管控。

大力推进班组建设，以创建“五星班组”为目标，以学习应用白国周班组管理法为重点，以强力实施“六抓六提升”班组建设提升工程为载体，强化班组考核，全面提升班组建设管理水平。

中国平煤神马集团平顶山天安煤业七矿有限公司

一、矿井概况

平顶山天安煤业七矿有限责任公司位于平顶山矿区西南侧。矿井东西走向长6.25 km，南北倾向宽1.72 km，面积约8.1753 km^2。矿井设计生产能力为120万t/a。

矿井分两个水平开采，采用联合开拓方式。目前，一水平已回采结束，集中在二水平生产，生产采区为庚二采区和己一采区，接替采区为庚二下采区。矿井采用走向长壁后退式采煤法，全部垮落法管理顶板。

矿井配备了一个综采工作面。工作面配备了MG160/390型采煤机、ZY4000－14/30型液压支架、SGZ630/264型刮板输送机。采煤机为双向割煤，端头斜切进刀，进刀长度为25～30 m，割煤后追机顺序移架，及时支护，本架操作方法移架，移刮板输送机滞后采煤机10～15 m，工作面端头用单体柱配合机头大梁支护。

矿井已经通过“集团公司协同办公OA系统”完成了数据共享和文件的在线审批，实现了无纸化办公。在井下主要硐室、带式输送机、打钻地点、人员作业聚集点安装了视频监控设备，通过对主副井提升机、主通风机、压风机、水泵和地面储装运系统的在线监测，有效地保障了各个生产系统的稳定运行。

二、2013年主要技术经济指标

2013年原煤产量为102.5万t，掘进进尺7100 m，在岗职工人均年收入49000元，实现利润905.25万元。杜绝了煤矿重大事故，百万吨死亡率为0。

三、安全高效矿井建设的主要做法

（一）构建安全长效机制，提升矿井安全管理水平

始终把安全工作放在各项工作的首位，以打造本质安全型企业为目标，

认真贯彻“三不四可”安全指导思想，坚定“三零”目标不动摇，以“安全生产年”活动为主线，强化现场安全管理和隐患排查与治理，扎实推进“三基三抓一追究”安全管理模式，矿井安全基础得到巩固。

坚持把培育本质安全人作为安全培训的主题和目的。本着“干啥学啥、缺啥补啥、应知应会、注重实效”的原则，采取聘请专家讲课等形式加强职工培训。2013 年培训人员 2961 人次，职工素质明显提高。

2013 年投入安全费用 3075 万元用于矿井安全生产系统的优化，投入安全质量标准化建设费用 530 万元，使矿井安全质量标准化水平明显提高。

不断强化班组安全考核考评机制，深化“1161”班组安全建设模式，深入落实区队长、班组长安全责任，充分发挥现场安全把关作用。坚持每月开展“质量标准化区队、明星班组、优秀员工”评比评选活动，有力地推动了区队、班组建设。

加强职工煤矿安全风险预控知识培训，全面开展危险源辨识和风险评估，制定管控标准和措施，努力实现安全工作由被动管理向主动预防转变。

（二）优化生产布局，提高装备机械化水平

矿井地质条件复杂，涌水量大、断层多，针对这一生产难题，以优化矿井生产布局为前提，以安全高效矿井建设为主线，以提升采掘机械化水平为依托，优化工程设计，科学组织生产，实行正规循环作业，提高单产单进水平，确保了原煤产量稳产高产。

掘进工作面配备了 EBZ160 型综掘机，采用带式输送机和刮板输送机运输，取消了小绞车、矿车运输，装载机械化程度达到 100%，实现了采掘接替正常。矿井实现了“一井一面”100 万 t 的目标。

（三）狠抓科技兴矿工作，技术基础逐步夯实

坚持科研项目攻关与日常技术管理一起抓，大力实施科技兴矿战略，科技服务安全生产和企业发展的能力明显提高。加大人才引进培养力度，引进大专以上毕业生 10 人。加强技术人员管理，召开优秀毕业生和技术人员座谈会，强化技术工作交流和考核，不断提高技术管理水平。开展了技术员公开招聘活动，在人才和技术管理方面具有开创性意义。2013 年完成科研项目 8 项，重点解决了“一通三防”、瓦斯防治、防治水等难题。

兖矿集团兖州煤业股份有限公司北宿煤矿

一、矿井概况

兖州煤业股份有限公司北宿煤矿地处山东省邹城市境内，原设计生产能力为45万t/a，改扩建后生产能力为100万t/a。

矿井采用走向长壁后退式采煤法，全部垮落法管理顶板。矿井现有两个水平，其中一水平为-220 m，二水平为-290 m，一、二水平之间采用3条暗斜井连接。

二、2013年主要技术经济指标

2013年原煤产量为95.6292万t，平均单产为4.1506万t/月。全年掘进进尺20288 m，掘进率为212.15 m/万t。原煤工效为3.569 t/工。全年实现利润2672.03万元，职工人均年收入6.9273万元。采煤机械化程度为92.15%，掘进装载机械化程度为100%，综掘机械化程度为40.2%。采掘工作面接续正常，采区和工作面开采程序符合《煤矿安全规程》的规定，薄煤层采区采出率达86.7%。实现了安全生产年。

三、安全高效矿井建设的主要做法

（一）强化组织领导，安全高效矿井建设扎实推进

成立了由矿长、党委书记任组长的安全高效矿井建设领导小组，及时解决生产过程中存在的问题，协调相关单位的生产工作。相关业务科室分工细致，紧密结合现场实际情况，及时深入现场进行业务技术指导，及时解决生产中遇到的问题。积极开展劳动竞赛活动，组织以劳动模范、技术标兵、青年岗员网员等精干技术力量为带头兵的职工队伍，发挥“传帮带”的互补作用，营造“比、学、赶、帮、超”的良好局面，激发干部职工抓安全、创高效的主动性。

（二）强化教育培训，职工队伍业务素质稳步提升

结合薄煤层矿井实际生产的特点，坚持“管理、装备、培训”并重的原则，树立“形势越困难，越要抓安全，安全出问题，发展更困难”的理

念，落实“四五级联动”安全培训措施。深入开展岗位风险辨识、“必知必会”知识学习培训及抽考活动，灵活安排应急培训，强化全员安全警示教育，把管理人员每次下井至少对2名职工提问制度化。全面推广“七勤”（脑勤、嘴勤、眼勤、耳勤、鼻勤、手勤、腿勤）、“5步工作法”（停、想、评、定、做）等安全管理方法，积极引导干部职工细算安全“5笔账”，做安全工作的明白人、放心人。实施人才素质工程，高度重视、培养、重用年轻人，大力开展岗位练兵、岗位成才和优秀技术技能人才评选活动，职工队伍整体素质有了明显提高，为安全工作的扎实开展奠定了良好的基础。

（三）强化超前预控，安全风险管控能力持续增强

严格落实职业安全健康、个人防护用品使用培训计划，积极开展综合防尘样板化矿井建设，落实湿式打眼、机械除尘、洒水降尘等措施，共新增安设水幕20余道，现场空气质量得到了极大改善，煤矿安全与职业卫生现场评估成效得到了有效提高。大力推进矿井安全避险“六大系统”建设，建立了“六大系统”安全责任工作机制和信息通报制度，顺利完成了“六大系统”年度规划目标。加强隐患排查治理，强化安监人员专业培训，严格执行采掘区队“一班一头一面一安监”专盯监督检查制度，采取“三不定”方式，对关键岗、特殊地点、薄弱环节实施安全监控，发现问题一律坚持“四不放过”原则，严格按照“三违”处罚及红黄牌管理制度从严从重从快处理；公开曝光每月安全最差单位、季度被挂“黄旗”单位，让每月被罚款最多的单位负责人上会做检查，起到了很好的警示、鞭策和预控作用。

（四）强化组织协调，安全高效生产能力不断增强

落实煤矿安全质量标准化实施细则的要求，持续加强安全质量标准化建设。明确“属地”分工，落实“就近”责任，从挡煤板使用、管线吊挂、综合防尘管理等方面入手，采用典型引路以点带面的工作方法，积极开展精品采区、精品工作面创建活动，现场标准化、定置化、精细化管理程度明显提高，为矿井高效稳定生产创造了条件。牢牢把握工作面安撤节点，有序组织生产接续，在工作面安撤集中、现场过断层集中、煤层最薄处只有0.5 m的特殊困难时期，采取召开现场专题会议、调整值班带班人员等非常规措施，保证了矿井正常的生产秩序和工作面的顺利接续，确保了安全高效矿井建设各项指标的顺利完成。

（五）强化科技创新，安全生产技术水平全面提高

以建设安全高效的本质安全型矿井为目标，不断加大安全装备投入，积极推广使用新技术、新装备、新工艺，全面推广薄煤层机械化项目，积极研

究薄煤层开采新方法，不断优化改进薄煤层综采机械化开采工艺，先后对90余项综采成套装备工艺进行了技术创新和改造，生产成本不断降低，工作效率大幅提高。积极探索薄煤层沿空留巷充填开采技术，在1873综采工作面采用高水材料充填沿空留巷技术，自2013年以来在1873综采工作面轨道巷及带式输送机运输巷累计充填约800 m。

山东鲁泰煤业有限公司鹿洼煤矿

一、矿井概况

鹿洼煤矿隶属于山东鲁泰煤业有限公司，井田位于济宁市鱼台县张黄镇境内，地面为湖滨平原，紧靠京杭大运河，北距济宁市 44 km，东南距鱼台县城 14 km，水运、公路运输极为便利。

矿井设计生产能力为 60 万 t/a，核定生产能力为 120 万 t/a。井田面积为 20.52 km^2，井田南北走向长 7.4 km，东西平均宽 2.5 km。矿井地质储量为 1.48 亿 t，可采储量为 0.6 亿 t。目前主要开采 $3_上$ 煤层和 3.$3_下$ 煤层，采用综采工艺。

煤炭品种为气煤、气肥煤和 1/3 焦煤，具有低灰、低硫、特低磷、高发热量的特点，用途十分广泛，是优质的炼焦、动力、化工、造气、水煤浆用煤。

矿井开拓方式为立井与暗斜井联合开拓。提升系统分为主井、副井、轨道暗斜井三大系统。矿井通风方式为中央并列式，通风方法为抽出式，副井进风，主井回风。采煤方法为综合机械化采煤，掘进方法为综掘和炮掘。

二、2013 年主要技术经济指标

2013 年原煤产量为 110.5912 万 t，百万吨死亡率为 0。鹿洼煤矿为国家级安全质量标准化矿井、省级一级安全质量标准化矿井。采煤机械化程度为 100%，掘进装载机械化程度为 100%，综掘程度为 57%。各生产系统完善，“六大系统”均已安设，技术装备先进，实现了计算机管理。原煤工效为 7.45 t/工。

三、安全高效矿井建设的主要做法

（一）强化生产组织，深入扎实地做好安全生产工作

围绕安全高效矿井建设，各级领导干部切实转变工作作风，做到了“两到现场”，即领导轮流办公到现场、专业组工作到现场，有力地保证了安全高效矿井建设的顺利实施。领导干部包挂区队，个人收入与所承包区队

生产任务、工程质量、安全情况、设备管理、材料消耗等挂钩，既要明确分工，又要密切配合，突出重点，增强了领导干部的责任心。

（二）采用新工艺、特殊条件制定有效措施，提高单产单进水平，确保采掘接续正常

2011 年鹿洼煤矿购进了两套 EBZ160 型综掘机，综掘机的成功使用，提高了矿井的掘进速度，提高了单进水平。2013 年，针对 2307（2）工作面下分层仰采综放工作面的特殊情况，积极与山东科技大学的相关人员进行了技术交流，选择合理的采高，有效的采放比。自采取综合措施以来，有效地防止了煤壁片帮和端面冒顶的发生，使顶煤采出率达到 91% 以上，创造经济效益 2600 多万元。工作面安全、平稳推进，实现了高产高效，开采技术达到了国内先进水平。

（三）强化信息化管理，争创安全生产最长周期

完善通信、视频、计算机“三网”整合，融合安全监测、人员定位、紧急避险、压风自救、供水施救、通信联络等“六大避险系统”，打造通信系统、定位系统、监测系统为一体的综合调度平台，实现井上下全方位、全过程、全网络覆盖，从而实现了安全监控，延长了安全生产周期。

通过强化管理，有效地推动了鹿洼煤矿安全生产管理水平的提高，2013 年无轻伤以上人身伤亡事故。鹿洼煤矿将继续认真贯彻上级有关政策精神，大力弘扬“安全、优质、高效、学习、创新、诚信”的企业精神，紧紧围绕“打造一流矿井”的目标，全面推行“两型三化”矿井建设。

中国平煤神马集团平禹煤电有限公司一矿

一、矿井概况

平禹煤电有限公司一矿位于平顶山煤田中部，距平顶山市中心以北3 km，原设计生产能力为150万t/a，经过改扩建，矿井年生产能力提高到400万t。

煤矿均采用走向长壁后退式采煤法，全部垮落法管理顶板。目前全矿共有3个正规综采工作面同时生产，一个综采准备工作面备用。工作面使用的液压支架型号为ZY5000/14.5/30D、ZY5000/18/38、ZY6800/14/30D 3种。MG300/730-AWD型、MG300/700-WD型和MG400/940-WD型采煤机各1台，分别配备了1部SGZ-764/750型、1部SGZ-764/630型和1部SGZ-800/800型刮板输送机。

二、2013年主要技术经济指标

2013年生产商品煤398.1万t，掘进总进尺28672 m，其中开拓进尺6009.8 m。原煤工效为10 t/工，综采机械化程度为100%，掘进装载机械化程度为100%，综掘机械化程度为73.28%。2013年实现销售收入16.91亿元，利润20999.58万元，在岗职工人均年收入6.03万元。

三、安全高效矿井建设的主要做法

（一）优化生产布局，提升装备水平，提高单产单进水平

（1）优化生产布局，抓好采掘接替。一是结合生产实际，进一步优化采区、采煤工作面设计，合理调整生产布局，确保采掘正常接替。坚持每季度召开一次采掘接替会议，适当调整采掘部署，每月在管委会上解决接替方面存在的问题，并对接替紧张的掘进工作面提出明确要求，给予政策激励，加快进度，确保采掘接替。二是改造三水平丁二及三水平戊一暗斜井皮带系统，提高三水平运输及出煤能力。三是建立可靠的储煤场返装系统，改造完善铁路装车系统，提高装车外运能力，为矿井产量稳定创造了有利条件。

（2）多措并举提高单产单进水平。一是提高工作面机巷运输能力。将所有综采工作面机巷输送带全部更换为1 m宽的输送带，提高了运输能力。

二是继续推广无极绳绞车，减少风巷运输环节，提高了运输效率，加快了综采工作面的安装、回收速度。三是加强设备管理。定期对各工作面进行设备可靠性评价，及时发现问题，严格落实备件质量，减少事故影响。四是积极推广应用大功率掘进机、双向输送带，有效地解决了掘进工作面的辅助运输问题。

（二）严格安全管理，确保矿井安全形势持续稳定

（1）创精品、促达标，提高安全质量标准化水平。以创建集团安全质量标准化示范矿井、国家一级安全质量标准化矿井为目标，深入贯彻“三不四可”指导思想，认真落实“三基三抓一追究”，深化认识，完善制度，拉高标杆，重奖重罚，使矿井达标水平得到了显著提升。2013 年一矿投入达标专项资金 2000 余万元，完成达标项目 28 项，建成示范点 35 个，其中，示范采煤工作面 6 个，示范掘进工作面 9 个，示范机道 13 个，示范“一通三防”设施 7 个，矿井安全质量标准化综合得分 94.59 分，继续保持着国家一级安全质量标准化矿井水平。

（2）以“一通三防”、防突为重点，狠抓重大事故防治。健全完善瓦斯综合治理工作体系，认真制定、落实“矿井区域瓦斯治理规划”，大力开采保护层，实施顶底板预抽巷等区域治理工程，为进一步提高区域瓦斯治理水平提供了保障。强化现场瓦斯、防突管理。坚持每天排查一次“一通三防”和防突隐患，每周召开一次“一通三防”例会，每旬进行一次“一通三防”和防突安全检查，每月第一个安全办公会专题研究平衡“一通三防”，对高突工作面签订防治瓦斯超限责任书，实行瓦检员、安检员双盯岗检查，干部包班监控，副总以上领导及业务科室干部包工作面督查，强化高突工作面现场瓦斯和防突管理，确保了矿井安全生产。

（3）严格任务考核，确保计划严肃。根据各采煤工作面的实际情况，合理下达生产计划，计划一经核定下达就要不折不扣地落实。一矿把各单位生产任务的完成情况与单位的工资分配、干部绩效考核和区队建设考核挂钩，特别在干部考核上，第一个月完不成任务的干部开平均工资，第二个月完不成任务的干部开 2000 元生活费，对连续 3 个月或年度累计 5 个月完不成生产任务的单位党政正职给予免职处理。同时加强日考核，当天完不成日计划，对单位正职罚 200 元现金，连续 3 天完不成生产任务的，在矿早会上作检查。

（三）坚持“科技兴矿”和人才强企战略

高度重视人才队伍建设，不断优化和改善人才培养环境。制订了“一

矿青年专业技术人才管理办法”“专业技术职务聘任管理办法”“专业技术人员考核办法”等文件，加强了各类人才的引进、培养、使用、管理，完善了专业技术职务考核、聘任等相关制度，并选拔了一批政治素质高、专业技能精、工作业绩实、管理能力强的优秀专业技术人才，进入后备人才库，纳入后备干部管理，为矿井持续发展做好人才储备。同时，继续实行首席员工聘任制，实施矿领导“一带一优培”计划，严格落实“专业技术补贴”专项奖励，充分调动了专业技术人员发挥才能的积极性。

中国平煤神马集团平禹煤电有限公司二矿

一、矿井概况

平禹煤电有限公司二矿（以下简称平禹二矿）位于河南省禹州市鸿畅镇玉皇山北麓，矿井采用多水平斜井开拓方式，属于瓦斯矿井。平禹二矿通风方式为中央并列抽出式，现采用“一井一面”生产模式，开采煤层为五$_2$煤层，煤层平均厚度为1.3 m，采煤工作面采用走向长壁后退式采煤法，综合机械化作业；掘进工作面采用掘进机掘进；运输系统从工作面到地面煤仓实现了带式输送机连续运输。矿井建有符合要求的供电排水系统和“六大系统”。

二、2013年主要技术经济指标

全年生产商品煤72.1万t，销售商品煤71.04万t，掘进总进尺5207 m，其中综掘进尺3807 m。吨煤综合售价为261.45元，吨煤成本为187.21元。全年销售收入1.58亿元，实现利润2019.31万元。在岗职工人均年收入43396元，同比增长6%。全年无二级及以上非伤亡事故和重伤以上人身事故，百万吨死亡率为0，原煤工效达到4.81 t/工。

三、安全高效矿井建设的主要做法

（一）提升安全认识，坚持“安全第一”思想不动摇

2013年，平禹二矿始终坚持“三零”目标，将“安全第一、生产第二”的理念贯穿全年，深入推进“三基三抓一追究”的安全管控模式，有力地保证了矿井安全生产。

（二）强化班组建设，筑牢第一防线

深入开展区队“六个一”活动，突出区队在班组建设中的主体作用。健全完善自主管理逐级考核制度，赋予区队班组更多的安全管理、生产组织和考核分配自主权，推动区队、班组规范管理和自主管理，把每个区队建设成安全屏障，把每个班组打造成安全堡垒。

（三）推进质量达标，夯实安全基础

坚持“安全、标准、整洁、实用”的原则，按照井下抓深化、地面抓巩固的工作思路，科学制定实施质量标准化达标规划和措施，全方位持续推进质量标准化建设。2013年平禹二矿贯彻执行新标准，以岗位达标、专业达标、企业达标为目标，坚持工作质量与工程质量达标并重，扎实开展示范化工程创建活动，强化工程技术标准。坚持上尺上线，加大动态达标考核力度和考核权重，考核结果与相关责任人经济利益挂钩，推动达标工作上水平。

（四）经营管理得到不断加强

牢固树立过紧日子的思想，推行全预算管理，坚持5日成本制度和月度经营分析，加大财务成本预算、资金预算的执行力度，严格控制各项预算外支出。加强成本管理，严格控制非生产性支出，坚持预算制度，尤其加大材料考核力度。积极做好矿井用电的削峰填谷和优化电力配置工作，有效控制电力消耗。强化修旧利废管理，努力减少设备外修量。加强财务管理，大力减少管理费用开支，压缩非生产性开支，切实把精细管理向纵深推进。

（五）实施科技攻关，增强支撑能力

完善落实以总工程师为主的安全技术责任体系，以防控大事故为切入点，开展瓦斯治理、防治水、巷道支护等安全技术攻关活动，着力解决制约企业安全发展的瓶颈和关键性技术难题。推行重大安全问题技术论证和风险评估制度，由煤电公司各战线领导挂帅，分专业建立专家库，严把工程及采煤工作面设计、技术措施、作业规程编制、审批、贯彻、执行和复审关，全面提升安全技术管理水平。

（六）健全管理机制，严格责任落实

坚持“安全抓什么就考核什么”的原则，改进“三三三一”安全绩效考核方式方法，把安全风险预控体系理念、方法等深度融入“三基三抓一追究”安全管理模式中，实现安全工作由被动管理向主动预防转变。推进以基层为主的逐级考核管理制度，实行矿井、科室、区队、班组逐级考核到个人，层层传递压力。坚持矿领导包区队、科室包班组的安全包保制度，严格落实领导值班、带班制度，充分发挥“八条线”安全监管作用，重点加强特殊时期、重要部位、关键环节的监督检查，构建全覆盖的安全监管防线。

淮北矿业股份有限公司童亭煤矿

一、矿井概况

童亭煤矿位于安徽省淮北市濉溪县五沟镇境内，矿井设计生产能力为90万t/a，2012年核定生产能力为180万t/a。可采煤层为3_2、5_1、5_2、7、8_1、8_2、10号煤层，可采煤层平均厚度为11.55 m。井田东西走向长10 km，南北倾斜宽2～4 km，矿井面积约24.15 km^2。矿井以生产肥煤、1/3焦煤、气煤为主。截至2013年底，矿井保有资源储量为14847.6万t，剩余可采储量为5990.8万t。矿井于1989年11月30日正式投产。

矿井采用立井、集中运输大巷、单水平上下山开拓方式，大井运输水平标高为-500 m，陈楼块段运输水平标高为-400 m。矿井通风方式为区域混合式，其中大井为中央分列式，陈楼为中央并列式，矿井为煤与瓦斯突出矿井，7号、8号煤层为突出煤层。

二、2013年主要技术经济指标

2013年生产原煤179.87万t，采煤机械化产量为174.469万t，采煤机械化程度为100%，综掘进尺6721 m，综掘机械化程度为56.45%。

2013年实现销售收入88161.04万元，盈利22296.99万元，在岗职工人均年收入为6.48万元。

三、安全高效矿井建设的主要做法

始终牢固树立“安全压倒一切，一切为安全让路”的理念，以安全生产体系建设为统领，以提升安全质量标准化创建水平为主线，以防控煤与瓦斯突出等较大及以上事故为重点，以提高职工队伍素质和改进技术装备为保障，以落实安全责任为核心，以严格全过程考核和问责为手段，狠抓安全质量标准化创建。强化“手指口述”安全确认与风险预控，狠反“三违”，严防事故，矿井始终保持着良好的安全生产形势。

（一）优化巷道支护，合理设备选型，确保综采设计合理

合理的综采设计是实现综采工作面安全高效生产的基础。坚持从综采工

作面设计源头入手，面对综采工作面回采期间机巷、风巷抹冒挑棚管理占用人员多、劳动强度大、安全威胁大的实际困难，大力推广锚网支护，将锚网支护全面应用到7号、8号、10号煤层沿空掘进及大跨度开切眼巷道支护，矿井锚网支护率接近100%，为综采工作面的高效生产提供了有利条件。另外，在综采设备选型方面，童亭煤矿积极总结经验，合理配置综采“三机”，满足了生产需要，效果显著。

（二）强化生产准备，发挥综掘效能，确保综采工作面接替不断线

坚持“以综掘保综采”的工作思路，高度重视生产准备工作，大力推进掘进机械化多层次发展，努力实现掘进机械装备成套化、工艺系列化的目标，稳步提升掘进机械化率。在生产准备安排上，以综掘为首选。在政策扶持方面，成立了重点掘进队，配齐配强职工队伍，保证施工器具，减少生产影响。同时，采取特殊激励政策，对月度达到重点掘进队进尺目标的进行重奖，充分调动了掘进单位生产积极性，提高了综掘单进水平，保证了综采工作面的正常接替。

（三）倡导科技创新，提高管理能力，确保矿井有序发展

（1）依据“基于物联网的煤矿现场诊断与管理系统研究”项目，设计研究了一套煤矿物联网现场诊断装置，为煤矿企业提供工业现场设备的控制、监测、维护和管理方面的远程技术支持和保障。

（2）依据“任务督办系统技术研究”项目的任务督办流程优化设计，开发了闭合的任务督办管理系统，实现了任务督办网络化。

（3）“童亭矿工业广场下沉及主副井井筒破坏沉降变形规律研究”项目建立了以国家二等水准点为固定基准的高精度沉降监测系统，对首级控制网进行了基准点稳定性评价。评价结果表明，在观测周期内基准点是稳定的。

冀中能源峰峰集团有限公司大社矿

一、矿井概况

冀中能源峰峰集团有限公司大社煤矿井田在峰峰煤田东北部，位于邯郸市峰峰矿区大社镇。井田西部及西北部以 F_4 断层为界，南部以技术边界与牛儿庄煤矿为界，东部以 F_3 断层及技术边界与小屯煤矿为界，北部以技术边界与大淑村煤矿为界。井田走向平均长约 6 km，倾斜平均宽 2.8 km，面积为 16.9926 km^2。

大社煤矿煤种为贫煤，其中 2 号煤层为该井田内可采煤层，2 号煤层是可采煤层中最上面的、最厚的煤层，煤层稳定，结构较简单。

二、2013 年主要技术经济指标

2013 年，实现了安全生产，百万吨死亡率为 0。全年原煤产量为 145 万 t，总进尺 20308 m。矿井综合单产为 69484 t/(个·月)，原煤工效为 7.308 t/工。全年实现利润 3400 万元。职工人均年收入 7.96 万元，同比增长 8%。采煤机械化程度达到 100%，综采机械化程度达到 100%，掘进装载机械化程度达到 100%，综掘机械化程度达到 42%。

三、安全高效矿井建设的主要做法

（1）综放工作面大角度旋转连采技术获得成功。十盘区煤柱为扇形工作面，采长 156 m，扇形 200 m，若按工作面正常开采需要增减设备。为减少设备安装、拆除次数，该矿采用了大角度旋转连采技术，即在工作面扇形处找一个虚拟中心点，以中心点为圆心，使采煤设备旋转 90°，使采长由 156 m 调整为 200 m 作业，工序结束再回到采长 156 m。应用该技术：一是减少了搬家次数；二是减少了初采和工作面结束次数；三是减少了巷道掘进率；四是增加了煤炭采出率。

（2）成功应用岩巷掘进机械化作业线。南翼带式输送机运输巷采用 EBZ-315 型掘进机掘进，带式输送机至缓冲碴仓，通过缓冲碴仓放碴至矿车。应用该项施工作业系统：一是降低了因爆破对围岩的破坏程度，提高了支护质量，杜绝了因打爆破孔而发生的顶板事故、爆破事故；二是克服了后路运输制约掘进速度的瓶颈问题，杜绝了因岩巷排矸而易引发的运输事故；三是提高了岩巷单进水平。2012 年，大社矿两次刷新了冀中能源岩巷单进纪录，其中 3 月最高单进 350 m，全年掘进 2300 m；单进水平提高了 3 倍多。

（3）薄煤综采工作面实现了无人值守远程操控技术。2011 年薄煤工作面实现了综采，使用了高强度轻型放顶煤支架和薄煤综采支架，并且积极推广薄煤综采支架远程控制系统。支护使用 ZY3300－07/13 型支架，落煤采用 MG160/360－WD 型采煤机，实现了割煤、开溜、移架全部自动化。在 94702 野青工作面使用了远程控制系统，实现了 94702 野青工作面无人值守。

（4）轻放工作面上下出口支护改进。将现端头支架支护改为开天窗放顶煤支架支护，提高了出口支护强度，实现了减人提效。

（5）岩巷喷浆机由现在的两部分（喷浆机和除尘器）改为一体的 SPZ－5 型湿式混凝土喷射机，从而减少了回弹，节约了材料等，并起到了减人提效的作用。

（6）推广无极绳辅助运输。在井下西翼皮带坡上安装了一套无极绳辅助运输系统，长度为 650 m，降低了员工的劳动强度。

（7）副井绞车高压变频系统改造。通过绞车高压变频系统改造，提高了效率，减少了用电量。

（8）优化盘区排水系统改造。随着生产水平的延深，同时结合排水系统的简化，在不降低排水可靠性的前提下，对目前使用的 4 条盘区排水系统优化为 2 条盘区排水系统，减少了排水设备，减少了维修人员。

（9）主通风机自动监测系统。主通风机自动监测系统增加了远程监控系统（配套综合监控平台、视频监控系统），具有远方控制、动态集中显示各种信息数据、自动记录运行数据、异常报警、保护停机、信息联网等高性能监测功能，可实现无人值守，可减少定员 3 人，达到了减人提效的目的。

郑州煤炭工业集团芦沟煤矿

一、矿井概况

芦沟煤矿系郑州煤炭工业集团的骨干矿井，原设计生产能力为60万t/a，经过对各生产系统的升级改造，核定生产能力为90万t/a。截至2012年末，矿井地质储量为3213万t，矿井可采储量为2184万t，设计服务年限为18年。采煤工作面为一综一炮，采用走向长壁后退式采煤法，全部垮落法管理顶板。

二、2013年主要技术经济指标

2013年生产原煤893369 t，其中综采产量为680076 t，炮采产量为193706 t。全年掘进总进尺4386 m。采煤机械化程度为77.9%，综掘机械化程度为36.3%，掘进装载机械化程度为100%。原煤工效达到5 t/工。全年实现利润9414.1万元。采区（厚煤层）采出率为77.8%。2013年无死亡事故，无瓦斯、水、顶板、运输等重大事故，实现了全年安全生产，质量标准化达到了省一级质量标准化水平。

三、安全高效矿井建设的主要做法

（一）强化安全管理，提高安全保障能力

牢固树立"从零开始，向零奋斗""隐患可控，事故可防"的理念，认真落实《煤矿矿长保护矿工生命安全七条规定》，始终把安全放在各项工作的首位。在安全管理上，持之以恒地用好"三评价一评定"和"隐患闭环管理"两大法宝；坚持"三不生产"原则；切实加强探放水、预注浆、底板注浆加固，推进水害区域治理；抓好瓦斯治理工作，确保措施落实到位，严防瓦斯超限；进一步完善矿井安全避险"六大系统"，提高矿井防灾抗灾能力；积极推行安全风险预控管理，夯实安全管理基础，进一步提高矿井安全管理水平。

（二）优化生产布局，均衡高效组织生产

在“安全、合规、经济”的原则下优化采掘设计，合理安排生产布局，优化劳动组织，尽可能减少井下固定岗位用工和支护材料及设备的占用，既保证了采掘正常接替，又降低了材料费用。针对井下地质条件复杂，煤层赋存呈“鸡窝”状的特点，在巷道掘进遇到地质变化时，坚持地质先行、打钻验证。积极推行掘进支护工艺改革，推广煤巷锚网支护，应用掘进机、挖装机等设备，提高掘进效率，降低职工劳动强度，实现矿井高产高效。

（三）严格成本管控，努力节支降耗

牢固树立“过紧日子，不过苦日子”的思想，坚持少投入、多产出，持续深挖内潜，节支降耗，精细管理，严控支出，降低生产成本，向管理要效益。在材料费控制方面，坚持分解分管、切块承包与现场检查、跟踪管理相结合，合理分解下压指标，在满足安全生产需要的前提下进行压缩调整，各系统、区队自我加压，制定切实可行的材料管理办法，努力完成材料费内控指标。

优化劳动组织，加强工资管理。优化岗位设置，实行一专多能、一岗多责，努力挖掘人力资源潜力，合理核减非生产人员，提高劳动用工效率。

（四）加大投入搞攻关，科技助推安全发展

以“科技兴矿、科技强矿”为指导，积极实施科技攻关，完善科技研发机制，先后完成了“采煤工作面大坡度回采可行性研究报告”“三水平防水闸门可行性研究报告”“U型钢风动上梁装置的研制与应用”及“矿车高位翻矸机与带式输送机配合排矸的研究与应用”等科研项目10余项。

广泛开展小改小革活动，推广应用新技术、新工艺、新装备。研制了悬移支架快速安装机，降低了职工劳动强度，减少了安装人数，缩短了安装时间，保证了工作面高产高效生产。设计发明了U型钢自动上梁装置，降低了职工的劳动强度，提高了煤巷正规循环利用率。

河北省磁县六合工业有限公司

一、矿井概况

河北省磁县六合工业有限公司前身为磁县观台煤矿，公司现有煤矿、洗选厂、矸石电厂等，为国家中型一档企业。矿井经一系列技术改造，现核定生产能力为 85 万 t/a。

矿井位于河北省磁县与河南省安阳县交界处磁县观台镇境内，岳城水库南岸。矿井北部井田位于岳城水库洪水位线之内，东距磁县县城约 25 km，西距磁县观台镇 2 km，北距峰峰矿区 20 km。矿井南临磁观公路，西为峰观公路，交通条件比较便利。

矿井采煤方法为走向长壁后退式采煤法，轻型综采放顶煤回采工艺，全部垮落法管理顶板，回采劳动组织为“两采一准”；掘进工作面采用炮掘与综掘相结合，劳动组织为“三八制”。

二、2013 年主要技术经济指标

全年实现了安全生产，百万吨死亡率为 0。全年原煤产量为 84.1 万 t，总进尺 2380 m。矿井综合单产为 6.97 万 t/(个·月)。原煤工效为 4.08 t/工。全年实现利润 9527 万元。职工人均年收入为 6.5 万元，同比增长 3.5%。采煤机械化程度达到 100%，综采机械化程度达到 100%，掘进装载机械化程度达到 100%，综掘机械化程度达到 38%。采用综采放顶煤回采工艺，厚煤层采出率为 93.3%。

三、安全高效矿井建设的主要做法

（1）安装并使用了 KJ101 型监控系统、KJ133C 型人员定位系统、KB－VOIP 扩播产品、KT158 型矿用无线通信系统和煤矿安全避险“六大系统”，使井下安全生产得到了进一步加强；加大了安全和机电设备更新，更新了采煤工作面装备，将工作面采煤机更新为 MG160/375－W 型双滚筒割煤机，提高了劳动生产效率。

（2）严格按照《煤矿安全质量标准化标准》进行达标工作，提高安全质量标准化水平。在全矿井开展质量标准化学习活动，提升全员的质量标准化意识，做到上标准岗、干标准活，加大监督检查力度，实现动态达标，从而使煤矿安全质量标准化达到行业一级水平。

（3）继续实行安全工资抵押和安全一票否决制，严格奖惩，转变观念，变要我安全为我要安全，严格落实领导干部跟班值班制度，坚持执行公司领导区队长跟班带班制度，建立入井网络控制，使齐抓共管、全员参与的安全责任保证体系进一步加强。

（4）强化安全技术培训，开办"防突知识专项培训班""质量标准化培训班""特殊工种培训班""岗位应知应会培训班"等培训班 39 期，培训管理人员 68 人、班组长 101 人、特种作业人员 145 人，全员培训率达到 100%，培训合格率为 100%，持证上岗率为 100%，使安全管理从人员到设备、从点到面，形成了全方位网络控制体系，确保了全公司安全生产。

（5）大力实施核岗定员，继续全面实行 6S 管理模式。对矿井高能耗设备和工艺程序进行积极改造，副井提升机由原来的电控系统改造为 PLC 交流变频电控系统，井下一、二水平泵变所水泵控制系统改为 QBRZ－200/6K 型矿用隔爆型高压软启动控制器，使安全性、可靠性都达到新的高度，保证了矿井的安全、高效生产。

冀中能源峰峰集团有限公司新三矿

一、矿井概况

新三矿地处河北省南部，邯郸市峰峰矿区大峪镇。井田南北平均长4.25 km，东西平均宽3.25 km，井田面积13.643 km^2，目前核定年生产能力为95万t。

矿井开拓方式为立井—暗斜井。生产水平标高为 -390 m，目前矿井共分7个采区，三、五、七采区为生产采区，一、二采区为准备采区。

2号煤层为主要开采煤层，煤层倾角一般为8°~22°，平均倾角为12°，采用轻型综采放顶煤开采工艺，采煤方法为走向长壁后退式采煤法。

二、2013年主要技术经济指标

全年实现了安全生产，百万吨死亡率为0。全年原煤产量为82.5万t，总进尺7525 m。矿井综合单产为77565 t/(个·月)。原煤工效为5.07 t/工。全年实现利润1762万元。职工人均年收入为7.8万元，同比增长2.27%。采煤机械化程度达到100%，综采机械化程度达到98%，掘进装载机械化程度达到95%，综掘机械化程度达到66%。

三、安全高效矿井建设的主要做法

新三矿始终以科学发展观为指导，立足企业的生产实际，在吸收先进的精益生产管理思想和安全生产理论的基础上，以系统管理科学和控制论为依据，创造性地建立了符合企业实际的安全管理模式——以人为本的全面岗位精益化安全管理系统，走出了一条以人为本、以管理为核心、以全面化为保证、以岗位化为前提、以精益化为内涵、以控制理论为支撑的煤炭企业系统安全管理新道路，在许多方面实现了创新高效。新三矿连续6年百万吨死亡率为零，实现了安全一流、管理一流、效益一流、文明一流、效率一流的现代化矿井。

（一）科学安排、创新管理，矿井综合管理水平得到提升

严格安全管理，实现了安全生产。新三矿将“136”安全管理模式与

24 h“双掌控”工作相结合，加大了安全生产管控力度，做到了安全检查全覆盖、不断线。严格班组长安全确认、岗位安全确认和零散作业人员安全管控，实现了管理无盲区。

（二）质量标准化工作实现了动态达标

强化了“新标准”的考核工作，实施了安全质量评比活动。开展了安全质量剖析检查，严格考核评比，奖优罚劣。实施了安全质量责任追究机制。

（三）创新技术管理、争创科技优势、建设安全高效矿井

（1）充填开采工艺成功应用。2013 年在 2704 工作面实施了膏体充填开采，采煤 5.3 万 t，充填膏体 7 万 t，充填率达到 90% 以上，为矿井资源回收奠定了基础，同时解放了村庄压煤。

（2）成功实施了沿空留巷技术及扩刷成巷工艺。在 2 号煤层回采过程中实施了柔模混凝土和高水速凝沿空留巷技术，2013 年沿空留巷 1220 m。实施沿空留巷技术后，不用留设护巷煤柱，充分回收了护巷煤炭资源，仅 2508 运料道扩巷 900 m，比留设阶段煤柱多回收煤炭 2 万 t。

（3）“科技兴安”实现了新突破。先后完成了主暗、副暗绞车电控系统高压变频技术改造，完成了 -390、 -3.5 泵房 12 台防爆电机的更换和蓄电池电机车的运行工作，取消了架线电机车的使用。

（4）完成了带式输送机集中控制，实现了带式输送机无人值守。北翼 8 部带式输送机、东翼 5 部带式输送机集中控制，无人值守运输。

（5）全面推行了“以收定支”管理，创新成本管理模式。制订了“以收定支”管理实施方案，完成了工序设定，制定了审批程序，强化了绩效考核管理，工作质量和效率有了明显提高。

冀中能源峰峰集团有限公司羊东矿

一、矿井概况

冀中能源峰峰集团羊东煤矿位于太行山的支脉——鼓山的东麓，东距京广线马头站10 km。该矿核定生产能力为130万t/a，2013年矿井实际产量为130万t。截至2013年底，矿井保有储量为28559.7万t，可采储量为8249.7万t。

二、2013年主要技术经济指标

全年实现了安全生产，百万吨死亡率为0。全年原煤产量为130万t，总进尺21251 m。矿井综合单产为48225 t/(个·月)。原煤工效为7.03 t/工。全年实现利润1229万元。职工人均年收入7.0万元，同比增长3%。采煤机械化程度达到100%，综采机械化程度达到94%，掘进装载机械化程度达到100%，综掘机械化程度达到35.8%。

三、安全高效矿井建设的主要做法

（一）对标先进，创新管理，狠抓质量标准化工作

严格按标准落实，全面提高安全质量标准化、精品工程建设水平，“精品工程”创建率必须达到70%以上。质量标准化工作由结果达标向全过程、全方位、动态达标转变。

完善了安全质量标准化标准动态验收考核手段，充分调动了广大员工抓好安全质量标准化的积极性。坚持季度有规划、月度有奖惩、每旬有检查、每班有评估，并要求管理人员做到“三带”（带尺子、带量具、带线绳）、员工“三动”（动扫帚、动抹布、动墩布）。全月考评和验收采取3:3:4的打分办法（上、中旬检查得分占全月总分的30%，下旬检查得分占全月的40%），每次动态、专业、旬质量标准化检查验收结果，要有在现场的班组长（或队长）及其他管理人员，在验收评定表上签字，以便存在的质量问题、安全隐患等能及时得到整改。

（二）强化责任，严格落实，深入开展隐患排查治理工作

建立和完善隐患排查管理制度，完善了安全生产重大隐患排查治理“四项制度”，即隐患排查管理制度，安全生产隐患排查岗位责任制，隐患排查治理登记和消除制度，安全生产事故隐患排查奖惩制度。

（三）严格检查，狠抓现场，提升安全管理水平

一是坚持走动式巡查和隐患列表式排查不间断，明确管理人员每次下井走动管理的流程，严格沿线负责管理，将检查、整改与责任追究紧密结合起来。强化了对管理人员的管理，对监督人员的监督，提高了干部到一线、到现场、到岗位安全监督检查的质量与效果。

二是坚持“三查”不间断，充分发挥党政工团齐抓共管的作用，加强现场监督检查，重点排查各采掘工作面、运输环节、生产工序复杂地区的安全制度和规程措施的执行情况，进一步促进了各项制度在现场的落实情况。

三是制订了“隐患整改指令卡闭环管理”“24 h 安全掌控”等制度。要求对检查出的安全、质量问题，要责任到人，落实整改，实行闭环管理。同时，利用正反两方面典型，不定期召开安全现场办公会，促进安全管理水平的共同提高。

（四）依靠科技进步，积极采用新工艺，提高生产效率

坚持科技进步，大力实施科技创新。推广沿空留巷、充填开采、Y 型通风、锚网索支护、综掘机械化作业线、薄煤开采等新技术、新工艺、新设备，实现了技术增量。

（五）加大先进设备投入，提高机械化程度

依靠科技进步，大力发展采煤机械化，推广应用综采轻放采煤工艺、薄煤综采采煤工艺和膏体充填采煤工艺。2013 年采煤机械化程度保持了 100%，综采机械化程度达到 94%；掘进机械化程度保持了 100%，综掘机械化程度达到 35.8%，为高产高效矿井建设创造了条件。

黑龙江龙煤矿业集团鸡西矿业有限公司 城 山 煤 矿

一、矿井概况

龙煤集团鸡西分公司城山煤矿位于鸡西市穆棱河北部，距鸡西市 3.7 km。全井走向长 7.6 km，倾斜长 5.0 km，面积为 38.0 km^2。2013 年末，地质储量为 19417 万 t，可采储量为 12952 万 t。设计生产能力为 240 万 t/a。

矿井开拓方式为立井多水平分区式开采，目前开采水平为第一水平，标高为 -800 m。全区可采煤层共 17 层，其中全区可采 4 号、24 号、25 号、42 号 4 个煤层，其余为局部可采煤层。区内可采煤层总厚度为 8.39 ~21.2 m。均属薄及中厚煤层。煤种为 1/3 焦煤。

二、2013 年主要技术经济指标

2013 年，矿井原煤产量完成 239.3 万 t。死亡人数为 0，百万吨死亡率为 0。实现利润 8603 万元。职工人均年收入 5.1 万元，同比增幅 0.3 万元。采煤机械化程度达 100%，掘进装载机械化程度达 100%，综采程度为 88%，综掘程度为 52%。综合单产为 120468 t/(个·月)。

三、安全高效矿井建设的主要做法

2013 年，城山煤矿不断优化生产布局，简化生产系统，走集约化生产道路，同时以科技创新、精细管理为引领，推动矿井高产高效发展。

（1）简化生产系统。城山煤矿通过简化生产系统，将各采区的带式输送机实现集中控制，既减少了带式输送机台数、转载点数量、看点人数，又提高了开机率，为正常生产提供了有利保证。

（2）强化数字化监控。完善通信、视频、计算机“三网”整合，融合安全监测、人员定位、紧急避险、压风自救、供水施救、通信联络等“六大避险系统”打造通信系统、定位系统、监测系统、施救系统为一体的综合调度平台，实现井上下全方位、全过程、全网络覆盖。

（3）强化瓦斯综合治理。中心泵站增设一台水环式真空泵，施工了隔爆室，形成了高低浓度分离抽采系统，抽采能力达到 70 ~ 90 m^3/min。全年施工钻孔 67937 m，抽采瓦斯 2100 万 m^3，比上年提高了 861 万 m^3，矿井瓦斯综合抽采率达到52%，工作面抽采率达到 75% 以上，瓦斯综合治理由治标向治本转变，有效杜绝了瓦斯事故。

（4）改造系统增能力。一是施工投用了东一“猴车”运输系统，缩短了职工出入工作面行走距离。二是改造了 4 个采区主运绞车变频电控，主井绞车安装了油位控制器。副井更换首尾绳，延井壁铺设第六趟电缆，确保供电安全可靠，提高了矿井综合生产能力。三是强化综合防尘措施，施工降阻工程 510 m，大系统调风 5 次，安全贯通 108 次，垒砌箅子 38 处，施工密闭 71 道，更换了 2007 年投用至今的瓦斯监测系统，铺设监测线 4. 5 万 m，西风井主要通风机两次科学收风，增加风量 200 m^3/min，总风量达到 9400 m^3/min，节能减排助推了安全发展。

（5）科技创新促发展。自行施工了大倾角皮带硫化工艺，引进钻孔施工单孔流量计和测斜仪，在井下车场安装使用预警信号装置，投用了自主研制的行程喷雾、皮带架式撞击喷雾、红外线转载喷雾、风门连锁卡子，在 145 工作面安装了微震系统和围岩应力在线监测系统。

（6）在软岩巷道中应用锚网梁索喷注联合支护技术，根据巷道变形机理及压力显现规律，利用围岩变形的“时间效应”，选择合适的时间进行一次支护超前注浆加固，以及二次支护注浆加固。在巷道围岩岩性混杂、块度不等、岩体物理学性质差异极大的复杂地质构造中运用锚网梁索喷注联合支护工艺解决支护难题，变被动支护为主动支护，避免被动承载，有效解决了巷道支护问题。

冀中能源邯郸矿业集团郭二庄矿

一、矿井概况

冀中能源邯郸矿业集团郭二庄矿位于河北省武安市矿山镇郭二庄村，2002 年 6 月完成重组改制。矿井核定生产能力为 160 万 t/a。

矿井属瓦斯矿井，无煤与瓦斯突出情况。截至 2013 年末，矿井资源总量为 20299. 6 万 t，其中储量为 975. 4 万 t，基础储量为 1350. 1 万 t，资源量为 18949. 5 万 t。

矿井开拓方式为立井、斜井混合式开拓。主井为斜井，强力带式输送机提升。采煤方法为走向长壁采煤法，采用综合机械化开采。

二、2013 年主要技术经济指标

2013 年实现了安全年，百万吨死亡率为 0。2013 年生产原煤 159. 11 万 t，总进尺 13023 m，原煤工效为 7. 3 t/工，销售收入为 88231 万元，实现盈利 5611 万元，在岗职工人均年收入为 6. 32 万元。矿井采煤机械化程度达 100%，掘进装载机械化程度达到 98. 07%，综掘机械化程度达到 40. 56%。

采煤方法为走向长壁后退式，全部垮落法控制顶板。矿井现开采 2 号煤层，其中南翼地区煤层平均厚度为 4. 7 m。工作面采用放顶煤支架支护，割煤高度为 2. 2 m，放顶煤高度为 2. 5 m，采放比为 1∶1. 1。工作面采出率为 98. 41%，采区采出率为 88. 27%。北翼地区煤层平均厚度为 1. 3 m，工作面采用轻型掩护式支架，割煤高度为 1. 3 m。工作面采出率为 98. 84%，采区采出率为 93. 16%。

三、安全高效矿井建设的主要做法

（一）科学组织、提高效率

全矿上下统一思想，狠抓现场管理，发挥重点采煤区作用，制定激励政策，开展劳动竞赛，组织正规循环，提高了单产水平。坚持采掘并举、掘进先行。在重点区队建设上下功夫，优化生产工艺，平行交叉作业，完善后路运输，提高了单进水平。

（二）突出重点、狠抓落实、安全基础进一步巩固

始终坚持“安全第一，预防为主，综合治理”的方针，严字当头，严抓细管，保证了安全生产。一是年初下发了各种安全文件，内容涉及安全生产过程的各个领域，做到了有章可循；二是扎实开展安全隐患排查治理，做到了防患于未然；三是坚持领导干部跟班带班制度，加强了现场管理；四是狠抓了重大危险源的治理；五是加强工作面顶板控制，避免了顶板事故的发生；六是建立完善了矿井六大系统，专门配备了人员，避难系统顺利通过了上级部门的检查验收，运行效果良好；七是强化安全教育培训，职工队伍素质不断提高；八是严查狠反“三违”，杜绝了重大事故，实现了安全生产。

（三）严抓细管、挖潜增效

为了提高效益，一方面，郭二庄矿在加大生产管理力度的同时，不断加强内部管理，深挖内部潜力。一是推行责任目标成本管理和全面预算管理；二是加强现场材料管理，坚持每月成本分析制度，全年减少新材料投入 860 多万元；三是加强用电管理，井下各头面按表计量，避峰填谷。

另一方面，郭二庄矿进一步深化精煤战略。井下各头面采取震动爆破、降低皮带溜子搭接高度、实行满煤仓或半煤仓放煤等措施，减少块煤破损。强化采掘头面水患治理，严禁出水煤，控制片帮，不割顶割底，从源头上提高原煤质量。

（四）大力发展采掘机械化，提高采掘工作面效率

郭二庄矿采煤综合机械化程度达 100%。二水平的薄煤层开采通过调整采高严格控制煤质。2013 年，郭二庄矿首次引进了薄煤层工作面自动化开采系统，创出了单月薄煤单产 8.5 万 t 的好成绩。

矿井掘进装载机械化程度达到 98.07%，综掘机械化程度达到 40.56%，通过综掘机、侧卸式装岩机、耙斗装岩机以及挖掘式装载机的使用，大幅度提高了巷道的掘进速度，全年完成总进尺 13023 m。

冀中能源邯郸矿业集团陶二矿

一、矿井概况

陶二矿是冀中能源邯郸矿业集团骨干矿井之一。矿井2013年末剩余地质储量为21072.4万t，可采储量为4514.4万t，煤种为无烟煤。矿井核定生产能力为125万t/a。

二、2013年主要技术经济指标

2013年，陶二矿原煤产量完成137.3万t，总进尺完成12532 m。安全生产：矿井实现了安全生产，百万吨死亡率为0。实现收支平衡，职工人均收入5.5万元。采煤机械化程度达100%；掘进装载机械化程度为98%；综掘机械化程度达到62.1%。采区薄煤层采出率为90.8%；中厚煤层采出率为87.5%。

三、安全高效矿井建设的主要做法

陶二矿始终坚持“安全第一”的生产方针，全力加强瓦斯治理、一通三防、质量标准化、隐患排查治理和职工教育等工作，进一步夯实了矿井安全工作基础，全面提升了矿井安全管理水平，实现了安全生产。主要体现在以下几个方面：

（1）建立健全了各项安全管理制度。先后制定并出台了《陶二煤矿安全监督检查制度》《陶二矿2013年安全质量标准化管理及实施办法》等10项安全配套管理制度，对照各项安全管理制度，狠抓了各项制度在基层单位和生产现场的落实。

（2）创新实施了“3331”安全工资考核管理。调动全矿干部职工抓安全的积极性，做到齐抓共管，确保安全，落实安全监督检查制度，开展了形式多样的安全监督检查行动，做到月月有重点、周周有活动、天天有检查。充分发挥兼职安监员、青年岗员、群监网员监督检查作用，形成党、政、工、团齐抓共管的良好形势，及时消除安全隐患，将事故消灭在萌芽状态。

（3）深入开展各项隐患排查治理活动。以“三级防控，三级点检”为切入点，明确工作职责，强推履职到位，持续深入开展隐患排查治理工作。深入组织开展了“反事故、反松劲、反麻痹”活动，进一步加大隐患排查治理工作力度。

（4）加强矿井质量标准化管理，保持一级质量标准化矿井水平。我们坚持“周循环”质量标准化检查和不定期检查相结合，确保各采掘头面实现一次成巷和工作面一次性动态达标；狠抓开掘头面内在质量管理，安监处成立了专职质量检查小组，定期或不定期组织开展对各开掘头面进行锚杆拉拔力、预紧力和锚固力检查试验，提高了工程内在质量。积极打造精品头面和亮点工程，建成了 -711 m 北大巷岩巷精品掘进头、“11419” 精品工作面和副井底、中央变电所、 -711 m 水平火药库等 7 个集团公司级标准化精品亮点工程，夯实安全生产基础，为职工创造了良好的安全工作环境。

（5）认真落实“双四位一体”的瓦斯综合防治措施。重点加强高瓦斯地区管理，矿区科及现场管理人员严格落实“瓦斯治理三关核实制”，发现异常情况及时汇报，直到瓦斯隐患得到彻底治理。同时对首采区高瓦斯头面实行高位抽放，煤层注水，打预测孔、构造孔、释放孔，对瓦斯进行预测和效果检验；坚持执行“一炮三检”“三人连锁爆破”制度，树立瓦斯超限就是事故的安全理念，防治重大瓦斯事故。

冀中能源邯郸矿业集团云驾岭煤矿

一、矿井基本情况

云驾岭煤矿位于河北省武安市西土山乡境内，有效面积为9.5171 km^2。2009年矿井核定生产能力为165万t/a。2013年生产原煤164.4万t。矿井开拓方式为一对立井（主、副井）和主石门开拓。通风方式为中央边界式，主、副井进风，风井抽风。目前开采最低标高为 -450 m，地表标高为 +260 m，最大开采深度为710 m。

工作面采煤方式为走向长壁后退式，采煤方法为综采和轻型支架放顶煤。均采用上行风的通风方式。

二、2013年主要技术经济指标

2013年，云驾岭矿实现安全年，百万吨死亡率为0。原煤产量完成164.4万t，总进尺为10510 m。2013年实现利润21000万元，原煤工效为7.473 t/工，在职职工人均年收入69018元，增长1.9%。矿井综合单产达82167 t/(个·月)。矿井采煤机械化程度达100%，开拓掘进装载机械化程度达到100%，综掘机械化程度达到78.1%。采区采出率达到86.5%。

三、安全高效矿井建设的主要做法

（一）大上机械化装备，提高劳动效率

2013年，云驾岭矿煤巷掘进均配备综掘机，淘汰了炮掘工作面采用的小型侧卸式装煤机；开拓队伍目前装备有耙斗装岩机、凿岩钻车和岩巷挖装机，下一步计划为岩巷掘进队伍配备EBZ-260型岩巷综掘机。矿三采区、八采区轨道下山安装的猴车运行效果良好，为此在二采区轨道上山也安装了猴车运输系统，全矿范围内实现了运送人员机械化。

（二）加强技术管理，不断优化设计

2013年，云驾岭矿积极与中国矿业大学、河北工程大学和相关科研单位合作，采用新技术、新材料对煤、岩巷支护参数优化，在支护成本不增加的前提下，提高了支护强度，避免出现过去那种前掘后修的被动局面，而且

为回采、采掘衔接和安全生产创造了有利条件。

（三）全面预算管理降成本

2013 年，云驾岭矿拓展了链式结算的范围和深度，链式结算占辅助区队职工工资总额的 70% 以上，调动了辅助区队工作的积极性。运行了机电设备管理软件，实施了设备全生命周期的过程监管，为设备状态查询、领导科学决策提供了便捷可靠的网络平台，提升了设备的安全管控水平。全面预算实现费用计划的在线编制审批、成本日报表、工资日核算、执行过程自动分析等，真正做到了费用核算到头面，工资核算到个人。

（四）应用新工艺、新技术，创造性地开展工作

云驾岭矿广大技术及管理人员积极开展“讲理想，比创新，争当创新能手”活动，为本矿科技进步作出了很大贡献。其中“循环材料‘〇’模式管理的信息化构建与研究”和“煤矿企业精细化管理财务跟踪系统的应用与实践”两项应用成果分别获得全国煤炭企业管理现代化创新成果（行业级）第二、三等奖。列入公司、矿科技发展计划项目共 18 项全部完成。2013 年度矿用于技术改造等费用 2711.5 万元，创经济效益 8002.1 万元。

黑龙江龙煤矿业集团股份有限公司鹤岗分公司兴安煤矿

一、矿井概况

兴安煤矿是我国第一个五年计划期间，由苏联援建我国的156项工程之一，矿井设计生产能力为150万t，目前设计生产能力增加到450万t。

开拓方式为立井多水平开拓，水平为集中大巷分区石门布置；提升方式为立井箕斗提升。2013年末，矿井剩余资源储量为54571万t，可采储量为32120万t，其中气煤储量为48106万t，占88%；1/3焦煤为4417万t，占8%；弱黏结煤为2048万t，占4%。

兴安煤矿现三、四水平同时生产，矿井下运输能力为两水平的运输能力的总和，开采方法是走向长壁倾斜分层后退式全部垮落采煤法。采煤工艺分别采用综采、综放工艺和滑机高档采煤工艺。掘进工艺为机掘和炮掘。

二、2013年主要技术经济指标

2013年，全矿共生产原煤201万t，工作面平均月单产5.58万t。掘进总进尺28390 m，其中岩巷进尺12196 m，平均月单进101.6 m，煤巷进尺16194 m，平均月单进134.9 m。吨煤单位成本为430元，实现利润1491万元。2013年职工人均年收入为53654元，比上年增加了20.9%。原煤工效为5.58 t/工。

三、安全高效矿井建设的主要做法

（一）细化优化采掘接续管理，加强技术指导，科学规划，确保采掘活动安全高效运行

采掘正常接续是关系到矿井能否健康发展、稳定发展、可持续发展的大事，是生产技术管理的重中之重。为强化对生产接续的统筹管理和整体指导，根据矿井各阶段的安排，对矿井、采区、工作面、掘进头接续，逐月、逐旬、逐日进行细化优化，杜绝了采掘断档，同时加大了科研攻关力度，通

过安全技术改造，优化采掘布置，积极探索使用新材料、新工艺、新设备，大倾角、大采高综采，综放开采，煤岩巷综掘快速技术，淘汰落后炮采工艺，采掘机械化率明显提高，高强预应力锚网索快速支护技术、注浆锚杆软岩支护技术等应用，解决了制约安全高效矿井建设的瓶颈，为矿井高产高效运行提供了保证。

（二）优化资源配置，形成了专业化管理服务新格局

加强劳动定员管理，兴安煤矿现有职工 5593 人，其中原煤生产期末 1433 人。按照“精干、高效”原则，不断加强劳动组织管理，依据集团公司统一定员标准，对各单位逐一进行定岗定编，严格实行“限员挂牌”制度，取消了可设可不设的机构和岗位，对超员的工种、岗位，向缺员的岗位进行调剂，做到了一线精干，二线满员，三线分离。

（三）强力推行经营精细化管理，努力提升发展质量

完善区队、科室、班组考核机制，量化细化考核和评价内容，对采掘一线职工执行计件工资制度，按产量和延米单价计算工资，多产多得，对辅助单位职工实行工资与产量挂钩制度，按提供服务计算工资，做到服务有偿化，实行材料节余与工资挂钩，把节约材料资金的 20% 作为奖励增加职工工资总额。

（四）统筹兼顾，多措并举，建设企业安全文化

兴安煤矿培训中心建有普通、多媒体电化教学教室，强化安全培训，提高了安全生产系数，完善“必知必会”卡考问制度，提高了职工的安全生产意识，加强四级培训力度，使全矿持证上岗率达 100% 。

面对煤炭市场竞争的压力，兴安煤矿结合实际，确定了以科学发展观为统领，以和谐矿区建设为方向，严细经营管理，强化安全生产，扎实开展思想政治工作和企业文化建设，推动企业平稳较快发展的工作思路。充分发挥新设备、新技术、新工艺、新材料作用，在巩固煤炭生产总量不变的基础上，科学组织煤炭生产，提高单产单进水平，充分发挥重点队作用，最大限度发挥综采设施机械化效能，争创单产新水平。

平顶山天安煤业香山矿有限公司

一、矿井概况

香山矿位于平顶山煤田西部，在宝丰县周庄镇境内，东距平顶山市区约16 km，西距宝丰县10 km。

井田东西走向3.9 km，南北倾斜长1.0 km，面积为3.9 km^2。截至2012年12月31日，矿井累计查明储量5388万t，剩余可采储量1674.1万t。

矿井为立井多水平分区式开拓，下山开采，全部垮落法控制顶板，走向长壁后退式采煤方法，综合机械化采煤工艺。目前开采水平为二水平，标高为－446 m，二水平下山部分工作面开采深度在－540 m左右。

二、2013年主要技术经济指标

全年无死亡事故发生，实现安全生产年。安全质量标准化达到了国家一级，各项经济指标全面完成。全年计划产煤100万t，实际完成99.6万t。掘进进尺8076 m。全年实现利润5296.35万元，同比增幅17.40%。全年职工人均年收入为6.3万元，同比增长10.5%。综采机械化程度达100%，掘进机械化程度达64.5%，装载机械化程度达100%。

三、安全高效矿井建设的主要做法

（一）科学谋划，安全高效

（1）优化布局，简化系统，安全高效。围绕矿井长远发展规划，科学谋划，统筹布局，突出“安全高效、科学接替、恰到好处”的指导原则，及时调整生产战场，简化矿井生产系统，实现了“一矿一区一面”高产高效的目的。

（2）创新施工工艺，提高单产效率。坚持投入与管理并重，加大科技投入，推进科技攻关，工作面投入一套电压等级为1100 V的MG300/700－WD型无链电牵引采煤机、SGZ764/750型双中链可弯曲刮板输送机、SZZ764/200型桥式转载机、ZY5000/18/38型液压支架等合理配套的大功率综采设备；工作面风巷引进了无极绳绞车，实现了“一巷一机化”运作，减少用工人数，降低运料周转环节，极大地提升了工作效率。

（3）加大科技攻关力度，稳步推进矿井可持续发展。为了解决制约矿井安全发展的技术难题，矿每年科研资金投入均占当年煤炭销售总额的3%，重点完成了以下方面科研成果：《大倾角煤层综合机械化采煤方法的研究与实践》《急倾斜厚煤层安全高效采煤方法的研究与实践》等科研项目。

（二）坚持以人为本，强化队伍建设，提高全员素质

优先实用技术，构建可持续人才梯队。以开展职业技能大赛为载体，创新学习培训的方式、方法，坚持“专业问题重点学、共性问题全员学”，分战线、按工种、多层次、全方位地开展了岗位技能、安全知识培训，职工队伍素质得到显著提升。

（三）树典型，促成效，确保矿井安全高效健康发展

突出安全重点，杜绝重大事故的发生。坚持把提升全员安全意识，作为安全管理的基础，大力开展“塑造本质安全人、打造本质安全岗”活动，进一步构建了“人人联保、相互监督”的安全保障机制。

（四）加强企业管理，提高经济效益

积极稳妥推进减员增效改革。突出稳定有序，本着科学合理，在搞好思想宣传的基础上，深入基层、深入现场，分阶段进行了调查摸底、数据统计，科学合理地制定“双定”方案。结合安全生产实际，通过撤销机构、重新定编、加快岗位调整、转岗培训，达到了合理配置劳动力资源的要求。

（五）完善矿井信息化管理系统、服务矿井安全生产

香山矿建成了生产调度监测通信系统安装平台（生产信息监测、数字通信、人员定位、瓦斯监测），完善了带式输送机运输巷沿线扩播电话系统、轨道斜巷监控系统、生产视频及安保视频系统、地面煤楼生产集控及风选集控综合自动化建设。该系统显著提高了矿井安全管理效率，能够满足安全决策综合性、预见性、跨区域性的管理要求，为井下安全生产管理提供实时、可靠的技术保证。

郑州煤炭工业集团超化煤矿

一、矿井概况

超化煤矿位于河南省郑州市区西南50 km的新密市超化镇境内，隶属于郑州煤炭工业集团。超化井田整体呈一单斜构造形态，区内构造以近东西向正断层为主，伴有逆断层及宽缓褶曲，地质构造类型为中等；水文地质条件中等，矿井正常涌水量为680 m^3/h，最大涌水量为1000 m^3/h。

采面采用走向长壁后退式开采，全部垮落法控制顶板。采用综合机械化放顶煤开采。

二、2013年主要技术经济指标

2013年超化煤矿完成煤炭产量193.4969万t；开拓掘进总进尺完成7600 m。吨煤成本417.88元/t，原煤工效为10.15 t/工。利润完成5685万元；人均年工资为61516元，同比增幅4.2%。采煤机械化程度达100%。采区采出率为83.7%。全矿实现安全生产，质量标准化达到国家级水平。

三、安全高效矿井建设的主要做法

（一）安全持续发展

强化瓦斯综合防治，严格落实瓦斯防治“十二字”方针，施工完成底抽巷1445 m，穿层钻孔、顺层钻孔16万m，抽采瓦斯490万m^3。强化水害综合治理，以底板水、老采空区水防治为重点，施工钻孔900个，钻探进尺7万余米，注水泥2.8万t，巷道排水做到能装水管不进水槽、能进水槽不进水沟、能进水沟不进底板，规范了矿井水管理。完善钻场视频监控系统，合理设计钻孔参数，提高瓦斯钻孔和注浆加固钻孔实效，消除危险区域瓦斯和水害威胁。加强机电设备管理，定期进行设备大修，保证设备完好运行。

（二）生产稳中有升

加强生产调度，精心组织，克服困难，全年生产保持平稳有序。针对各采面煤层赋存不同情况，采取“跳采”“配采”措施。23052工作面首次建成悬移支架机采工作面，煤炭运输实现地面集中操控。22、23采区主煤流运输和筛分楼原煤运输全部实现集中控制，实现集约高效生产。

本着“效益优先、先急后缓”的原则，科学编排采掘工程，提高工程时效，改变掘进“多头分散、广种薄收”的不利局面。设法提高单进，根据不同地质条件实施差异化支护，实现复杂地质条件快速掘进，采掘接替得到可靠保障。

（三）经营管控有力

深入贯彻集团公司“八字”方针，紧密结合生产经营形势，实施“两优四强”降本增效措施，全面压减生产成本。优化采掘布置和施工设计，调整施工 22001、21001 和 31061 等经济效益较好的头面，提高工程时效性。优化人力资源，多渠道分流安置富余人员，合理安排职工出勤，压减领导干部和地面人员工资，力保一线职工工资。强化煤质管理，起用风选装备，提高商品煤发热量，采取分存分销举措，满足不同客户需求，实现效益最大化。强化材料管控，对全矿物资进行盘点，加大修旧利废、回收复用力度，提高废旧物资利用率，节约新材料投入价值 500 多万元。

（四）民生持续改善

加大装备投入，掘进工作面投入履带式耙装机、刮板紧链器、自动掏槽机、液压上梁器等装备，实现掘进装备系列化，减轻职工劳动强度；多措并举提高效益，妥善分流开资人员，降低领导干部开资水平，保证一线职工工资不降低；强化多种经营管理，三产取得良好效益，自主经营人员待遇得到保障。

陕西煤业化工集团神木柠条塔有限公司
柠 条 塔 煤 矿

一、矿井概况

陕西煤业化工集团神木柠条塔有限公司是陕西煤业化工集团公司在陕北地区的特大型现代化高产高效矿井。矿井设计生产能力为 12.0 Mt/a，服务年限为 98.3 年。井田南北长 19.5 km，东西宽 9.5 km，面积 119.8 km^2，可采煤层 6 层，保有资源量为 26.20 亿 t，可采储量为 16.45 亿 t。煤质具有低灰、低硫、低磷和中高发热量的特点，属高挥发分的长焰煤和不黏结煤，是优质动力煤、化工和冶金用煤。属瓦斯矿井。

矿井采用斜井开拓方式，两个水平开拓全井田，分为北翼、南翼两个盘区开采，矿井投产时共施工 6 个井筒，分别为主斜井、1 号副斜井、2 号副斜井、北翼回风斜井、南翼回风斜井、南翼进风斜井。

二、2013 年主要技术经济指标

公司实现了安全生产，消灭了轻伤以上人身事故。2013 年，原煤产量完成 1192 万 t，利润 6.5 亿元；全年完成掘进进尺 49537 m。原煤期末生产人数 1298 人，原煤工效为 36.63 t/工。综采机械化程度达 100%，掘进机械化程度达 100%。矿井综合单产 30.51 万 t。采掘关系正常，3 个“煤量”符合规定，矿井采区采出率为 88%。

三、安全高效矿井建设的主要做法

（1）安全平稳发展，消灭了轻伤以上人身事故，坚持“安全第一、预防为主、超前治理”的原则，从严落实安全管理责任，逐步理顺监督与管理体制，强力推进全员、全方位、全过程的安全基础管理，重点抓工程质量标准化、岗位作业标准化和干部走动式管理等 12 项要素的监督检查考核。构建安全诚信体系，建立个人安全诚信积分账户，广泛开展安全监督检查和隐患排查治理，有效杜绝了安全隐患，一般隐患及挂牌督办的隐患较 2012

年分别下降了10.7%和33.3%，“三违”人次较2012年下降了22%。

（2）强化机电设备现场管理，把机电运输管理作为生产管理的重中之重，开展机电运输管理会战，先后在各采掘区队、皮带队、机电队等单位全面推行了“机环双检”，实现了设备故障可控在控，机电事故率大幅度减少，与2012年相比下降了60%。10月份，主运输系统机电设备运转实现了“零”故障，区队生产管理水平得到了全面提高。

（3）优化设计，合理安排采掘布局，保证采掘接续正常。为解决矿井南一盘区2^{-2}煤局部区域水文地质复杂、地面搬迁、水资源保护等问题，调整优化采掘布置，组织开展掘进会战，不断提高单进水平，缓解接续压力。

（4）强化安全质量标准化管理工作。把开展质量标准化岗位达标、精品工程建设和区队长示范区建设等三项重点工作当作主要抓手，先后组织编写了各工种《岗位作业指导书》，对安全生产管理人员进行了标准化应知应会知识考核，提高了各级管理人员的质量标准化意识。2013年，被神南公司评为安全质量标准化建设先进单位。

（5）运营管理工作得到进一步加强，以提高经济效益为中心，以成本管理为重点，深入推行全面预算管理，完善目标成本管理体系，细化管理范围，量化考核指标，严格控制吨煤成本，吨煤可控成本费用比计划降低了7.17元。在部分单位之间实现内部经营，优化管理流程，减少管理环节，从而实现增效的目的。加强设备维修管理，积极开展自主维修，全年自主维修项目占总维修项目的23%，节约资金2500万元。

（6）开展全员创新，保安全、增效益、降事故。紧紧围绕安全生产经营中心，广泛开展全员创新创效活动。2012—2013年间，公司共申报“五小”创新400余项，通过评审奖励200余项，奖励金额达300余万元。

陕西煤业化工集团黄陵矿业有限公司一号煤矿

一、矿井概况

黄陵矿业有限公司一号煤矿位于陕西省延安市黄陵县店头镇，矿区北距延安 199 km，南距西安 220 km，是国家“八五”重点建设项目，20 项兴陕工程之一。一号煤矿井田走向长 12 ~ 24 km，倾斜宽 11 ~ 16 km，井田面积为 197.5057 km^2。井田范围内主要可采煤层为 2 号煤层，平均可采厚度为 2.4 m，属中厚煤层，煤厚较稳定，煤层结构简单。煤质优良，煤质为低灰、低硫、低磷、高发热量的气煤 QM(34)和1/2 中黏煤 1/2ZN(33)，是优质的动力用煤和配焦煤。

矿井设计生产能力为 420 万 t/a，经过不断技术改造，现核定矿井生产能力为 600 万 t/a。矿井开拓方式为平硐开拓，通风方式为混合抽出式通风，矿井为高瓦斯矿井。矿井主运输采用阻燃钢绳芯强力带式输送机运输，辅助运输采用防爆无轨胶轮车运输，综采工作面搬家采用多功能支架搬运车进行运输。采煤工作面均采用综合机械化长壁后退式采煤法，掘进工作面均采用综合机械化掘进工艺，采掘机械化程度达 100%。

二、2013 年主要技术经济指标

原煤产量为 596.2 万 t，掘进进尺 28715 m，矿井综合单产 26.5 万 t/(个·月)，原煤工效达到 16.34 t/工，全年实现利润 6.73 亿元，人均年收入 13.95 万元，并实现了全矿的安全生产“零”目标。

三、安全高效矿井建设的主要做法

（一）强势推进安全基础管理，安全“三零”目标顺利实现

（1）狠抓“一通三防”及防治水工作，实现瓦斯“零”超限。重点推进了瓦斯抽采精细化管理，提高煤层瓦斯管理标准，完成了瓦斯抽采单孔浓度、流量、负压等参数的测定，进一步巩固了瓦斯抽采钻孔全生命周期管

理，完善了瓦斯基础参数数据库，实现了瓦斯抽采效果评价常态化，矿井持续获瓦斯“零超限”示范矿称号。在防治水工作中，完成了八盘区和四号风井老窑地表高密度三维地震勘探工程，重点开展了四号风井老窑启封及北一大巷超前物探和钻探工作，查明了老窑积水深度，并对老窑进回风两个井筒进行了安全启封，确保了北一区域安全掘进。

（2）狠抓现场管理，实现生产“零”伤害。通过每月 20 次“零点行动”、干部走动式管理、手指口述交接班等措施的落实，实现了地面和井下全区域、全时段安全监管；推行“四自一保”安全管理模式，落实“三员联签”“四位一体”等安全管理办法，确保了矿井全年 5 次搬家倒面工作顺利完成；通过加强设备“四检制”“点检制”、全生命周期管理等工作，有效提升了设备运行质量；通过全面推广使用迈步式临时支护，确保了回采巷道掘进期间的顶板安全。2013 年全矿未发生轻伤以上事故。

（3）狠抓“双险双控”及“机环双检”工作，实现矿井安全“零”目标。遵循先易后难、循序渐进的原则，加强了“双险双控”体系建设，从采煤机司机、综掘机司机等 10 个试点岗位逐渐辐射到全矿 66 个岗位，促进了“双险双控”管理工作的深入开展，初步形成了简单、易行的安全检查方法，有效保障了矿井安全生产。

（二）强势推进安全质量标准化建设，安全生产条件明显改善

通过开展区队安全质量标准化互检，不断提高标准，巩固了安全质量标准化建设成果。在生产过程中注重班组交接、工序衔接和机电运输管理，严格落实各级管理人员质量标准化包干、包片管理法，严格执行“上标准岗、干标准活”的工作要求，高标准、高质量建成了 1001 工作面进风顺槽、613 采煤工作面、副一平硐、北一永久避难硐室等 20 余项精品工程，矿井精品线路、精品采掘面达到 60% 以上。

（三）强势推进岗位价值精细化管理，企业管理水平有效提升

在推行全面预算管理、实行绩效工资考核的基础上，对岗位价值系统进行升级改造，新增修旧利废等管理模式，调动全员节约成本的积极性和主动性。2013 年，全矿材料费、修旧利废、回收复用共计转化工资 53.18 万元，人均转化工资 441 元，实现了“岗位增值、企业增效、员工增收、保障安全”的目标。

（四）强势推进科技创新与管理创新，矿井安全管控能力不断增强

在科技创新方面，2013 年共实施科技项目 9 项，其中陕西煤业化工集团 1 项，公司级项目 1 项，厂矿级项目 7 项，取得职工科技创新成果 92 项，

特别是1001智能化综采工作面的建成将一号煤矿的科技创新和管理创新推向了新的高度。1001工作面安装了先进的综采自动化控制系统和电液控制系统，在顺槽监控中心便可对采煤机、液压支架、输送机和泵站系统进行控制监测、数据上传、故障诊断等集中控制操作，并可实现在调度室对工作面配套设备的一键启停控制，在提高资源采出率的同时，降低了职工劳动强度，提高了工作面安全系数。

（五）强势推进对标管理，矿井对外形象再次提升

制定了《对标管理工作实施纲要》，确定了19项全方位对标标杆，完善了对标指标库。在内部队伍和外协队伍中开展质量标准化建设对标，切实提升了外协队伍质量标准化建设水平。外部对标工作中，先后组织7批次共计70余人分赴平煤六矿、神南矿业等单位进行对标学习，返矿后召开对标学习与管理创新研讨会，提炼出适合矿井发展的54项赶超目标。同时，接待彬黄西区对标单位14批共计180余人次，通过亮点展示和交流探讨，提升了矿井的对外形象。

山西和顺天池能源有限责任公司

一、矿井概况

山西和顺天池能源有限责任公司位于山西省晋中市和顺县西南 17 km 的喂马乡古窑村西侧，企业性质为国有煤矿，井田面积为 18.6806 km^2。煤种为贫煤，平均厚度为4.18 m，生产能力为120 万 t/a，为煤与瓦斯突出矿井。

矿井采用斜井开拓，采用“四进一回”中央并列式通风系统，共设 5 个井筒，即：主斜井、副斜井、行人斜井、专用进风井和回风立井，其中主斜井安装带式输送机进行煤炭运输，副斜井安装双卷筒缠绕式提升机进行辅助提升，行人斜井安装架空乘人装置进行载人运行，专用进风井和回风立井分别只作为进风、回风井筒。采煤方法为综采，掘进方法为综掘（煤巷）、炮掘（岩巷）。

二、2013 年主要技术经济指标

实现全年安全生产。原煤总产量为 120 万 t。掘进总进尺为 6764 m。实现利润 3410 万元。人均年工资 8.5 万元/(人・年)。采煤机械化程度达 100%，综掘机械化程度达 48.2%。采区采出率为 76% （厚煤层）。矿井综合单产为 100515 t/(个・月)。矿井原煤工效为 7.6 t/工。

三、安全高效矿井建设的主要做法

（一）强化安全基础建设，提升安全保障能力

重点推进“五项建设”：即推进安全制度建设，修订完善岗位安全生产责任制和安全管理制度，强化制度的贯彻执行。推进安全投入保障体系建设，认真编制年度安全技术措施计划，严格按规定足额提取使用安全费用。推进区队班组建设，认真贯彻集团公司《班组安全管理规定》，推行“五自管理”，扎实开展“人人都是班组长”创建活动，基层安全预控能力不断提升。积极开展全员应急救援培训，矿井防灾救灾能力进一步增强。推进职业健康安全体系建设，职工个人防护用品配发率、作业场所职业危害警示标志设置率、参加工伤保险率均达到 100%。

（二）强化隐患排查治理，提升安全预控能力

严格“三位一体”和“手指口述”安全确认制度，全过程评估处理不安全问题。突出瓦斯防突、防治水、构造区顶板控制、机电提升运输和季节性“三防”等重点，集中开展专项整治，消除了重大安全隐患。

（三）强化安全技术管理，提升安全生产能力

采用先进回采工艺，实现高效生产。自 2013 年 5 月开始采用综采一次采全高成套装备及回采工艺以来，在生产中有效解决了瓦斯治理、顶板控制、煤炭回收问题。大力推广应用新技术、新工艺，鼓励科技创新。煤巷掘进工作面新增了综掘机载超前支护设备，降低了工人劳动强度，提高了安全系数。瓦斯防突钻孔实验使用了 ZDY1900L、ZDY4000L 型履带式液压钻机，属于履带自行式、低转速、大转矩类型，适用于煤矿井下采用复合片钻头在稳定中硬岩煤层中施工近水平瓦斯抽放钻孔。回采及掘进工作面矿压观测系统实现了数字化动态监测、分析。优化设计，节支降耗。针对煤炭市场下滑局面，严格控制支护材料投入，在严格执行安全规程，保证顶板支护安全的前提下优化巷道布置，使断面及其支护参数优化，尽量减少联络巷的施工，减小巷道断面，相邻两个回采工作面的顺槽联络巷实现了二次利用。控制支护投入，顺槽顶板完好时，用钢筋梯取代钢带进行支护。锚杆间排距适当调增。联络巷及一些服务年限较短巷道取消了喷浆支护，开拓和准备巷道的喷浆厚度缩小到以盖住锚网支护，防止风化为准。回采帮取消钢筋梯支护，仅采取锚网支护。经过论证、实验，回采工作面间煤柱由原 20 ~ 30 m 成功实现了 5 m 小煤柱留设技术，提高了煤炭采出率。

山西乡宁焦煤集团台头前湾煤业有限公司

一、矿井概况

公司矿井核定生产能力90万t/a，井田面积为14.352 km^2，工业广场位于乡宁县台头镇台头村，主采山西组2号煤层，煤层平均厚度为3.2 m，煤层自燃倾向性鉴定为Ⅱ级，属瓦斯矿井。2号煤层地质储量为4873万t，保有储量为1596万t，可采储量为548万t，矿井服务年限6年，煤种为优质主焦煤。

二、2013年主要技术经济指标

2013年生产原煤89.1万t（其中回采产量84万t；掘进进尺3110 m，掘进产量为5.1万t。综合单产达到8.5万t），实现利润4.16亿元，原煤生产成本154.26元/t，人均年收入5.4万元。

三、安全高效矿井建设的主要做法

（1）立足制度保安全。公司坚持“谁主管谁负责、谁审查谁负责、谁带班谁负责、谁安排谁负责、谁上岗谁负责”的原则，明确责任，强化落实，形成了“岗位自律、区队自管、班组自控、专业自监”为核心的安全管理体系，做到生产布置常态化、安全管理常规化、隐患排查制度化、机电运输规范化、三化检查经常化。

（2）立足质量达标保安全。安全质量标准化建设和提升始终是公司工作的重点。公司按照新标准的要求，从采、掘、机、运、通等专业入手，统一管理、统一标准、统一实施，不断向规范化、精细化、程序化方向迈进，使安全质量标准化工作贯穿到矿井的生产、施工和现场的各个环节，覆盖到工程质量、工作质量和管理质量等方面，坚持动态改进、持续提升。

（3）立足隐患排查保安全。隐患排查治理工作是贯穿煤炭行业安全管理全过程的一项重要工作，是保持煤矿安全生产长治久安的有效手段，是预防事故、消灭事故的有效办法。我们实施隐患排查闭环管理，做到了隐患整改“责任、措施、资金、时限、人员”到位，确保隐患治理不间断。

（4）立足素质提升保安全。公司按照“实际、实用、实效”的原则，实施人才储备和培养战略，提高矿井人员的整体素质。一是坚持人才引进。变招工为招生，从煤炭大中专院校招聘了23名大学毕业生。同时，鼓励没有学历的班组长和职能科室人员，参加各类成人大中专学习班，提升专业素质和业务能力。

（5）立足科技保安全。公司企业OA管理系统、安全监控系统、井下作业人员管理系统、煤炭产量监控系统、无线通信系统、电力监测系统、风机在线监测系统、排水监测系统、紧急避险信息系统、视频监测系统、顶板压力监测系统均已完整运行，实时监测、远程控制、综合调度等信息化手段及部分自动化、智能化技术已基本融入机械设备的操作、指挥与控制过程。

（6）立足投入保安全。公司不断加大安全投入，逐步提升矿井安全系数。投资1500余万元，先后安装了束管监测系统、黄泥灌浆系统、自动喷雾装置、变频电控系统等系统，实施了主通风机自动切换改造和安全监测监控系统升级；投资1400余万元，完成了机电运输设备更新工程，极大地提高了矿井安全保障能力；投资1800余万元，完成了井下基础设施改造和设备安装工程；投资1600余万元，完成了地面基础设施建设和改造。

（7）立足活动保安全。以安全隐患排查治理、安全教育培训、现场管理为重点，深入开展班组文化创建、春季安全大检查、雨季三防排查治理“学三规、反三违、抓预控、保安全”“一通三防”大会战、“人人都是通风员”“手指口述”“大反思、大检查、大整顿”等安全生产专项行动。

国投昔阳能源有限责任公司白羊岭煤矿

一、矿井概况

国投昔阳能源有限责任公司位于山西省晋中市昔阳县境内，是由国投煤炭有限责任公司、澳大利亚神特中国投资有限公司和昔阳县丰源实业有限公司合资组建的中外合资企业，进行煤电一体化项目捆绑式开发，下属两矿两厂。国投昔阳能源有限责任公司于2005年10月28日以资产收购的形式接收了白羊岭煤矿，对其进行机械化升级改造，核定生产能力为150万t/a，属高瓦斯矿井。

矿井井田面积为12.482 km^2，资源储量为8713万t，保有资源储量为8464万t，设计服务年限为36年。开采煤种为无烟煤，煤层赋存条件受区域地质构造的控制和影响，井田内的地层总体为走向北东，倾向北西的单斜构造，倾角5°~13°，在此单斜的基础上又发育次一级的褶曲构造。现采15号煤层，位于太原组下段，上距K2灰岩18 m，煤层平均厚度为4.65 m。

二、2013年主要技术经济指标

矿井在保证安全生产各项必要投入的前提下实现盈利，完成利税25689万元，净利润11161万元。煤矿职工工资收入随着企业经济效益的提高有较大幅度的增长，2012年职工人均年收入5.71万元，2013年职工人均年收入6.21万元，人均增幅0.5万元。2013年工作面采出率达94.67%，采区采出率达78.5%。原煤工效为11.05 t/工。

三、安全高效矿井建设的主要做法

（一）强化安全管理基础、确保安全生产

矿井积极推广并深化班组建设、安全质量标准化、安全风险预控管理工作，以班组建设“强身”、以安全质量标准化“健体”、以安全风险预控“防病”，始终坚持“人人管安全、不安全不生产”的原则不动摇，提炼出了“风险可控、事故可防”的安全文化核心理念，确保矿井安全生产。

（二）加强科技创新发展，深化瓦斯防治与利用，发展循环经济

矿井始终把瓦斯防治作为安全工作的重中之重，从严要求，在晋中地区率先引进底板抽采巷穿层钻孔治理本煤层瓦斯新方法，同时结合阳泉地区高抽巷治理采空区和邻近层瓦斯模式，形成了多措并举的综合瓦斯治理模式。矿井在主工业广场北部建设一座瓦斯抽放泵站，泵站内安装4台2BEC－72型水环式真空泵，最大吸气速率为410 m^3/min，极限压力为160 hPa，配套电机功率为450 kW；建设了瓦斯发电项目，该项目是由国投昔阳公司自筹资金建设的环保型综合利用发电项目，总投资1.63亿元，总装机容量16 MW，安装8台美国卡特彼勒燃气内燃发电机组，配8台1.2 MW余热换热器，深化瓦斯防治与利用，发展循环经济。

（三）系统优化，设备升级，提高矿井装备水平

矿井采用“一井一面”生产模式，工作面采用走向长壁一次采全高采煤法，全部垮落法控制顶板。矿井掘进工作面，均采用综掘机掘进、锚网索联合支护方式，矿井采用小煤柱开采。

综采工作面安装了ZY8000/26.5/56型掩护式液压支架、ZYT8000/25/50型掩护式端头支架；MG750/1800－WD型采煤机；掘进面使用EBZ200H、EBZ132C型综掘机掘进；矿井主运输皮带、主副立井绞车房、空压机房、主水泵房均能实现无人操作，系统的优化、设备的升级，进一步提高了矿井机械化水平，增强了矿井的安全保障能力。

山西煤炭运销集团泰安煤业有限公司

一、企业概况

山西煤炭运销集团泰安煤业有限公司，井田面积为6.0979 km^2，估算保有储量为1.0535亿t，可采储量为0.445亿t，设计生产能力为120万t/a。矿井现开采一水平一采区8号煤层，3条大巷集中布置，下山开拓。8号煤层沿煤层走向（南北方向）布置3条大巷，分别为胶带大巷、辅运大巷和回风大巷。大巷西翼为一采区，回采工作面布置为倾斜长壁式。

采煤方法为倾斜长壁采煤法，全部垮落法控制顶板，落煤方法为机械落煤。矿井实现了“一井一面、一采两掘”正规循环作业，百分之百原煤洗选加工转换。

二、2013年主要技术经济指标

安全生产无事故，安全质量标准化达国家一级；在保证安全生产各项规定投入的前提下，矿井全年实现利润303万元。职工收入随着企业的发展有较大幅度的增长，同比增长10.5%；矿井采掘机械化程度达到100%；矿井现开采8号煤层，平均厚度为3.5 m，年度综合单产为15.54万t/(个·月)，达到特级要求；矿井原煤工效为17.24 t/工；人均年收入7.93万元，同比增长10.5%。

三、安全高效矿井建设的主要做法

（一）加大安全投入，夯实安全基础

（1）加大安全资金投入，强化安全基础设施建设。

为切实保障矿井的安全生产，公司投入2483万元，先后对井下通防设施设备进行更换，保证了通风的安全可靠，杜绝了各类灾害。改善顶板支护工艺，加强顶板监测，引进新的支护材料及顶板在线监测设备。加大了对突发重大水灾事故的综合指挥能力，水害防治方面积极推广应用新技术、新设备，矿上采取了一系列防治水措施。同时还安装了一套水文动态观测系统，对矿井水动态进行监测。

（2）注意安全文化宣传，提高职工自主保安意识。

为提高职工的安全意识，营造良好的安全氛围，使职工在平时工作中潜移默化地受到安全教育，矿上完善了井上下安全文化长廊，既美观大方又内容丰富，不但有安全警言警句，而且有安全小常识，使职工在上下班途中，随时都能感受到安全教育的氛围，使广大职工既消除了疲劳，又受到了教育。

（3）加大安全培训力度，规范职工操作行为。

公司积极推行全员安全培训，利用公司内部培训中心，按照培训大纲制订培训计划，落实培训责任，重点做好新工人和转岗职工的培训工作。分批次对全矿在岗职工，尤其是各级管理人员、特殊工种人员全部进行安全强化培训，必须持证上岗。

（二）推进“三化”管理，不断提高经济效益

（1）降低了成本费用。实行内部市场化管理后，各市场主体自觉地把生产经营过程中所发生的各类费用变为自己的收入进行管理，超支就要减少收入，节约则增加收入，如材料费用支出减少，工资就会按一定比例增加。隐患整改可以买卖，技术创新“按效论价”等，有了这种激励机制，每个单位、每个职工“成本就是工资，工资就是成本”的意识增强了，人人为成本而算，人人为效益而干，促进了成本的下降。

（2）提高了劳动效率。过去每个单位都说人不够用，内部市场化把各个市场主体之间的经济往来用价格结算联系起来，通过科学合理确定岗位定员，实行“增人不增资，减人不减薪”，促使各单位、岗位自发地合理安排工作，优化劳动力资源配置。

（3）强化了经营管理。内部市场化从管理上体现了分权经营思想，单位生产经营自主权扩大后，管理从传统的以生产为中心转变为以效益为中心，干部职工的收入靠自我管理，内生动力自然增强，势必提高单位、班组的自主、自理能力。基层管理意识和能力提高后，不仅改变了等、靠、要的思想，而且反过来监督矿里分配制度的落实和材料配件的供应质量。

山西焦煤集团西山煤电股份有限公司 镇 城 底 矿

一、矿井概况

镇城底矿是山西能源和新型工业基地重要组成部分，原设计生产能力150 万 t/a，核定生产能力为 190 万 t/a；矿区总面积为 23.8 km^2。本井田含煤层地层为二叠系山西组及石炭系太原组，可采煤层 8 层，煤层总厚度为16.79 m，含煤系数为 10.42%，主采煤层为 2 号、3 号和 8 号，煤质以肥煤、焦煤为主；采煤方法为走向长壁综合机械化采煤法，顶板控制为全部垮落法。矿井绝对瓦斯涌出量为 18.21 m^3/min，相对瓦斯涌出量为 4.63 m^3/t，属瓦斯矿井，通风方式为混合式通风，通风方法为机械抽出式。

二、2013 年主要技术经济指标

2013 年原煤产量计划 175 万 t，实际 176.3 万 t，超计划 1.3 万 t，完成计划的 100.7%；掘进总进尺计划为 14000 m，实际完成 14733 m，超计划进尺 733 m，完成计划的 105.2%。其中：开拓进尺计划 2000 m，实际 2022 m，完成计划的 101.1%；原煤工效：计划 7.3 t/工，实际 8.443 t/工，完成计划的 115.66%，实现盈利 65.86 万元，2013 年人均年平均工资达到 95600 元。

采煤机械化程度达到 100%，其中综采机械化程度达到 100%；掘进装载机械化程度达到 100%，综掘机械化程度达到 82%；矿井采区采出率达到84%。

三、安全高效矿井建设的主要做法

（一）合理部署，确保矿井稳产高产

本矿地质条件复杂，断层交错，煤层赋存极不稳定。在采场设计时，兼顾了采掘衔接与 2 号、3 号、8 号煤层的配采。在 2 号、3 号煤层南六采区布置综采 22611 工作面、22603 工作面、22608 工作面，在 8 号煤层南一下组布置综放 28108 工作面、28110 工作面、28118 工作面，东二下组布置综

放 18310 工作面，确保了矿井全年集中和稳产高产。

（二）引进先进装备，挖潜改造，提高矿井综合能力

公司坚持走科技兴矿、技术创新之路。以 28108、28110、18310 工作面轻型综采放顶煤液压支架为代表的先进装备和低位放顶煤开采技术继续在镇城底矿厚煤层开采推广应用。综采工作面使用的 MGTY250/600－1.1D 型电牵引双滚筒采煤机、综掘工作面装备的 EBZ－160 型综掘机等先进装备极大地解放了生产力，降低了工人的劳动强度，保证了安全生产。高瓦斯区域瓦斯综合抽放技术研究；工作面切顶卸压沿空成巷技术；全矿完成的 20 多项科研和技术创新项目，为建设“安全高效”矿井增添了科技含量，提供了强有力的技术支持。

（三）信息化管理

公司办公实现了计算机管理，应用 OA 系统网上办公，缩减了流程，降低了成本，并实现了 100% 的联网；2013 年，公司引进了顶板在线监测系统，提高了顶板监测的准确性和及时有效性，实现了顶板动态实时监测。

（四）加强劳动组织，深化劳动用工和工资分配制度

根据矿井开采条件、机械化装备水平、人员素质状况，及时清理整顿劳动队伍，科学合理安排，有效配置生产要素，优化生产管理，科学定员定岗，全面提高工时利用和全员效率，实现减员增效目标。工资分配坚持效率优先、公平竞争的原则，积极推进效益级差、联责浮动，盈亏否决，两个 100%（成本费用、盈亏指标）为重点的工资分配制度。

（五）加快主辅分离，抓好辅业改制试点

镇城底矿按照企业化经营，社会化服务的原则，生活后勤服务系统实行有偿服务，逐步实现创收自养，最大限度地减轻原煤主体负担。矿采取政策引导，内部扶持的办法，加快多经三产发展，实现多经三产整体盈利，走出了吃原煤的路子。

（六）推行明细化管理，保持持续稳定的安全生产局面

认真推行安全质量明细化管理，强化各级干部安全责任，加强质量标准化建设，突出“一通三防”、防治水、顶板、机电、运输管理重点，做到了思想认识、安全责任、现场管理、技术创新、安全投入、安全培训、监督检查和安全奖罚“八到位”，从严从细抓好安全管理和现场管理工作。

阳泉煤业集团和顺新大地煤业有限公司

一、矿井概况

阳泉煤业集团和顺新大地煤业有限公司隶属于阳泉煤业（集团）有限责任公司，核定生产能力为150万t/a，井田面积为6.5252 km^2。矿井交通较为便利，与和顺县城直线距离为2.0 km，井田东南5 km处有207国道通过，3 km处有阳泉—涉县铁路通过。

15号煤层的平均厚度是5.66 m，煤层平均倾角是6°，煤矿衔接正常，采煤方法为走向长壁式采煤法；掘进施工采用EBZ－100E型掘进机，沿15号煤层顶板截割并自行装煤，刮板输送机、带式输送机运输的施工方法，全断面一次成巷。

综采工作面采、装、运、支全部实现机械化。工作面安装高性能的MG－300/700－WD1型双滚筒采煤机；大功率、大运量、高强度、坚固耐用的SGZ－764/630型刮板输送机、SZZ－800/250型转载机和PLM－2000型破碎机；支架选用支护强度高、稳定性比较好的ZF5000－17/28型液压支架；顺槽采用DSJ－100/2×200型带式输送机。合理的设备配套，充分发挥出了各种设备的生产能力。

二、2013年主要技术经济指标

2013年度公司实际完成产量90万t，总进尺完成4850 m，矿井百万吨死亡率为0，实现利润120万元，职工平均年收入为6.46万元，低于本企业上年度15%，矿井原煤工效为6.173 t/工，综合单产为69444 t/(个·月)，采区采出率厚煤层为76.6%，采煤机械化程度为100%。为安全高效矿井建设打下了坚实基础。

三、安全高效矿井建设的主要做法

（1）公司构建安全长效机制，形成全方位管理、全过程控制和全员性参与的安全管理格局。强化现场安全质量管理，消除临时突击达标观念，保证了井下作业场所质量标准化工作动态达标。认真落实各级安全生产责任制，切实贯彻干部走动管理、队干跟班、安全监察、个人安全技能账户、安全抵押和安全奖惩考核等制度，并作为一项长效措施严格执行，形成了“人人、事事、时时、处处”都要安全的管理格局。

（2）强化“一通三防”管理，按照“事故可防、隐患可除、瓦斯可治”的安全理念，将“一通三防”事故的预防视为重中之重。

（3）加强隐患排查治理，公司始终把员工的安全和健康放在首位，把人作为安全管理工作的核心，牢固树立“三违、隐患就是事故”的理念，在隐患排查方面坚持从隐患排查、登记、上报到统计分析考核的全过程闭合管理，每旬组织开展一次覆盖面100%的隐患大排查活动，严格“四定”跟踪处理，严格现场整改落实，减少重复隐患的出现，杜绝零打碎敲事故的发生。

（4）公司以强化班组建设为基础，加强事故案例、操作要领、规程措施、“手指口述”、开工前10 min安全培训工作；建立完善员工培训档案，强化员工正规操作培训，有效预防员工的不安全行为，着力提高安全隐患识别和自我防范能力。党群部和培训中心紧紧围绕安全生产，从宣传教育、调节思维、行为养成等12个方面入手进行安全教育，不断提高员工的安全认识，锻炼行为养成，规范操作行为。

（5）应用新工艺、新技术，创造性地开展工作。底抽巷预裂爆破，采取“以岩保煤”的工艺，同时对所保煤层进行预裂爆破，即对保护煤巷中部及两帮煤体进行预裂爆破，预裂爆破完毕后，增加煤层透气性，提高对施工区域内煤层预抽效果。主井猴车钢丝绳安装了在线监测，对钢丝绳磨损进行在线监测预报，防止钢丝绳断裂，加强钢丝绳运行期间可靠的检查、监测，对钢丝绳安全运行进行提前预测、预报，做到有效安全，预防事故发生。

山西晋城无烟煤矿业集团有限责任公司
寺河煤矿二号井

一、矿井概况

矿井位于寺河井田东区东部，工业广场在晋城市泽州县川底乡和村西北部，距晋城市约30 km。矿井核定生产能力为180万t/a。

矿井可采煤层为9号、15号煤层；属高瓦斯矿井，本井田9号煤层、15号煤层均无煤尘爆炸危险性；9号煤层为三类不易自燃煤层，15号煤层为二类自燃煤层；煤层结构及顶底板条件简单，水文地质类型复杂程度为中等；矿井采用主斜、副立综合开拓方式，全井田划分为9号煤层和15号煤层，进行单水平联合开采；采煤方法采用走向（倾向）长壁，一次采全高，全部自然垮落法控制顶板。掘进均采用综掘工艺，顶板支护采用锚杆、锚索联合支护。

矿井各主要系统及装备配置情况：主斜井提升系统采用大倾角钢丝绳芯带式输送机，担负矿井原煤的提升任务；副立井提升系统采用双滚筒缠绕式绞车提升物料、人员、矸石；井下主要运输方式为带式输送机，辅助运输采用无极绳绞车运送物料、架空乘人装置运人；通风方式为中央并列分区式；地面建有瓦斯抽放站，抽采方式以本煤层抽采为主，采空区抽采为辅，预抽与边采边抽、边掘边抽相结合。地面建有35 kV变电站一座，双电源均引自川底110 kV变电所，以35 kV电压等级向该矿双回路供电，线路采用双回杆塔架空导线敷设方式，一回主运行，另一回带电热备用，双回线路全线架设避雷线。排水系统中央水仓集中排水方式；“六大系统”均按照规范要求建设到位。

二、2013年主要技术经济指标

2013年完成原煤产量176.37万t，掘进进尺1.26万m，原煤工效为8.24 t/工，矿井综合单产为9.2万t/(个·月)，采区采出率为86%，2013年百万吨死亡率为0，在保证安全生产各项投入的前提下实现利润14374.87

万元，人均收入 10.1 万元，同比增幅 3.6%；矿井环境保护设施的运转率为 100%，完好率为 100%；各类污染物的排放达到国家标准；土地复垦和综合治理全部按计划完成；矿区绿化面积达 37%。

三、安全高效矿井建设的主要做法

本矿始终坚持以建设高效集约型矿井为中心思想，以质量标准化为主线，以提高认识，制定措施，开展攻关，狠抓落实为原则，扎实开展安全高效矿井建设工作。

（1）统一思想，提高认识，加强对建设安全高效矿井的领导。采用多种宣传形式，大力宣传建设安全高效矿井的意义，统一思想，提高广大职工对建设安全高效矿井的认识。成立建设安全高效矿井的领导小组，采取有力措施，加快建设速度，狠抓落实。

（2）依靠技术进步，改革采煤工艺，提高装备水平。寺河煤矿通过引进关键设备与技术，提高了矿井装备水平。①对井下辅助运输系统进行改造，更换大功率无极绳绞车设备，使辅助运输系统在减员提效，安全运转方面取得了一定效果；②对井下主运系统改造，通过对西胶带巷主运带式输送机驱动装置的更换，由原有 5 部设备减少为 3 部设备，使主运系统更加稳定、可靠；③引进先进的采煤工作面设备，液压支架具备了电液控制，采煤机具有手动、无线遥控功能。

（3）科学开拓部署，合理集中生产，优化生产系统。通过科学开拓部署、优化巷道布置，实现了合理集中生产，极大地简化了生产系统和生产环节，为矿井实现节能降耗奠定了基础。通过优化设计，加大采区和工作面长度，从而增加采区储量和服务年限，以解决提高单产带来的服务年限缩短和搬家次数增多的问题，同时也为简化管理创造了条件。

（4）坚持质量标准化，科学管理，全面提升煤矿基础工作。质量标准化是煤矿一切工作的基础，不仅是煤矿安全生产的命根子，而且是实现安全高效的前提条件；从这一基础工作入手，推行科学管理，带动了煤矿企业管理工作的方方面面。安全高效矿井建设的快速发展，得益于质量标准化的持续开展和稳步提高。实践证明，安全高效矿井的企业管理基础工作，不但没有因为追求高效而滑坡，而且在加强中得到不断提高。

山西晋煤集团沁秀煤业有限公司岳城煤矿

一、矿井概况

岳城煤矿是山西晋煤集团沁秀煤业有限公司（以下简称岳城煤矿）下属的一个生产矿井，矿井生产能力核定为150万t/a。岳城煤矿位于沁水县东南部，寺河井田东区和北区的交界处，行政隶属沁水县郑村镇。矿井工业广场位于晋城市沁水县郑村镇东边0.8 km处，距沁水县城约37 km。矿井证载能力为1.50 Mt/a，井田面积13.806 km^2，批准开采3～15号煤层，现开采3号煤层。矿井资源储量为14898万t，可采资源储量6644.3万t，矿井剩余服务年限约38年。

二、2013年主要经济技术指标

2013年岳城煤矿共生产原煤138.96万t，掘进进尺10298.8 m，百万吨死亡率为0，原煤工效达6.86 t/工，矿井安全质量标准化达国家级标准，人均工资9.85万元/人，实现利润21980.58万元，各项指标均达到安全高效矿井建设中行业一级标准要求，其中：综采队最高月产达134055 t，掘进队组最高月进尺达779 m。

三、安全高效矿井建设的主要做法

强化矿井技术改造，提高矿井装备水平是煤矿安全高效矿井建设的重要基础保证。从优化完善矿井各大系统、提高矿井机械化开采水平到建设本质安全型矿井，对矿井配套生产各系统进一步进行了合理调整、优化完善，从而提高了矿井安全生产装备水平，夯实矿井安全基础，有力地推动了“安全高效矿井”的建设工作。

（一）强化矿井技术改造工作，进一步合理完善矿井生产各系统，提高各系统安全可靠水平

矿井对原有的采掘生产各系统薄弱环节进行技术改造，优化矿井安全生产环境。一是优化通风系统，综采工作面实施三进一回通风系统。同时推广采用密闭新材料、新技术，提高密闭质量，减少漏风率，增大综采工作面有

效风量。二是优化井下辅助运输系统，在主要运输线上铺设30 kg轨道2300余米，同时在主要运输大巷安装绞车排绳器，减少运输事故率，彻底解决运料难问题。三是改革支护工艺，掘进工作面采用锚杆+锚索+W钢带+金属网支护，综掘大大提高了支护的安全可靠程度。四是对监控和人员定位系统、视频监控系统进行更新改造，提高矿井监测监控调度能力。通过对配套生产各系统的优化技术改造，使矿井生产各系统更为合理完善，安全、高效、可靠。

（二）突出重点，加强矿井“一通三防”的防治力度

岳城煤矿属于高瓦斯矿井，始终把“一通三防”工作作为全矿工作的重中之重。矿井采取了符合矿井实际、切实可行的安全防治措施，进一步加强“一通三防”的防治力度。

（三）深入持久地开展安全质量标准化工作，努力做到精细化管理，标准化、规范化作业，强化安全基础管理

强化安全基础管理，坚持以抓管理、走正规、上标准、保安全、提效益为工作目标，把安全基础管理工作与安全质量标准化管理工作作为最大效益来抓，由点到面全方位、精细化抓好安全工作。建立自我约束、持续改进、安全生产的长效机制，全面提升矿井的安全生产管理水平。

实施精细化安全管理，做到现场操作标准化、规范化。实施精细化管理，现场标准化、规范化作业是确保矿井安全的基础与保证，为此从作业现场开始，严抓每一道施工工序、工艺，严格按标准化、规范化进行要求，开展比、学、赶、超，争创精品工程，扎实开展“精品工程”达标竞赛和月度安全质量评选活动。

抓制度建设和管理，保证安全生产工作的有效开展。制度是安全管理的保证，岳城煤矿在原有制度的基础上，进一步健全完善了各项管理制度，用制度规范约束职工行为，保证了全年安全生产工作的有序进行。

抓职工培训、完善职工培训教育体系，提高职工素质。抓好培训教育工作是保证矿井安全管理水平提高的前提和基础，进一步强化了职工的培训教育工作，完善了职工的培训教育体系。

冀中能源邯郸矿业集团聚隆矿业有限公司

一、矿井概况

邯郸矿业集团聚隆矿业有限公司前身是临漳县煤矿，开采2号煤层，煤层厚度为3.8～4.5 m，平均4.3 m，无煤尘爆炸危险性，煤层属于Ⅲ类不易自燃煤层。受区域岩浆热变质的影响，各煤层均变质为无烟煤，属半亮型和半暗型煤，条带状结构。高发热量、低磷、低硫。

采煤工作面全部是综合机械化采煤，采煤方法为单一走向长壁后退式一次采全高全部垮落法。井下巷道掘进方式采用综掘和炮掘，支护方式均采用锚网梁（锚喷）支护；局部巷道有套加U型钢和工字钢支护，用来辅助加强支护。

二、2013年主要技术经济指标

2013年原煤产量完成44.86万t；掘进总进尺3045 m。煤炭销量33.1万t，实现利润2002.37万元。原煤工效为3.5 t/工。在职职工人均年收入57296元，同比上年度增长2%。

三、安全高效矿井建设的主要做法

（一）信息化管理与自动化

公司对信息网络化管理与应用非常重视，无论在技术方面、资金方面，还是在人力方面，都给予了很大的支持和投入，通过有关人员的共同努力，使得企业信息化建设有了突飞猛进的发展。现在全公司的信息化建设主要体现在局域网架构、安全生产监控系统、数字视频系统、物资供应管理系统、销售管理系统、信息化办公系统、LED电子屏等几方面，企业管理高度信息化、自动化。

（二）矿井劳动定员管理

公司建立了完善的劳动定员管理制度，并通过现代化手段进行考核。以前少出勤、多报工的现象比较普遍，某些职工在上班报到之后就不见了踪影。使公司的工资管理、成本管理不能实现严、细、准。尤其在材料成本逐步上升的情况下，降低公司工资成本是切实可行、行之有效的经营手段。公司应用的考勤系统是面部识别考勤和射频考勤的两种考勤形式，能准确有效地把井下考勤和地面考勤两项考勤内容结合起来，并且还可以进行一系列特殊设定，以适应更复杂的考勤要求。

（三）强化经营管理，降低生产成本

成立对标管理领导小组，确定材料、工资、电费、修理费等18项对标值，每月对标，严格考核，节奖超罚。推行材料精细化管理，对生产一、二线区队实行材料现场管理百分考核，奖罚直接与区队长、材料员挂钩；取消基层区队小仓库，建成井口物资超市，既方便了生产，又降低了物资库存。加大物资回收复用力度，大搞修旧利废、增收节支活动，全年节支560多万元。通过全方位成本管控，全年完全单位成本控制在304元/t以内，取得较好的经济效益。

（四）加强技术管理，不断优化设计

公司积极与北京科技大学、中国煤炭科学研究总院等相关科研单位合作，采用新技术、新材料对新工广采空区注浆及采煤工作面无煤柱留巷等参数进行优化设计，为下一步矿井资源充分利用、采掘衔接和安全生产创造有利条件。

（五）实施精煤战略，实现经济效益最大化

贯彻落实集团公司“精煤战略”的工作方针，狠抓出块率和精煤产量，实现企业经济效益最大化。采取震动爆破、安装转载缓冲装置等多种措施，有效地提高了块煤产量。

（六）大上机械化装备，提高劳动效率

公司在2116工作面安装的ZY6000/22/45型一次采全高综采支架，有效提高了煤炭采出率和煤质。在皮带上山安装了一部助力车，有效减轻了工人的体力消耗。

山西焦煤集团汾西矿业公司
宜兴煤业有限公司

一、矿井概况

山西汾西宜兴煤业有限责任公司隶属山西焦煤集团汾西矿业公司，矿井位于山西省中部，吕梁山东麓。地理坐标为东经111°39′45″～111°43′48″，北纬36°56′55″～37°00′42″，行政区划上隶属于吕梁市孝义市和晋中市灵石县管辖。本井田呈长方形，南北长约4.00 km，东西宽约3.2 km，批准井田面积12.8 km^2，批准开采煤层是2号。2013年12月29日，山西省煤炭工业厅《关于山西霍宝干河煤矿有限公司等5座煤矿核定生产能力的批复》（晋煤行发〔2013〕1861号），宜兴煤矿生产能力核定为180万t/a。

矿井开拓方式为斜井－立井混合开拓，采煤方法为长壁走向综合机械化采煤，中央并列式通风，井田内共有4个井筒：2个斜井，分别为主斜井和副斜井；2个立井，分别为行人立井与回风立井。主井采用DTL120/65/3×630S型带式输送机，另一侧装备一部JK－3×2.2/20型矿井提升机；副斜井采用2JK－3.5×2.1E单绳缠绕式双滚筒矿井提升机；行人立井采用JKM－1.85×4塔式四绳摩擦轮提升机，装备一对双层非标罐笼；回风立井采用2台FBCDZ－No25型主要通风机，电机功率为280 kW×2，额定风量为3660～7800 m^3/min，额定风压为1000～4350 Pa。根据煤层赋存特征，布置1个水平开采2号煤层，标高＋560 m。基本沿井田中央南北方向在2号煤层中布置560 m集中轨道大巷、560 m集中胶带大巷和560 m集中回风大巷。

二、2013年主要技术经济指标

原煤产量完成131万t，利润完成9798万元，全年无死亡事故发生，实现安全生产年；原煤工效达到7.04 t/工，人均年收入达94000元。

三、安全高效矿井建设的主要做法

（一）系统优化，设备升级，提高了矿井装备水平

综采工作面回采巷道用大煤柱护巷的支护技术，留设煤柱宽度不合理，造成煤炭资源浪费严重，回收率低。宜兴煤业1202综采工作面所采2号煤层是低硫高发热量的优质煤炭，市场价格高，采用5 m宽小煤柱可以节省煤炭资源约10万t，按每吨煤纯利润300元，1202综采工作面采用5 m宽小煤柱开采，获得3000万元左右纯利润。

（二）生态环境治理

严格按照山西焦煤集团公司、汾西矿业集团公司对矸石治理、水土保持、植被恢复、环保设施运行、矿区绿化等的要求，积极开展工作。2013年，宜兴公司按照年初计划投资411万元对已封闭的矸石场进行了综合治理，其中绿化投资380万元左右，绿化面积27660 m^2，使公司整体绿化面积达85742 m^2，绿化率为34.87%（矿区占地面积245875 m^2），进一步绿化、美化了矿区；投资297万元安装了空气源热泵，对宜兴公司职工澡堂进行了改造，建节能降耗，绿色环保矿井。2013年按照计划投资308万元，对生活污水、矿井水、净化站浓水进行了处理后全部回用改造，公司矿井水处理设施设计处理能力为4800 m^3/d，而每天矿井水涌水量为250 m^3左右，因此能够100%得到处理；原煤出来后通过皮带走廊全部进入选煤厂，入选率达100%；井下所出矸石及选煤厂所出矸石按环保要求现全部填沟，并黄土覆盖后绿化治理，处置率达100%：锅炉房所排SO_2、烟尘等全部达国家排放标准。

（三）企业文化建设

宜兴煤业始终把“以人为本”的管理理念作为企业文化建设之灵魂，依托集团公司和汾西矿业丰厚的文化底蕴，创新管理模式，积极探索股份制经营发展之路，确立“诚信、自尊、发奋、进取”的理念和“人才立企、诚信固本、科学兴企、创新强企”的经营理念。公司利用生产、生活区分离的优势，优化矿区环境，大力实施美化、亮化工程。目前，矿区路面全部进行了硬化、绿化，并先后建成生活水净化站、文化长廊、喷泉广场、大型照明设施和LED电子显示屏、停车场、塑胶篮球场、职工阅览室等场所，极大地丰富了职工的业余文化生活。

开滦（集团）有限责任公司林南仓矿业分公司

一、矿井概况

开滦（集团）林南仓矿业分公司位于河北省玉田县西南 12 km 的林南仓镇，矿井东西长约 7 km，南北宽约 3.5 km，整个井田呈不规则椭圆形分布，占地面积约 25 km^2。矿井设计生产能力为 120 万 t，服务年限为 91 年。

矿井采用立井－多水平－区段开拓方式，现有一对中央立井和边界风井。煤层间开采顺序为自下而上的上行开采，采区内同一煤层开采顺序为自上而下。回采工作面布置均为走向长壁方式，各煤层均采用一次采全高，回采工作面顶板控制为自然垮落法。

二、2013 年主要技术经济指标

百万吨死亡率为 0，杜绝了重伤及二级以上非伤事故，安全质量标准化保持了一级水平。全年完成原煤产量 115 万 t，矿井综合单产达到 6.03 万 t/(个·月)，原煤工效达到 5.42 t/工；单进 225 m/(个·月)，掘进进尺 8300 m，机掘进尺 6630 m。采掘关系正常，实现了有序衔接。矿井三量符合规程要求，采区采出率达到 84.5%。采煤机械化程度达 100%，掘进装载机械化程度达 100%，综掘机械化程度达到 80%。全年实现利润 1070 万元，员工年均收入 6.17 万元。

三、安全高效矿井建设的主要做法

（一）继续深化“三按”管理，持续推进“精品矿”建设

公司强化在掘、安、采、回各环节的工程设计和施工中树立整体意识、标准意识，提升了质量标准和经济效益，保证了安全生产。在工程设计施工中，认真落实公司“四位一体”整体设计施工标准。2013 年在 2221、2121 工作面的设计施工中，从掘进开始，各个环节的工作都深入贯彻了掘安采回“一体化”思想，指导施工单位严格按标准施工，保证了工程的安全、合

理、经济，做到了管理标准化、精细化。

（二）以打造本质型安全矿井为目标，继续推进了长效安全工程

（1）全面推进了企业安全文化建设，强化员工安全理念的灌输，不断推进企业安全文化建设，使员工的自觉安全意识有了很大提高。

（2）进一步深化“双标”工程建设，建立了质量标准化动态达标管理机制，探索出了项目负责制、工程档案化管理等好做法，促进了质量标准化动态达标。

（3）继续加强矿井质量标准化工作，推进了“精品矿”建设。将标准化、自主化、品牌化定位为仓矿公司企业文化建设的核心内容和特色。实现“标准化管理、自主化提升和品牌化追求”，实现本质型安全生产和企业的全面进步。

（4）不断加大安全投入，提高矿井防灾、抗灾能力，不断进行矿井安全设施、设备的更新改造。

（三）以“双高”矿井建设为目标，继续推进生产能力保障工程

（1）不断加强生产组织管理，挖潜煤炭储量，随着开采技术和回采工艺的不断改进，生产技术水平不断提高。2013 年对东二小采区 12 煤层进行储量挖潜，充分利用老区域已有井巷工程对该煤层的揭露，通过系列设计优化，对该区域 12 煤层进行储量挖潜。

（2）进一步加强生产区域衔接，增强了公司发展后劲。随着西一、东二小采区的重新投入，采区的接替顺序更为合理，确保了生产衔接的顺利进行。进一步加强掘进综合机械化进尺的应用和保障，掘进的机械化程度有了大幅度提高。

（3）加强了“两化融合”建设，实现井下全程监控管理，大大减少了事故的发生和处理事故的时间，提高了工作效率。

（4）探索适合林南仓矿地质特点的支护工艺，借鉴其他单位的先进施工方法，结合“免维护”理念，加强了对软围岩多硐室交叉支护、膨胀岩石支护等技术的研究，形成了“锚网架棚、壁后充混凝土 + 全断面注浆的联合支护”工艺，有效提高了支护效果和一次成巷率。

昔阳县坪上煤业有限责任公司

一、矿井概况

昔阳县坪上煤业有限责任公司是由原昔阳县坪上煤矿、西南沟煤矿于2006年合并而成，整合后批准开采8号、9号、15号煤层。

煤层的平均厚度为5.53 m，平均倾角为5°，煤矿衔接正常，采煤方法为走向长壁式采煤法；掘进施工采用EBZ－160型掘进机，沿15号煤层顶板截割并自行装煤，刮板输送机、带式输送机运输的施工方法，全断面一次成巷。

二、2013年主要技术经济指标

2013年加强生产管理，加大技术改造投入，加强设备更新。全年生产原煤88.7万t，掘进总进尺为7100 m，矿井综合单产达到73207 t/(个·月)。原煤工效达到6.096 t/工，实现利润221万元，人均年收入5.7万元，采、掘机械化程度均达到100%，综掘机械化程度达到60.2%。采区采出率达到87%。死亡0人次，百万吨死亡率为0。

三、安全高效矿井建设的主要做法

（一）加强组织，着力提高矿领导班子的执行力

强化矿领导班子思想建设、组织建设、作风建设。坚持落实3个制度（重点隐患汇报制度、安全生产工作书面汇报制度、贯彻落实上级政策制度），狠抓6个责任落实（中心组学习制度、矿领导包队制度、矿领导参加班前会制度、党政联席会议制度、矿领导跟值班制度、安全隐患排查制度），以实现矿井“零缺陷、零漏洞、零违章、零事故”为目标，着手创建动态安全管理模式，坚持从细节抓起、从源头防范、在管理中创新、在落实中整改，保证了矿井安全平稳发展。

（二）落实责任，充分发挥职能部室管理职责

一是管理人员和专业技术人员充分发挥管理职责，在管理现场能够发现问题、提出问题、分析问题、解决问题，及时消除管理中的缺陷，堵塞漏

洞，减少失误，使安全管理真正具有预防性和针对性。二是安监部门不断健全安全监督检查体系，落实安全工作目标，层层落实安全检查监督职责，严格追究不落实行为，对事故和责任人严格追究责任，做到不安全不生产，积极维护了安全生产的正常秩序。三是加强对生产过程中人员不安全行为的发展和控制、设备安全性能的检测维修、生产环境安全化的控制、生产工艺过程安全性的动态评价等，对矿井安全生产起到了重要作用。

（三）强化基础管理，充分发挥基层单位职责

（1）一是全面贯彻执行安全生产法律法规，制定完善安全生产制度，全面落实安全规程、规章、制度，排查治理安全隐患，安全、合理、均衡组织生产。二是抓安全教育培训工作，班前会进行一日一题安全知识培训、操作技能必知必会教育，积极学习借鉴“白国周班组管理法”、煤矿安全管理“手指口述”法等先进的安全管理经验，制定了符合本矿发展实际的安全管理措施，有力提高了职工的安全意识和安全操作技能。三是各部门技术负责人全面负责技术管理，严格执行生产技术管理有关规定，负责现场安全技术措施的制定和实施，动态掌握施工条件，及时修改、补充施工方案，攻关技术难题，解决技术实际问题，为加强基础管理和班组建设提供了技术支持。

（2）强化基础管理。一是严格按照《作业规程》规定，坚持正规循环作业，加强工作面支护质量与顶板动态监测，确保了综采工作面的安全生产。二是提高机电运输管理标准，加强小绞车、电气设备、机电运输、日常检查等管理工作，进一步加强了机电运输基础性工作。三是以全面构建“通风可靠、抽采达标、监控有效、管理到位”的瓦斯综合治理体系为目标，坚持“瓦斯抽采、监测监控、以风定产”原则，完善制度、强化落实，不断加强通风系统管理、瓦斯抽采管理、严格防尘管理和防灭火管理，确保了“一通三防”工作的安全管理。

阳泉煤业（集团）有限责任公司三矿

一、矿井概况

阳煤集团三矿成立于1950年，2013年末有地质储量17017.5万t，可采储量为9609.8万t，主要开采上石炭系太原组与下二叠系山西组两个煤系的煤层，可采煤层3层（3号、12号、15号），主采15号煤层。三矿于1960年9月投产，2013年度，矿井实产原煤348.7296万t，三矿职工人数为1156人，全井有10个队，其中综放队2个，掘进队3个，开拓队2个，其他队3个。矿井原煤工效按矿井实产原煤折算，实际完成11.54 t/工，矿井安全质量标准化达一级。

采煤方法为走向长壁后退式综采放顶煤采煤法，顶板控制采用全部垮落法。

二、2013年主要技术经济指标

2013年矿井原煤产量为348.7296万t；原煤工效为11.54 t/工；百万吨死亡率为0。采煤工作面平均单产为146805 t/(个·月)。实现利润1668万元。

三、安全高效矿井建设的主要做法

（一）生产组织管理

公司本着精干高效、先进合理、安全生产、节约挖潜、有利于理顺核算体系、完善经济责任制考核的原则，对采、掘、机、运、通五大生产系统进行了合理定员。为使人力资源配置更加优化、更加科学化，在岗位设置上，坚持提倡一专多能、兼岗操作的用工形式，减少岗位作业人员浪费；在劳动分工方面，实行综合作业、巡回作业的方式，使生产队组工作量达到满负荷。

（二）瓦斯监控管理

瓦斯监控系统对矿井下各工作地点实施瓦斯动态监控并实现瓦斯电闭锁和自动语音报警；煤炭产量远程监控系统全集团公司联网，数据共享；视频监控系统为生产组织管理提供了最直接的平台，提高了调度协调指挥能力；生产信号监控实现井下设备运行情况监控，提高了设备运行管理，提高了开机率。井下皮带实行全面监控，保证了皮带的开机率；井下电网和水泵进行监测监控，保证了井下重点岗位透明管理。选煤、提升集中控制系统大大提高了自动化管理水平，减轻了职工劳动强度，提高了工作效率。

（三）经营成本管理

经营管理方面开发了成本管理系统、财务管理系统、经济责任制考核系统、机电设备管理系统，实现了经营管理精细化。井上下安装了皮带秤计量监控系统，提高了原煤生产计量管理，铁路、公路外运安装了视频、汽车衡、地秤监控系统，实现了全公司联网管理，统一调配车辆，提高了运输效率。

（四）应用新工艺、新技术

（1）优化末采工艺，提高了拆除进度。

工作面末采拉架巷采用新型锚索支护配合柔性金属网等工艺，改变了以往单体支柱挑木梁的支护工艺，大大提高了末采铺网速度和拆架巷质量，减少了人员频繁进入煤帮联网的危险性，为安全快速地拆除创造了条件。

（2）使用“顶板在线监测系统”，指导生产。

在回采工作面支架上安装采集分站对采煤工作面的支架状态进行实时监测。该系统设计科学合理，实测数据准确可靠，矿压理论能指导现场生产，可有效保证回采工作面顶板控制的可靠性和安全性。

（3）在采煤工作面进回风超高段使用锚索连接器。

采煤工作面进、回风巷局部地段超高时，采用锚索连接器吊设罗架木维护顶板，并在罗架木下方支设单体柱顺巷托棚的方法取代棚梁等临时支护。加强了回采工作面两巷超高段（高冒区）顶板支护管理，减小了工人劳动操作强度，增加了安全系数。

阳泉煤业(集团)有限责任公司五矿

一、矿井概况

阳泉煤业（集团）有限责任公司五矿贵石沟井，地处山西省阳泉市平定县冶西镇。井田位于沁水盆地东北边缘，太行山背斜的西翼，地理位置在山西省平定县城西南，呈北东南西向延伸。全井田南北长近 9 km，东西宽近 8 km，总面积约 82.5341 km^2。

矿井开采顺序合理，生产系统完善，环节布局合理，技术先进，设备可靠，各系统衔接顺畅，配套协调。贵石沟井提升、运输、通风、排水、供电等生产系统和各生产环节均符合行业技术规程和标准。

矿井采用主斜井－副立井开拓方式，井下采用集中运输、分区开拓。划分为东西两个条带生产。工作面采用走向长壁采煤法，后退式开采；综合机械化一次采全高采煤方式；全部垮落法控制顶板。掘开煤巷采用综掘施工方式，岩巷采用普掘施工方式。

二、2013 年主要技术经济指标

2013 年五矿贵石沟井加强生产管理，加大技术改造投入，加强设备更新。矿井全年生产原煤 504.65 万 t，掘进总进尺为 1.7148 万 m，矿井综合单产达到 213117 t/(个・月)。原煤工效达到 12.878 t/工，实现利润 4660 万元，人均年收入 6.8997 万元。采区采出率达到 75.33%。死亡 0 人次，百万吨死亡率为 0。

三、安全高效矿井建设的主要做法

（1）加强职工安全宣传教育，强化职工安全意识，特别是单人岗位，加强正规操作教育和岗位操作技术培训，严格执行规程措施的贯彻学习，强化职工正规操作，抓好各级人员的安全岗位责任制落实。杜绝事故发生。

（2）领导干部在日常的走动管理中要仔细观察，队组存在的问题及时安排处理解决，加强监管，超前做好预防。队组要加强队干管理，摆正观念，严把工程质量关、安全关，及时向队长或领导反映生产中存在的问题，常分析、总结，找出不足，及时改进。

（3）将煤矿安全质量标准化及推行现代化矿井运用到矿井安全高效的建设中，提升矿井的标准化水平，达到质量标准化全员参与、全过程控制、全方位实施动态保持的精益管理目的。加强监督检查，每月对各工作面的标准化检查要落到实处，责任到人，严格执行“不标准不生产，不标准就停产整顿”，促进五矿安全质量标准化和现代化矿井建设工作再上新台阶。

（4）应用新工艺、新技术，创造性地开展工作。根据巷道超高情况，在所有工作面进回风非采空侧巷道推广使用4.5 m单体帽柱配合加强锚索的超前支护技术，简化回风超前维护形式，节约成本，减少了超前维护用时。在部分工作面试用端头液压支架，通过试用，端头支架可减少工作面机头维护时间，加大端头维护的安全性，并减少了端头维护的物料及工时投入。工作面采用电液控支架，实现支架成组拉移，邻架操作，不仅提高了移架速度，更提高了生产的安全性。针对五矿所处地质条件，煤层松软情况，计划在83207工作面使用7000 MPa大阻力支架，保证支护质量，减少顶板破碎对五矿的影响，加快推进速度，提升产能。

山西新元煤炭有限责任公司

一、矿井概况

矿井位于山西省晋中市寿阳县境内。该井田面积为136.77 km^2，主采煤层为3号、9号、15号，矿井煤炭工业储量为12.47亿t，服务年限为90.5年。

矿井采用中央分列式通风，共有主斜井、副斜井、中央进风立井和中央回风立井4个井筒。

矿井采用斜井开拓方式，矿井分为两个水平开采，目前开采一水平。主运输采用带式输送机运输，辅助运输采用无轨胶轮车运输。采煤方法为长壁后退式综采，全部垮落法控制顶板。掘进工作面采用综掘，采用锚网联合支护。

二、2013年主要技术经济指标

2013年矿井百万吨死亡率为0，矿井安全质量标准化达省一级。2013年度完成产量268.6645万t，总进尺完成10605 m，矿井原煤工效为15.266 t/工，综合单产为113102 t/(个·月)，采区采出率为80.04%，采煤机械化程度为100%，掘进机械化程度为100%。2013年实现利润7184.09万元，职工平均年收入为7.96万元。

三、安全高效矿井建设的主要做法

（一）生产环节自动化

（1）综采自动化。工作面成功实现了综采自动化，实现了采煤机远程控制和记忆切割、支架跟机作业、远程供配液、运输系统集中监控、视频监测监控、矿压实时观测、语音通信等功能，在自动化技术创新中，公司与厂家一起研发出瓦斯浓度与采煤机速度联动控制和远程自动供配液系统，得到很好的应用。

（2）运输系统集控化。已经实现在井下控制室和调度室的远程集中控制功能。在采区皮带增加了破碎机破碎大矸，防止堵塞煤仓；安装除铁器，最大限度吸除铁器；对落煤点转载装置进行改造，防止转载点卡堵；带式输送机开关升级改造，具备智能监控功能；加装语音设备，实现全巷道语音通信及广播。

（3）综掘机械化。液压运输车采用履带运输，机身低，操作简单，并且在复杂的工矿环境中有很强的适应性。自移式皮带是由新元公司自主研发而成，主要是将刮板输送机运输改为带式输送机运输，把带式输送机机头安装在履带平板车上，减少了设备维护量。巷道喷浆采用国内先进的湿式喷浆机；采用高压软管输送的方式，使输送距离由原来的 70 m 提高到 120 m，使工作效率明显提高，月成巷可由原来的 150 m 提高到 300 m。

（二）通风瓦斯集控化

（1）安全监测监控系统。对井下安全监控系统进行千兆网升级改造，实现了对井下所有监测点的瓦斯、一氧化碳、温度、风速风向、风筒风量等环境参数的监测，能够及时了解井下各个工作面监测点的各种参数。

（2）瓦斯抽采在线监控。瓦斯抽放管道综合参数监控，实现了抽放系统中的甲烷浓度、压力、流量、冷却水温度、水位、电流以及抽放混合量和瓦斯量等数据的实时监测。

（三）机电管理智能化

（1）对井下供电系统进行了保护器升级改造，井下各配电室高低压开关保护器升级为智能数字综合保护器，配备先进的数字式光纤差动保护，在实现了井下供电系统的“四遥”功能同时，实现了煤矿防越级跳闸和井下配电室高低压电网的远程监测监控。

（2）对井下中央水泵房的控制系统进行升级改造，加装性能可靠的压力、流量、负压传感器，能够实现中央泵房的自动排水和远程集中监控。

（3）公司 110 kV 变电站和中央风井场地 35 kV 变电站都安装有微机保护装置，实现远程就地分、合闸操作，数据实时采集、显示，故障报警、滤波、故障记录、查询和定值修改等功能；安装有“防止误分、合断路器；防止带负荷分、合隔离开关；防止带电挂（合）接地线（接地刀闸）；防止带接地线（接地刀闸）合断路器（隔离开关）；防止误入带电间隔”。

山西国阳新能股份有限公司一矿

一、矿井概况

山西国阳新能股份有限公司一矿井田位于山西省阳泉市西北部和盂县东南部，落雁垴—庙梁分水岭便是阳泉市、盂县在井田内的行政分界线。井田东西走向长约 14.5 km，南北宽约 9.8 km，井田面积为 83.6 km^2。截至 2013 年底，保有资源储量为 81959.4 万 t，期末可采储量为 45502.8 万 t。

二、2013 年主要技术经济指标

2013 年一矿加强基础管理，进行了多项技改，加大了装备和安全资金的投入，有效提高了矿井生产能力。各项经济技术指标又有新的突破，经济效益又上一个新台阶。全年生产原煤 745.3 万 t，矿井掘进总进尺为 1.7616 万 m，矿井综合单产达到 210456 t/(个·月)。原煤工效达到 25.16 t/工，实现利润 60166 万元，人均年收入 10.98 万元，采煤机械化程度达到 100%，综掘机械化程度达到 70.23%。采区采出率达到 76.3%。全年未发生人员死亡事故。

三、安全高效矿井建设的主要做法

（一）优化采区布置，布置大采长，大走向工作面

矿井开拓布局以及采区和采煤工作面布置贯彻系统简化、合理集中的原则，在地质条件适合和有安全保障的条件下，进一步简化采区巷道系统，从原先的单翼采区布置改为双翼布置，减少了采区准备巷道布置以及采区煤柱的留设，增加了采区采出率，减少了人力、物力的投入等。适当增加采区走向长度和工作面长度，提高采区和工作面生产能力，目前公司一矿回采工作面采长为 180 ~ 235 m，顺槽长度为 1200 ~ 2000 m，不仅减少了掘进巷道，提高了衔接进度，同时减少了工作面的搬家倒面、初末采、安装拆除次数，大大提高了生产效率，达到了高产高效。

（二）依靠科技创新，加快安全高效矿井建设

（1）采用高电压大功率综采设备。随着矿井不断向安全高效发展，工

作面趋于大采长、大走向的布置，公司一矿 2006 年第一次引进了 3300 kV 高电压综采成套设备，高效率低事故率，使得全矿产量整体有了质的飞跃。

（2）大胆革新放顶煤计量工艺。首次在各个综放队的顺槽皮带上引入了电子皮带秤计量方式，改变了以往“人盯人”的落后管理模式，井下网络与井上网络相连，能够通过视频和计量系统对产量进行远程监控，提高了计量的准确性，在一定程度上提高了工作面的采出率。

（3）成功推广无极绳连续牵引配套人车、行人助力车。随着矿井的不断延深以及大采长工作面的布置，增加了运输距离及工人的行走距离，一矿在采区轨道巷及工作面运输顺槽基本上实现了无极绳连续牵引装置。另外配置了配套的人车，供人员乘坐，并在采区行人斜巷安设了行人助力车，有效地节省了井下职工上下班路途中的体力和时间，大大提高了工作效率。

（4）更新改造架空乘人装置（猴车），提高运输效率。丈八斜井猴车由于采用固定式猴杆运行，在人员入井高峰时，人数达 900 人左右，人员要滞留 20 min 以上，要用 50 min 才能把井上人员全部运下井，运输效率较低，已严重影响矿井的生产能力，为了适应安全生产新的要求，实施了二次更新改造，最大运送量由原 500 人/h 增加到 813 人/h，大大提高了运人效率。

山西昔阳运裕煤业有限责任公司

一、矿井概况

运裕煤矿位于昔阳县中部，距昔阳县城约 8 km，行政区划属昔阳县大寨镇管辖。其井田面积为 6.1132 km^2，可采煤层为 15 号煤层，矿井瓦斯等级为高瓦斯，自燃倾向等级为Ⅲ类，属不易自燃煤层，亦无煤尘爆炸性。

公司采用斜井－立井开拓方式，共布置 4 个井筒。全井田划分为一个采区。目前，公司有 1 个综采面，3 个掘进工作面，公司实行“一井一面”生产，可采 15 号煤层，煤层平均煤厚 5.0 m 左右，采煤工作面采用走向长壁后退式综采放顶煤开采，采用全部垮落法控制顶板，MG300－700WD 双滚筒采煤机落煤装煤，ZF5000/17/28 低位放顶煤液压支架维护顶板，SGZ－764/630 前后刮板输送机运煤，所有设备保护齐全，安全高效。掘进工作面巷道均采用 W 钢带、金属网、锚杆、锚索联合支护。两帮支护形式为锚杆、金属网支护。综掘工作面使用 EBZ－160 型综掘机截割煤体并自行装煤的施工工艺。普掘工作面采用光面爆破、全断面一次打眼、毫秒电雷管一次爆破的掘进施工工艺，ZMCY－60R 型侧装机装煤。目前，公司在普掘工作面使用了 ZWY－80/45L 型扒渣机，提高了出矸效率。

二、2013 年主要技术经济指标

2013 年度公司实际完成产量 90 万 t，总进尺完成 6000 m，矿井百万吨死亡率为 0，实现利润 100 万元，职工平均收入为 7.3457 万元，高于本企业上年度 1%，矿井原煤工效为 6.353 t/工，综合单产为 86382 t/月，采区采出率厚煤层为 78.5%，采煤机械化程度为 100%。

三、安全高效矿井建设的主要做法

（一）改善和升级掘进装备和工艺

（1）岩巷推广快速作业线，实现连续作业。公司在岩巷推广使用 ZWY－80/37L 扒渣机代替耙岩机作业，实现了“风钻打眼＋扒渣机＋矸石溜皮带运输”快速作业线，实现了连续作业，保证了施工安全，提高了生产效率。

（2）推广湿式喷浆机，淘汰明令禁止的干式喷浆机。公司锚喷巷道喷浆推广使用湿式喷浆机代替原干式喷浆机，改善了作业环境。

（二）深化矿井安全质量标准化建设，夯实安全基础

公司成立了安全质量标准化领导组，设置了采、掘、机、运、通、地测、调度等11个专业组，每月由总经理定期组织召开月度质量标准化专业会，已形成固化制度。在回采工作面推进过程中，坚持动态拉线、支柱有力；在巷道成型上，坚持采用画圈定眼、光面爆破；在巷道支护时，坚持上尺、上线；机电设备统一编号，性能牌板、手指口述牌板、操作要领牌板进行了统一的框架管理；所有绞车操作按扣、声光信号有统一的操作平台，在运输绞车地点全部安装照明，并坚持质量标准化和职工工资收入挂钩。

（三）规范巷道支护设计，"一巷一策，一段一策"

科学合理优化支护设计，对不同类型、不同矿压、不同岩性的巷道应采取不同的支护设计，适当加大锚杆间排距，做到一巷一策、一段一策。支护设计原则上非动压巷道应以锚杆锚索支护为主，小断面岩巷应依据服务时间和功能用途简化支护，尤其是加强锚索的间排距和数量，以满足使用为原则。

（四）合理部署突出煤层掘进衔接，提高煤巷循环效率

按照瓦斯治理规划方案，加大突出煤层巷道单进：一是风量条件具备时，增加备用掘进面，保证连续生产；二是要加快岩巷掘进速度，为打钻预抽创造充足条件；三是理顺煤巷钻、抽、掘的衔接关系，通过采取钻抽、水力压裂、深孔预裂爆破和二氧化碳爆破等一系列预抽措施，提高掘进有效时间和效率，推广应用深孔预裂爆破技术。

神华宝日希勒能源有限公司露天煤矿

一、矿井概况

神华宝日希勒能源有限公司露天煤矿煤田距呼伦贝尔市中心约 22 km，距陈旗旗政府巴颜库仁镇 20 km，海拉黑公路由矿田西侧通过，该公路为本矿主要煤炭地销通道；本矿有一条铁路专用线与公司铁路专用线及滨州线相连，该铁路为本矿煤炭外运主要通道。

本区煤田成煤于中生代晚期，地层由下至上发育有侏罗系上统兴安岭群和扎赉诺尔群南屯组，大磨拐河组；新生系的更新统和全新统。本区含有1、2、3 三个煤层群，1^2 煤层全区发育而稳定，厚度大，是露天矿主要开采层，煤层最大可采厚度为 28.00 m，最小可采厚度为 7.21 m，平均可采厚度为 22.16 m，倾角小于 6°，地质储量为 158364.52 万 t。该煤层与其他煤产区煤质相比，具有灰分低、发热量高、水分低、挥发分高、特低硫、低磷、有害成分低等特点。

开采工艺为单斗—汽车工艺。开拓运输方式为工作帮移动坑线组沟开拓，实现煤岩分流的采场运输方式。开采设备主要有 108T、TR－100、MT4400、SF33900 等大型车辆 55 台、10 m^3 电铲 4 台，35 m^3 电铲 5 台。破碎采用每小时 2000 t 的 2 台一级破碎机和每小时 3000 t 的 2 台一级破碎机进行破碎。土方剥离初期采用外排，后期实现全部内排。采场地下水采用超前疏干结合坑内强排方式。1998 年 9 月开始建设，2013 年产量为 3130 万 t，核定生产能力为 3500 万 t。

二、2013 年主要技术经济指标

全年计划原煤产量为 3000 万 t，实际完成 3130 万 t，超产 130 万 t，2013 年经济利润总额为 158700 万元，2013 年在籍职工 980 人，原煤工效为 116.05 t/工。全年土方剥离任务计划为 11200 万 m^3，实际完成 11300 万 m^3，与计划相比超 100 万 m^3。全年计划吨煤成本为 51.47 元/t，实际吨煤成本为 50.19 元/t，与计划相比，吨煤成本降低 1.28 元/t。

三、安全高效矿井建设的主要做法

（一）制定任务考核管理办法

将生产任务指标进行分解落实。根据生产作业计划进行日考核、月兑现，把任务层层落实到各台设备，分解到每个人头，每日进行统计上墙，形成比对、赶超的浓厚的安全生产氛围，有效地调动了职工工作积极性。

（二）总体部署，合理优化开采方案

（1）根据2013年露天煤矿总体规划方案，组织设计坑下整体开采（包括底板煤回收）方案、治水方案。对泵房移设位置、主排水管路及供电系统布置、毛石疏干网络的对接等工程进行了科学、细致的规划，确定各项工程的工作量及时间进度安排。

（2）抓好煤质工作。依据2012年煤质钻孔数据，对坑下煤质进行了详细的计算，提出科学的配煤方案。

（3）超前设计，统筹安排，在西北帮采用横采内排跟进技术，合理安排外委公司内排压角与采煤进度，成功回采西北帮煤炭300万t，给公司带来经济效益3亿多元。

（4）优化内排时移动坑线，开拓运输系统的运输道路，利用内排土场形成内排土场移动坑线运输道路，节省运距2 km以上。

（5）采用中间桥排土方案，降低运距的同时减少了南端帮及北端帮的运输道路的运输压力，既保证了安全，又节省了运距，降低了生产成本，通过中间桥的设置节省运距至少1.2 km。

（6）创新提出冻土预深翻掩埋处理技术，摈弃了成本高、安全系数低的冻土爆破，仅冻土一项就为公司节约成本2000万元。

（三）总结经验，克服极端寒冷天气对安全生产的影响

2013年年初，矿上再次经历了长时期超过零下四十几摄氏度的严寒天气，在认真总结去年防寒防冻工作经验的基础上，超前考虑组织协调，掺烧-50号燃油，大大降低了设备的故障率，最大限度地减少因恶劣天气对安全生产造成的影响。在设备出现故障或遇到恶劣天气影响等情况时，超前做好煤场存煤，安排设备做好应急倒运工作，保证供煤需求。

（四）土方剥离量再次超过一亿立方米

合理调整采、运、排各项技术参数，科学划分施工场地。超前谋划、提早安排土方开工时间，今年土方开工期实际比往年提前20天。提前招标外委爆破公司对冻土进行爆破处理，为外委土方施工单位提前开工创造了施工

条件。

为确保安全生产对南帮已经治理完成的采空区进行再次勘探治理，为土方施工单位采场剥离和排土创造了安全条件。完成外委施工单位人员的特殊工种培训 1783 人次。为了能尽快完成培训工作，协调培训中心和后勤服务公司，在六楼会议室、露天区域食堂、源源公司食堂三地同时开班培训，最大限度地容纳培训人数，缩短了人员等候培训时间，也为土方施工单位的提前开工创造了条件。向每个施工队伍派遣一名技术人员，指导土方施工工作，帮助外委单位解决施工中遇到的问题，为土方任务的圆满完成提供了技术支持。

（五）安全生产实现“零伤害”目标，晋升集团本安体系一级达标单位

全面落实两级公司安全管理要求，深入开展了如何实现“零伤害”和“敬畏生命”大讨论活动，进一步提升了职工的安全生产责任意识。矿、段、科室领导坚持值班带班制度，深入一线，强化现场管控，确保全年安全生产工作的良好态势，实现晋升集团本安体系一级目标。

神华集团北电胜利能源有限公司
胜利露天煤矿

一、矿井概况

胜利露天煤矿隶属于神华北电胜利能源有限公司，位于胜利煤田的中西部，距锡林浩特市 6 km，东西平均长 6.84 km，南北平均宽 5.43 km，面积 37.14 km^2。煤种为褐煤，井田内可采储量 18.90 亿 t，资源可靠，开采条件优越。煤质为中灰、低硫、低磷、中等热值的褐煤。主要可采煤层为 5 号和 6 号煤层，煤层倾角小于 5°，5 号煤层平均厚 18.16 m，发育稳定；6 号煤层平均厚度 36.64 m 左右，发育最稳定。

胜利露天煤矿采用单斗—卡车间断工艺进行剥采生产，单斗—卡车 + 半固定破碎站半连续工艺进行原煤开采，采用混合分层的开采方法，台阶高度 12 ~ 15 m。露天矿设备能力满足全部自营剥离，机械化水平达到 100%。

二、2013 年主要技术经济指标

2013 年胜利露天煤矿生产能力核定为 2000 万 t，计划剥离量 3600 万 m^3，实际完成 3740 万 m^3，完成计划的 103.89%。计划原煤生产 1800 万 t，实际完成 1784.02 万 t。实际生产剥采比为 2.05 m^3/t。原煤工效为 81.27 t/工，全年实现利润 6019 万元，职工人均年收入 12.25 万元。

三、安全高效矿井建设的主要做法

（一）注重科技创新，应用先进技术，为安全高效保驾护航

煤矿注重科学技术在露天煤矿建设中的重要作用，始终坚持科学技术是第一生产力的原则，紧紧围绕“人才”做文章，提高露天煤矿决策的科学性、管理的人性化，向管理及技术要效益，促进了露天煤矿建设工作的安全、高效推进。

胜利露天煤矿结合生产规模大，为满足提高露天煤矿技术工作效率和技术含量的实际需要，注重科技方面的硬件建设和投入，积极采用先进的技术

设备，应用现代化科技手段，优化开采工艺，使露天煤矿的生产技术条件得到了明显改善和提高。

2013 年，胜利露天煤矿实验了加拿大 Cypher 公司最新科技产品——FRT 露天矿山快速筑路材料，实验路段 250 m 均收到了良好的试用效果，为保持道路质量，减少轮胎磨损，节省燃料提供了重要的技术措施。

为了提高测量验收和开采位置精度，胜利露天煤矿与北京天拓斯特科技有限公司合作，在该矿架设了天宝 CORS（连续运行卫星定位服务系统）单基站和 4 台天宝 GPS 流动站，并对相关技术人员进行技术培训，这一技术引进对该矿工程质量的提高具有重要意义。

设计并实施了无煤区中心孤岛工程，在降低开采成本，提高经济效益的同时，方便生产管理人员对采场整体生产布局进行鸟瞰，又美化了露天煤矿的生产环境。

（二）安全责任和隐患治理同落实，信息平台和企业文化共建设

2013 年，矿井各级管理人员按照“做人真诚，做事认真”的企业精神，牢固树立“露天煤矿能够做到零事故”的管理理念，坚持各级领导“谁主管、谁负责”、管理人员“谁检查，谁负责”、安全教育“谁培训，谁负责”、现场作业“谁操作，谁负责”、安全协管“谁联保，谁负责”的原则，形成行政矿长负总责的逐级负责的安全生产责任体系。

生产过程中强化隐患排查与治理，杜绝了各类重大事故的发生。根据上级一系列文件精神，及时制定和完善了隐患排查责任追究制度，并加大安全监督检查力度，及时排查分析管理范围内的重大隐患和薄弱环节，并对排查出的各类隐患下发隐患整改通知书，将责任落实到相关责任人。定期组织隐患排查，对排查出的隐患做到措施、人员、时间、奖罚“四落实”，并安排复查、验收，直至消除隐患。

2013 年，胜利露天煤矿运行了集团公司引进的 ERP 系统，根据科学合理的方法有效配置资源。启用了矿业权管理系统，更新了储量管理系统，进一步细化了胜利露天煤矿资源管理数据。引进了天宝测量 GPS 流动站技术，增强测量数据的精确性。通过这些信息化建设为提高办公效率和生产效率奠定了基础。

附录一　坚持服务宗旨　积极应对挑战 努力促进煤炭工业健康可持续发展

——中国煤炭工业协会四届理事会第三次会议工作报告

王显政

（2015 年 4 月 10 日）

各位理事、各位代表，同志们：

现在，我代表中国煤炭工业协会第四届理事会，向大会报告过去一年的工作，请予审议。

一、关于 2014 年协会重点工作回顾

2014 年，是煤炭行业改革发展进程中不平凡的一年。一年来，在国务院国资委、民政部、国家安监总局党组的领导下，在国家有关部门和会员单位的大力支持下，我们坚持以构建中国特色一流协会为目标，以提升煤炭工业发展的科学化水平为主攻方向，围绕中心，服务大局，认真履行职责，发挥桥梁和纽带作用，加强自身建设，深入开展调查研究，积极反映行业诉求，深化市场化改革，推动煤炭供给、消费、技术和体制革命，加强国际交流合作，推进行业文化建设。重点开展了以下几个方面的工作：

（一）密切跟踪形势，推动行业脱困工作，积极应对煤炭经济下行挑战

一是开展经济运行调研，反映行业情况，推动了行业脱困工作机制的建立。针对连续 3 年来煤炭市场持续低迷、价格下跌、库存高位、企业效益下降、经营困难的严峻形势，组织 10 个调研组分赴 17 个主要产煤省区、36 家大型煤炭企业，开展调研活动，形成全国煤炭经济运行、煤炭税费、进口煤、商品煤质量等多项调研报告，多渠道向国务院和有关部门反映行业情况，得到了国务院领导同志的重要批示。按照国务院的决策部署，国家发展

改革委、国家能源局、国家煤监局和煤炭工业协会会同有关部门，建立了煤炭行业脱困工作联席会议制度。截至目前，已召开了25次联席会议和多次多部门参加的协调会和座谈会，研究制定了30多项政策措施并积极推动落实，行业脱困工作取得了阶段性成果。

二是加强政策研究，为行业发展营造良好的外部环境。在深入开展煤炭税费改革研究的基础上，提出了有关煤炭税费改革的意见和建议，得到了国务院领导同志的重要批示；向有关部门提交地方涉煤收费清单，促进了"清费立税"相关政策落实。开展煤矿退出机制研究，向国家发展改革委、财政部等有关部门正式报送了新时期煤矿有序退出的政策建议。向国务院报送商品煤质量标准研究成果，推动了《商品煤质量管理暂行办法》《商品煤质量评价指南》国家标准的出台。向有关部门报送了金融支持煤炭企业清单，建议对重点煤炭企业给予金融信贷扶持，缓解企业资金紧张压力，努力为行业发展营造良好的外部环境。

三是加强行业自律，推动控制煤炭总量等相关措施实施。2014年7月12日，协会组织召开了晋陕蒙三省区政府和14家大型煤炭企业参加的"7+2"机制扩大会议，分析形势，研究对策，形成了"控制煤炭总量、规范煤炭进口、推动价格理性回归、完善考核机制、减轻企业负担"等行业共识；向会员单位发出加强行业自律，不超能力生产，不违法违规建设的倡议，得到了大型煤炭企业和有关部门的积极响应。引导会员单位在保障安全生产和煤炭稳定供给的前提下，全面实行节假日正常休假和煤矿工人带薪年休假制度，减轻煤矿工人劳动强度，控制煤炭总量。研究煤炭进出口政策，提出了规范煤炭进出口、加强质量检测、控制劣质煤进口等建议。在煤炭行业脱困政策措施的指导下，全国煤炭产量盲目增长势头得到控制，煤炭进口量下降，市场价格出现了小幅波动态势。

（二）完善科技创新体系，搭建科技创新平台，推进煤炭科技进步

一是加强了科技创新平台建设。举办了煤炭工业技术委员会2014年年会暨高峰论坛，完成了煤炭工业技术委员会换届工作，成立了战略与管理、煤田地质等29个专家委员会，1006名行业各领域专家当选煤炭工业技术委员会委员，进一步健全了煤炭科技创新平台。

二是开展科技成果鉴定、科技奖评审和国家奖推荐工作。完成了2014年度中国煤炭工业协会科学技术奖评审，328项成果获奖。推荐的4个项目获得国家奖，其中"特厚煤层大采高综放开采关键技术及装备"项目获得国家科技进步一等奖。7个项目获得第十六届中国专利奖。组织开展了行业

科技创新发展指数研究和年度科技发展报告编制工作，完成了国家863计划、新时期重大技术装备项目和2014年创新人才推进计划的行业推荐工作，研究提出推进行业知识产权工作的指导意见。启动了行业研发中心评审认定，完成了国家级工程研究中心的行业推荐工作。

三是推广行业典型，推动煤炭结构调整与转型升级。连续12年发布中国煤炭企业100强，推动煤炭大集团建设。组织召开煤炭行业两化深度融合型智能矿山现场会，推动煤炭科技进步和煤炭生产方式变革。召开煤粉型工业锅炉清洁高效利用现场会，推广清洁燃烧技术，促进煤炭清洁高效利用。召开煤炭行业现代物流产业推进会，为企业转型发展搭建平台。召开全国煤矿防尘降尘技术交流会，集中展示全国煤矿防尘降尘技术管理和尘肺病防治工作取得的成果，倡导安全发展和职业健康理念，探索新时期煤矿防尘降尘和尘肺病防治工作思路。

四是开展煤炭重点领域关键技术标准研究制定。全年共组织申报标准计划145项，批复110项，报批标准45项，批准公布44项。完成了《商品煤质量评价与控制技术指南》标准（送审稿）；推荐的国家标准《中国煤炭分类》(GB/T 5751—2009）获得中国标准创新贡献奖一等奖。

（三）创新体制机制，深化煤炭市场化改革，促进全国煤炭交易市场体系建设

一是贯彻落实国务院有关文件精神，推进煤炭市场体系建设。认真贯彻落实国办发〔2012〕57号文件精神，按照《国家发展改革委关于深入推进煤炭交易市场体系建设的指导意见》(发改运行〔2014〕967号)，推进了全国煤炭交易数据平台建设，初步构建起涵盖宏观经济、煤炭及相关领域各环节的大数据体系。发布实施了《煤炭购销合同示范文本（2015版)》。发布陕西、鄂尔多斯煤炭价格指数。与辽宁省大连市和陕西省人民政府联合，成功举办了2014夏季全国煤炭交易会和2015年全国煤炭交易会暨市场化论坛，推动煤炭交易模式和交易技术创新。

二是健全和完善市场运行监测预警机制。健全了煤炭经济运行监测和信息发布机制。完善了“4+1”下水动力煤企业联谊机制、“7+2”大型企业信息交流机制、“6+1”煤炭市场组织沟通机制和“三省两公司”联系机制，按周发布煤炭价格指数、按旬发布行业运行简报、按月发布行业分析报告和景气指数、按季度发布行业预警，引导企业科学组织生产经营。

三是加强了统计信息平台建设，提高了协会信息服务水平。完善了协会统计数据采集系统，修订发布了《煤炭工业统计报表制度（2015—2016)》，

提出了煤炭工业综合评价指标体系。完成了国家煤炭工业网、行业统计和信息刊物的改版工作。

（四）完善教育培训体系，推进职业技能鉴定工作，行业基础工作不断加强

一是加强了行业人才培训体系建设。加强煤炭远教网资源、平台和市场建设。推进国家开放大学煤炭学院建设，开展职业经理人执业资格认证和班组长安全培训。乌金蓝领素质提升工程、煤炭大讲堂、实用小课堂走进煤矿基层，反响强烈。

二是选树典型，做好评优树先工作。完成了2012—2013年协会先进会员和先进个人评选工作。推广发布了煤炭企业现代化管理创新成果。推荐的神华集团和淮南矿业瓦斯综合治理与利用项目获得第三届中国工业大奖。

三是行业技能鉴定工作取得新成果。成功举办第二届全国煤炭行业露天专业职业技能竞赛和第三届煤炭职业院校技能大赛。命名表彰了第三批行业技能大师、技能大师工作室。全年完成职业鉴定25.3万人，其中21.1万人获得职业资格证书。完成第十二届中华技能大奖、全国技术能手、国家技能人才培育突出贡献奖的推荐工作。

四是加强行业信用体系建设，提升行业信用管理水平。完成了行业278家企业的信用等级评价和复查工作，提出了深入推进行业信用体系建设的指导意见。召开了年度行业企业社会责任报告发布会，编制了行业社会责任指南，扩大发布企业范围和数量，提升了煤炭行业的诚信度和公信力。

（五）夯实煤矿安全基础，推动安全生产形势明显好转

受煤监局委托，组织行业专家开展《煤矿安全规程》修订工作。做好瓦斯防治部际协调领导小组的相关工作，深入推进瓦斯综合治理科技创新与示范工程建设。配合国家煤监局，开展“千名干部与万名矿长谈心对话”活动。组织专家开展50个重点县矿长标准化培训。修订了煤矿生产能力核定标准和管理办法。开展安全生产科技会诊和煤矿开采损害技术鉴定工作。开展安全质量标准化一级煤矿评审及抽查工作。完成了安全高效矿井（露天）评审，出版了《煤矿作业规程技术手册》。2014年，全国煤矿事故死亡931人，煤矿平均百万吨死亡率下降到0.255。

（六）搭建对外交流平台，扩大中国煤炭工业的国际影响

加强了与美国劳工部合作，深化了第六轮中美战略与经济对话成果；加强与印度驻华使馆交流，促进中印煤炭领域深度合作。与澳大利亚猎人谷矿业联合会签署谅解备忘录，巩固了与美国国家矿业协会和洲际交易所集团的

合作关系。成功举办2014中国国际煤炭加工利用及煤化工展览会，组织参加了世界采矿大会第95届组委会会议、2014世界煤炭协会大会、第三届国际低阶煤大会和第五届阿斯坦纳国际矿业冶金大会，提升了中国煤炭的国际影响力。发挥贸促会煤炭分会作用，组织召开第三届中国煤炭企业国际化研讨会，提出了中国煤炭企业海外投资、技术装备贸易联盟组建方案，为煤炭企业“走出去”提供支持。

（七）加强行业文化建设，推动煤矿文化繁荣发展

深入贯彻落实中央关于社会主义文化建设的战略部署，落实协会关于促进煤炭文化建设的指导意见，组织召开行业文化建设经验交流会，成立了文化建设委员会，加强行业文化指导。举办“乌金杯”“乌金奖”系列赛事，开展矿区文化广场推选活动，举办了我们的中国梦－全国优秀艺术作品展、煤矿职工美术书法摄影精品展、全国煤矿楹联书法艺术展、首届煤炭在京职工书画摄影展。组队参加了第七届全国行业协会在京单位乒乓球比赛、央视“谁是球王”羽毛球民间争霸赛等活动，丰富矿区职工文化生活。

（八）加强协会党建工作，深入推进教育实践活动整改落实

组织召开了协会教育实践活动总结大会，总结教育实践活动成果，深入推进整改落实。认真贯彻落实中央八项规定，进一步改进工作作风，提高服务会员水平和能力。落实党委的主体责任和纪委的监督责任，健全惩治和预防腐败体系工作规划，强化监督机制，促进了协会党风廉政建设。加强员工培训，开展了丰富多彩文体活动，营造了团结、和谐、宽松的工作氛围。受共青团中央委托，煤炭行业共青团推进与指导委员会的工作稳步推进，加强了协会与会员单位党团组织的联系。

（九）加强协会自身建设，为构建中国特色一流协会奠定了坚实基础

加强协会制度体系建设，完善了协会内部管理机制。召开协会人事工作会议，加强了协会干部选拔任用、干部兼（任）职、个人事项报告、因私出国（境）管理。强化协会财务管理和内部审计制度，加强预算管理，制定了协会所属单位绩效考评办法，确保协会资产保值增值。加强了分支机构管理，提高了协会工作的协同性。完善了协会新闻发布制度，建立了与主要媒体的日常联系机制，加强了行业新闻宣传和舆情监测工作，注重舆论引导，宣传行业改革发展成绩，反映制约行业平稳运行的矛盾和问题，为行业健康发展集聚正能量。

回顾一年的工作，我们深深地体会到，做好协会工作，一是坚持服务宗旨，推动改革创新，站在煤炭工业发展战略的高度，提出前瞻性思考，引导

行业科学发展，是协会各项工作的出发点和立足点。二是坚持以构建中国特色一流协会为奋斗目标，加强支撑体系、工作平台和品牌建设，增强凝聚力、扩大影响力、提高综合实力，是协会工作的核心任务。三是坚持依靠会员单位，反映行业诉求，争取政府部门的支持，赢得会员信赖、政府认可与社会关注和赞同，是发挥协会桥梁和纽带作用的关键。四是坚持依靠科技进步，组织召开现场会、交流会，抓典型、树样板，推动结构调整与转型发展，促进产业升级，是协会工作的重要抓手。

过去的一年，协会各项工作都取得了一定的成绩。这些成绩的取得是国务院国资委、民政部、国家安监总局、煤监局和国家发改委、国家能源局等政府有关部门正确领导的结果，是全体会员单位、理事大力支持的结果，是社会各界关心、关注和关怀的结果，也是协会全体工作人员不断开拓进取、勇于创新、共同努力的结果。

在此，我代表中国煤炭工业协会，向长期以来支持煤炭工业改革发展、支持煤炭工业协会工作的政府部门、社会各界、会员单位、各位理事和协会工作人员，致以崇高的敬意和衷心的感谢！

二、认真学习“四个全面”重要战略思想，适应经济发展新常态，推动煤炭革命，促进煤炭工业健康可持续发展

党的十八大以来，习近平总书记就治国理政提出了一系列新思想、新观点和新论断，成为统一全党共识、凝聚中华民族奋进力量、夺取中国特色社会主义新胜利、实现中华民族伟大复兴中国梦的强大思想武器。2014 年 12 月，习近平总书记第一次明确提出了“四个全面”的总体布局。“四个全面”相辅相成、相互促进、有机统一：全面建成小康社会是奋斗目标，全面深化改革是强大动力，全面依法治国是根本保障，全面从严治党是确保党始终成为中国特色社会主义事业的坚强领导核心，是新常态下波澜不惊、破浪前行的压舱石。“四个全面”是针对新形势下的机遇、挑战和历史任务而提出来的重要战略思想和战略布局。认真学习和领会“四个全面”的重大战略思想，是当前和今后一个时期的首要政治任务，要准确把握“四个全面”的丰富内涵和精神实质，贯彻落实“推动能源消费、供给、技术、体制革命和全方位加强能源国际合作”的工作总要求，认识新常态、主动适应新常态、引领新常态，抓住用好新常态蕴含的新机遇，高度重视面临的风险和挑战，增强忧患意识和底线思维，趋利避害，推动煤炭革命，促进煤炭安全高效绿色智能化开采和清洁高效低碳集约化利用，提升煤炭工业发展的

科学化水平。

（一）准确把握煤炭行业发展的阶段性特征，增强忧患意识，转变发展理念，主动适应经济发展新常态

受宏观经济“三期叠加”等多重因素影响，煤炭行业进入了需求增速的放缓期、过剩产能与库存的消化期、环境制约的强化期和结构调整的攻坚期，“四期并存”的发展阶段，呈现出许多新变化、新特点、新趋势，特别是在推动能源革命和经济发展新常态下，煤炭工业发展进入了战略转折时期。

一是煤炭行业依靠数量、速度、粗放型的发展阶段已经结束，转变发展方式势在必行。随着我国经济由高速增长转为中高速增长，能源消费强度下降，煤炭消费量以年均 2 亿 t 增长的时期已经结束，煤炭需求增速放缓将成为行业发展的新常态。

二是煤炭企业依靠上项目、铺摊子、扩大规模的发展模式难以为继，可持续发展面临新的挑战。根据国家能源局关于“十三五”煤矿建设“东部原则上不新建；中部（含东北）退一建一、适度建设资源枯竭接续项目；西部建设电力外送配套项目”，从严控制 120 万 t/a 以下煤矿核准的原则，传统的依靠上项目、铺摊子、增加投资、扩大规模的发展模式已经走到了尽头。

三是当前煤炭产能过剩已成定局，短期内市场供大于求的形势很难改变。根据多家研究机构预测，我国煤炭消费峰值大多集中在 48 亿 t 左右。据相关数据，目前全国现有煤矿产能 40 亿 t，在建煤矿产能 10 亿 t 以上，还有部分违规建设煤矿的产能，即使考虑今后一个时期，淘汰一批落后产能，全国煤炭产能过剩的问题也已经十分突出。

四是煤炭市场价格低位运行已成常态，依靠价格大幅回升提高效益将成为历史。目前，秦皇岛 5500 大卡动力煤价格由 2011 年最高点的 860 元/t 下降到目前的 450～460 元/t。在市场需求低迷、库存居高不下的情况下，稳定煤炭市场价格仍有难度，推动价格大幅回升更难，期盼以价格大幅上涨来提高企业经济效益将成为历史。同时，“以量补价、让利不让市场”的传统市场竞争模式难以为继。

五是煤炭结构调整与转型发展任务十分艰巨，行业发展理念、体制机制亟待创新。一方面，经过多年努力，区域性煤炭企业兼并重组基本完成，跨区域、跨所有制、跨行业的企业兼并重组仍面临体制机制障碍；推动煤炭供给革命，促进行业向生产服务型转变，还面临产业融合、技术、人才等诸多

困难，转变发展理念、推动体制机制创新，促进煤炭结构调整与转型发展还有大量工作要做。另一方面，新的环保法的实施、能源结构调整优化、控制煤炭消费总量、加强节能标准化等政策措施的出台，对煤炭产品质量的要求进一步提高。煤炭结构调整的任务已经从产业结构调整转向供给结构、需求结构和要素结构的全方位调整，调整需求结构，特别是扩大消费需求，需要攻克诸多技术瓶颈，难度会更大。

（二）深入研究经济发展新常态下煤炭工业发展的新机遇

国务院《能源发展战略行动计划（2014～2020年）》提出，到2017年京津冀鲁煤炭消费减少1亿t、长三角和珠三角地区煤炭消费负增长的要求，未来10～20年我国即将进入煤炭消费峰值的平台期。但也必须看到，目前，我国水电开发规模已占经济可开发资源量的70%，大规模增加水电难度加大；风电仍存在设备利用小时数低、发电成本高、风能不稳定等技术经济问题。根据国家能源规划，到2020年，我国非化石能源比重按15%的要求，2015—2020年间，需要年均增加水电1200万kW、核电650万kW，仍具有较大难度。因此，短期内大幅度提高新能源、可再生能源利用的比重，还需要一个较长的过程；随着煤炭安全高效绿色智能化开采与清洁高效低碳集约化利用技术发展，煤炭资源的可靠性、经济性和可清洁性的特征更加突出，煤炭利用的空间不断扩大，煤炭作为我国主要能源的地位很难改变，煤炭仍是保障国家能源安全稳定供应的重要基础，我国"煤为基础、多元发展"的能源方针不会改变。

（三）坚持以科技创新驱动为引领，推动煤炭结构调整，实现新突破、展现新亮点

一是围绕重点领域推进煤炭科技创新发展。"十三五"期间，煤炭行业要以煤炭安全高效绿色智能化开采和清洁高效低碳集约化利用为重点，围绕煤矿重大灾害防治与环境保护、煤炭资源综合开发和煤炭高效转化与清洁利用等三大基础理论，瞄准煤炭资源开发地质保障、大型矿井建设、高效开采、煤矿信息化与自动化、煤层气开发利用、灾害防治与职业健康、煤矿应急救援、煤炭加工与利用、煤炭清洁转化、节能减排与资源综合利用10个重点领域，推进10项科技示范工程建设，为推动煤炭供给、消费、技术、体制革命，促进煤炭结构调整与转型发展提供智力支撑。

二是推动煤炭行业由传统的煤炭生产向煤炭生产服务型转变。在推动能源革命和经济发展新常态下，要从煤矿井下生产源头转变观念，树立生产服务型理念，推动煤炭充填开采、保水开采、"三下"开采等绿色开采技术发

展，促进煤炭资源开发与生态环境保护相协调，建设生态矿山。鼓励原煤全部入选，实现煤炭行业由生产、销售原煤向商品煤、洁净煤转变，向社会提供清洁的煤炭产品。要按用户需求提供个性化的产品服务，提高煤炭产品附加值，通过加工、配煤等，提高煤炭的洁配度，满足用户需求。要在煤炭资源开发过程推动资源综合利用，促进采煤、采气一体化，低阶煤提质、分级分质，煤矸石、矿井水等与煤共伴生资源的综合利用。

三是推进煤炭消费方式转变，提高清洁高效利用水平。近年来，国内一些大型燃煤电厂进行燃煤发电机组超低排放技术创新，取得了很好的效果，氮氧化物（19.8 mg/m^3：50 mg/m^3）、二氧化硫（2.76 mg/m^3：35 mg/m^3）及粉尘浓度（2.47 mg/m^3：5 mg/m^3）的排放值均优于燃气机组污染物排放限值，实现了超低排放。经过多年技术示范与推广，高效煤粉型工业锅炉技术具有节能效果好、系统热效率高、污染排放低、操控简单等突出特点，系统热效率比普通燃煤锅炉提高20多个百分点，发展前景广阔。“十三五”期间，要大力推进燃煤电厂超低排放技术改造，推广应用高效煤粉型锅炉、水煤浆、民用型煤技术与产业化发展，提高煤炭清洁高效集约化利用水平。

四是从国家能源安全的战略出发，继续推进煤炭由燃料向原料与燃料并重转变，有效替代油气资源，提高煤炭产品附加值。“十三五”期间，要把推进煤炭由燃料向原料与燃料并重转变作为重点任务之一，继续推进煤制油、煤制烯烃、煤制天然气等技术攻关与工程示范，提升煤炭综合利用效率，降低系统能耗、资源消耗和污染物排放，有效替代油气资源，保障国家能源安全稳定供应，消化过剩产能，拓展煤炭消费空间。

三、关于2015年协会重点工作安排

2015年是我国全面深化改革的关键之年，是全面推进依法治国的开局之年，也是全面完成“十二五”规划的收官之年。当前，世界经济正处于深度调整之中，复苏动力不足，地缘政治影响加重，不确定因素增多。我国经济发展进入新常态，正处在爬坡过坎的关口，下行压力还在加大，发展中深层次矛盾凸显。认识新常态，适应新常态，引领新常态，推动能源革命，实现全面建成小康社会奋斗目标，煤炭行业发展机遇与挑战并存。

面对当前煤炭行业发展面临的形势和任务，2015年协会工作的指导思想是：坚持以党的十八大、十八届三中和四中全会、中央经济工作会议精神为指导，以促进经济发展新常态下煤炭工业可持续发展为目标，以推进行业脱困工作为重点，深化煤炭市场化改革，促进行业平稳运行；坚持创新驱动

发展战略，依靠科技进步，促进煤炭结构调整与转型升级；深化协会内部改革，推进支撑体系、工作平台和协会品牌建设，巩固5A级评估成果，增强协会的凝聚力、扩大影响力和提升综合实力，努力构建中国特色一流协会。重点开展以下几方面的工作：

（一）坚持以战略为引领，开展经济发展新常态下煤炭工业“十三五”发展规划研究

在1月29日成功举办“中国煤炭高峰论坛”、3月27日启动煤炭科技“十三五”规划研究的基础上，深入分析推动能源革命和经济发展新常态下煤炭工业发展面临机遇与挑战，研究探讨煤炭工业发展现状和发展规律，探讨推动煤炭革命的思路和发展方向，启动“十三五”煤炭工业发展专项规划研究，提出规划发展思路、重点任务和政策措施建议，为国家有关部门研究编制“十三五”发展规划提供参考，指导行业科学发展。

（二）加强政策研究，深入推动行业脱困工作

在配合国家有关部门做好煤炭行业脱困工作的基础上，立足当前脱困、关注长远发展，深入开展调查研究，准确把握制约行业改革发展的现实困难和深层次问题，重点在控制总量、稳定煤价、减轻企业负担、建立煤矿退出机制、推动分离企业办社会职能、维护煤炭市场供需平衡、调整完善企业考核机制等方面，加强政策措施研究，提出具有可操作性的意见和建议，为政府部门制定政策提供依据，促进煤炭经济平稳运行。

（三）坚持依靠科技创新，推动煤炭结构调整与转型发展

充分发挥煤炭工业技术委员会作用，以推进燃煤电厂超低排放、高效煤粉型锅炉、现代煤化工、煤炭分级分质利用等行业重大技术示范工程建设为重点，促进煤炭结构调整；完善煤炭科技创新平台建设，以重大科技项目引领煤炭科技发展方向，做好行业工程研究中心、科技创新示范工程和专利奖的评审认定，提出煤炭行业科技服务业发展的指导意见。组织召开行业产业技术创新总工程师论坛，推动产学研协同创新。围绕煤炭科技“31898”工程，在煤炭科技“十二五”规划执行情况评估的基础上，组织开展煤炭科技“十三五”规划研究工作。做好科技指导计划编制、成果鉴定和科技奖励评审工作。

（四）以提高服务水平为重点，夯实行业发展基础

认真做好《煤矿安全规程》全面修订和安全质量标准化一级煤矿评审抽查工作。发布安全高效矿井建设年度报告，做好煤矿瓦斯防治部际协调领导小组成员单位工作。组织开展专家下基层活动，帮助企业解决技术难题。

加强行业统计信息工作，建立煤炭工业综合评价指标体系，完善月度统计快报制度，办好国家煤炭工业网，推进行业统计数据平台建设。发布推进煤炭行业信用体系建设的指导意见，做好年度信用评价发布和复查工作。推动煤炭企业认真履行社会责任，提升煤炭行业的诚信度和公信力。

（五）加强煤炭人才队伍建设，提高行业从业人员素质

组织召开全国煤炭行业职业教育大会，制定行业职业教育改革方案和行动计划，推动行业职业教育发展。完善行业人才培养体系和教育培训平台，加强远程教育体系建设，办好国家开放大学煤炭学院，做好工商管理培训、职业经理人资格认证工作，推进乌金蓝领系列工程实施。加强行业职业技能鉴定工作，举办第六届全国煤炭行业职业技能竞赛，召开行业技能大师工作室现场会，推动行业高技能人才队伍建设。

（六）深化煤炭市场化改革，推动煤炭交易市场体系建设

健全完善“7+2”大型煤炭企业交流机制、“4+1”环渤海下水动力煤企业联系机制、“6+1”煤炭市场合作组织、“三省两公司”等交流沟通机制。健全按周、旬、月和季度信息发布机制，完善中国煤炭价格指数体系，加强行业预测预警，引导企业科学组织生产和经营。在国家发展改革委指导下，做好煤炭交易市场体系建设协调机制办公室相关工作。召开夏季和年度交易会，推进全国煤炭交易数据平台建设，推动新常态下煤炭交易市场体系创新。

（七）以行业评先树优为切入点，推动煤炭文化建设

组织召开2015年煤炭行业表彰大会，召开企业管理创新现场会，总结推广煤炭企业管理创新成果的经验和做法。落实协会推动行业文化建设指导意见，总结推广行业文化典型经验，启动第三届寻找感动中国的矿工活动，举办第二届在京煤炭职工美术书法摄影展，开展形式多样的送文化下基层活动，丰富矿区文化生活。落实推进煤炭行业全民健身指导意见，举办全国煤矿第五届职工运动会，集中展示基层矿工的竞技水平和精神风貌。

（八）搭建国际交流合作平台，提升我国煤炭工业的国际影响力

组织召开2015中美煤矿新技术新装备研讨会，落实第六轮中美战略与经济对话成果。加强技术交流与合作，推动协会与德国北威州政府、印度煤炭部签署合作谅解备忘录，落实中澳、中巴合作谅解备忘录。举办2015国际煤炭峰会和第十六届国际煤炭采矿技术交流及设备展览会。组织参加世界采矿大会第96届组委会会议、2015世界煤炭协会大会、国际选煤大会2015年组委会会议。加强我国煤炭进出口调研，支持煤炭企业“走出去”发展，

提升中国煤炭企业的国际竞争力。

（九）坚持以提高综合实力为重心，推进协会内部改革发展

坚持以增强党的先进性和纯洁性为主线，加强协会党建和思想政治工作。认真贯彻落实中央八项规定，进一步改进工作作风，推动协会各项事业健康发展。做好参加民政部第二轮评估工作，巩固协会5A级评估成果。推进支撑体系、服务平台和协会品牌建设，打造核心业务；加强协会财务人员培训，强化资产管理和内部审计，完善预算管理，落实经营单位绩效考评办法，确保资产保值增值。研究协会创新人才培养和薪酬激励机制，完善干部选拔任用程序，推进协会职业化队伍建设，增强协会的行业凝聚力，扩大影响力，提升综合发展实力，为构建中国特色一流协会提供支撑。

四、坚定信心，积极应对挑战，以推动行业脱困工作为重点，促进煤炭行业平稳运行

昨天上午，应部分大型煤炭企业要求，我们邀请了山西省、陕西省和内蒙古自治区政府领导和行业管理部门，组织召开了座谈会，国家发改委、国家安监总局、国家能源局、国家煤监局等部门的领导高度重视，安监总局、国家发展改革委、国家煤监局相关领导出席座谈会，并作重要讲话。大家分析了形势，研究了对策，提出了意见和建议，形成了以下几点共识：

（1）当前煤炭经济低位徘徊，短期难以改变；价格近期回升乏力，企业困难加剧；但从中长期看，煤炭行业发展有空间、有市场、有前景。对此，要坚定信心。自2012年5月以来，煤炭经济下行态势已持续了35个月，企业经营压力越来越大。特别是今年以来，煤炭产销量下降、价格下滑、库存居高不下，企业利润大幅减少。除神华、部分上市公司和小煤矿等少数企业外，全面亏损，企业亏损面在80%以上，减发工资、欠发工资的现象越来越多，且这种煤炭经济低位运行态势短期难以改变，煤矿安全、矿区稳定等问题突出，行业脱困的任务十分艰巨。预测二季度，国内煤炭消费和产量将继续下降，煤炭价格的下行压力依然较大，行业经济运行形势将更加严峻。

但也必须看到，党和政府高度重视煤炭工业的健康发展。去年以来，李克强总理、高丽、马凯副总理多次对煤炭行业做出重要批示，高丽、马凯副总理主持专题会议，研究指导煤炭行业脱困工作。按照国务院的决策部署，建立了由国家发改委、国家能源局、国家煤监局和煤炭工业协会组成的煤炭行业脱困联席会议机制，出台了一系列政策措施，实施效果正在逐渐显现。

还必须看到，到2020年、2030年，煤炭在我国一次能源结构中仍将占62%和55%以上，我国“煤为基础、多元发展”的能源方针不会改变，煤炭作为主体能源的地位和作用不会改变。

今年两会上，李克强总理在政府工作报告中提出，我国仍处于并将长期处于社会主义初级阶段，发展是硬道理，是解决一切问题的基础和关键。必须毫不动摇地坚持以经济建设为中心，切实抓好发展这个执政兴国的第一要务。从宏观经济发展基本面分析，我国发展仍处于可以大有作为的重要战略机遇期，具有巨大的潜力、韧性和回旋余地；新型工业化、信息化、城镇化、农业现代化、绿色化持续推进，发展基础日益雄厚，改革红利正在释放。2015年，我国经济将继续保持7%左右的中高速增长，加大重点领域投资，启动一批重大工程项目。其中，铁路建设投资8000亿元以上，重大水利项目投资超过8000亿元，保障性安居工程740万套（投资约8000亿元以上）和农村供水、供电、公路等基础设施建设，投资总额将超过25000亿元，必将使巨大的内需得到更多释放，对煤炭消费需求具有一定的拉动作用。

同时，还必须看到，经过多年改革发展，煤炭企业发展的市场理性进一步增强，科技进步的支撑作用进一步显现，结构调整与转型发展取得了实质性进展，企业发展的综合实力大幅提高，为应对当前行业下行挑战奠定了坚实基础。为此，我们既要看到当前形势的严峻性，又要坚定信心，积极应对挑战。

（2）加强行业自律，控总量、稳煤价、保安全、保稳定。大家一致认为，在当前煤炭经济下行期间，要进一步加强行业自律，履行社会责任，从维护煤炭市场供需平衡、促进行业持续健康发展的高度，主动控总量、稳煤价、保安全、保稳定，维护市场供需平衡，提高经济运行质量。

一是控制煤炭总量。维护煤炭经济平稳运行的核心是产、需平衡，必须通过控制产量，减少市场供应，降低库存来实现。要研究控制总量、减少产量的具体措施，坚决把不安全的产量、不经济的（亏损煤矿的）产量、煤质差的产量减下来，力争在2014年基础上，今年煤炭产量同比减少5%，并按季度核定、在行业通报。

二是稳定煤炭价格。当前的煤炭价格严重违背资源价值规律，造成煤炭企业接近全面亏损，如再继续下降，势必给企业生产经营、职工生活、煤矿安全和矿区稳定带来更大压力。大家一致认为，无论出现什么情况，都要把煤价稳定在当前水平，并力争在迎峰度夏期间，把市场煤价恢复到年初国家发改委协调的价格水平。

三是确保煤矿安全。在企业经营困难的形势下，更要加强煤矿安全管理，确保煤矿安全投入，强化安全隐患排查与治理，坚决抑制重特大煤矿事故。

四是确保矿区稳定。座谈中大家都认识到，在当前形势下，矿区稳定的压力很大。需要加大货款回收力度，强化企业内部管理，加强资金管理，做到统筹布局、有保有控，确保职工工资正常发放，关注矿区民生，维护矿区社会稳定。

五是加强行业自律。在煤炭市场供大于求的形势下，煤炭企业特别是大型煤炭企业要强化自律意识，要以年初签订的年度合同为基础，维护各自的市场范围，防止以降价的方式抢占其他企业的市场，引发恶性竞争，损害行业整体利益。

（3）加强政策支持，改善发展环境。

一是研究建立和完善煤矿退出机制。在建立煤矿退出机制方面，大家一致认为，要继续贯彻落实《中共中央办公厅　国务院办公厅关于进一步做好资源枯竭矿山关闭破产工作的通知》（中办发〔2000〕11 号）文件精神，完善原国有破产煤矿支持政策。在协会向国家有关部门报送的煤矿关闭退出机制中，提出的 18 条建议基础上，进一步完善政策措施，推动资源枯竭、扭亏无望、安全无保障、煤质差的煤矿有序退出。各主要产煤省区应结合实际情况，出台各自政策，建立煤矿退出机制，推动煤炭结构调整。

二是以减轻企业负担为重点，加强煤炭税费政策研究。近年来，国家推动煤炭资源税费改革，是以不增加煤炭企业税费负担为前提。今年，煤炭资源税从价计征改革正式实施，企业要分析税改后税负水平增加情况，及时向各级政府反映，争取支持，切实减轻企业负担。

三是研究金融支持煤炭企业发展的相关政策措施。当前，煤炭企业销售困难、应收账款增加、资金链紧张问题突出，部分企业贷款难、融资成本高、融资难等问题突出，更加剧了企业的困难。企业认为，对于货款拖欠严重造成职工工资发放困难，影响煤矿安全投入的企业，金融机构要给予贷款支持，保证企业正常生产经营。

四是严格进口煤质量标准，控制劣质煤进口量。严格按照六部委发布的《商品煤质量管理暂行办法》，加大进口煤质量检验，严格进口煤质量，严格控制劣质煤进口。

五是认真贯彻落实已经出台的政策。要把煤炭行业脱困政策措施落到实处，严格执行“四个严格”，落实企业主体责任。要按照国家能源局提出的

“东部不新建、中部建一退一、西部建设配套项目”的“十三五”煤矿开发布局原则，严格煤矿项目核准，从源头上控制煤炭总量无序增长。

（4）坚持依靠科技创新，推动煤炭结构调整和转型发展。“十三五”期间，煤炭行业要依靠科技进步，以三大基础理论研究、10 个重点领域的技术攻关和 9 个科技示范工程建设为引领，推动煤炭结构调整与转型发展。

一是推动煤炭行业由传统的煤炭生产向煤炭生产服务型转变，从煤矿井下生产源头树立生产服务的理念，推动煤炭绿色开采技术发展。鼓励原煤全部入选，向社会提供清洁的煤炭产品。要按用户需求提供个性化的产品服务，通过加工、配煤等，满足用户需求。促进采煤、采气一体化，低阶煤提质、分级分质，煤矸石、矿井水等与煤共伴生资源的综合利用。

二是推动煤炭由燃料向原料与燃料并重转变，鼓励低阶煤就地转化，发展煤制油、煤制烯烃、煤制气等现代煤化工产业，拓展煤炭消费空间，消化过剩产能，保障国家能源安全，促进煤炭结构调整和转型发展。

三是推动煤炭消费方式转变，促进燃煤电厂超低排放、煤粉型锅炉、水煤浆、民用型煤等技术示范工程建设和产业化发展，提高煤炭清洁高效集约化利用水平。

（5）建立和完善行业沟通与协调机制。要在煤炭行业“7+2”大型煤炭企业沟通机制、“4+1”下水煤企业协调机制、“6+1”市场合作组织联系机制的基础上，进一步完善提升，发挥沟通协调机制的作用。要进一步加强“晋陕蒙三省区和部分大型企业交流机制”建设，机制各方要确定联络员，加强煤炭经济运行分析和价格协调，争取在本月底正式启动运行。要研究建立煤炭价格协调机制，企业煤价调整要主动向省级行业管理部门汇报，并向协调机制成员单位通报，防止出现降价促销、恶性竞争的现象，维护行业利益。目前，内蒙古建立了蒙东褐煤区三级煤炭价格协调机制，运行效果较好，值得学习借鉴。

各位理事、各位代表，同志们：

煤炭工业改革发展进入了新的历史时期，机遇与挑战并存，希望与困难同在。让我们紧密团结在以习近平同志为总书记的党中央周围，深入贯彻落实党的十八大、十八届三中和四中全会精神，坚定信心，凝心聚力，开拓创新，扎实工作，积极推动煤炭结构调整和发展方式转变，为构建中国特色一流协会、打造中国煤炭工业升级版、全面提升煤炭工业发展的科学化水平做出新的更大的贡献！

谢谢大家！

附录二　中国煤炭工业协会关于申报2012—2013年度煤炭工业安全高效矿井（露天）的通知

各有关单位：

为进一步推动安全高效矿井建设，提升煤炭工业科学化水平，决定开展2012—2013年度安全高效矿井（露天）申报工作。有关事项通知如下：

一、标准及评审办法

按照《煤炭工业安全高效矿井（露天）标准及评审办法》执行（见附件）。

二、申报要求

1. 煤矿安全生产、工作面单产、原煤生产人员效率达到先进水平，资源回收率、矿区环境保护和生态文明建设符合规定要求，按照核定生产能力均衡组织生产，并自查达标。

2. 请各省（区、市）负责安全高效矿井（露天）建设主管部门（协会）、中央企业于3月10日前组织完成本地区、本企业的初审工作，并于3月20日前组织报送中国煤炭工业协会。

3. 申报材料主要内容包括煤矿的概况、安全高效矿井（露天）创建效果、经验及存在问题和报表，请分别使用Word、Excel软件编制，电子版形式材料准时上报，书面材料一式4份带至专家评审会（会议另行通知）。填报内容要详实可靠。

三、联系方式

1. 请各省（区、市）负责安全高效矿井（露天）建设主管部门（协会）、中央企业、煤矿确定一名安全高效矿井（露天）工作联系人，并将联系人姓名和联系方式于2014年3月15日前上报。

2. 中国煤炭工业协会联系人：

行业协调部：杨树勇
联系电话：010－64463197/13717632266
传　　真：010－64463856
电子邮箱：ysy2266@126.com
通讯地址：北京市和平里北街21号
邮　　编：100713

附件：煤炭工业安全高效矿井（露天）标准及评审办法

中国煤炭工业协会
2014年1月21日

附件　煤炭工业安全高效矿井(露天)标准及评审办法

第一章　总　　则

第一条　为贯彻落实科学发展观，推动科技进步与管理创新，提高煤炭工业科学化水平，引导煤炭企业科学、安全、绿色和可持续发展，特制定《煤炭工业安全高效矿井（露天）标准及评审办法》（简称《标准及评审办法》）。

第二条　本《标准及评审办法》所称安全高效矿井（露天）是指达到规定等级标准，安全生产、工作面单产、原煤生产人员效率达到先进水平，资源回收率、矿区环境保护和生态文明建设符合规定要求，按照核定生产能力均衡组织生产的矿井（露天）。

第三条　本《标准及评审办法》适用于全国各类合法生产的煤矿。

第四条　煤炭工业安全高效矿井（露天）设立三个级别：

1. 特级安全高效矿井（露天）；
2. 行业一级安全高效矿井（露天）；
3. 行业二级安全高效矿井（露天）。

第二章　标　　准

第五条　煤炭工业安全高效矿井（露天）应达到以下标准：

1. 安全生产

积极开展煤矿安全质量标准化达标等基础工作，安全生产效果好。特级安全高效矿井（露天）考核年度杜绝伤亡事故，百万吨死亡率为0；行业一级安全高效矿井（露天）消灭较大及以上事故，百万吨死亡率低于全国煤矿平均水平；行业二级安全高效矿井（露天）消灭较大及以上事故，百万吨死亡率低于全国煤矿或本省（区、市、央企集团）煤矿平均水平。

2. 经济效益

（1）煤矿在保证安全生产各项规定投入的前提下，实现盈利或完成利润计划；

（2）煤矿职工待遇随着企业经济效益的增长应有相应幅度的提高，矿井（露天）人均收入高于煤炭行业的平均水平或比上年度增加。

3. 采掘机械化程度

（1）安全高效露天矿采煤、剥离机械化程度应全部达到100%；

（2）特级、行业一级、行业二级安全高效矿井采煤机械化程度应分别达到95%、85%、75%及以上；

（3）特级、行业一级、行业二级安全高效矿井的综掘机械化程度应分别达到45%、35%、25%及以上。

4. 采掘方法及采区回采率

（1）煤矿水平接替正常，采区和工作面开采程序符合规定；

（2）煤矿采掘方法、工艺和技术装备符合《煤矿安全规程》规定；

（3）井工煤矿采区回采率：薄煤层（<1.3 m）不低于85%；中厚煤层（1.3~3.5 m）不低于80%；厚煤层（>3.5 m）不低于75%；对于采用水力采煤技术的井工矿，薄煤层、中厚煤层和厚煤层的采区回采率分别不低于80%、75%和70%。

（4）露天矿采区回采率：薄煤层（<3.5 m）不低于85%；中厚煤层（3.5~10.0 m）不低于90%；厚煤层（>10.0 m）不低于95%。

5. 信息化管理与自动化

（1）对安全、生产及经营等信息进行有机集成，实现信息的集中监控、集中传输及运用；

（2）对主要生产环节设备远程监控，实现主要生产环节自动化运行；

（3）建立煤矿网上办公系统，实现办公自动化。

6. 矿井劳动定员管理

煤矿建立完善劳动定员管理制度，劳动组织优化，科学合理组织生产，提高劳动效率。

7. 环境保护和生态文明建设

（1）加强环境保护工作，严格遵守国家环境保护的法律法规和有关政策，持有合法有效的排污许可证明。

（2）绿色生产，循环利用，原煤入选率、煤矸石和矿井水综合利用率符合有关规定。

8. 矿井综合单产

特级、行业一级、行业二级安全高效矿井的综合单产，应分别达到12万t/(个·月)、8万t/(个·月)、6万t/(个·月）及以上。

矿井开采难采煤层：薄煤层（≤1.3 m）或倾角≥25°的煤层，考核综合单产乘0.5系数；煤（岩）与瓦斯（二氧化碳）突出、冲击地压矿井，考核综合单产乘0.6系数；高瓦斯、复杂水文地质条件、高温热害矿井，考核综合单产乘0.8系数。

9. 矿井原煤生产人员效率

矿(井)实际产量/(万t/a)	原煤生产人员效率/$(t\cdot 工^{-1})$		
	特　级	行业一级	行业二级
≥600	≥30	≥20	≥15
≥300～600	≥15	≥10	≥7
≥180～300	≥12	≥8	≥6
≥90～180	≥10	≥7	≥5
≥45～90	≥8	≥6	≥4

注：考核矿井难采煤层原煤生产人员效率的系数与考核综合单产系数相同。

10. 露天矿单产和原煤生产人员效率

（1）露天矿包机组月平均产量：

特级、行业一级、行业二级安全高效露天矿包机组月平均产量应分别达到12万t、8万t、6万t及以上。

（2）露天矿原煤工效分类标准：

剥采比/$(m^3\cdot t^{-1})$	原煤生产人员效率/$(t\cdot 工^{-1})$					
	半连续工艺		间断工艺			
			单斗－汽车		单斗－准轨	
	特级	行业一级	特级	行业一级	特级	行业一级
<2	>35	>25	>35	>25	>15	>10
2～4	35～25	25～20	35～25	25～20	15～10	10～8

（续）

剥采比/（$m^3 \cdot t^{-1}$）	原煤生产人员效率/（$t \cdot 工^{-1}$）					
	半连续工艺		间断工艺			
			单斗－汽车		单斗－准轨	
	特级	行业一级	特级	行业一级	特级	行业一级
4～6	25～20	20～15	30～25	25～20	13～8	8～6
6～8	20～15	15～13	25～20	20～18	10～6	6～4

注：原煤生产人员效率计算依据剥采比用差值法。

行业二级安全高效露天矿原煤生产人员效率为行业一级标准乘 0.8 系数。

第三章　申报、评审与发布程序

第六条　安全高效矿井（露天）建设实行动态达标制度，每两年度为考核一周期（评审一次）。评审时，以上一年度实际安全生产情况和技术经济指标为依据。

第七条　符合安全高效矿井（露天）条件的煤矿，按行政隶属关系向各省（区、市）安全高效矿井（露天）主管部门（协会）、中央煤炭企业申报，初审通过，按规定向中国煤炭工业协会申报。

第八条　中国煤炭工业协会设立安全高效矿井（露天）评审专家库，组织专家组，采取书面审核与现场抽查验收相结合的方式，对报送的安全高效矿井（露天）进行评审。

第九条　各煤矿申报材料必须如实填写，如发现有弄虚作假情况，取消参评资格。

第十条　评审、验收、公示期间，申报煤矿如出现一次死亡三人及以上事故，取消参评或获得“煤炭工业安全高效矿井（露天）”称号资格。

第十一条　通过评审的煤矿，将在国家煤炭工业网（www.coalchina.org.cn）予以公示，广泛征求意见。公示时间 10 天。

第十二条　中国煤炭工业协会发布评审结果，对获得“煤炭工业安全高效矿井（露天）”称号的煤矿进行表彰。

第四章　附　　则

第十三条　煤炭主管部门（协会）及煤炭企业应制定安全高效矿井

（露天）发展规划及实施细则，建立激励约束机制。煤炭企业应对获得“煤炭工业安全高效矿井（露天）”称号的煤矿及其领导班子成员进行表彰奖励，对在创建工作中做出突出贡献的业务管理部门和个人予以嘉奖。

第十四条　本办法由中国煤炭工业协会负责解释。

第十五条　本办法自发布之日起施行。

附录三　中国煤炭工业协会关于命名2012—2013年度煤炭工业安全高效矿井（露天）的决定

各有关单位：

根据《煤炭工业安全高效矿井（露天）标准及评审办法》规定，中国煤炭工业协会在组织专家评审、现场验收、领导小组审核和公示的基础上，决定命名中国神华神东煤炭集团补连塔煤矿等442处煤矿为2012—2013年度煤炭工业安全高效矿井（露天）。其中：特级198处，一级167处，二级77处。

这些煤矿，以建设煤炭工业安全高效矿井（露天）为目标，积极进行管理和科技创新，提高技术和装备水平，优化设计，科学组织生产，达到了以"三高四好"为核心的安全高效矿井（露天）建设标准，是我国煤矿的先进代表和标杆。2013年煤炭产量合计13.90亿t，占全国产量36.80亿t的37.77%；百万吨死亡率0.004，比全国煤矿指标0.288低98.61%；采煤机械化程度达到99.86%，平均综合单产15.67万t/(个·月)，平均原煤生产人员效率17.33t/工，共盈利1281.94亿元，职工人均收入约8.20万元。

希望被命名的煤炭工业安全高效矿井（露天），再接再厉，继续努力，为我国煤炭工业的发展做出新的更大贡献；建议有关煤炭企业建立激励机制，对在安全高效矿井（露天）建设工作中做出突出贡献的单位和个人嘉奖，以资鼓励。

各有关单位要借鉴和推广应用被命名煤矿的先进经验，对本单位煤炭工业安全高效矿井（露天）建设工作进行总结和规划，继续加大创建工作力度，全面提升煤矿的科学化水平，增强企业核心竞争力，实现新形势下的安全发展和科学发展。

附件：2012—2013年度煤炭工业安全高效矿井（露天）名单

中国煤炭工业协会
2014年12月31日

附件 2012—2013 年度煤炭工业安全高效矿井（露天）名单

序号	煤 矿 名 称	级别
1	神华神东补连塔煤矿	特级
2	神华神东布尔台煤矿	特级
3	陕西神华柴家沟矿业有限公司	一级
4	神华神东寸草塔煤矿	特级
5	神华神东寸草塔二矿	特级
6	神华神东大柳塔煤矿大柳塔井	特级
7	神华神东大柳塔煤矿活鸡兔井	特级
8	中国神华神东哈拉沟煤矿	特级
9	神华神东锦界煤矿	特级
10	神华神东柳塔煤矿	特级
11	神华神东上湾煤矿	一级
12	神华神东煤炭集团有限责任公司上榆泉煤矿	特级
13	神华神东万利一矿	特级
14	神华神东榆家梁煤矿	特级
15	神华集团包头矿业有限责任公司阿刀亥矿	一级
16	内蒙古大雁矿业集团有限责任公司第三煤矿	一级
17	神华宁夏煤业集团有限责任公司红柳煤矿	特级
18	神华宁夏煤业集团有限责任公司金凤煤矿	特级
19	神华宁夏煤业集团有限责任公司金能煤业分公司	特级
20	神华宁夏煤业集团有限责任公司灵新煤矿	特级
21	神华宁夏煤业集团有限责任公司梅花井煤矿	特级
22	神华宁夏煤业集团有限责任公司清水营煤矿	特级
23	宁夏宁鲁煤电有限责任公司任家庄煤矿	特级
24	神华宁夏煤业集团有限责任公司汝箕沟无烟煤分公司	特级
25	神华宁夏煤业集团有限责任公司石槽村煤矿	特级
26	神华宁夏煤业集团有限责任公司石炭井焦煤分公司	特级
27	神华宁夏煤业集团有限责任公司羊场湾煤矿	特级
28	神华宁夏煤业集团有限责任公司枣泉煤矿	特级

（续）

序号	煤　矿　名　称	级别
29	神华新疆能源有限责任公司碱沟煤矿	特级
30	神华集团新疆能源有限责任公司宽沟煤矿	特级
31	新疆昌吉市屯宝矿业有限责任公司	特级
32	神华新疆能源有限责任公司乌东煤矿	特级
33	神华乌海能源公司有限责任公司平沟矿	一级
34	神华乌海能源公司有限责任公司公乌素矿	二级
35	神华集团乌达黄白茨矿业有限责任公司	一级
36	神华乌海能源公司有限责任公司利民煤矿	特级
37	神华乌海能源公司有限责任公司路天矿	特级
38	神华蒙西煤化股份有限公司棋盘井煤矿	特级
39	神华集团乌达五虎山矿业有限责任公司	一级
40	甘肃华亭煤电股份有限公司陈家沟煤矿	特级
41	华亭煤业大柳煤矿有限公司	二级
42	甘肃华亭煤电股份有限公司东峡煤矿	特级
43	甘肃华亭煤电股份有限公司华亭煤矿	特级
44	华亭煤业集团有限责任公司净石沟煤矿	二级
45	华亭煤业集团有限责任公司马蹄沟煤矿	特级
46	华亭煤业集团有限责任公司新柏煤矿	特级
47	华亭煤业集团有限责任公司新窑煤矿	特级
48	甘肃华亭煤电股份有限公司砚北煤矿	特级
49	扎赉诺尔煤业有限责任公司灵东煤矿	特级
50	扎赉诺尔煤业有限责任公司灵泉煤矿	特级
51	扎赉诺尔煤业有限责任公司铁北煤矿	特级
52	内蒙古通大煤业有限责任公司	特级
53	上海大屯能源股份有限公司孔庄煤矿	一级
54	上海大屯能源股份有限公司龙东煤矿	一级
55	上海大屯能源股份有限公司徐庄煤矿	一级
56	上海大屯能源股份有限公司姚桥煤矿	特级
57	山西中煤华晋能源有限责任公司王家岭矿	特级
58	山西朔州山阴金海洋马营煤业有限公司	一级

（续）

序号	煤　矿　名　称	级别
59	山西朔州山阴金海洋南阳坡煤业有限公司	一级
60	山西朔州山阴金海洋五家沟煤业有限公司	特级
61	山西中煤担水沟煤业有限公司	一级
62	山西中煤东坡煤业有限公司东坡煤矿	二级
63	山西中新唐山沟煤业有限责任公司	一级
64	山西中煤杨涧煤业有限公司	一级
65	中煤平朔集团有限公司井工一矿	特级
66	中煤平朔集团有限公司井工二矿	特级
67	中煤平朔集团有限公司井工三矿	特级
68	山东华恒矿业有限公司	一级
69	新汶矿业集团有限责任公司孙村煤矿	一级
70	新汶矿业集团有限责任公司协庄煤矿	一级
71	山东新巨龙能源有限责任公司	特级
72	山东新阳能源有限公司	二级
73	新汶矿业集团有限责任公司翟镇煤矿	一级
74	山东新矿赵官能源有限责任公司	一级
75	枣庄矿业（集团）有限责任公司柴里煤矿	一级
76	枣庄矿业（集团）有限责任公司滨湖煤矿	特级
77	枣庄矿业（集团）付村煤业有限公司	特级
78	枣庄矿业集团高庄煤业有限公司	特级
79	枣庄矿业（集团）有限责任公司田陈煤矿	一级
80	枣庄矿业集团新安煤业有限公司	特级
81	淄博矿业集团有限责任公司埠村煤矿	二级
82	淄博矿业集团有限责任公司岱庄煤矿	特级
83	山东东华能源有限责任公司葛亭煤矿	一级
84	山东唐口煤业有限公司	特级
85	陕西长武亭南煤业有限责任公司	特级
86	淄博矿业集团有限责任公司许厂煤矿	特级
87	肥城白庄煤矿有限公司	一级
88	肥城曹庄煤矿有限公司	二级

（续）

序号	煤　矿　名　称	级别
89	肥城矿业集团梁宝寺能源有限责任公司	特级
90	山东东山古城煤矿有限公司	特级
91	山东东山军城能源开发有限公司	一级
92	山东省邱集煤矿	一级
93	山东省田庄煤矿	一级
94	山东东山王楼煤矿有限公司	特级
95	山东东山新驿煤矿有限公司	一级
96	龙口煤电有限公司北皂煤矿	特级
97	龙口煤电有限公司梁家煤矿	特级
98	兖州煤业股份有限公司南屯煤矿	特级
99	兖州煤业股份有限公司兴隆庄煤矿	特级
100	兖州煤业股份有限公司鲍店煤矿	特级
101	兖州煤业股份有限公司东滩煤矿	特级
102	兖州煤业股份有限公司济宁二号煤矿	特级
103	兖州煤业股份有限公司济宁三号煤矿	特级
104	兖州煤业股份有限公司北宿煤矿	一级
105	兖矿菏泽能化有限公司赵楼煤矿	特级
106	兖州煤业股份有限公司杨村煤矿	一级
107	山东鲁泰煤业有限公司鹿洼煤矿	一级
108	济宁市矿业集团有限公司霄云煤矿	一级
109	山东济矿鲁能煤电股份有限公司阳城煤矿	特级
110	山东济宁运河煤矿有限责任公司	一级
111	山东泰丰矿业集团有限公司王家寨煤矿	二级
112	滕州市东大矿业有限责任公司	二级
113	山东省岱庄生建煤矿	二级
114	山东省岱庄生建煤矿湖西矿井	二级
115	山东省七五生建煤矿	一级
116	山东里能鲁西矿业有限公司	二级
117	内蒙古平庄能源股份公司风水沟煤矿	特级
118	内蒙古平庄能源股份公司古山煤矿	特级

（续）

序号	煤　矿　名　称	级别
119	内蒙古平庄煤业（集团）有限责任公司红庙煤矿	特级
120	内蒙古平庄能源股份有限公司老公营子煤矿	特级
121	内蒙古平庄能源股份有限公司六家煤矿	特级
122	淮北矿业股份有限公司祁南煤矿	一级
123	淮北矿业股份有限公司孙疃煤矿	特级
124	淮北矿业股份有限公司童亭煤矿	一级
125	淮北矿业股份有限公司涡北煤矿	特级
126	淮北矿业股份有限公司袁店一井煤矿	一级
127	淮北矿业股份有限公司朱仙庄煤矿	一级
128	淮沪煤电有限公司丁集煤矿	特级
129	淮浙煤电有限责任公司顾北煤矿分公司	特级
130	淮南矿业（集团）有限责任公司顾桥煤矿	特级
131	淮南矿业（集团）有限责任公司潘二煤矿	一级
132	淮南矿业（集团）有限责任公司潘集第一煤矿	特级
133	淮南矿业（集团）有限责任公司谢桥煤矿	特级
134	淮南矿业（集团）有限责任公司新庄孜矿	特级
135	淮南矿业（集团）有限责任公司张集煤矿	特级
136	宿州煤电（集团）有限公司界沟煤矿	一级
137	安徽恒源煤电股份有限公司恒源煤矿	一级
138	安徽恒源煤电股份有限公司刘桥第一煤矿	一级
139	安徽恒源煤电股份有限公司钱营孜煤矿	特级
140	安徽恒源煤电股份有限公司五沟煤矿	特级
141	国投新集能源股份有限公司新集一矿	特级
142	甘肃靖远煤电股份有限公司红会第一煤矿	特级
143	甘肃靖远煤电股份有限公司魏家地矿	一级
144	窑街煤电集团有限公司三矿	特级
145	广西百色那怀煤矿有限责任公司那怀煤矿	二级
146	广西东怀矿业有限责任公司东怀煤矿一号井	一级
147	冀中能源峰峰集团有限公司大社矿	一级
148	冀中能源峰峰集团有限公司大淑村矿	一级

（续）

序号	煤　矿　名　称	级别
149	冀中能源峰峰集团邯郸宝峰矿业有限公司九龙矿	特级
150	河北省磁县六合工业有限公司	一级
151	河北省磁县申家庄煤矿	一级
152	冀中能源峰峰集团有限公司万年矿	特级
153	冀中能源峰峰集团有限公司梧桐庄矿	一级
154	冀中能源峰峰集团有限公司新三矿	一级
155	冀中能源峰峰集团有限公司羊东矿	一级
156	冀中能源股份有限公司邯郸郭二庄矿	一级
157	冀中能源邯郸矿业集团聚隆矿业有限公司	二级
158	冀中能源股份有限公司邯郸陶二矿	一级
159	冀中能源股份有限公司邯郸陶一煤矿	二级
160	冀中能源股份有限公司邯郸云驾岭矿	一级
161	冀中能源股份有限公司葛泉矿	二级
162	冀中能源股份有限公司邢东矿	特级
163	冀中能源股份有限公司邢台矿	一级
164	冀中能源股份有限公司章村矿	二级
165	山西方山金晖凯川煤业有限公司	一级
166	山西吕梁离石金晖荣泰煤业有限公司	一级
167	山西方山金晖瑞隆煤业有限公司	一级
168	冀中能源邢矿集团老母坡煤业有限公司	特级
169	冀中能源股份有限公司张家口宣东矿	二级
170	开滦（集团）蔚州矿业有限责任公司单侯矿	特级
171	开滦（集团）有限责任公司东欢坨矿业分公司	特级
172	开滦（集团）有限责任公司荆各庄矿业分公司	二级
173	开滦（集团）有限责任公司林南仓矿业分公司	二级
174	开滦（集团）有限责任公司钱家营矿业分公司	特级
175	开滦（集团）有限责任公司唐山矿业分公司	一级
176	开滦能源化工股份有限公司范各庄矿业分公司	特级
177	开滦能源化工股份有限公司吕家坨矿业分公司	特级
178	准格尔旗云飞矿业有限责任公司串草圪旦煤矿	特级

（续）

序号	煤　　矿　　名　　称	级别
179	新疆龟兹矿业有限公司	特级
180	新疆拜城音西铁热克煤业有限公司	一级
181	拜城县众维煤业有限公司	一级
182	国投新登郑州煤业有限公司	二级
183	国投河南新能开发有限公司	一级
184	郑州磴槽企业集团金岭煤业有限公司	一级
185	鹤壁煤电股份有限公司第九煤矿	二级
186	鹤壁煤电股份有限公司第六煤矿	一级
187	鹤壁煤电股份有限公司第三煤矿	一级
188	鹤煤煤业（集团）有限责任公司双祥分公司	二级
189	河南宝雨山煤业有限公司	二级
190	河南焦煤能源有限公司古汉山矿	一级
191	河南焦煤能源有限公司九里山矿	一级
192	河南焦煤能源有限公司演马庄煤矿	二级
193	河南焦煤能源有限公司中马村煤矿	二级
194	焦作煤业（集团）有限责任公司赵固二矿	特级
195	焦作煤业（集团）有限责任公司朱村矿	二级
196	焦作煤业集团赵固（新乡）能源有限责任公司	特级
197	河南大有能源股份有限公司常村煤矿	特级
198	河南能源义煤集团义海能源公司大煤沟煤矿	一级
199	河南大有能源股份有限公司耿村煤矿	特级
200	义煤集团巩义铁生沟煤业有限公司	一级
201	河南能源化工集团义煤公司新安煤矿	一级
202	义煤集团新义矿业有限公司	一级
203	河南大有能源股份有限公司杨村煤矿	一级
204	洛阳义安矿业有限公司正村煤矿	一级
205	河南大有能源股份有限公司跃进煤矿	一级
206	河南龙宇能源股份有限公司车集煤矿	特级
207	河南龙宇能源股份有限公司陈四楼煤矿	特级
208	河南省正龙煤业有限公司城郊煤矿	特级

（续）

序号	煤　矿　名　称	级别
209	安阳鑫龙煤业（集团）红岭煤业有限责任公司	二级
210	河南永华能源有限公司嵩山煤矿	二级
211	永煤集团股份有限公司新桥煤矿	一级
212	河南能源化工集团河南永锦能源有限公司云盖山煤矿二矿	二级
213	河南能源化工集团河南永锦能源有限公司云盖山煤矿一矿	二级
214	安阳市主焦煤业有限责任公司	二级
215	鹤壁中泰矿业有限公司	一级
216	平顶山天安煤业股份有限公司八矿	一级
217	平顶山天安煤业股份有限公司二矿	一级
218	平顶山天安煤业九矿有限责任公司	二级
219	平顶山天安煤业股份有限公司六矿	特级
220	河南平宝煤业有限公司	一级
221	平顶山天安煤业七矿有限责任公司	二级
222	平顶山天安煤业三矿有限责任公司	二级
223	平顶山天安煤业股份有限公司十二矿	特级
224	平顶山天安煤业股份有限公司十矿	一级
225	平顶山天安煤业股份有限公司十三矿	一级
226	平顶山天安煤业股份有限公司十一矿	一级
227	平顶山天安煤业股份有限公司四矿	特级
228	平顶山天安煤业天力有限责任公司吴寨矿	二级
229	平顶山天安煤业香山矿有限公司	一级
230	平顶山天安煤业股份有限公司一矿	特级
231	瑞平公司庇山矿	一级
232	中国平煤神马能源化工集团有限责任公司梨园矿宁庄井	二级
233	河南平禹煤电有限责任公司二矿	二级
234	河南平禹煤电有限责任公司风翅山矿	二级
235	河南平禹煤电有限责任公司六矿	二级
236	瑞平公司张村矿	一级
237	河南神火集团有限公司梁北矿	一级
238	河南神火兴隆矿业有限责任公司泉店煤矿	一级

（续）

序号	煤矿名称	级别
239	河南神火煤业公司新庄煤矿	一级
240	河南神火集团有限公司薛湖煤矿	一级
241	郑州煤炭工业（集团）杨河煤业有限公司裴沟煤矿	一级
242	郑州煤炭工业（集团）有限责任公司超化煤矿	一级
243	郑煤煤电股份有限公司告成煤矿	一级
244	郑州煤炭工业（集团）有限责任公司芦沟煤矿	二级
245	郑州煤炭工业（集团）有限责任公司米村煤矿	一级
246	河南省新郑煤电有限责任公司（赵家寨煤矿）	特级
247	郑州煤炭工业（集团）振兴二矿有限公司	二级
248	郑煤集团（河南）白坪煤业有限公司	特级
249	鸡西矿业（集团）有限责任公司城山煤矿	一级
250	黑龙江龙煤矿业集团股份有限公司鸡西分公司东山煤矿	二级
251	黑龙江龙煤矿业集团股份有限公司鸡西分公司杏花煤矿	特级
252	黑龙江龙煤矿业集团股份有限公司鹤岗分公司南山煤矿	一级
253	黑龙江龙煤矿业集团股份有限公司七台河分公司新立煤矿	二级
254	黑龙江龙煤矿业集团股份有限公司双鸭山分公司新安煤矿	一级
255	黑龙江龙煤矿业集团股份有限公司双鸭山分公司东保卫煤矿	二级
256	黑龙江龙煤矿业集团股份有限公司双鸭山分公司东荣二矿	一级
257	黑龙江龙煤矿业集团股份有限公司双鸭山分公司东荣三矿	一级
258	黑龙江龙煤矿业集团股份有限公司鹤岗分公司兴安煤矿	二级
259	珲春矿业（集团）八连城煤业有限公司	特级
260	珲春矿业（集团）板石煤业有限公司	一级
261	辽源矿业（集团）有限责任公司金宝屯煤矿	一级
262	吉林省龙家堡矿业有限责任公司	二级
263	长春羊草煤业股份有限公司羊草沟煤矿一矿	一级
264	徐州矿务集团有限公司夹河煤矿	一级
265	徐州矿务集团有限公司庞庄煤矿	一级
266	徐州矿务集团有限公司三河尖煤矿	特级
267	徐州矿务集团有限公司张双楼煤矿	特级
268	徐州矿务集团有限公司旗山煤矿	一级

（续）

序号	煤　矿　名　称	级别
269	宝鸡秦源煤业有限公司	特级
270	平凉新安煤业有限责任公司	一级
271	新疆库车县夏阔坦矿业开发有限责任公司	二级
272	徐州矿务（集团）新疆天山矿业有限责任公司	二级
273	徐矿集团新疆赛尔能源有限责任公司三矿	一级
274	徐矿集团新疆塔城铁煤能源有限公司昊源煤矿	二级
275	徐矿集团新疆塔城铁煤能源有限公司盛源煤矿	二级
276	沈阳焦煤股份有限公司红阳二矿	一级
277	沈阳矿业有限责任公司辽阳红阳三矿	特级
278	沈阳焦煤鸡西盛隆矿业有限责任公司碱场煤矿一井	一级
279	呼伦贝尔蒙西煤业有限公司	一级
280	铁法煤业（集团）有限责任公司大平煤矿	特级
281	铁法煤业（集团）有限责任公司大兴煤矿	特级
282	铁法煤业（集团）有限责任公司小康煤矿	特级
283	铁法煤业（集团）有限责任公司小青煤矿	特级
284	铁法煤业（集团）有限责任公司晓明矿	特级
285	铁法煤业（集团）有限责任公司晓南矿	特级
286	宁夏王洼煤业有限公司王洼二矿	二级
287	四川达竹煤电（集团）有限责任公司斌郎煤矿	二级
288	四川达竹煤电（集团）有限责任公司金刚煤矿	二级
289	陕煤集团神木红柳林矿业有限公司	特级
290	陕煤集团神木张家峁矿业有限公司	特级
291	神木汇森凉水井矿业有限责任公司	特级
292	陕煤集团神木柠条塔矿业有限公司	特级
293	陕西建新煤化有限责任公司	一级
294	陕西煤业集团黄陵建庄矿业有限公司	特级
295	陕西陕煤铜川矿业有限公司金华山煤矿	一级
296	陕西陕煤铜川矿业有限公司王石凹煤矿	二级
297	陕西陕煤铜川矿业有限公司下石节煤矿	特级
298	陕西陕煤铜川矿业有限公司东坡煤矿	二级

（续）

序号	煤　矿　名　称	级别
299	陕西陕煤铜川矿业有限公司陈家山煤矿	特级
300	陕西陕煤铜川矿业有限公司玉华煤矿	特级
301	陕西陕煤澄合矿业有限公司王村煤矿	二级
302	陕西陕煤澄合矿业有限公司王村煤矿斜井	二级
303	陕西陕煤黄陵矿业有限公司一号煤矿	特级
304	榆林市杨伙盘煤矿	一级
305	陕西中能煤田有限公司榆阳煤矿	特级
306	陕西黄陵二号煤矿有限公司	特级
307	陕西南梁矿业有限公司	一级
308	陕西陕北矿业韩家湾煤炭有限公司	特级
309	内蒙古蒙泰不连沟煤业有限责任公司不连沟煤矿	特级
310	内蒙古伊泰煤炭股份有限公司凯达煤矿	二级
311	内蒙古伊泰宝山煤炭有限责任公司	特级
312	内蒙古伊泰京粤酸刺沟矿业有限责任公司	特级
313	内蒙古伊泰煤炭股份有限公司大地精煤矿	特级
314	内蒙古伊泰煤炭股份有限公司宏景塔一矿	特级
315	内蒙古伊泰煤炭股份有限公司纳林庙煤矿二号井	特级
316	内蒙古伊泰煤炭股份有限公司纳林庙煤矿一号井	特级
317	内蒙古伊泰同达煤炭有限责任公司丁家渠煤矿	特级
318	内蒙古伊东煤炭集团有限责任公司宏测煤矿	特级
319	准格尔旗纳林沟煤炭有限责任公司孙家壕煤矿	特级
320	内蒙古伊东集团炭窑渠煤炭有限责任公司	特级
321	内蒙古伊东煤炭集团窑沟扶贫煤炭有限责任公司	一级
322	内蒙古伊东集团宏鑫煤炭有限责任公司	一级
323	内蒙古伊东集团沙咀子煤炭有限责任公司	一级
324	大同鹊山精煤有限责任公司	二级
325	国投大同能源有限责任公司塔山煤矿	特级
326	阳泉市上社煤炭有限责任公司	一级
327	国投昔阳能源有限责任公司白羊岭煤矿	特级
328	山西和顺天池能源有限责任公司	一级

（续）

序号	煤　矿　名　称	级别
329	山西省晋中灵石煤矿有限公司	一级
330	山西义棠煤业有限责任公司	一级
331	山西安泽玉华煤业有限公司	特级
332	山西乡宁焦煤集团台头前湾煤业有限公司	一级
333	山西乡宁焦煤集团神角煤业有限公司	一级
334	山西中煤华晋能源有限责任公司王家岭煤矿	特级
335	山西玉和泰煤业有限公司	一级
336	山西省太原西峪煤矿	二级
337	山西省阳泉固庄煤矿	二级
338	山西河曲晋神磁窑沟煤业有限公司	特级
339	山西忻州神达台基麻地沟煤业有限公司	一级
340	山西鲁能河曲电煤开发有限责任公司上榆泉煤矿	特级
341	山东鲁能菏泽煤电开发有限公司彭庄煤矿	特级
342	山西煤炭运销集团泰安煤业有限公司	特级
343	山西煤炭运销集团泰山隆安煤业有限公司	特级
344	山西华润大宁能源有限公司	特级
345	沁和能源集团有限公司端氏煤矿	一级
346	沁和能源集团有限公司候村煤矿	一级
347	山西高平科兴南阳煤业有限公司	一级
348	山西兰花科技创业股份有限公司伯方煤矿分公司	一级
349	山西兰花科技创业股份有限公司大阳煤矿分公司	一级
350	山西兰花科技创业股份有限公司唐安煤矿分公司	特级
351	山西兰花科技创业股份有限公司望云煤矿分公司	二级
352	山西阳城阳泰集团义城煤业有限公司	二级
353	山西阳城阳泰集团竹林山煤业有限公司	二级
354	山西阳城阳泰集团屯城煤业有限公司	二级
355	晋城蓝焰煤业股份有限公司成庄矿	特级
356	山西晋城无烟煤矿业集团有限责任公司寺河煤矿	特级
357	山西晋城无烟煤矿业集团有限责任公司寺河煤矿二号井	一级
358	山西晋煤集团沁秀煤业有限公司岳城煤矿	一级

（续）

序号	煤　矿　名　称	级别
359	山西长平煤业有限责任公司	一级
360	山西晋煤集团赵庄煤业有限责任公司赵庄二号井	一级
361	山西潞安环保能源开发股份有限公司常村煤矿	特级
362	山西高河能源有限公司	一级
363	山西潞安集团司马煤业有限公司	特级
364	山西潞安环保能源开发股份有限公司王庄煤矿	特级
365	山西潞安集团余吾煤业有限责任公司	特级
366	山西潞安环保能源开发股份有限公司漳村煤矿	特级
367	山西东江煤业集团有限公司	二级
368	山西柳林金家庄煤业有限公司	一级
369	山西离柳焦煤集团有限公司兑镇煤矿	一级
370	山西柳林煤矿有限公司	一级
371	山西柳林寨崖底煤业有限公司	一级
372	山西柳林兴无煤矿有限责任公司	一级
373	山西东辉集团西坡煤业有限公司	一级
374	山西柳林凌志兴家沟煤业有限公司	二级
375	山西汾西矿业（集团）有限责任公司新阳煤矿	特级
376	山西汾西矿业（集团）有限责任公司河东煤矿	一级
377	山西汾西矿业（集团）有限责任公司贺西煤矿	一级
378	山西汾西矿业（集团）有限责任公司柳湾煤矿	一级
379	山西汾西曙光煤业有限责任公司	二级
380	山西汾西矿业（集团）有限责任公司双柳煤矿	特级
381	山西汾西矿业集团水峪煤业有限责任公司	特级
382	山西焦煤汾西矿业集团公司宜兴煤业有限公司	一级
383	霍州煤电集团有限责任公司辛置煤矿	二级
384	山西西山白家庄矿业有限责任公司	二级
385	山西焦煤集团有限责任公司东曲煤矿	特级
386	山西焦煤集团有限责任公司杜儿坪矿	一级
387	山西焦煤集团有限责任公司官地煤矿	一级
388	山西西山煤电股份有限公司马兰矿	特级

（续）

序号	煤　矿　名　称	级别
389	山西焦煤集团有限责任公司屯兰矿	特级
390	山西西山煤电股份有限公司西铭矿	一级
391	山西西山煤电股份有限公司西曲矿	一级
392	山西西山煤电股份有限公司镇城底矿	一级
393	山西怀仁联顺玺达柴沟煤业有限公司柴沟煤矿	特级
394	山西朔州平鲁区后安煤炭有限公司	特级
395	山西山阴芍药花煤业有限公司	一级
396	大同煤矿集团大斗沟煤业有限公司	一级
397	大同煤矿集团大同地煤东周窑煤矿	二级
398	大同煤矿集团大同地煤马口煤矿	二级
399	大同市杏儿沟煤业有限责任公司	二级
400	大同煤矿集团有限责任公司马脊梁矿	特级
401	大同煤矿集团朔州朔煤王坪煤电有限责任公司	一级
402	大同煤矿集团朔州朔煤小峪煤矿	二级
403	大同煤矿集团有限责任公司四老沟矿	二级
404	同煤大唐塔山煤矿有限公司	特级
405	大同煤矿集团有限责任公司同家梁矿	一级
406	大同煤矿集团轩岗煤电有限责任公司焦家寨煤矿	二级
407	大同煤矿集团永定庄煤业有限责任公司	一级
408	阳煤集团寿阳开元矿业有限责任公司	特级
409	昔阳县坪上煤业有限责任公司	一级
410	阳泉煤业（集团）有限责任公司三矿	一级
411	阳泉煤业（集团）有限责任公司五矿	特级
412	阳泉煤业集团和顺新大地煤业有限公司	一级
413	山西新元煤炭有限责任公司	特级
414	山西国阳新能股份有限公司一矿	特级
415	山西昔阳运裕煤业有限责任公司	一级
416	阳泉煤业集团长沟煤矿有限责任公司	特级
417	山西霍尔辛赫煤业有限责任公司	特级
418	山西康伟集团南山煤业有限公司	一级

（续）

序号	煤　矿　名　称	级别
419	山西襄垣七一新发煤业有限公司	一级
420	山西三元煤业股份有限公司	特级
421	山西长治郊区三元南耀小常煤业有限公司	一级
422	山西长治王庄煤业有限责任公司	一级
423	山西襄矿晋平煤业有限公司	一级
424	准格尔旗荣祥煤焦化有限责任公司山不拉煤矿	一级
425	神华集团包头矿业有限责任公司水泉露天煤矿	一级
426	神华宝日希勒能源有限公司露天煤矿	特级
427	神华北电胜利能源有限公司胜利露天煤矿	特级
428	哈尔乌素露天煤矿	特级
429	神华准格尔能源有限责任公司黑岱沟露天煤矿	一级
430	华能伊敏煤电有限责任公司伊敏露天矿	特级
431	北方魏家峁煤电有限责任公司	特级
432	中煤平朔集团有限公司安家岭露天矿	特级
433	中煤平朔集团有限公司安太堡露天矿	特级
434	内蒙古平庄煤业（集团）有限责任公司元宝山露天煤矿	特级
435	云南省小龙潭矿务局布沼坝露天矿	特级
436	云南省小龙潭矿务局小龙潭露天矿	特级
437	鄂尔多斯市张家梁煤炭有限公司	特级
438	抚顺矿业集团有限责任公司东露天矿	一级
439	抚顺矿业集团有限责任公司西露天矿	特级
440	内蒙古霍林河露天煤业股份有限公司南露天煤矿	特级
441	扎鲁特旗扎哈淖尔煤业有限公司	特级
442	云南先锋煤业开发有限公司	特级

注：特级 198 处，一级 167 处，二级 77 处，合计 442 处。

附录四 2006—2011年度煤炭工业安全高效矿井（露天）名单

一、2006年度煤炭工业安全高效矿井（露天）名单（219处）

序号	省（区）	隶属企业	矿井名称	级别
1	神华能源股份公司	神东煤炭分公司	补连塔煤矿	特级
2	神华能源股份公司	神东煤炭分公司	上湾煤矿	特级
3	神华能源股份公司	神东煤炭分公司	大柳塔矿大柳塔井	特级
4	神华能源股份公司	神东煤炭分公司	榆家梁煤矿	特级
5	神华能源股份公司	神东煤炭分公司	大柳塔矿活鸡兔井	特级
6	神华能源股份公司	神东煤炭分公司	乌兰木伦煤矿	特级
7	神华能源股份公司	神东煤炭分公司	保德煤矿	一级
8	神华能源股份公司	神东煤炭分公司	哈拉沟煤矿	一级
9	神华能源股份公司	神东煤炭分公司	石圪台煤矿	一级
10	神华集团	神华新疆能源公司	大洪沟煤矿	特级
11	神华集团	神华新疆能源公司	小红沟煤矿	特级
12	神华集团	神华新疆能源公司	碱沟煤矿	特级
13	神华集团	神华新疆能源公司	六道湾煤矿	一级
14	神华集团	神华新疆能源公司	铁厂沟煤矿	一级
15	神华集团	宁夏煤业集团公司	羊场湾煤矿一井	特级
16	神华集团	宁夏煤业集团公司	羊场湾煤矿二井	特级
17	神华集团	宁夏煤业集团公司	灵新煤矿	特级
18	神华集团	海勃湾矿业公司	路天煤矿	一级
19	神华集团	陕西集华	柴家沟矿业公司	一级
20	神华集团	包头矿业公司	阿刀亥煤矿	一级
21	神华集团	乌达矿业公司	黄白茨煤业公司	二级

（续）

序号	省（区）	隶属企业	矿井名称	级别
22	中煤能源集团公司	平朔煤炭工业公司	安家岭一号井工矿	特级
23	中煤能源集团公司	平朔煤炭工业公司	安家岭二号井工矿	特级
24	中煤能源集团公司	大屯煤电公司能源股份公司	姚桥煤矿	一级
25	中煤能源集团公司	大屯煤电公司能源股份公司	徐庄煤矿	一级
26	中煤能源集团公司	大屯煤电公司能源股份公司	龙东煤矿	一级
27	中煤能源集团公司	大屯煤电公司能源股份公司	孔庄煤矿	二级
28	中煤能源集团公司	华晋焦煤公司	沙曲煤矿	一级
29	国投新集	国投新集能源股份公司	一矿	特级
30	国投新集	国投新集能源股份公司	二矿	一级
31	河北省	开滦集团公司	钱家营矿业分公司	特级
32	河北省	开滦集团公司	范各庄矿业分公司	特级
33	河北省	开滦集团公司	唐山矿业分公司	一级
34	河北省	开滦集团公司蔚州矿业公司	崔家寨煤矿	一级
35	河北省	开滦集团公司精煤股份公司	吕家坨矿业分公司	二级
36	河北省	开滦集团公司	荆各庄矿业公司	二级
37	河北省	开滦集团公司	林南仓矿业分公司	二级
38	河北省	金能金牛能源股份公司	东庞煤矿	特级
39	河北省	金能金牛能源股份公司	邢台矿	一级
40	河北省	金能金牛能源股份公司	邢东矿	一级
41	河北省	金能邯郸矿业集团公司	郭二庄煤矿	二级
42	河北省	金能邯郸矿业集团公司	云驾岭矿	二级
43	河北省	金能邯郸矿业集团公司	陶一煤矿	二级
44	河北省	峰峰集团公司	万年矿	一级
45	河北省	峰峰集团公司	梧桐庄矿	一级
46	河北省	峰峰集团公司	黄沙矿	二级
47	河北省	磁县	申家庄煤矿	二级
48	河北省	磁县	六合工业公司	二级
49	内蒙古自治区	平庄煤业集团公司	风水沟煤矿	特级
50	内蒙古自治区	平庄煤业集团公司	六家煤矿	一级
51	内蒙古自治区	平庄煤业集团公司	古山煤矿三井	二级

（续）

序号	省（区）	隶属企业	矿井名称	级别
52	内蒙古自治区	平庄煤业集团公司	红庙煤矿	二级
53	内蒙古自治区	扎赉诺尔煤业公司	灵泉矿	一级
54	内蒙古自治区	扎赉诺尔煤业公司	铁北煤矿	二级
55	内蒙古自治区	大雁矿业集团公司	第一煤矿	二级
56	内蒙古自治区	大雁矿业集团公司	第二煤矿	二级
57	辽宁省	铁法煤业集团公司	大平煤矿	特级
58	辽宁省	铁法煤业集团公司	大兴煤矿	特级
59	辽宁省	铁法煤业集团公司	晓南煤矿	特级
60	辽宁省	铁法煤业集团公司	大隆煤矿	特级
61	辽宁省	铁法煤业集团公司	大明煤矿	一级
62	辽宁省	铁法煤业集团公司	小青煤矿	一级
63	辽宁省	铁法煤业集团公司	晓明煤矿	二级
64	辽宁省	铁法煤业集团公司	小康煤矿	二级
65	辽宁省	沈阳煤业集团公司	红阳三矿	一级
66	辽宁省	阜新矿业集团公司	清河门煤矿	二级
67	辽宁省	阜新矿业集团公司	艾友煤矿	二级
68	山西省	潞安环能股份公司	王庄煤矿	特级
69	山西省	潞安环能股份公司	漳村煤矿	特级
70	山西省	潞安环能股份公司	常村煤矿	特级
71	山西省	潞安环能股份公司	五阳煤矿	一级
72	山西省	潞安环能股份公司	石圪节煤矿	一级
73	山西省	山西焦煤集团公司	西山马兰煤矿	特级
74	山西省	山西焦煤集团公司	西山屯兰煤矿	特级
75	山西省	山西焦煤集团公司	西山杜儿坪煤矿	一级
76	山西省	山西焦煤集团公司	汾西双柳煤矿	特级
77	山西省	山西焦煤集团公司	汾西新峪煤矿	特级
78	山西省	山西焦煤集团公司	霍州三交河煤矿	特级
79	山西省	山西焦煤集团公司	霍州回坡底煤矿	一级
80	山西省	山西焦煤集团公司	霍州团柏煤矿	一级
81	山西省	山西焦煤集团公司	霍州辛置煤矿	二级

（续）

序号	省（区）	隶属企业	矿井名称	级别
82	山西省	山西焦煤集团公司	汾西贺西煤矿	一级
83	山西省	山西焦煤集团公司	汾西柳湾煤矿	一级
84	山西省	长治市	三元煤业公司	特级
85	山西省	长治市	经坊煤业公司	特级
86	山西省	晋城无烟煤矿业集团公司	成庄煤矿	特级
87	山西省	晋城无烟煤矿业集团公司	古书院矿	二级
88	山西省	晋城无烟煤矿业集团公司	长平煤矿	二级
89	山西省	晋城无烟煤矿业集团公司	凤凰山煤矿	二级
90	山西省	晋城市高平市	赵庄煤矿	一级
91	山西省	晋城市兰花股份公司	唐安煤矿	一级
92	山西省	晋城市高平市	南阳煤矿	二级
93	山西省	大同煤矿集团公司	马脊梁煤矿	特级
94	山西省	大同煤矿集团公司	四台煤矿	特级
95	山西省	大同煤矿集团公司	四老沟煤矿	一级
96	山西省	大同煤矿集团公司	雁崖煤业公司	一级
97	山西省	大同煤矿集团公司	大斗沟煤矿	一级
98	山西省	大同煤矿集团公司	燕子山煤矿	一级
99	山西省	大同煤矿集团公司	小峪煤矿	一级
100	山西省	大同煤矿集团公司	白洞煤业公司	一级
101	山西省	大同煤矿集团公司	同家梁煤矿	一级
102	山西省	大同煤矿集团公司	忻州窑煤矿	二级
103	山西省	大同煤矿集团公司	永定庄煤业公司	二级
104	山西省	大同煤矿集团公司	晋华宫煤矿	二级
105	山西省	大同煤矿集团公司	杏儿沟煤业公司	二级
106	山西省	阳泉煤业集团公司	新景煤矿	一级
107	山西省	阳泉煤业集团公司	一矿北丈八井	一级
108	山西省	阳泉煤业集团公司	开元矿业公司	一级
109	山西省	阳泉煤业集团公司	国阳新能二矿	一级
110	山西省	吕梁市	离柳焦煤丈八井	二级
111	山西省	吕梁市	柳林同德焦煤公司	二级

（续）

序号	省（区）	隶属企业	矿井名称	级别
112	山西省	忻州市鲁能河曲电煤公司	上榆泉煤矿	特级
113	山西省	阳泉市盂县	东坪煤矿	一级
114	山西省	晋中市	义棠煤业公司	二级
115	山东省	兖矿集团兖州煤业股份公司	兴隆庄煤矿	特级
116	山东省	兖矿集团兖州煤业股份公司	鲍店煤矿	特级
117	山东省	兖矿集团兖州煤业股份公司	济宁二号煤矿	特级
118	山东省	兖矿集团兖州煤业股份公司	济宁三号煤矿	一级
119	山东省	兖矿集团兖州煤业股份公司	南屯煤矿	一级
120	山东省	兖矿集团兖州煤业股份公司	东滩煤矿	一级
121	山东省	兖矿集团兖州煤业股份公司	北宿煤矿	二级
122	山东省	兖矿集团兖州煤业股份公司	杨村煤矿	二级
123	山东省	肥城矿业集团公司	梁宝寺能源公司	特级
124	山东省	肥城矿业集团公司	曹庄煤矿	二级
125	山东省	肥城矿业集团公司	白庄煤矿	二级
126	山东省	肥城矿业集团公司	查庄煤矿	二级
127	山东省	枣庄矿业集团公司	高庄煤矿	特级
128	山东省	枣庄矿业集团公司	付村煤业公司	特级
129	山东省	枣庄矿业集团公司	新安煤矿	特级
130	山东省	枣庄矿业集团公司	柴里煤矿	一级
131	山东省	枣庄矿业集团公司	田陈煤矿	一级
132	山东省	枣庄矿业集团公司	蒋庄煤矿	一级
133	山东省	龙口矿业集团公司	北皂煤矿	特级
134	山东省	龙口矿业集团公司	梁家煤矿	一级
135	山东省	淄博矿业集团公司	岱庄煤矿	特级
136	山东省	淄博矿业集团公司	许厂煤矿	特级
137	山东省	淄博矿业集团公司	唐口煤矿	一级
138	山东省	淄博矿业集团公司	葛亭煤矿	一级
139	山东省	新汶矿业集团公司	翟镇煤矿	一级
140	山东省	新汶矿业集团公司	协庄煤矿	一级
141	山东省	济宁矿业集团公司	运河煤矿	一级

（续）

序号	省（区）	隶属企业	矿井名称	级别
142	山东省	临沂矿业集团公司	古城煤矿	一级
143	山东省	临沂矿业集团公司	田庄煤矿	一级
144	安徽省	淮北矿业集团公司	桃园煤矿	一级
145	安徽省	淮北矿业集团公司	朱仙庄煤矿	一级
146	安徽省	淮北矿业集团公司	朱庄煤矿	一级
147	安徽省	淮北矿业集团公司	朔里煤矿	一级
148	安徽省	淮北矿业集团公司	许疃煤矿	二级
149	安徽省	淮北矿业集团公司	祁南煤矿	二级
150	安徽省	淮南矿业集团公司	谢桥煤矿	特级
151	安徽省	淮南矿业集团公司	张集煤矿	特级
152	安徽省	淮南矿业集团公司	潘一煤矿	特级
153	安徽省	淮南矿业集团公司	潘三煤矿	一级
154	安徽省	皖北煤电集团公司	恒源煤电	一级
155	安徽省	皖北煤电集团公司	任楼煤矿	一级
156	安徽省	皖北煤电集团公司	祁东煤矿	二级
157	安徽省	皖北煤电集团公司	百善煤矿	二级
158	河南省	永城煤电集团龙宇股份公司	陈四楼矿	特级
159	河南省	永城煤电集团龙宇股份公司	车集煤矿	特级
160	河南省	永城煤电集团正龙煤业公司	城郊煤矿	特级
161	河南省	平顶山煤业集团公司	四矿	特级
162	河南省	平顶山煤业集团公司	六矿	特级
163	河南省	平顶山煤业集团公司	十二矿	特级
164	河南省	平顶山煤业集团公司	一矿	一级
165	河南省	平顶山煤业集团公司	二矿	一级
166	河南省	平顶山煤业集团公司	八矿	一级
167	河南省	平顶山煤业集团公司	十一矿	[illegible]级
168	河南省	义马煤业集团公司	耿村煤矿	特级
169	河南省	义马煤业集团公司	千秋煤矿	特级
170	河南省	义马煤业集团公司	杨村煤矿	一级
171	河南省	义马煤业集团公司	常村煤矿	一级

（续）

序号	省（区）	隶属企业	矿井名称	级别
172	河南省	义马煤业集团公司	跃进煤矿	一级
173	河南省	郑州煤业集团公司	超化矿	一级
174	河南省	郑州煤业集团公司	裴沟煤矿	一级
175	河南省	郑州煤业集团公司	米村煤矿	一级
176	河南省	鹤壁市	中泰矿业公司	二级
177	河南省	禹州中锋公司	枣园煤矿	二级
178	河南省	神火集团公司	新庄煤矿	特级
179	河南省	济源煤业公司	一矿	二级
180	甘肃省	华亭煤业集团公司	砚北煤矿	特级
181	甘肃省	华亭煤业集团公司	新窑煤矿公司	一级
182	甘肃省	华亭煤业集团公司	陈家沟煤矿	一级
183	甘肃省	华亭煤业集团公司	马蹄沟矿马蹄沟井	一级
184	甘肃省	华亭煤业集团公司	新柏煤矿公司	二级
185	甘肃省	靖远煤业公司	大水头煤矿	特级
186	甘肃省	靖远煤业公司	红会一矿	特级
187	甘肃省	靖远煤业公司	煤电股份公司	一级
188	甘肃省	窑街煤电公司	三矿	二级
189	新疆维吾尔自治区	哈密煤业集团公司	井采公司一井	特级
190	新疆维吾尔自治区	哈密煤业集团公司	井采公司二井	特级
191	黑龙江省	龙煤矿业集团公司双鸭山分公司	东荣二矿	一级
192	黑龙江省	龙煤矿业集团公司双鸭山分公司	东荣三矿	一级
193	黑龙江省	龙煤矿业集团公司鸡西分公司	杏花煤矿	一级
194	黑龙江省	龙煤矿业集团公司鹤岗分公司	南山煤矿	二级
195	吉林省	辽源矿业集团公司	梅河煤矿三井	一级
196	吉林省	辽源矿业集团公司	梅河煤矿二井	二级
197	江苏省	徐州矿务集团公司	权台煤矿	一级
198	江苏省	徐州矿务集团公司	旗山煤矿	一级
199	江苏省	徐州矿务集团公司	庞庄矿庞庄井	一级
200	江苏省	徐州矿务集团公司	张双楼煤矿	一级
201	江苏省	徐州矿务集团公司	三河尖煤矿	一级

（续）

序号	省（区）	隶属企业	矿井名称	级别
202	四川省	华蓥山广能集团公司	李子垭煤矿	一级
203	陕西省	彬县煤炭公司	下沟煤矿	一级
204	陕西省	煤化工集团黄陵矿业集团公司	一号煤矿	一级
205	神华集团	准格尔能源公司	黑岱沟露天煤矿	特级
206	神华集团	神东煤炭分公司	马家塔露天煤矿	特级
207	神华集团	神东天隆集团公司	武家塔露天煤矿	特级
208	神华集团	宝日希勒能源公司	露天煤矿	特级
209	神华集团	北电胜利能源公司	胜利露天煤矿	一级
210	中煤能源集团公司	平朔煤炭工业公司	安家岭露天矿	特级
211	中煤能源集团公司	平朔煤炭工业公司	安太堡露天矿	特级
212	华能集团公司	华能伊敏煤电公司	露天矿	特级
213	辽宁省	抚顺矿业集团公司	西露天煤矿	一级
214	内蒙古自治区	霍林河煤业集团公司	南露天煤矿	特级
215	内蒙古自治区	平庄煤业集团公司	元宝山露天煤矿	一级
216	云南省	小龙潭矿务局	布沼坝露天矿	特级
217	云南省	小龙潭矿务局	小龙潭露天矿	一级
218	云南省	东源煤业集团公司	先锋露天矿	一级
219	新疆维吾尔自治区	哈密煤业集团公司	露采公司	二级

二、2007 年度煤炭工业安全高效矿井（露天）名单（268 处）

序号	矿井名称	级别
1	中国神华能源股份公司神东煤炭分公司哈拉沟煤矿	特级
2	中国神华能源股份公司神东煤炭分公司补连塔煤矿	特级
3	中国神华能源股份公司神东煤炭分公司上湾煤矿	特级
4	中国神华能源股份公司神东煤炭分公司榆家梁煤矿	特级
5	中国神华能源股份公司神东煤炭分公司石圪台煤矿	特级
6	中国神华能源股份公司神东煤炭分公司保德煤矿	特级
7	中国神华能源股份公司神东煤炭分公司大柳塔矿活鸡兔井	特级

（续）

序　号	矿　井　名　称	级　别
8	中国神华能源股份公司神东煤炭分公司大柳塔矿大柳塔井	特级
9	中国神华能源股份公司神东煤炭分公司乌兰木伦煤矿	特级
10	中国神华能源股份公司神东煤炭分公司锦界煤矿	特级
11	中国神华能源股份公司金烽煤炭分公司唐公沟煤矿	特级
12	中国神华能源股份公司金烽煤炭分公司万利一矿	特级
13	中国神华能源股份公司万利煤炭分公司柳塔矿	特级
14	神华宁夏煤业集团有限责任公司灵新煤矿	特级
15	神华宁夏煤业集团有限责任公司羊场湾煤矿	特级
16	神华宁夏煤业集团有限责任公司枣泉煤矿	特级
17	神华新疆能源有限责任公司小红沟煤矿	特级
18	神华新疆能源有限责任公司大洪沟煤矿	特级
19	神华新疆能源有限责任公司碱沟煤矿	特级
20	神华新疆能源有限责任公司六道湾煤矿	特级
21	神华新疆能源有限责任公司铁厂沟煤矿	一级
22	神华集团海勃湾矿业有限责任公司露天煤矿	一级
23	神华集团包头矿业有限公司阿刀亥矿	一级
24	神华集团陕西集华柴家沟矿业有限公司	一级
25	神华集团乌达五虎山矿业有限责任公司	一级
26	神华集团乌达黄白茨矿业有限责任公司	二级
27	中煤能源集团平朔煤炭工业公司安家岭二号井工矿	特级
28	中煤能源集团平朔煤炭工业公司安家岭一号井工矿	特级
29	中煤能源集团上海大屯能源股份有限公司姚桥煤矿	特级
30	中煤能源集团上海大屯能源股份有限公司龙东煤矿	一级
31	中煤能源集团上海大屯能源股份有限公司徐庄煤矿	一级
32	中煤能源集团上海大屯能源股份有限公司孔庄煤矿	二级
33	中煤能源集团华晋焦煤有限责任公司沙曲矿	一级
34	国投新集能源股份有限公司刘庄煤矿	特级
35	国投新集能源股份有限公司新集一矿	一级
36	国投新集能源股份有限公司新集二矿	一级
37	开滦（集团）有限责任公司钱家营矿业分公司	特级

（续）

序　号	矿　井　名　称	级　别
38	开滦精煤股份有限公司范各庄矿业分公司	特级
39	开滦（集团）有限责任公司唐山矿业分公司	一级
40	开滦（集团）蔚州矿业有限责任公司崔家寨矿	一级
41	开滦精煤股份有限公司吕家坨矿业分公司	二级
42	开滦（集团）有限责任公司荆各庄矿业分公司	二级
43	开滦（集团）有限责任公司东欢坨矿业分公司	二级
44	开滦（集团）有限责任公司林南仓矿业分公司	二级
45	冀中能源河北金牛能源股份有限公司邢东矿	特级
46	冀中能源河北金牛能源股份有限公司东庞矿	特级
47	冀中能源河北金牛能源股份有限公司邢台矿	一级
48	冀中能源邯郸矿业集团郭二庄矿业有限公司	一级
49	冀中能源邯郸矿业集团有限公司云驾岭煤矿	一级
50	冀中能源邯郸矿业集团有限公司陶一煤矿	二级
51	冀中能源峰峰集团有限公司万年矿	特级
52	冀中能源峰峰集团有限公司梧桐庄矿	一级
53	冀中能源峰峰集团有限公司羊渠河矿	二级
54	河北省磁县申家庄煤矿	二级
55	河北省磁县六合工业有限公司	二级
56	内蒙古扎赉诺尔煤业有限责任公司灵泉煤矿	一级
57	内蒙古扎赉诺尔煤业有限责任公司铁北煤矿	一级
58	内蒙古大雁矿业集团有限责任公司第二煤矿	一级
59	内蒙古大雁矿业集团有限责任公司雁南煤矿	一级
60	内蒙古大雁矿业集团有限责任公司第一煤矿	一级
61	内蒙古平庄能源股份有限公司风水沟煤矿	一级
62	内蒙古平庄煤业（集团）有限责任公司红庙煤矿	一级
63	内蒙古平庄能源股份有限公司六家煤矿	一级
64	内蒙古平庄能源股份有限公司古山煤矿三井	二级
65	内蒙古伊泰集团有限公司纳林庙煤矿二号井	特级
66	内蒙古伊东集团窑沟扶贫煤炭有限责任公司	一级
67	铁法煤业（集团）有限责任公司大平矿	特级

（续）

序　号	矿　井　名　称	级　别
68	铁法煤业（集团）有限责任公司小青矿	特级
69	铁法煤业（集团）有限责任公司大隆矿	特级
70	铁法煤业（集团）有限责任公司晓南矿	特级
71	铁法煤业（集团）有限责任公司大兴矿	二级
72	铁法煤业（集团）有限责任公司晓明矿	二级
73	铁法煤业（集团）有限责任公司小康矿	二级
74	铁法煤业（集团）有限责任公司大明矿	二级
75	沈阳煤业（集团）有限责任公司红阳三矿	特级
76	沈阳煤业（集团）有限责任公司红菱煤矿	一级
77	沈阳煤业（集团）有限责任公司西马煤矿	一级
78	阜新矿业（集团）有限责任公司清河门煤矿	二级
79	阜新矿业（集团）有限责任公司艾友煤矿	二级
80	大同煤矿集团有限责任公司大唐塔山煤矿有限公司	特级
81	大同煤矿集团有限责任公司马脊梁矿	特级
82	大同煤矿集团有限责任公司四台矿	一级
83	大同煤矿集团有限责任公司云冈矿	一级
84	大同煤矿集团有限责任公司燕子山矿	一级
85	大同煤业股份有限公司四老沟矿	一级
86	大同煤业股份有限公司同家梁矿	一级
87	大同煤矿集团有限责任公司忻州窑矿	一级
88	大同煤矿集团大斗沟煤业有限责任公司	一级
89	大同煤矿集团雁崖煤业有限责任公司	一级
90	大同煤矿集团白洞煤业有限责任公司	一级
91	大同煤矿集团有限责任公司煤峪口矿	一级
92	大同煤矿集团永定庄煤业有限责任公司	一级
93	大同煤矿集团朔州朔煤小峪煤矿	一级
94	大同煤矿集团大同市杏儿沟煤业有限责任公司	二级
95	山西西山煤电股份有限公司马兰矿	一级
96	山西西山煤电股份有限公司西曲矿	一级
97	山西焦煤集团有限责任公司屯兰矿	一级

（续）

序　号	矿　井　名　称	级　别
98	山西焦煤集团有限责任公司杜儿坪矿	一级
99	山西焦煤集团有限责任公司东曲矿	一级
100	山西霍州煤电集团有限责任公司三交河煤矿	特级
101	山西霍州煤电集团有限责任公司团柏煤矿	一级
102	山西霍州煤电集团有限责任公司辛置煤矿	二级
103	山西汾西矿业（集团）有限责任公司双柳煤矿	特级
104	山西汾西矿业（集团）有限责任公司新柳煤矿	特级
105	山西汾西新阳煤业有限责任公司	一级
106	山西汾西矿业（集团）有限责任公司贺西煤矿	一级
107	山西国阳新能股份有限公司二矿	特级
108	山西国阳新能股份有限公司一矿北丈八井	一级
109	阳泉煤业（集团）有限责任公司三矿竖井	一级
110	阳泉煤业（集团）有限责任公司新景矿	一级
111	阳煤集团寿阳开元矿业有限责任公司	一级
112	山西晋城无烟煤矿业集团有限责任公司成庄矿	特级
113	山西晋城无烟煤矿业集团有限责任公司寺河矿	一级
114	山西晋城无烟煤矿业集团有限责任公司长平煤矿	一级
115	山西晋城无烟煤矿业集团有限责任公司古书院矿	二级
116	山西潞安环保能源开发股份有限公司王庄煤矿	特级
117	山西潞安环保能源开发股份有限公司漳村煤矿	特级
118	山西潞安矿业（集团）有限责任公司常村煤矿	特级
119	山西潞安集团司马煤业有限公司	特级
120	山西潞安环保能源开发股份有限公司五阳煤矿	一级
121	山西省长治经坊煤业有限公司	特级
122	山西三元煤业股份有限公司	特级
123	山西亚美大宁能源有限公司	特级
124	山西兰花科技创业股份有限公司唐安煤矿分公司	一级
125	山西兰花科技创业股份有限公司伯方煤矿分公司	一级
126	山西鲁能河曲电煤开发有限责任公司上榆泉煤矿	一级
127	山西天地王坡煤业有限公司	一级

（续）

序号	矿井名称	级别
128	山西省高平市赵庄煤矿	一级
129	山西柳林兴无煤矿有限责任公司	一级
130	山西省盂县东坪煤矿	一级
131	山西省乡宁县毛则渠煤炭有限公司崖坪坑口	一级
132	山西省监狱管理局阳泉固庄煤矿	二级
133	山西省监狱管理局太原西峪煤矿	二级
134	山西省大同鹊山精煤有限责任公司	二级
135	山西省大同市吴官屯煤业有限责任公司	二级
136	山西省柳林同德焦煤有限公司	二级
137	山西离柳焦煤集团有限公司丈八井	二级
138	山西省高平市南阳煤矿	二级
139	山西沁新煤焦股份有限公司新源煤矿	二级
140	山西省乡宁县沙坪煤炭有限责任公司沙坪煤矿	二级
141	山西省乡宁县地方国营台头煤矿前湾子坑口	二级
142	淄博矿业集团有限责任公司许厂煤矿	特级
143	淄博矿业集团有限责任公司岱庄煤矿	特级
144	淄博矿业集团山东唐口煤业有限公司	特级
145	淄博矿业集团陕西长武亭南煤业有限责任公司	特级
146	淄博矿业集团有限责任公司葛亭煤矿	一级
147	淄博矿业集团有限责任公司埠村煤矿	二级
148	临沂矿业集团东山矿业公司古城煤矿	一级
149	临沂矿业集团有限责任公司田庄煤矿	一级
150	临沂矿业集团东山王楼煤矿有限公司	二级
151	兖州煤业股份有限公司济宁三号煤矿	特级
152	兖州煤业股份有限公司兴隆庄煤矿	特级
153	兖州煤业股份有限公司东滩煤矿	特级
154	兖州煤业股份有限公司鲍店煤矿	特级
155	兖州煤业股份有限公司南屯煤矿	特级
156	兖州煤业股份有限公司济宁二号煤矿	特级
157	兖矿集团山西和顺天池能源有限责任公司	一级

（续）

序号	矿井名称	级别
158	兖矿集团有限公司杨村煤矿	一级
159	兖矿集团有限公司北宿煤矿	二级
160	枣庄矿业（集团）有限责任公司高庄煤矿	特级
161	枣庄矿业（集团）有限责任公司新安煤矿	特级
162	枣庄矿业集团付村煤业有限公司	特级
163	枣庄矿业（集团）有限责任公司柴里煤矿	一级
164	枣庄矿业（集团）有限责任公司蒋庄煤矿	一级
165	枣庄矿业（集团）有限责任公司田陈煤矿	一级
166	龙口煤电有限公司梁家煤矿	特级
167	龙口煤电有限公司北皂煤矿	特级
168	新汶矿业集团有限责任公司协庄煤矿	一级
169	新汶矿业集团有限责任公司翟镇煤矿	一级
170	肥城矿业集团梁宝寺能源有限责任公司	特级
171	肥城矿业集团查庄煤矿有限公司	二级
172	肥城矿业集团白庄煤矿有限公司	二级
173	肥城矿业集团曹庄煤矿有限公司	二级
174	淮北矿业集团煤业有限责任公司朱庄煤矿	一级
175	淮北矿业（集团）有限责任公司许疃煤矿	一级
176	淮北矿业集团煤业有限责任公司桃园煤矿	一级
177	淮北矿业（集团）有限责任公司涡北煤矿	一级
178	淮北矿业集团煤业有限责任公司祁南煤矿	一级
179	淮北矿业集团煤业有限责任公司朱仙庄煤矿	二级
180	淮南矿业（集团）有限责任公司张集煤矿	特级
181	淮南矿业（集团）有限责任公司顾桥煤矿	特级
182	淮南矿业（集团）有限责任公司潘集第三煤矿	特级
183	淮南矿业（集团）有限责任公司谢桥煤矿	一级
184	安徽恒源煤电股份有限公司	一级
185	安徽省皖北煤电集团有限责任公司任楼煤矿	二级
186	安徽省皖北煤电集团有限责任公司祁东煤矿	二级
187	安徽省皖北煤电集团有限责任公司百善煤矿	二级

（续）

序 号	矿 井 名 称	级 别
188	安徽恒源煤电股份有限公司刘桥第一煤矿	二级
189	平顶山煤业（集团）四矿	特级
190	平顶山煤业（集团）十二矿	特级
191	平顶山煤业（集团）一矿	一级
192	平顶山煤业（集团）十一矿	一级
193	平顶山煤业（集团）二矿	一级
194	平顶山煤业（集团）八矿	一级
195	平顶山煤业（集团）六矿	二级
196	平顶山煤业（集团）五矿	二级
197	河南永煤集团正龙煤业有限公司城郊煤矿	特级
198	河南永煤集团龙宇能源股份有限公司陈四楼煤矿	特级
199	河南永煤集团龙宇能源股份有限公司车集煤矿	一级
200	义马煤业（集团）有限责任公司耿村煤矿	特级
201	义马煤业（集团）有限责任公司千秋煤矿	特级
202	义马煤业（集团）有限责任公司杨村煤矿	一级
203	义马煤业（集团）有限责任公司跃进煤矿	一级
204	义马煤业（集团）有限责任公司常村煤矿	一级
205	义马煤业（集团）有限责任公司新安煤矿	二级
206	郑州煤炭工业（集团）有限责任公司裴沟煤矿	一级
207	郑州煤炭工业（集团）有限责任公司超化煤矿	一级
208	郑州煤炭工业（集团）有限责任公司米村煤矿	一级
209	焦作煤业（集团）有限责任公司中马村矿	二级
210	焦作煤业（集团）有限责任公司演马庄矿	二级
211	鹤壁煤电股份有限公司第三煤矿	一级
212	河南神火煤电股份有限公司新庄煤矿	特级
213	河南神火集团许昌新龙矿业有限责任公司	一级
214	河南省济源煤业有限责任公司一矿	二级
215	河南省禹州中锋枣园煤矿	二级
216	靖远煤业集团有限责任公司大水头煤矿	特级
217	靖远煤业集团有限责任公司魏家地煤矿	特级

（续）

序　号	矿　井　名　称	级　别
218	甘肃靖远煤电股份有限公司	一级
219	靖远煤业集团有限责任公司红会第一煤矿	二级
220	靖远煤业集团有限责任公司红会第四煤矿	二级
221	窑街煤电有限责任公司三矿	一级
222	窑街煤电公司天祝煤业有限责任公司	二级
223	华亭煤业集团有限责任公司马蹄沟煤矿马蹄沟井	特级
224	甘肃华亭煤电股份有限公司陈家沟煤矿	特级
225	华亭煤业集团新窑煤矿有限责任公司	特级
226	甘肃华亭煤电股份有限公司砚北煤矿	一级
227	华亭煤业集团新柏煤矿有限责任公司	一级
228	潞安新疆煤化工（集团）有限公司二矿	特级
229	潞安新疆煤化工（集团）有限公司一矿	特级
230	黑龙江龙煤矿业集团有限责任公司鸡西分公司城山煤矿	一级
231	黑龙江龙煤矿业集团有限责任公司鸡西分公司杏花煤矿	一级
232	黑龙江龙煤矿业集团有限责任公司鸡西分公司东山煤矿	二级
233	黑龙江龙煤矿业集团有限责任公司鹤岗分公司南山煤矿	一级
234	黑龙江龙煤矿业集团有限责任公司鹤岗分公司峻德煤矿	二级
235	黑龙江龙煤矿业集团有限责任公司双鸭山分公司东荣二矿	一级
236	黑龙江龙煤矿业集团有限责任公司双鸭山分公司东荣三矿	一级
237	黑龙江龙煤矿业集团有限责任公司双鸭山分公司新安煤矿	二级
238	黑龙江龙煤矿业集团有限责任公司七台河分公司新立煤矿	二级
239	辽源矿业（集团）有限责任公司梅河煤矿三井	一级
240	辽源矿业（集团）有限责任公司梅河煤矿四井	二级
241	辽源矿业（集团）有限责任公司梅河煤矿二井	二级
242	珲春矿业（集团）有限责任公司英安煤矿	二级
243	珲春矿业（集团）八连城煤业有限公司	二级
244	徐州矿务集团有限公司权台煤矿	一级
245	徐州矿务集团有限公司旗山煤矿	一级
246	徐州矿务集团有限公司庞庄煤矿张小楼井	一级
247	徐州矿务集团有限公司三河尖煤矿	一级

（续）

序　号	矿　井　名　称	级　别
248	徐州矿务集团有限公司夹河煤矿	一级
249	陕西黄陵矿业集团有限责任公司一号煤矿	一级
250	陕西彬县煤炭有限责任公司下沟矿	特级
251	四川华蓥山广能集团李子垭煤业有限责任公司	一级
252	四川华蓥山广能集团绿水洞煤业有限责任公司	二级
253	重庆松藻煤电有限责任公司打通一煤矿	二级
254	神华准格尔能源有限责任公司黑岱沟露天煤矿	特级
255	神华北电胜利能源有限公司胜利露天煤矿	特级
256	神华宝日希勒能源有限公司露天煤矿	特级
257	神东天隆集团有限责任公司武家塔露天煤矿	特级
258	中国神华能源股份公司神东煤炭分公司马家塔露天煤矿	特级
259	中煤能源集团平朔煤炭工业公司安家岭露天煤矿	特级
260	中煤能源集团平朔煤炭工业公司安太堡露天煤矿	特级
261	华能伊敏煤电有限责任公司露天矿	特级
262	内蒙古霍林河露天煤业股份有限公司南露天矿	特级
263	内蒙古平庄煤业（集团）有限责任公司元宝山露天煤矿	特级
264	抚顺矿业集团有限责任公司西露天矿	一级
265	潞安新疆煤化工（集团）有限公司露天煤矿	二级
266	云南省小龙潭矿务局小龙潭露天矿	特级
267	云南省小龙潭矿务局布沼坝露天矿	特级
268	云南先锋煤业开发有限公司露天矿	一级

三、2008年度煤炭工业安全高效矿井（露天）名单（292处）

序　号	矿　井　名　称	级　别
1	神华神东煤炭集团上湾煤矿	特级
2	神华神东煤炭集团哈拉沟煤矿	特级
3	神华神东煤炭集团补连塔煤矿	特级
4	神华神东煤炭集团榆家梁煤矿	特级

（续）

序　号	矿　井　名　称	级　别
5	神华神东煤炭集团大柳塔矿大柳塔井	特级
6	神华神东煤炭集团大柳塔矿活鸡兔井	特级
7	神华神东煤炭集团石圪台煤矿	特级
8	神华神东煤炭集团锦界煤矿	特级
9	神华神东煤炭集团万利一矿	特级
10	神华神东煤炭集团寸草塔矿	特级
11	神华宁夏煤业集团有限责任公司羊场湾煤矿	特级
12	神华宁夏煤业集团有限责任公司枣泉煤矿	特级
13	神华宁夏煤业集团有限责任公司灵新煤矿	特级
14	神华新疆能源有限责任公司小红沟煤矿	特级
15	神华新疆能源有限责任公司大洪沟煤矿	特级
16	神华新疆能源有限责任公司碱沟煤矿	特级
17	神华新疆能源有限责任公司铁厂沟煤矿	特级
18	神华新疆能源有限责任公司六道湾煤矿	特级
19	神华乌海能源公司黄白茨矿业有限责任公司	一级
20	神华乌海能源公司五虎山矿业有限责任公司	一级
21	神华集团包头矿业有限公司阿刀亥矿	特级
22	神华集团陕西集华柴家沟矿业有限公司	一级
23	中煤能源集团平朔煤业有限责任公司安家岭二号井工矿	特级
24	中煤能源集团平朔煤业有限责任公司安家岭一号井工矿	特级
25	中煤能源集团上海大屯能源股份有限公司姚桥煤矿	特级
26	中煤能源集团上海大屯能源股份有限公司龙东煤矿	二级
27	中煤能源集团上海大屯能源股份有限公司徐庄煤矿	一级
28	中煤能源集团上海大屯能源股份有限公司孔庄煤矿	一级
29	中煤能源集团华晋焦煤有限责任公司沙曲矿	特级
30	开滦（集团）有限责任公司钱家营矿业分公司	特级
31	开滦能源化工股份有限公司范各庄矿业分公司	特级
32	开滦（集团）有限责任公司唐山矿业分公司	一级
33	开滦（集团）蔚州矿业有限责任公司崔家寨矿	一级
34	开滦（集团）有限责任公司荆各庄矿业分公司	一级

（续）

序　号	矿　井　名　称	级　别
35	开滦能源化工股份有限公司吕家坨矿业分公司	二级
36	冀中能源河北金牛能源股份有限公司东庞矿	特级
37	冀中能源河北金牛能源股份有限公司邢东矿	特级
38	冀中能源河北金牛能源股份有限公司邢台矿	一级
39	冀中能源邯郸矿业集团郭二庄矿业有限公司	一级
40	冀中能源邯郸矿业集团有限公司云驾岭煤矿	一级
41	冀中能源邯郸矿业集团亨健矿业有限公司	二级
42	冀中能源邯郸矿业集团有限公司陶二煤矿	一级
43	冀中能源邯郸矿业集团有限公司陶一煤矿	二级
44	冀中能源张家口矿业集团有限公司宣东二号煤矿	一级
45	冀中能源张家口矿业集团有限公司长城矿业公司	二级
46	冀中能源张家口矿业集团康保矿业有限公司张纪井	二级
47	冀中能源峰峰集团有限公司梧桐庄矿	一级
48	冀中能源峰峰集团有限公司大淑村矿	二级
49	冀中能源峰峰集团有限公司羊渠河矿	二级
50	冀中能源峰峰集团有限公司黄沙矿	二级
51	冀中能源峰峰集团有限公司新三矿	二级
52	河北省磁县申家庄煤矿	二级
53	河北省磁县六合工业有限公司	二级
54	扎赉诺尔煤业有限责任公司铁北煤矿	特级
55	内蒙古平庄能源股份有限公司古山煤矿三井	二级
56	内蒙古平庄煤业（集团）有限责任公司红庙煤矿	二级
57	内蒙古大雁矿业集团有限责任公司第二煤矿	一级
58	内蒙古大雁矿业集团有限责任公司雁南煤矿	一级
59	内蒙古大雁矿业集团有限责任公司第一煤矿	一级
60	内蒙古伊泰煤炭股份有限公司纳林庙煤矿二号井	特级
61	内蒙古伊泰煤炭股份有限公司宏景塔一矿	特级
62	内蒙古伊泰集团有限公司大地精煤矿	一级
63	铁法煤业（集团）有限责任公司大平矿	特级
64	铁法煤业（集团）有限责任公司大兴矿	特级

（续）

序号	矿井名称	级别
65	铁法煤业（集团）有限责任公司小青矿	特级
66	铁法煤业（集团）有限责任公司大隆矿	特级
67	铁法煤业（集团）有限责任公司晓南矿	特级
68	铁法煤业（集团）有限责任公司小康矿	特级
69	铁法煤业（集团）有限责任公司晓明矿	一级
70	铁法煤业（集团）有限责任公司大明矿斜井	二级
71	沈阳煤业（集团）有限责任公司红阳三矿	特级
72	沈阳煤业（集团）有限责任公司红菱煤矿	一级
73	沈阳煤业（集团）有限责任公司西马煤矿	一级
74	抚顺矿业集团有限责任公司老虎台矿	一级
75	阜新矿业（集团）有限责任公司兴阜煤矿	二级
76	同煤大唐塔山煤矿有限公司	特级
77	大同煤矿集团有限责任公司四台矿	特级
78	大同煤矿集团有限责任公司马脊梁矿	特级
79	大同煤矿集团有限责任公司云冈矿	特级
80	大同煤矿集团有限责任公司晋华宫矿	一级
81	大同煤矿集团有限责任公司燕子山矿	一级
82	大同煤业股份有限公司同家梁矿	一级
83	大同煤矿集团有限责任公司四老沟矿	一级
84	大同煤矿集团朔州朔煤小峪煤矿	一级
85	大同煤矿集团有限责任公司忻州窑矿	一级
86	大同煤矿集团大斗沟煤业有限责任公司	一级
87	大同煤矿集团雁崖煤业有限责任公司	一级
88	大同煤矿集团白洞煤业有限责任公司	一级
89	大同煤矿集团永定庄煤业有限责任公司	一级
90	大同煤矿集团大同地煤东周窑煤矿	二级
91	大同煤矿集团大同市杏儿沟煤业有限责任公司	二级
92	大同煤矿集团大同地煤马口煤矿	二级
93	山西汾河焦煤股份有限公司三交河煤矿	一级
94	霍州煤电集团有限责任公司辛置煤矿	一级

（续）

序号	矿井名称	级别
95	霍州煤电集团有限责任公司团柏煤矿	二级
96	山西西山煤电股份有限公司马兰矿	一级
97	山西焦煤集团有限责任公司官地矿	一级
98	山西焦煤集团有限责任公司杜儿坪矿	一级
99	山西焦煤集团有限责任公司东曲矿	一级
100	山西西山煤电股份有限公司镇城底矿	一级
101	山西汾西矿业（集团）有限责任公司双柳煤矿	特级
102	山西汾西矿业（集团）有限责任公司新柳煤矿	一级
103	山西汾西矿业（集团）有限责任公司新阳煤矿	一级
104	山西汾西矿业（集团）有限责任公司贺西煤矿	一级
105	山西国阳新能股份有限公司一矿北丈八井	一级
106	山西国阳新能股份有限公司二矿	特级
107	阳煤集团寿阳开元矿业有限责任公司	特级
108	阳泉煤业集团三矿煤业有限责任公司	一级
109	阳泉煤业（集团）有限责任公司新景矿	一级
110	山西晋城无烟煤矿业集团有限责任公司寺河矿	特级
111	山西晋城无烟煤矿业集团有限责任公司成庄矿	特级
112	山西潞安环保能源开发股份有限公司漳村煤矿	特级
113	山西潞安集团司马煤业有限公司	特级
114	山西潞安环保能源开发股份有限公司常村煤矿	特级
115	山西潞安集团余吾煤业有限责任公司	特级
116	山西潞安集团潞宁煤业有限责任公司	特级
117	山西潞安环保能源开发股份有限公司五阳煤矿	一级
118	山西大同鹊山精煤有限责任公司	二级
119	山西鲁能河曲电煤开发有限责任公司上榆泉煤矿	特级
120	山西亚美大宁能源有限公司	特级
121	山西兰花科技创业股份有限公司伯方煤矿分公司	特级
122	山西兰花科技创业股份有限公司望云煤矿分公司	一级
123	山西兰花科技创业股份有限公司唐安煤矿分公司	一级
124	山西兰花科技创业股份有限公司大阳煤矿分公司	二级

（续）

序　号	矿　井　名　称	级　别
125	山西高平申家庄矿业有限公司	二级
126	山西省高平市赵庄煤矿	一级
127	山西省高平市南阳煤矿	二级
128	山西三元煤业股份有限公司	特级
129	山西省长治经坊煤业有限公司	特级
130	山西省襄垣县花宝沟煤矿	二级
131	山西省长治县西山煤业有限责任公司	二级
132	山西省襄垣县地方国营襄垣煤矿	一级
133	山西沁新煤焦股份有限公司新源煤矿	一级
134	山西沁新煤焦股份有限公司沁新煤矿	二级
135	山西襄垣县七一煤矿	一级
136	山西临汾四通焦化有限公司四通二矿	一级
137	山西乡宁县沙坪（吉县）煤炭有限责任公司沙坪煤矿	一级
138	山西乡宁县地方国营台头煤矿前湾子坑口	一级
139	山西玉和泰煤业有限公司	二级
140	山西乡宁县申南凹焦煤有限公司	二级
141	山西省盂县东坪煤矿	一级
142	山西柳林兴无煤矿有限责任公司	一级
143	山西柳林大庄煤矿有限责任公司	二级
144	山西省柳林同德焦煤有限公司	二级
145	山西柳林金家庄煤业有限公司	一级
146	山西柳林寨崖底煤业有限公司	一级
147	山西义棠煤业有限责任公司	一级
148	山西国投昔阳能源有限责任公司黄岩汇煤矿	二级
149	山西省阳泉固庄煤矿	二级
150	山西省太原西峪煤矿	二级
151	淄博矿业集团有限责任公司许厂煤矿	特级
152	淄博矿业集团山东唐口煤业有限公司	特级
153	淄博矿业集团陕西长武亭南煤业有限责任公司	特级
154	淄博矿业集团有限责任公司岱庄煤矿	特级

（续）

序　号	矿　井　名　称	级　别
155	淄博矿业集团有限责任公司葛亭煤矿	一级
156	淄博矿业集团有限责任公司埠村煤矿	二级
157	临沂矿业集团山东东山古城煤矿有限公司	二级
158	临沂矿业集团山东东山王楼煤矿有限公司	二级
159	临沂矿业集团有限责任公司田庄煤矿	一级
160	兖州煤业股份有限公司济宁三号煤矿	特级
161	兖州煤业股份有限公司东滩煤矿	特级
162	兖州煤业股份有限公司兴隆庄煤矿	特级
163	兖州煤业股份有限公司鲍店煤矿	特级
164	兖州煤业股份有限公司济宁二号煤矿	特级
165	兖州煤业股份有限公司南屯煤矿	特级
166	兖矿集团山西和顺天池能源有限责任公司	一级
167	兖矿集团有限公司杨村煤矿	一级
168	兖矿集团有限公司北宿煤矿	一级
169	枣庄矿业（集团）有限责任公司高庄矿	特级
170	枣庄矿业（集团）有限责任公司新安矿	特级
171	枣庄矿业集团付村煤业有限公司	特级
172	枣庄矿业（集团）有限责任公司柴里煤矿	一级
173	枣庄矿业（集团）有限责任公司蒋庄煤矿	一级
174	枣庄矿业（集团）有限责任公司田陈煤矿	一级
175	龙口煤电有限公司梁家矿	特级
176	龙口煤电有限公司北皂矿	特级
177	新汶矿业集团有限责任公司协庄煤矿	一级
178	新汶矿业集团山东泰山能源有限责任公司翟镇煤矿	一级
179	肥城矿业集团梁宝寺能源有限责任公司	特级
180	肥城矿业集团山东新查庄矿业有限责任公司	二级
181	肥城矿业集团曹庄煤矿有限公司	二级
182	山东里能鲁西矿业有限公司	二级
183	山东省岱庄生建煤矿	二级
184	淮北矿业集团煤业有限责任公司朱庄煤矿	一级

（续）

序号	矿井名称	级别
185	淮北矿业（集团）有限责任公司许疃煤矿	一级
186	淮北矿业集团煤业有限责任公司朔里煤矿	一级
187	淮北矿业集团煤业有限责任公司朱仙庄煤矿	一级
188	淮北矿业（集团）有限责任公司涡北煤矿	一级
189	淮北矿业（集团）有限责任公司孙疃煤矿	二级
190	淮北矿业集团煤业有限责任公司祁南煤矿	一级
191	淮北矿业集团临涣煤电有限责任公司	二级
192	淮南矿业（集团）有限责任公司顾桥煤矿	特级
193	淮南矿业（集团）有限责任公司张集煤矿	特级
194	淮南矿业集团淮浙煤电有限责任公司顾北煤矿分公司	特级
195	淮南矿业（集团）有限责任公司谢桥煤矿	一级
196	淮南矿业集团淮沪煤电有限公司丁集煤矿	特级
197	淮南矿业（集团）有限责任公司潘集第三煤矿	特级
198	淮南矿业（集团）有限责任公司潘集第一煤矿	一级
199	淮南矿业（集团）有限责任公司潘北煤矿	特级
200	皖北煤电集团有限责任公司祁东煤矿	一级
201	皖北煤电集团安徽五沟煤矿有限责任公司	一级
202	皖北煤电集团安徽恒源煤电股份有限公司	二级
203	皖北煤电集团有限责任公司任楼煤矿	一级
204	皖北煤电集团有限责任公司百善煤矿	二级
205	皖北煤电集团安徽恒源煤电股份有限公司刘桥第一煤矿	二级
206	国投新集能源股份有限公司刘庄煤矿	特级
207	国投新集能源股份有限公司新集一矿	特级
208	国投新集能源股份有限公司新集二矿	一级
209	平顶山天安煤业股份有限公司四矿	特级
210	平顶山天安煤业股份有限公司六矿	特级
211	平顶山天安煤业股份有限公司十一矿	一级
212	平顶山天安煤业股份有限公司十二矿	特级
213	平顶山煤业（集团）二矿	一级
214	平顶山天安煤业股份有限公司一矿	一级

（续）

序号	矿井名称	级别
215	平顶山天安煤业股份有限公司十矿	一级
216	平顶山天安煤业股份有限公司八矿	一级
217	平顶山天安煤业股份有限公司五矿	一级
218	中平能化集团瑞平公司张村矿	一级
219	中平能化集团平顶山七星煤业有限责任公司	二级
220	河南煤业化工集团正龙煤业有限公司城郊煤矿	特级
221	河南煤业化工集团龙宇能源股份有限公司陈四楼煤矿	特级
222	河南煤业化工集团龙宇能源股份有限公司车集煤矿	特级
223	河南煤业化工集团永煤集团股份有限公司新桥煤矿	一级
224	河南煤业化工集团永锦能源有限公司云盖山煤矿二矿	二级
225	河南煤业化工集团焦作煤业（集团）有限责任公司演马庄矿	二级
226	河南煤业化工集团焦作煤业（集团）有限责任公司古汉山矿	二级
227	河南煤业化工集团焦作煤业（集团）有限责任公司中马村矿	二级
228	河南煤业化工集团焦作煤业（集团）有限责任公司九里山矿	二级
229	河南煤业化工集团鹤壁中泰矿业有限公司	一级
230	河南煤业化工集团鹤壁煤电股份有限公司第三煤矿	一级
231	河南煤业化工集团鹤壁煤业（集团）有限责任公司第二煤矿	二级
232	义马煤业集团股份有限公司耿村煤矿	特级
233	义马煤业集团股份有限公司千秋煤矿	特级
234	义马煤业集团股份有限公司杨村煤矿	一级
235	义马煤业集团股份有限公司常村煤矿	一级
236	义马煤业集团股份有限公司新安煤矿	二级
237	义马煤业集团股份有限公司跃进煤矿	一级
238	郑州煤炭工业（集团）有限责任公司裴沟煤矿	一级
239	郑州煤炭工业（集团）有限责任公司超化煤矿	一级
240	河南神火煤业有限公司新庄煤矿	特级
241	河南神火集团许昌新龙矿业有限责任公司	一级
242	河南省济源煤业有限责任公司一矿	二级
243	河南省禹州中锋枣园煤矿	二级
244	甘肃华亭煤电股份有限公司砚北煤矿	一级

（续）

序　号	矿　井　名　称	级　别
245	甘肃华亭煤电股份有限公司东峡矿	特级
246	华亭煤业集团有限责任公司山寨煤矿	二级
247	华亭煤业集团新窑煤矿有限责任公司	特级
248	华亭煤业集团新柏煤矿有限责任公司	特级
249	窑街煤电集团天祝煤业有限责任公司	一级
250	窑街煤电集团有限公司三矿	二级
251	窑街煤电集团有限公司海石湾煤矿	二级
252	窑街煤电集团有限公司金河煤矿	二级
253	潞安新疆煤化工（集团）有限公司一矿	特级
254	徐州矿务（集团）新疆天山矿业有限责任公司俄霍布拉克煤矿	一级
255	新疆乌苏四棵树煤炭有限责任公司八号井	二级
256	黑龙江龙煤矿业集团双鸭山矿业集团有限公司东荣二矿	一级
257	黑龙江龙煤矿业集团双鸭山矿业集团有限公司东荣三矿	一级
258	黑龙江龙煤矿业集团双鸭山矿业集团有限公司新安煤矿	二级
259	黑龙江龙煤矿业集团双鸭山矿业集团有限公司东保卫煤矿	二级
260	黑龙江龙煤矿业集团有限责任公司鸡西分公司东山煤矿	二级
261	黑龙江龙煤矿业集团有限责任公司鸡西分公司杏花煤矿	一级
262	黑龙江龙煤矿业集团有限责任公司鹤岗分公司南山煤矿	一级
263	黑龙江龙煤矿业集团有限责任公司鹤岗分公司峻德煤矿	一级
264	黑龙江龙煤矿业集团七台河矿业精煤（集团）有限责任公司新立煤矿	一级
265	辽源矿业（集团）有限责任公司金宝屯煤矿	一级
266	辽源矿业（集团）有限责任公司梅河煤矿三井	一级
267	辽源矿业（集团）有限责任公司梅河煤矿二井	二级
268	辽源矿业（集团）有限责任公司梅河煤矿四井	二级
269	珲春矿业（集团）板石煤业有限公司	一级
270	珲春矿业（集团）八连城煤业有限公司	一级
271	珲春矿业（集团）有限责任公司英安煤矿	一级
272	舒兰矿业（集团）有限责任公司四矿	二级
273	徐州矿务集团有限公司张双楼煤矿	一级

（续）

序　号	矿　　井　　名　　称	级　别
274	徐州矿务集团有限公司三河尖煤矿	一级
275	徐州矿务集团有限公司权台煤矿	一级
276	徐州矿务集团有限公司旗山煤矿	一级
277	徐州矿务集团有限公司庞庄煤矿张小楼井	一级
278	徐州矿务集团有限公司夹河煤矿	一级
279	陕西陕煤黄陵矿业有限公司一号煤矿	特级
280	四川省华蓥山煤业股份有限公司绿水洞煤矿	一级
281	四川省华蓥山煤业股份有限公司李子垭煤矿	一级
282	重庆松藻煤电有限责任公司打通一煤矿	二级
283	重庆松藻煤电有限责任公司松藻煤矿	二级
284	神华准格尔能源有限责任公司黑岱沟露天煤矿	特级
285	神华宝日希勒能源有限公司露天煤矿	特级
286	神东天隆集团有限责任公司武家塔露天煤矿	特级
287	中煤平朔煤业有限责任公司安太堡露天矿	特级
288	中煤平朔煤业有限责任公司安家岭露天矿	特级
289	华能伊敏煤电有限责任公司露天矿	特级
290	抚顺矿业集团有限责任公司西露天矿	一级
291	潞安新疆煤化工（集团）有限公司露天煤矿	一级
292	云南先锋煤业开发有限公司先锋露天矿	一级

四、2009 年度煤炭工业安全高效矿井（露天）名单（359 处）

序　号	矿　　井　　名　　称	级　别
1	神华神东煤炭集团哈拉沟煤矿	一级
2	神华神东煤炭集团上湾煤矿	特级
3	神华神东煤炭集团补连塔煤矿	特级
4	神华神东煤炭集团大柳塔矿活鸡兔井	特级
5	神华神东煤炭集团榆家梁矿	特级
6	神华神东煤炭集团石圪台煤矿	特级

（续）

序号	矿井名称	级别
7	神华神东煤炭集团大柳塔矿大柳塔井	特级
8	神华神东煤炭集团锦界煤矿	特级
9	神华神东煤炭集团万利一矿	特级
10	神华神东煤炭集团保德煤矿	特级
11	神华神东煤炭集团乌兰木伦煤矿	特级
12	神华神东煤炭集团柳塔煤矿	特级
13	神华神东煤炭集团金烽寸草塔矿	一级
14	神华神东煤炭集团寸草塔矿	特级
15	神华神东煤炭集团唐公沟矿	特级
16	神华宁煤集团公司任家庄煤矿	特级
17	神华宁煤集团公司羊场湾煤矿	特级
18	神华宁煤集团公司灵新煤矿	特级
19	神华新疆能源公司小红沟煤矿	特级
20	神华新疆能源公司大洪沟煤矿	特级
21	神华新疆能源公司碱沟煤矿	特级
22	神华新疆能源公司铁厂沟煤矿	特级
23	神华乌海能源公司露天煤矿	特级
24	神华乌海能源公司蒙西煤化棋盘井煤矿	一级
25	神华包头矿业公司阿刀亥煤矿	一级
26	中煤平朔公司安太堡井工矿	特级
27	中煤平朔公司安家岭二号井工矿	特级
28	中煤平朔公司安家岭一号井工矿	特级
29	中煤大屯公司姚桥煤矿	特级
30	中煤大屯公司龙东煤矿	一级
31	中煤大屯公司徐庄煤矿	一级
32	中煤大屯公司孔庄煤矿	一级
33	中煤山西东坡煤业公司	特级
34	中煤陕西南梁矿业公司	一级
35	河北开滦集团唐山矿业分公司	二级
36	河北开滦集团范各庄矿业分公司	特级

（续）

序号	矿井名称	级别
37	河北开滦集团钱家营矿业分公司	一级
38	河北开滦集团蔚州公司崔家寨矿	一级
39	河北开滦集团荆各庄矿业分公司	二级
40	河北开滦集团吕家坨矿业分公司	二级
41	河北开滦集团东欢坨矿业分公司	一级
42	河北开滦集团蔚州公司单侯矿	二级
43	河北开滦集团林南仓矿业分公司	二级
44	河北冀中能源集团冀中股份东庞矿	特级
45	河北冀中能源集团冀中股份邢东矿	特级
46	河北冀中能源集团冀中股份邢台矿	一级
47	河北冀中能源集团冀中股份显德汪矿	二级
48	河北冀中能源集团冀中股份章村矿	二级
49	河北冀中能源集团冀中股份葛泉矿	二级
50	河北冀中能源集团邯矿集团云驾岭矿	一级
51	河北冀中能源集团邯矿集团郭二庄矿	一级
52	河北冀中能源集团邯矿集团亨健矿	二级
53	河北冀中能源集团张矿集团官板乌素煤矿	一级
54	河北冀中能源集团张矿集团长城矿业公司	二级
55	河北冀中能源集团张矿集团康保张纪井	二级
56	河北冀中能源集团峰峰集团梧桐庄矿	一级
57	河北冀中能源集团峰峰集团万年矿	一级
58	河北冀中能源集团峰峰集团黄沙矿	一级
59	河北冀中能源集团峰峰集团新三矿	一级
60	河北冀中能源集团峰峰集团大淑村矿	一级
61	河北冀中能源集团峰峰集团薛村矿	二级
62	河北冀中能源集团峰峰集团羊渠河矿	二级
63	河北磁县申家庄煤矿	一级
64	内蒙古扎赉诺尔煤业公司铁北煤矿	特级
65	内蒙古扎赉诺尔煤业公司灵泉煤矿	二级
66	内蒙古平庄煤业集团老公营子煤矿	特级

（续）

序　号	矿　井　名　称	级　别
67	内蒙古平庄煤业集团六家煤矿	一级
68	内蒙古平庄煤业集团红庙煤矿	一级
69	内蒙古平庄煤业集团风水沟煤矿	二级
70	内蒙古平庄煤业集团古山煤矿三井	二级
71	内蒙古大雁矿业集团第二煤矿	一级
72	内蒙古大雁矿业集团第一煤矿	一级
73	内蒙古大雁矿业集团雁南煤矿	一级
74	内蒙古伊泰集团纳林庙煤矿二号井	特级
75	内蒙古伊泰集团宏景塔一矿	特级
76	内蒙古伊泰集团纳林庙煤矿一号井	一级
77	内蒙古伊泰集团丁家渠煤矿	一级
78	内蒙古伊泰集团宝山煤矿	一级
79	内蒙古伊泰集团大地精煤矿	一级
80	内蒙古伊东集团东圪堵煤矿	特级
81	内蒙古伊东集团宏测煤炭公司	二级
82	内蒙古伊东集团沙咀子煤炭公司	一级
83	内蒙古伊东集团宏鑫煤炭公司	二级
84	内蒙古伊东集团窑沟扶贫煤炭公司	一级
85	辽宁铁法能源公司大平矿	特级
86	辽宁铁法能源公司大兴矿	特级
87	辽宁铁法能源公司小青矿	特级
88	辽宁铁法能源公司晓南矿	特级
89	辽宁铁法能源公司小康矿	特级
90	辽宁铁法能源公司大隆矿	特级
91	辽宁铁法能源公司晓明矿	一级
92	辽宁铁法能源公司大明矿	二级
93	辽宁沈阳煤业集团红阳三矿	特级
94	辽宁沈阳煤业集团西马矿	二级
95	辽宁沈阳煤业集团红菱矿	一级
96	辽宁抚顺矿业集团老虎台矿	一级

（续）

序　号	矿　井　名　称	级　别
97	辽宁阜新矿业集团恒大煤业公司	一级
98	山西同煤集团塔山煤矿	特级
99	山西同煤集团四台矿	特级
100	山西同煤集团马脊梁矿	特级
101	山西同煤集团云冈矿	特级
102	山西同煤集团晋华宫矿	特级
103	山西同煤集团燕子山矿	一级
104	山西同煤集团同家梁矿	一级
105	山西同煤集团四老沟矿	一级
106	山西同煤集团小峪矿	一级
107	山西同煤集团忻州窑矿	二级
108	山西同煤集团朔煤王坪煤电公司	二级
109	山西同煤集团大斗沟煤业公司	一级
110	山西同煤集团白洞煤业公司	一级
111	山西同煤集团雁崖煤业公司	一级
112	山西同煤集团轩煤焦家寨矿	二级
113	山西同煤集团永定庄煤业公司	一级
114	山西同煤集团东周窑矿	二级
115	山西同煤集团轩煤刘家梁矿	二级
116	山西同煤集团杏儿沟煤业公司	二级
117	山西同煤集团马口矿	二级
118	山西焦煤霍州煤电集团店坪煤矿	一级
119	山西焦煤霍州煤电集团辛置煤矿	一级
120	山西焦煤霍州煤电集团三交河煤矿	一级
121	山西焦煤霍州煤电集团干河煤矿	一级
122	山西焦煤霍州煤电集团团柏煤矿	二级
123	山西焦煤霍州煤电集团李雅庄煤矿	一级
124	山西焦煤霍州煤电集团曹村煤矿	二级
125	山西焦煤西山煤电集团马兰矿	特级
126	山西焦煤西山煤电集团西曲矿	一级

（续）

序　号	矿　井　名　称	级　别
127	山西焦煤西山煤电集团东曲矿	一级
128	山西焦煤西山煤电集团杜儿坪矿	一级
129	山西焦煤西山煤电集团镇城底矿	一级
130	山西焦煤西山煤电集团白家庄矿业公司	二级
131	山西焦煤汾西矿业集团双柳煤矿	特级
132	山西焦煤汾西矿业集团新阳煤矿	一级
133	山西焦煤汾西矿业集团新柳煤矿	一级
134	山西焦煤汾西矿业集团新峪煤业	一级
135	山西焦煤汾西矿业集团贺西煤矿	一级
136	山西焦煤华晋焦煤公司沙曲矿	特级
137	山西阳煤集团国阳一矿	一级
138	山西阳煤集团国阳二矿	特级
139	山西阳煤集团寿阳开元公司	特级
140	山西阳煤集团三矿竖井	一级
141	山西阳煤集团新景矿	一级
142	山西晋城无烟煤矿业集团寺河矿	特级
143	山西晋城无烟煤矿业集团成庄煤矿	特级
144	山西晋城无烟煤矿业集团长平煤业公司	特级
145	山西晋城无烟煤矿业集团寺河矿二号井	一级
146	山西晋城无烟煤矿业集团古书院矿	二级
147	山西晋城无烟煤矿业集团凤凰山矿	二级
148	山西晋城无烟煤矿业集团晋城沁秀公司岳城矿	二级
149	山西潞安矿业集团王庄煤矿	特级
150	山西潞安矿业集团司马煤矿	特级
151	山西潞安矿业集团余吾煤矿	特级
152	山西潞安矿业集团漳村煤矿	特级
153	山西潞安矿业集团常村煤矿	特级
154	山西潞安矿业集团五阳煤矿	二级
155	山西煤炭进出口集团大平煤业公司	特级
156	山西大同市鹊山精煤公司	二级

（续）

序 号	矿 井 名 称	级 别
157	山西朔州市华美奥兴陶煤业公司	一级
158	山西朔州市山阴芍药花煤业公司	一级
159	山西朔州市怀仁中能芦子沟公司	一级
160	山西忻州市上榆泉煤矿	特级
161	山西晋城市亚美大宁能源公司	特级
162	山西晋城市兰花公司伯方煤矿	特级
163	山西晋城市兰花公司唐安煤矿	特级
164	山西晋城市兰花公司望云煤矿	一级
165	山西晋城市兰花公司东峰煤矿	二级
166	山西晋城市高平科兴申家庄煤矿	二级
167	山西晋城市高平市赵庄煤矿	一级
168	山西晋城市高平市南阳煤矿	二级
169	山西长治市三元煤业公司	特级
170	山西长治市王庄煤业公司	一级
171	山西长治市长治经坊煤业公司	特级
172	山西长治市华晟荣煤矿	一级
173	山西长治市沁新煤焦沁新煤矿	一级
174	山西长治市武乡马堡煤矿	二级
175	山西长治市襄垣煤矿	一级
176	山西长治市沁新煤焦新源煤矿	一级
177	山西长治市西山矿	二级
178	山西长治市三元南耀小常煤业公司	一级
179	山西长治市七一矿	一级
180	山西临汾市台头前湾煤业公司	一级
181	山西临汾市四通二矿	一级
182	山西临汾市玉和泰矿	二级
183	山西临汾市申南凹矿	一级
184	山西临汾市毛则渠公司崖坪坑口	一级
185	山西阳泉市东升阳胜煤业公司	二级
186	山西吕梁市柳林大庄煤矿	一级

（续）

序　号	矿　井　名　称	级　别
187	山西吕梁市柳林同德焦煤公司	一级
188	山西吕梁市柳林兴无煤矿	一级
189	山西吕梁市柳林金家庄矿	一级
190	山西吕梁市柳林寨崖底矿	一级
191	山西吕梁市东江煤业集团公司	二级
192	山西晋中市义棠煤业公司	一级
193	山西晋中市山西和顺天池公司	一级
194	山西晋中市国投昔阳黄岩汇矿	一级
195	山西省监狱管理局太原西峪煤矿	二级
196	山东淄博矿业集团许厂煤矿	特级
197	山东淄博矿业集团唐口煤业公司	特级
198	山东淄博矿业集团岱庄煤矿	特级
199	山东淄博矿业集团陕西长武亭南煤业公司	特级
200	山东淄博矿业集团葛亭煤矿	一级
201	山东淄博矿业集团埠村煤矿	二级
202	山东临沂矿业集团古城煤矿	一级
203	山东临沂矿业集团新驿煤矿	一级
204	山东临沂矿业集团王楼煤矿	二级
205	山东临沂矿业集团田庄煤矿	一级
206	山东兖矿集团济宁三号煤矿	特级
207	山东兖矿集团东滩煤矿	特级
208	山东兖矿集团兴隆庄矿	特级
209	山东兖矿集团鲍店煤矿	特级
210	山东兖矿集团济宁二号煤矿	特级
211	山东兖矿集团南屯煤矿	特级
212	山东兖矿集团杨村煤矿	一级
213	山东兖矿集团北宿煤矿	一级
214	山东枣庄矿业集团高庄矿	特级
215	山东枣庄矿业集团新安矿	特级
216	山东枣庄矿业集团付村矿	特级

（续）

序　号	矿　井　名　称	级　别
217	山东枣庄矿业集团柴里矿	一级
218	山东枣庄矿业集团蒋庄矿	一级
219	山东枣庄矿业集团田陈矿	一级
220	山东龙口矿业集团梁家矿	特级
221	山东龙口矿业集团北皂矿	特级
222	山东新汶矿业集团协庄矿	一级
223	山东新汶矿业集团孙村煤矿	一级
224	山东新汶矿业集团翟镇矿	一级
225	山东新汶矿业集团良庄矿业公司	一级
226	山东新汶矿业集团华恒矿业公司	一级
227	山东肥城矿业集团白庄矿	一级
228	山东肥城矿业集团曹庄矿	二级
229	山东鲁能菏泽煤电公司彭庄煤矿	一级
230	山东省七五生建矿	一级
231	山东省岱庄生建矿	二级
232	安徽淮北矿业集团朱庄矿	一级
233	安徽淮北矿业集团许疃矿	一级
234	安徽淮北矿业集团朱仙庄矿	二级
235	安徽淮北矿业集团孙疃矿	一级
236	安徽淮北矿业集团朔里矿	一级
237	安徽淮北矿业集团涡北矿	一级
238	安徽淮北矿业集团桃园矿	一级
239	安徽淮北矿业集团临涣矿	二级
240	安徽淮北矿业集团祁南矿	一级
241	安徽淮北矿业集团童亭矿	二级
242	安徽淮南矿业集团顾桥煤矿	特级
243	安徽淮南矿业集团张集煤矿	一级
244	安徽淮南矿业集团顾北矿	特级
245	安徽淮南矿业集团谢桥煤矿	一级
246	安徽淮南矿业集团潘一矿	特级

（续）

序号	矿井名称	级别
247	安徽淮南矿业集团潘三矿	一级
248	安徽皖北煤电集团五沟矿	特级
249	安徽皖北煤电集团祁东煤矿	二级
250	安徽皖北煤电集团恒源煤电公司	二级
251	安徽皖北煤电集团任楼煤矿	一级
252	安徽皖北煤电集团刘桥一矿	一级
253	安徽皖北煤电集团百善煤矿	二级
254	国投新集公司刘庄煤矿	一级
255	国投新集公司新集一矿	特级
256	国投新集公司新集二矿	一级
257	河南中平能化集团六矿	特级
258	河南中平能化集团十一矿	一级
259	河南中平能化集团十矿	一级
260	河南中平能化集团十二矿	特级
261	河南中平能化集团二矿	一级
262	河南中平能化集团一矿	一级
263	河南中平能化集团五矿	一级
264	河南中平能化集团八矿	一级
265	河南中平能化集团瑞平公司张村矿	一级
266	河南中平能化集团瑞平公司庇山矿	二级
267	河南中平能化集团七矿	二级
268	河南煤业化工集团永煤公司城郊矿	特级
269	河南煤业化工集团永煤公司陈四楼矿	特级
270	河南煤业化工集团永煤公司车集矿	特级
271	河南煤业化工集团永煤公司新桥矿	一级
272	河南煤业化工集团永煤公司红岭煤矿	二级
273	河南煤业化工集团永煤公司枣园矿	二级
274	河南煤业化工集团永煤公司云盖山矿二矿	二级
275	河南煤业化工集团焦煤公司赵固一矿	特级
276	河南煤业化工集团焦煤公司演马庄矿	一级

（续）

序　号	矿　井　名　称	级　别
277	河南煤业化工集团焦煤公司中马村矿	一级
278	河南煤业化工集团焦煤公司九里山矿	一级
279	河南煤业化工集团焦煤公司古汉山矿	一级
280	河南煤业化工集团鹤煤公司中泰矿业公司	一级
281	河南煤业化工集团鹤煤公司三矿	一级
282	河南煤业化工集团鹤煤公司二矿	二级
283	河南煤业化工集团鹤煤公司六矿	一级
284	河南义煤集团耿村矿	特级
285	河南义煤集团千秋矿	特级
286	河南义煤集团常村矿	特级
287	河南义煤集团杨村矿	一级
288	河南义煤集团跃进矿	一级
289	河南义煤集团新安矿	二级
290	河南义煤集团义安矿业正村煤矿	二级
291	河南郑煤集团超化矿	一级
292	河南郑煤集团裴沟矿	一级
293	河南郑煤集团白坪煤业公司	一级
294	河南郑煤集团告成矿	一级
295	河南神火集团新庄煤矿	特级
296	河南神火集团许昌新龙矿业公司	一级
297	河南神火集团薛湖煤矿	一级
298	国投煤炭公司国投河南新能开发公司	一级
299	河南济源煤业公司一矿	二级
300	甘肃华亭煤业集团砚北煤矿	特级
301	甘肃华亭煤业集团山寨矿	特级
302	甘肃华亭煤业集团东峡矿	特级
303	甘肃华亭煤业集团陈家沟煤矿	特级
304	甘肃华亭煤业集团马蹄沟矿	特级
305	甘肃华亭煤业集团新柏煤矿	二级
306	甘肃华亭煤业集团新窑煤矿	特级

（续）

序　号	矿　井　名　称	级　别
307	甘肃窑街煤电公司三矿	特级
308	甘肃窑街煤电公司天祝煤业公司	一级
309	甘肃窑街煤电公司海石湾矿	二级
310	甘肃靖远煤业集团大水头煤矿	特级
311	甘肃靖远煤业集团四号井	特级
312	甘肃靖远煤业集团魏家地煤矿	特级
313	徐矿新疆天山公司俄霍布拉克煤矿	特级
314	黑龙江龙煤集团双鸭山矿业集团东荣二矿	一级
315	黑龙江龙煤集团双鸭山矿业集团新安矿	一级
316	黑龙江龙煤集团双鸭山矿业集团东保卫煤矿	二级
317	黑龙江龙煤集团鸡西矿业集团东山矿	二级
318	黑龙江龙煤集团鸡西矿业集团城山矿	二级
319	黑龙江龙煤集团鸡西矿业集团杏花煤矿	一级
320	黑龙江龙煤集团鸡西矿业集团平岗矿	二级
321	黑龙江龙煤集团鹤岗矿业集团峻德煤矿	一级
322	黑龙江龙煤集团七台河矿业精煤集团新立煤矿	一级
323	吉林省煤业集团辽源矿业集团梅河煤矿三井	一级
324	吉林省煤业集团辽源矿业集团梅河煤矿二井	二级
325	吉林省煤业集团辽源矿业集团梅河煤矿四井	二级
326	吉林省煤业集团珲春矿业集团板石一矿	二级
327	吉林省煤业集团珲春矿业集团八连城煤矿	二级
328	吉林省煤业集团珲春矿业集团英安煤矿	一级
329	吉林省煤业集团舒兰矿业集团四矿	一级
330	吉林省煤业集团舒兰矿业集团二矿	二级
331	江苏徐州矿务集团三河尖煤矿	一级
332	江苏徐州矿务集团夹河煤矿	一级
333	江苏徐州矿务集团张双楼煤矿	一级
334	江苏徐州矿务集团庞庄矿张小楼井	一级
335	江苏徐州矿务集团权台煤矿	一级
336	江苏徐州矿务集团张集煤矿	二级

（续）

序　号	矿　井　名　称	级　别
337	陕西陕煤黄陵矿业公司二号煤矿	一级
338	陕西陕煤黄陵矿业公司一号煤矿	特级
339	陕西陕煤澄合矿业公司王村煤矿	二级
340	陕西陕煤蒲白矿业公司朱家河煤矿	二级
341	陕西陕煤铜川矿业公司陈家山煤矿	一级
342	陕西陕煤铜川矿业公司下石节煤矿	二级
343	陕西陕北矿业公司韩家湾煤矿	特级
344	陕西汇森煤业公司凉水井矿业公司	特级
345	陕西省红石岩煤矿	二级
346	四川华蓥山广能集团绿水洞煤业公司	二级
347	四川华蓥山广能集团李子垭煤业公司	一级
348	重庆松藻煤电公司打通一煤矿	二级
349	重庆松藻煤电公司松藻煤矿	二级
350	神华准能公司黑岱沟露天煤矿	特级
351	神华北电胜利公司胜利露天矿	一级
352	神华宝日希勒公司露天煤矿	特级
353	神华神东天隆公司武家塔露天矿	特级
354	中煤平朔公司安家岭露天矿	特级
355	中煤平朔公司安太堡露天矿	特级
356	内蒙古平庄煤业集团元宝山露天煤业公司	特级
357	华能伊敏煤电公司露天矿	特级
358	辽宁抚顺矿业集团西露天矿	一级
359	云南先锋煤业公司露天矿	一级

五、2010—2011 年度煤炭工业安全高效矿井（露天）名单（406 处）

序　号	矿　井　名　称	级　别
1	开滦集团有限责任公司钱家营矿业分公司	一级
2	开滦集团有限责任公司东欢坨矿业分公司	一级
3	开滦集团有限责任公司荆各庄矿业分公司	二级

（续）

序　号	矿　井　名　称	级　别
4	开滦集团蔚州矿业有限责任公司崔家寨矿	一级
5	开滦能源化工股份有限公司范各庄矿业分公司	一级
6	开滦能源化工股份有限公司吕家坨矿业分公司	特级
7	开滦集团蔚州矿业有限责任公司单侯矿	特级
8	开滦集团准格尔旗云飞矿业有限责任公司	特级
9	开滦集团有限责任公司唐山矿业分公司	特级
10	开滦集团有限责任公司林南仓矿业分公司	二级
11	冀中能源股份有限公司东庞矿	特级
12	冀中能源股份有限公司邢东矿	特级
13	冀中能源股份有限公司邢台矿	一级
14	冀中能源股份有限公司葛泉矿	二级
15	冀中能源股份有限公司章村矿	二级
16	冀中能源股份有限公司显德汪矿	二级
17	冀中能源邯郸矿业集团有限公司陶二煤矿	一级
18	冀中能源邯郸矿业集团有限公司云驾岭煤矿	一级
19	冀中能源邯郸矿业集团有限公司郭二庄煤矿	一级
20	冀中能源邯郸矿业集团亨健矿业有限公司	一级
21	冀中能源峰峰集团有限公司万年矿	特级
22	冀中能源峰峰集团有限公司大淑村矿	一级
23	冀中能源峰峰集团有限公司梧桐庄矿	一级
24	冀中能源峰峰集团有限公司薛村矿	二级
25	冀中能源峰峰集团有限公司新三矿	一级
26	冀中能源峰峰集团有限公司九龙矿	一级
27	冀中能源峰峰集团有限公司黄沙矿	一级
28	冀中能源峰峰集团有限公司河北省磁县申家庄煤矿	一级
29	冀中能源峰峰集团有限公司河北省磁县六合工业有限公司	二级
30	冀中能源张家口矿业集团有限公司官板乌素煤矿	特级
31	冀中能源张矿集团康保矿业有限公司张纪井	二级
32	河南煤业化工集团河南龙宇能源股份有限公司陈四楼煤矿	特级
33	河南煤业化工集团河南省正龙煤业有限公司城郊煤矿	特级

（续）

序号	矿井名称	级别
34	河南煤业化工集团永煤集团股份有限公司新桥煤矿	一级
35	河南煤业化工集团河南永锦能源有限公司云盖山煤矿二矿	二级
36	河南煤业化工集团河南永锦能源有限公司云盖山煤矿一矿	二级
37	河南煤业化工集团河南永华能源有限公司嵩山煤矿	二级
38	河南煤业化工集团安阳鑫龙煤业主焦煤矿	二级
39	河南煤业化工集团安阳鑫龙煤业集团红岭煤业有限责任公司	二级
40	河南煤业化工集团焦作煤业集团赵固（新乡）能源公司赵固一矿	特级
41	河南煤业化工集团焦作煤业集团有限责任公司赵固二矿	特级
42	河南煤业化工集团焦作煤业集团有限责任公司中马村矿	一级
43	河南煤业化工集团焦作煤业集团有限责任公司朱村矿	二级
44	河南煤业化工集团鹤壁中泰矿业有限公司	一级
45	河南煤业化工集团鹤壁煤业集团有限责任公司第二煤矿	二级
46	河南煤业化工集团鹤壁煤电股份有限公司第三煤矿	一级
47	河南煤业化工集团鹤壁煤电股份有限公司第六煤矿	一级
48	河南煤业化工集团鹤壁煤电股份有限公司第九煤矿	二级
49	中国平煤神马集团平顶山天安煤业股份有限公司一矿	一级
50	中国平煤神马集团平顶山天安煤业股份有限公司二矿	一级
51	中国平煤神马集团平顶山天安煤业三矿有限责任公司	二级
52	中国平煤神马集团平顶山天安煤业股份有限公司四矿	特级
53	中国平煤神马集团平顶山天安煤业股份有限公司五矿	一级
54	中国平煤神马集团平顶山天安煤业七矿有限责任公司	二级
55	中国平煤神马集团平顶山天安煤业股份有限公司八矿	一级
56	中国平煤神马集团平顶山天安煤业九矿有限责任公司	二级
57	中国平煤神马集团平顶山天安煤业股份有限公司十矿	一级
58	中国平煤神马集团平顶山天安煤业股份有限公司十一矿	一级
59	中国平煤神马集团平顶山天安煤业股份有限公司十二矿	特级
60	中国平煤神马集团平顶山天安煤业股份有限公司十三矿	一级
61	中国平煤神马集团平顶山天安煤业香山矿有限公司	二级
62	中国平煤神马集团平顶山天安煤业天力有限责任公司吴寨矿	二级
63	中国平煤神马集团瑞平公司张村矿	一级

（续）

序　号	矿　井　名　称	级　别
64	中国平煤神马集团瑞平公司庇山矿	一级
65	中国平煤神马集团梨园矿宁庄井	二级
66	中国平煤神马集团河南平禹煤电有限责任公司二矿	二级
67	中国平煤神马集团河南平禹煤电有限责任公司六矿	二级
68	义煤集团河南大有能源股份有限公司常村煤矿	特级
69	义煤集团河南大有能源股份有限公司新安煤矿	二级
70	义煤集团新义矿业有限公司	一级
71	义煤集团洛阳义安矿业有限公司正村煤矿	一级
72	义煤集团河南大有能源股份有限公司杨村煤矿	一级
73	义煤集团河南大有能源股份有限公司耿村煤矿	特级
74	义马煤业集团青海义海能源有限责任公司大煤沟煤矿	一级
75	义煤集团河南大有能源股份有限公司跃进煤矿	一级
76	郑煤集团河南省新郑煤电有限责任公司	特级
77	郑州煤炭工业集团有限责任公司裴沟煤矿	特级
78	郑煤集团（河南）白坪煤业有限公司	特级
79	郑州煤炭工业集团有限责任公司米村煤矿	一级
80	郑州煤炭工业集团有限责任公司超化煤矿	一级
81	郑州煤电股份有限公司告成煤矿	一级
82	郑州煤炭工业集团振兴二矿有限公司	二级
83	河南神火煤业有限公司新庄煤矿	一级
84	河南神火集团有限公司薛湖煤矿	一级
85	河南神火集团有限公司泉店煤矿	二级
86	河南神火集团有限公司梁北矿	一级
87	内蒙古平庄能源股份有限公司老公营子煤矿	特级
88	内蒙古平庄能源股份有限公司风水沟煤矿	特级
89	内蒙古平庄煤业集团有限责任公司红庙煤矿	特级
90	内蒙古平庄能源股份有限公司六家煤矿	一级
91	内蒙古平庄能源股份有限公司古山煤矿三井	二级
92	陕西陕煤铜川矿业有限公司玉华煤矿	特级
93	陕西陕煤铜川矿业有限公司陈家山煤矿	特级

（续）

序号	矿井名称	级别
94	陕西陕煤铜川矿业有限公司下石节煤矿	一级
95	陕西陕煤铜川矿业有限公司金华山煤矿	二级
96	陕西陕煤铜川矿业有限公司王石凹煤矿	二级
97	陕西陕煤黄陵矿业有限公司一号煤矿	特级
98	陕西黄陵二号煤矿有限公司	一级
99	陕西陕煤澄合矿业有限公司王村煤矿	二级
100	陕西陕煤蒲白矿业有限公司朱家河煤矿	二级
101	陕西煤业集团黄陵建庄矿业有限公司	特级
102	陕西煤业化工集团孙家岔龙华矿业有限公司孙家岔龙华煤矿	二级
103	陕西中能煤田有限公司榆阳煤矿	特级
104	陕西陕北矿业韩家湾煤炭有限公司	特级
105	陕西彬长大佛寺矿业有限公司	一级
106	神木汇森凉水井矿业有限责任公司	特级
107	彬县煤炭有限责任公司下沟矿	特级
108	陕西长武亭南煤业有限责任公司	特级
109	河南省济源煤业有限责任公司一矿	二级
110	内蒙古伊泰煤炭股份有限公司宏景塔一矿	特级
111	内蒙古伊泰煤炭股份有限公司纳林庙煤矿二号井	特级
112	内蒙古伊泰煤炭股份有限公司纳林庙煤矿一号井	特级
113	内蒙古伊泰京粤酸刺沟矿业有限责任公司	特级
114	内蒙古伊泰集团有限公司大地精煤矿	特级
115	内蒙古伊泰宝山煤炭有限责任公司	特级
116	内蒙古伊泰同达煤炭有限责任公司丁家渠煤矿	特级
117	内蒙古伊泰煤炭股份有限公司凯达煤矿	二级
118	华亭煤业集团有限责任公司净石沟煤矿	二级
119	甘肃华亭煤电股份有限公司砚北煤矿	一级
120	华亭煤业集团有限责任公司新柏煤矿	二级
121	华亭煤业集团有限责任公司山寨煤矿	特级
122	华亭煤业集团有限责任公司新窑煤矿	特级
123	甘肃华亭煤电股份有限公司东峡煤矿	特级

（续）

序　号	矿　井　名　称	级　别
124	甘肃华亭煤电股份有限公司陈家沟煤矿	特级
125	华亭煤业集团有限责任公司马蹄沟煤矿	特级
126	内蒙古大雁矿业集团有限责任公司第二煤矿	一级
127	内蒙古大雁矿业集团有限责任公司第一煤矿	一级
128	内蒙古大雁矿业集团有限责任公司第三煤矿	一级
129	扎赉诺尔煤业有限责任公司灵东煤矿	一级
130	扎赉诺尔煤业有限责任公司灵泉煤矿	特级
131	扎赉诺尔煤业有限责任公司铁北煤矿	一级
132	扎赉诺尔煤业有限责任公司五牧场煤矿	特级
133	国投河南新能开发有限公司	一级
134	国投新登郑州煤业有限公司	二级
135	国投煤炭郑州能源开发有限公司	二级
136	山东济矿鲁能煤电股份有限公司阳城煤矿	一级
137	同煤大唐塔山煤矿有限公司	特级
138	大同煤矿集团有限责任公司四台矿	特级
139	大同煤矿集团有限责任公司马脊梁矿	特级
140	大同煤矿集团有限责任公司云冈矿	特级
141	大同煤矿集团有限责任公司晋华宫矿	特级
142	大同煤矿集团有限责任公司燕子山矿	一级
143	大同煤业股份有限公司同家梁矿	一级
144	大同煤矿集团有限责任公司四老沟矿	一级
145	大同煤矿集团大斗沟煤业有限公司	一级
146	大同煤矿集团有限责任公司煤峪口矿	一级
147	大同煤矿集团永定庄煤业有限责任公司	一级
148	大同煤矿集团有限责任公司忻州窑矿	一级
149	大同煤矿集团朔州朔煤王坪煤电有限责任公司	级
150	大同煤矿集团轩岗煤电有限责任公司刘家梁煤矿	二级
151	大同煤矿集团杏儿沟煤业有限责任公司	二级
152	大同煤矿集团大同地煤马口煤矿	二级
153	大同煤矿集团大同地煤姜家湾煤矿	二级

（续）

序号	矿井名称	级别
154	山西焦煤集团山西西山煤电股份有限公司马兰矿	特级
155	山西焦煤集团有限责任公司屯兰矿	特级
156	山西焦煤集团山西汾西矿业集团有限责任公司双柳煤矿	特级
157	山西焦煤集团山西汾河焦煤股份有限公司三交河煤矿	特级
158	山西焦煤集团霍州煤电集团吕梁山煤电有限公司方山店坪煤矿	特级
159	山西焦煤集团山西西山煤电股份有限公司西曲矿	一级
160	山西焦煤集团有限责任公司杜儿坪矿	一级
161	山西焦煤集团山西西山煤电股份有限公司西铭矿	一级
162	山西焦煤集团山西西山煤电股份有限公司镇城底矿	一级
163	山西焦煤集团有限责任公司官地煤矿	一级
164	山西焦煤集团山西华晋明珠煤业有限责任公司明珠矿	一级
165	山西焦煤集团霍州煤电集团有限责任公司辛置煤矿	一级
166	山西焦煤集团霍州煤电集团有限责任公司团柏煤矿	一级
167	山西焦煤集团中兴煤业有限责任公司	二级
168	阳煤集团寿阳开元矿业有限责任公司	特级
169	阳泉煤业集团有限责任公司五矿贵石沟井	特级
170	阳泉煤业集团有限责任公司三矿竖井	一级
171	阳泉煤业集团和顺新大地煤业有限公司	一级
172	阳泉煤业集团山西平舒煤业有限公司	一级
173	山西晋城无烟煤矿业集团有限责任公司东河煤矿	二级
174	山西潞安环保能源开发股份有限公司王庄煤矿	特级
175	山西潞安环保能源开发股份有限公司漳村煤矿	特级
176	山西潞安环保能源开发股份有限公司常村煤矿	特级
177	山西潞安环保能源开发股份有限公司五阳煤矿	特级
178	山西潞安集团余吾煤业有限责任公司	特级
179	山西潞安集团司马煤业有限公司	特级
180	山西鲁能河曲电煤开发有限责任公司上榆泉煤矿	特级
181	山西晋神沙坪煤业有限公司	特级
182	山西马堡煤业有限公司	一级
183	山西省长治经坊煤业有限公司	特级

（续）

序　号	矿　井　名　称	级　别
184	山西南耀集团小常矿业有限公司	一级
185	山西三元煤业股份有限公司	特级
186	山西大平煤业有限公司	特级
187	山西襄矿晋平煤业有限公司	一级
188	山西襄垣七一新发煤业有限公司	一级
189	山西华晟荣煤矿有限公司	一级
190	山西义棠煤业有限责任公司	一级
191	山西和顺天池能源有限责任公司	一级
192	山西阳泉盂县东坪煤业有限公司	一级
193	山西马军峪煤焦有限公司	一级
194	国投大同能源有限责任公司塔山煤矿	特级
195	大同鹊山精煤有限责任公司	二级
196	山西乡宁焦煤集团神角煤业有限公司	一级
197	山西安泽玉华煤业有限公司	一级
198	山西乡宁焦煤集团台头前湾煤业有限公司	一级
199	山西兰花集团东峰煤矿有限公司	一级
200	山西高平科兴南阳煤业有限公司	一级
201	沁和能源集团有限公司候村煤矿	一级
202	山西陵川崇安苏村煤业有限公司	二级
203	山西阳城阳泰集团竹林山煤业有限公司	二级
204	铁法煤业集团有限责任公司大平煤矿	特级
205	铁法煤业集团有限责任公司大隆矿	一级
206	铁法煤业集团有限责任公司晓南矿	特级
207	铁法煤业集团有限责任公司大兴煤矿	特级
208	铁法煤业集团有限责任公司小青煤矿	特级
209	铁法煤业集团有限责任公司小康煤矿	特级
210	铁法煤业集团有限责任公司晓明矿	一级
211	广西东怀矿业有限责任公司东怀煤矿一号井	一级
212	山西霍尔辛赫煤业有限责任公司	一级
213	山西柳林寨崖底煤业有限公司	一级

（续）

序　号	矿　　井　　名　　称	级　别
214	山西柳林汇丰兴业同德焦煤有限公司	一级
215	山西柳林金家庄煤业有限公司	一级
216	山西柳林兴无煤矿有限责任公司	一级
217	山西东江煤业集团有限公司	二级
218	淮北矿业股份有限公司朱庄煤矿	一级
219	淮北矿业股份有限公司童亭煤矿	一级
220	淮北矿业股份有限公司桃园煤矿	一级
221	淮北矿业股份有限公司许疃煤矿	一级
222	淮北矿业股份有限公司祁南煤矿	一级
223	淮北矿业股份有限公司朱仙庄煤矿	二级
224	淮北矿业股份有限公司涡北煤矿	二级
225	淮北矿业股份有限公司孙疃煤矿	二级
226	国投新集能源股份有限公司新集二矿	特级
227	国投新集能源股份有限公司新集一矿	特级
228	国投新集能源股份有限公司刘庄煤矿	特级
229	淮南矿业集团有限责任公司张集煤矿	特级
230	淮南矿业集团有限责任公司顾桥煤矿	特级
231	淮南矿业集团公司淮沪煤电有限公司丁集煤矿	特级
232	淮南矿业集团有限责任公司潘集第一煤矿	特级
233	淮南矿业集团有限责任公司潘二煤矿	特级
234	淮南矿业集团有限责任公司潘集第三煤矿	特级
235	淮南矿业集团淮浙煤电有限责任公司顾北煤矿分公司	特级
236	淮南矿业集团有限责任公司潘北煤矿	一级
237	安徽恒源煤电股份有限公司钱营孜煤矿	特级
238	安徽皖北煤电集团安徽五沟煤矿有限责任公司	特级
239	安徽恒源煤电股份有限公司煤矿	一级
240	安徽恒源煤电股份有限公司刘桥第一煤矿	一级
241	安徽恒源煤电股份有限公司祁东煤矿	一级
242	安徽恒源煤电股份有限公司任楼煤矿	一级
243	宿州煤电（集团）有限公司界沟煤矿	二级

（续）

序　号	矿　井　名　称	级　别
244	山东鲁能菏泽煤电开发有限公司彭庄煤矿	特级
245	山东鲁能菏泽煤电开发有限公司郭屯煤矿	二级
246	山东能源新汶矿业集团山东新巨龙能源有限责任公司	特级
247	山东能源新汶矿业集团有限责任公司协庄煤矿	一级
248	山东能源新汶矿业集团有限责任公司翟镇煤矿	一级
249	山东能源山东新矿赵官能源有限责任公司	一级
250	山东能源新汶矿业集团有限责任公司华丰煤矿	一级
251	山东能源新汶矿业集团山东华恒矿业有限公司	一级
252	山东能源新汶矿业集团山东良庄矿业有限公司	一级
253	山东能源新汶矿业集团彬县水帘洞煤炭有限责任公司	特级
254	山东能源临沂矿业集团山东东山古城煤矿有限公司	特级
255	山东能源临沂矿业集团山东东山新驿煤矿有限公司	一级
256	山东能源临沂矿业集团山东东山王楼煤矿有限公司	一级
257	山东能源临沂矿业集团有限责任公司田庄煤矿	一级
258	山东能源临沂矿业集团有限公司邱集煤矿	一级
259	山东能源临沂矿业集团山东东山军城能源开发有限公司	一级
260	山东能源枣庄矿业集团付村煤业有限公司	特级
261	山东能源枣庄矿业集团高庄煤业有限公司	特级
262	山东能源枣庄矿业集团有限责任公司田陈煤矿	一级
263	山东能源枣庄矿业集团有限责任公司滨湖煤矿	特级
264	山东能源枣庄矿业集团有限责任公司蒋庄煤矿	一级
265	山东能源枣庄矿业集团有限责任公司柴里煤矿	一级
266	山东能源枣庄矿业集团新安煤业有限公司	特级
267	山东能源龙口煤电有限公司梁家煤矿	特级
268	山东能源龙口煤电有限公司北皂煤矿	特级
269	山东能源肥城矿业集团梁宝寺能源有限责任公司	特级
270	山东能源肥城矿业集团肥城白庄煤矿有限公司	一级
271	山东能源肥城矿业集团有限责任公司曹庄煤矿	二级
272	山东新查庄矿业有限责任公司	二级
273	兖州煤业股份有限公司南屯煤矿	特级

（续）

序　号	矿　井　名　称	级　别
274	兖州煤业股份有限公司兴隆庄煤矿	特级
275	兖州煤业股份有限公司鲍店煤矿	特级
276	兖州煤业股份有限公司东滩煤矿	特级
277	兖矿集团有限公司北宿煤矿	一级
278	兖矿集团有限公司杨村煤矿	一级
279	兖州煤业股份有限公司济宁二号煤矿	特级
280	兖州煤业股份有限公司济宁三号煤矿	特级
281	兖煤菏泽能化有限公司赵楼煤矿	特级
282	山东能源淄博矿业集团有限责任公司埠村煤矿	二级
283	山东能源淄博矿业集团有限责任公司岱庄煤矿	特级
284	山东能源淄博矿业集团有限责任公司许厂煤矿	特级
285	山东能源淄博矿业集团山东唐口煤业有限公司	特级
286	山东能源淄博矿业集团山东东华能源有限责任公司葛亭煤矿	一级
287	山东省岱庄生建煤矿湖西矿井	二级
288	山东里能鲁西矿业有限公司	二级
289	山东省七五生建煤矿	一级
290	山东省岱庄生建煤矿	二级
291	山东裕隆矿业集团有限公司唐阳煤矿	一级
292	山东鲁泰煤业有限公司鹿洼煤矿	一级
293	微山崔庄煤矿有限责任公司	二级
294	滕州郭庄矿业有限责任公司锦丘煤矿	一级
295	山东济宁运河煤矿有限责任公司	二级
296	神华宁夏煤业集团有限责任公司白芨沟煤矿	特级
297	神华宁夏煤业集团宁夏宁鲁煤电有限责任公司任家庄煤矿	一级
298	神华宁夏煤业集团有限责任公司灵新煤矿	特级
299	神华宁夏煤业集团有限责任公司枣泉煤矿	特级
300	神华宁夏煤业集团有限责任公司羊场湾煤矿	特级
301	神华宁夏煤业集团宁夏石炭井焦煤有限责任公司	一级
302	神华宁夏煤业集团有限责任公司红柳煤矿	特级
303	神华宁夏煤业集团有限责任公司金能煤业分公司	一级

（续）

序　号	矿　井　名　称	级　别
304	神华宁夏煤业集团有限责任公司梅花井煤矿	特级
305	神华神东煤炭集团有限责任公司大柳塔煤矿大柳塔井	特级
306	神华神东煤炭集团有限责任公司大柳塔煤矿活鸡兔井	特级
307	神华神东煤炭集团有限责任公司寸草塔煤矿	特级
308	神华神东煤炭集团有限责任公司乌兰木伦煤矿	特级
309	神华神东煤炭集团有限责任公司榆家梁煤矿	特级
310	神华神东煤炭集团有限责任公司石圪台煤矿	特级
311	神华神东煤炭集团有限责任公司保德煤矿	特级
312	神华神东煤炭集团有限责任公司补连塔煤矿	特级
313	神华神东煤炭集团有限责任公司上湾煤矿	特级
314	神华神东煤炭集团有限责任公司哈拉沟煤矿	特级
315	神华神东煤炭集团有限责任公司柳塔煤矿	一级
316	神华神东煤炭集团有限责任公司布尔台煤矿	特级
317	神华神东煤炭集团有限责任公司万利一矿	特级
318	神华神东煤炭集团有限责任公司陕西集华柴家沟矿业有限公司	一级
319	神华新疆能源有限责任公司大洪沟煤矿	特级
320	神华新疆能源有限责任公司小红沟煤矿	特级
321	神华新疆能源有限责任公司碱沟煤矿	特级
322	神华新疆能源有限责任公司铁厂沟煤矿	特级
323	神华新疆能源有限责任公司新疆昌吉市屯宝矿业有限责任公司	特级
324	神华新疆能源有限责任公司宽沟煤矿	一级
325	神华乌海能源有限责任公司乌海市路天矿业有限责任公司	特级
326	神华集团乌达黄白茨矿业有限责任公司	一级
327	神华蒙西煤化股份有限公司棋盘井煤矿	特级
328	神华乌海能源有限责任公司苏海图煤矿	二级
329	神华集团乌海能源五虎山矿业有限责任公司	二级
330	神华乌海能源有限责任公司乌海市公乌素煤业有限责任公司	二级
331	中煤平朔煤业有限责任公司井工一矿	特级
332	中煤平朔煤业有限责任公司井工二矿	特级
333	中煤平朔煤业有限责任公司井工三矿	特级

（续）

序　号	矿　井　名　称	级　别
334	上海大屯能源股份有限公司姚桥煤矿	特级
335	上海大屯能源股份有限公司徐庄煤矿	一级
336	上海大屯能源股份有限公司龙东煤矿	一级
337	山西中煤东坡煤业有限公司东坡煤矿	特级
338	陕西南梁矿业有限公司	一级
339	山西中煤担水沟煤业有限公司	一级
340	山西中煤杨涧煤业有限公司	一级
341	山西中新唐山沟煤业有限责任公司	二级
342	黑龙江龙煤矿业集团股份有限公司鸡西分公司城山煤矿	一级
343	黑龙江龙煤矿业集团股份有限公司鸡西分公司杏花煤矿	特级
344	黑龙江龙煤矿业集团股份有限公司鸡西分公司东山煤矿	二级
345	黑龙江龙煤矿业集团股份有限公司鸡西分公司正阳煤矿	二级
346	黑龙江龙煤矿业集团股份有限公司鹤岗分公司南山煤矿	一级
347	黑龙江龙煤矿业集团股份有限公司鹤岗分公司兴安煤矿	二级
348	长春羊草煤业股份有限公司一矿	一级
349	吉林省煤业集团舒兰矿业集团有限责任公司二矿	特级
350	吉林省煤业集团舒兰矿业集团有限责任公司四矿	一级
351	吉林省煤业集团辽源矿业集团吉林省龙家堡矿业有限责任公司	特级
352	吉林省煤业集团辽源矿业集团有限责任公司金宝屯煤矿	特级
353	吉林省煤业集团辽源矿业集团有限责任公司梅河煤矿二井	二级
354	吉林省煤业集团辽源矿业集团有限责任公司梅河煤矿三井	一级
355	吉林省煤业集团辽源矿业集团有限责任公司梅河煤矿四井	二级
356	吉林省煤业集团辽源矿业集团有限责任公司西安煤业公司 125 井	二级
357	吉林省煤业集团珲春矿业集团八连城煤业有限公司	一级
358	吉林省煤业集团珲春矿业集团有限责任公司英安煤矿	一级
359	吉林省煤业集团珲春矿业集团板石煤业有限公司	一级
360	黑龙江龙煤矿业集团股份有限公司双鸭山分公司集贤煤矿	二级
361	黑龙江龙煤矿业集团股份有限公司双鸭山分公司东荣三矿	二级
362	黑龙江龙煤矿业集团股份有限公司双鸭山分公司新安煤矿	一级
363	黑龙江龙煤矿业集团股份有限公司双鸭山分公司东保卫煤矿	二级

（续）

序　号	矿　井　名　称	级　别
364	黑龙江龙煤矿业集团股份有限公司双鸭山分公司东荣二矿	一级
365	黑龙江龙煤矿业集团股份有限公司七台河分公司新立煤矿	一级
366	黑龙江龙煤矿业集团股份有限公司七台河分公司新建煤矿	二级
367	徐州矿务集团有限公司三河尖煤矿	一级
368	徐州矿务集团有限公司夹河煤矿	一级
369	徐州矿务集团有限公司庞庄煤矿张小楼井	一级
370	徐州矿务集团有限公司宝鸡秦源煤业有限公司	特级
371	徐州矿务集团新疆天山矿业有限责任公司俄霍布拉克煤矿	一级
372	徐州矿务集团有限公司张双楼煤矿	一级
373	窑街煤电集团有限公司海石湾煤矿	一级
374	窑街煤电集团天祝煤业有限责任公司	一级
375	靖远煤业集团有限责任公司魏家地煤矿	特级
376	靖远煤业集团有限责任公司大水头煤矿	特级
377	靖远煤业集团有限责任公司红会第一煤矿	特级
378	甘肃靖远煤电股份有限公司四号井	特级
379	川煤集团攀枝花煤业集团有限责任公司小宝鼎煤矿	二级
380	川煤集团攀枝花煤业集团有限责任公司花山煤矿	二级
381	四川省华蓥山煤业股份有限公司李子垭煤矿	一级
382	四川华蓥山龙滩煤电有限责任公司龙滩矿井	二级
383	山西省太原西峪煤矿	二级
384	山西省阳泉固庄煤矿	二级
385	陕西省红石岩煤矿	二级
386	阜新矿业集团有限责任公司艾友煤矿	二级
387	阜新矿业集团有限责任公司清河门煤矿	二级
388	沈阳焦煤有限责任公司红阳二矿	一级
389	沈阳矿业有限责任公司辽阳红阳三矿	特级
390	沈阳焦煤有限责任公司西马煤矿	一级
391	沈阳焦煤有限责任公司蒲河煤矿	一级
392	辽宁九道岭煤业有限公司	一级
393	冀中能源张家口矿业集团鄂尔多斯市张家梁煤炭有限公司	特级

（续）

序　号	矿　井　名　称	级　别
394	内蒙古平庄煤业集团有限责任公司元宝山露天煤矿	特级
395	华能伊敏煤电有限责任公司露天矿	特级
396	神华准格尔能源有限责任公司黑岱沟露天煤矿	特级
397	中国神华哈尔乌素煤炭分公司哈尔乌素露天煤矿	特级
398	神华集团包头矿业有限责任公司水泉露天煤矿	一级
399	神华北电胜利能源有限公司胜利露天煤矿	特级
400	中煤平朔煤业有限责任公司安太堡露天煤矿	特级
401	中煤平朔煤业有限责任公司安家岭露天煤矿	特级
402	云南省小龙潭矿务局小龙潭露天矿	特级
403	云南省小龙潭矿务局布沼坝露天矿	特级
404	云南先锋煤业开发有限公司露天矿	一级
405	抚顺矿业集团有限责任公司西露天矿	特级
406	抚顺矿业集团有限责任公司东露天矿	一级

附录五　2012—2013 年度煤炭工业安全高效矿井（露天）技术经济指标汇总

井工矿：

序号	井　工　煤　矿	原煤产量/万 t	采煤机械化程度/%	综合单产/[万 t·(个·月)$^{-1}$]	原煤生产人员效率/(t·工$^{-1}$)	百万吨死亡率	利润/亿元	级别
1	神华包头矿业公司阿刀亥矿	89.59	100	5.9991	7.322	0	0.1635	一级
2	神华神东煤炭集团补连塔煤矿	2498.9	100	69.4139	122.98	0	49.15	特级
3	神华神东煤炭集团布尔台煤矿	1844.5	100	58.0031	111	0	1.848	特级
4	神华神东煤炭集团柴家沟煤矿	99.8	100	10.5053	9	0	0.46736	一级
5	神华神东煤炭集团寸草塔煤矿	236.24	100	20.0887	15.1	0	2.0447	特级
6	神华神东煤炭集团寸草塔二矿	268.4	100	22.36	17.5	0	1.34	特级
7	神华神东煤炭集团大柳塔煤矿大柳塔井	997.36	100	40.2849	88.17	0	23.743069	特级
8	神华神东煤炭集团大柳塔煤矿活鸡兔井	1098.8	100	30.3442	88.5	0	25.98121	特级
9	神华神东煤炭集团哈拉沟矿	1248	100	53.3338	107.919	0	32.618746	特级
10	神华神东煤炭集团锦界煤矿	1893	100	157	114.97	0	0.103445	特级
11	神华神东煤炭集团柳塔煤矿	296	100	28.0222	23.5	0	1.3515	特级
12	神华神东煤炭集团上湾煤矿	1396	100	65.87	85.2935	0.0007	26.78556	一级
13	神华神东煤炭集团上榆泉煤矿	398.4	100	19.5	26.56	0	0.16763	特级

（续）

序号	井工煤矿	原煤产量/万 t	采煤机械化程度/%	综合单产/[万 t·(个·月)$^{-1}$]	原煤生产人员效率/(t·工$^{-1}$)	百万吨死亡率	利润/亿元	级别
14	神华神东煤炭集团万利一矿	998.4	100	37.622	96.6	0	1.15594	特级
15	神华神东煤炭集团榆家梁煤矿	1627	100	40.0244	91.65	0	31.0296	特级
16	神华大雁第三煤矿	267.5	100	22.6503	10.46	0	0.3975	一级
17	神华神宁煤业集团红柳煤矿	656	100	53	30.1098	0	2.1332	特级
18	神华神宁煤业集团金凤煤矿	399.17	100	16.6726	17.13	0	-0.018852	特级
19	神华神宁煤业集团金能矿	291.78	100	12.1586	12.78	0	-1.878698	特级
20	神华神宁煤业集团灵新煤矿	318.38	100	14.0597	15.4	0	1.2897	特级
21	神华神宁煤业集团梅花井煤矿	1112.5	100	32.1687	16.852	0	7.62498	特级
22	神华神宁煤业集团清水营煤矿	260.5	100	22.1962	8.106	0	-2.908586	特级
23	神华神宁煤业集团任家庄煤矿	239.8	100	13.4427	12.96	0	3.391206	特级
24	神华神宁煤业集团汝箕沟煤矿	159.02	100	12.918	10.8696	0	0.944955	特级
25	神华神宁煤业集团石槽村煤矿	384.02	100	19.9891	15.01	0	0.391868	特级
26	神华神宁煤业集团石炭井焦煤分公司	90.017	100	3.8443	4.7	0	-2.991386	特级
27	神华神宁煤业集团羊场湾煤矿	1491	100	37.3983	24.308	0	11.70256	特级
28	神华神宁煤业集团枣泉煤矿	800	100	22.3922	30.03	0	9.823622	特级
29	神华神新能源公司碱沟煤矿	176.28	100	8.4425	13.68	0	0.607066	特级
30	神华神新能源公司宽沟煤矿	180	100	16.483516	17.4219	0	0.018485	特级
31	神华神新能源公司屯宝煤矿	222.09	100	17.136196	21.02	0	0.0386	特级
32	神华神新能源公司乌东煤矿	598	100	13.6904	25.28	0	2	特级

（续）

序号	井工煤矿	原煤产量/万 t	采煤机械化程度/%	综合单产/[万 t·(个·月)$^{-1}$]	原煤生产人员效率/(t·工$^{-1}$)	百万吨死亡率	利润/亿元	级别
33	神华乌海能源公司平沟矿	180	100	5.9761	4.37	0	0.1022	一级
34	神华乌海能源公司公乌素矿	270	100	7.8132	6.18	0	0.4119	二级
35	神华乌海能源公司黄白茨矿	176.6	100	17.9472	7.777	0	0.722	一级
36	神华乌海能源公司利民煤矿	125.24	100	13.21085	9.01	0	0.2275	特级
37	神华乌海能源公司路天矿	131.1	100	12.7034	15.7	0	0.1007	特级
38	神华乌海能源公司棋盘井煤矿	300	100	22.9357	19.04	0	1.8	特级
39	神华乌海能源公司五虎山	177.67	100	9.0279	7.6	0	0.635373	一级
40	中国华能华亭煤业陈家沟煤矿	150	100	15.4321	10.33	0	0.942361	特级
41	中国华能华亭煤业大柳煤矿	161.18	100	16.1	10.54	0	0.12181	二级
42	中国华能华亭煤业东峡煤矿	123.3	100	6.04	8.08	0	0.071967	特级
43	中国华能华亭煤业华亭煤矿	328	100	27.33333	16.092	0	1.84201	特级
44	中国华能华亭煤业净石沟煤矿	55.01	100	6.1818	9.43	0	0.00266	二级
45	中国华能华亭煤业马蹄沟煤矿	120	100	12.6316	10.5	0	0.074083	特级
46	中国华能华亭煤业新柏煤矿	132.06	100	12.2733	10.2	0	1.01878	特级
47	中国华能华亭煤业新窑煤矿	125.28	100	14.2442	10.156	0	0.174733	特级
48	中国华能华亭煤业砚北煤矿	462.6	100	19.3	15.49	0	3.6158	特级
49	中国华能扎煤公司灵东矿	500	100	41.9083	21.25	0	0.064691	特级
50	中国华能扎煤公司灵泉矿	280.65	100	23.3875	13.41	0	0.9067	特级
51	中国华能扎煤公司铁北矿	298.68	100	24.89	12.6	0	0.3111	特级

（续）

序号	井工煤矿	原煤产量/万 t	采煤机械化程度/%	综合单产/[万 t·(个·月)$^{-1}$]	原煤生产人员效率/(t·工$^{-1}$)	百万吨死亡率	利润/亿元	级别
52	中煤上海大屯能源股份公司孔庄煤矿	179.85	100	10.2312	9.62	0	1.68242	一级
53	中煤上海大屯能源股份公司龙东煤矿	119.55	100	10.8494	7.502	0	0.284171	一级
54	中煤上海大屯能源股份公司徐庄煤矿	179.26	100	10.427	8.22	0	1.3557	一级
55	中煤上海大屯能源股份公司姚桥煤矿	444.1	100	19.5701	17.24	0	10.2298	特级
56	中煤华晋王家岭矿	600	100	46.39	53	0	16.3	特级
57	中煤华昱马营矿	89.677	100	8.1524	9.4	0	0.150821	一级
58	中煤华昱南阳坡煤业有限公司	89.527	100	8.14	10.7	0	0.1503367	一级
59	中煤华昱五家沟矿	198.5	100	24.8747	22.1	0	1.77542	特级
60	中煤进出口担水沟煤业有限公司	87.6	100	8.1	10.76		0.313691	一级
61	中煤进出口东坡煤矿	210	100	19.23	14.49	0	2.4625	二级
62	中煤进出口南梁矿业有限公司	180	100	15	13.48	0	1.16	一级
63	中煤进出口唐山沟煤业有限责任公司	119.6	100	8.01	7.64	0	0.21	一级
64	中煤进出口杨涧有限公司	90	100	8.1	11.9	0	0.2022	一级
65	中煤平朔集团有限公司井工一矿	1000	100	90.7963	81.6	0	2.356	特级
66	中煤平朔集团有限公司井工二矿	915	100	76.5531	111.75	0	1.36	特级
67	中煤平朔集团有限公司井工三矿	559.58	100	46.6318	46.7	0	0.82	特级
68	山东能源新矿集团华恒矿业	113	100	4.1291	7.67	0	0.053	一级
69	山东能源新矿集团孙村煤矿	137.64	100	5.4619	7.8	0	0.0152	一级
70	山东能源新矿集团协庄煤矿	167	100	4.5131	7.58	0	0.053383	一级

（续）

序号	井 工 煤 矿	原煤产量/万 t	采煤机械化程度/%	综合单产/[万 t·(个·月)$^{-1}$]	原煤生产人员效率/(t·工$^{-1}$)	百万吨死亡率	利润/亿元	级别
71	山东能源新矿集团新巨龙公司	599.6	100	34.699	21.1	0	17.73	特级
72	山东能源新矿集团新阳能源	62.37	100	3.23	4.6	0	0.037856	二级
73	山东能源新矿集团翟镇煤矿	150.8	100	9.247	7.247	0	0.6566	一级
74	山东能源新矿集团赵官能源	89.21	100	4.224	9.28	0	0.02	一级
75	山东能源枣矿集团柴里煤矿	203.19	100	8.3939	9.6	0	0.1431	一级
76	山东能源枣矿集团滨湖煤矿	109.57	100	9.1308	5.252	0	1.447323	特级
77	山东能源枣矿集团付煤公司	268.02	100	22.5	12.12	0	4.241	特级
78	山东能源枣矿集团高煤公司	319.41	100	12.9486	15.23	0	6.7817	特级
79	山东能源枣矿集团田陈煤矿	167.57	100	8.1187	7.3824	0	0.2291	一级
80	山东能源枣矿集团新安公司	298.55	100	24.8791	13.391	0	4.9261	特级
81	山东能源淄矿集团埠村煤矿	88	120	3.03	2.098	0	0.048	二级
82	山东能源淄矿集团岱庄煤矿	215.61	100	12.0675	12.18	0	0.199	特级
83	山东能源淄矿集团葛亭煤矿	102.2	100	8.1499	9.84	0	0.14988	一级
84	山东能源淄矿集团唐口煤业公司	422	100	20.5666	18.1	0	5.0471	特级
85	山东能源淄矿集团亭南煤业公司	253.1	100	19.3749	13.01	0	0.676856	特级
86	山东能源淄矿集团许厂煤矿	319.82	100	12.2855	15.763	0	4.2921	特级
87	山东能源肥矿集团白庄煤矿	140	100	5.8333	9.021	0	0.5053	一级
88	山东能源肥矿集团曹庄煤矿	120	100	5.0036	5.08	0	0.00358	二级
89	山东能源肥矿集团梁宝寺能源有限公司	300	100	13.88889	16.62	0	4.1119	特级

（续）

序号	井工煤矿	原煤产量/万t	采煤机械化程度/%	综合单产/[万t·(个·月)$^{-1}$]	原煤生产人员效率/(t·工$^{-1}$)	百万吨死亡率	利润/亿元	级别
90	山东能源临矿集团古城煤矿	219.68	100	12.0478	12.11	0	7.161	特级
91	山东能源临矿集团军城煤矿	45	100	3.417	4.79	0	2.4768	一级
92	山东能源临矿集团邱集煤矿	72.8	100	7.7141	5.03	0	0.127341	一级
93	山东能源临矿集团田庄煤矿	85.4	100	4.037	5.34	0	0.2	一级
94	山东能源临矿集团王楼煤矿	112.99	100	12.5	11.32	0	0.9258	特级
95	山东能源临矿集团新驿煤矿	104.9	100	9.0093	7.24	0	1.2586	一级
96	山东能源龙矿集团北皂煤矿	224.52	100	12.0454	12.11	0	1.593009	特级
97	山东能源龙矿集团梁家煤矿	279.63	100	12.4896	12.523	0	1.311184	特级
98	兖矿集团南屯煤矿	296.97	100	12.551	13.96	0	3.01789	特级
99	兖矿集团兴隆庄煤矿	652.18	100	30.0747	18.392	0	17.4852	特级
100	兖矿集团鲍店煤矿	621.09	100	29.1385	18.16	0	13.2501	特级
101	兖矿集团东滩煤矿	748.61	100	31.5808	18.501	0	19.521	特级
102	兖矿集团济宁二号煤矿	400	100	13.1256	16.13	0	4.369	特级
103	兖矿集团济宁三号煤矿	631.44	100	18.5055	26.6	0	13.4193	特级
104	兖矿集团北宿煤矿	95.629	100	4.1506	3.569	0	0.2672	一级
105	兖矿集团杨村煤矿	112.21	100	8.0127	7.635	0	0.3439	一级
106	兖矿集团赵楼煤矿	286.67	100	11.5076	7.659	0	2.11747	特级
107	济宁市鹿洼煤矿	110.59	100	9.6928	7.45	0	2.3223	一级
108	济宁市霄云煤矿	77.36	100	9.6704	8.92	0	0.2058	一级

（续）

序号	井工煤矿	原煤产量/万t	采煤机械化程度/%	综合单产/[万t·(个·月)$^{-1}$]	原煤生产人员效率/(t·工$^{-1}$)	百万吨死亡率	利润/亿元	级别
109	济宁市阳城煤矿	239.67	100	17.217672	12.3	0	2.95058	特级
110	济宁市运河煤矿	109.01	100	9.462778	7.6	0	1.51335	一级
111	泰安市王家寨煤矿	74.6	100	4.0172	3.344	0	0.2206	二级
112	枣庄市东大煤矿	72.8	100	3.447	4.47	0	0.189019	二级
113	山东省岱庄生建煤矿	160.72	100	13.3933	5.85	0	3.1403	二级
114	山东省七五生建煤矿	100.69	100	9.4512	9.323	0	1.941	一级
115	山东里能鲁西矿业有限公司	84.57	100	7.0475	6.9	0	0.8552	二级
116	平庄煤业风水沟矿	195.09	100	12.147	12.05	0	0.467233	特级
117	平庄煤业古山煤矿	71.33	100	6.6046	5.76	0	0.05	特级
118	平庄煤业红庙煤矿	175	100	14.6155	12.608	0	0.4853	特级
119	平庄煤业老公营子煤矿	179.99	100	14.4458	11.01	0	1.04749	特级
120	平庄煤业六家煤矿	162	100	13.500738	10.261	0	1.25863	特级
121	淮北矿业集团祁南煤矿	299.7	100	8.0238	6.6	0	0.214076	一级
122	淮北矿业集团孙疃煤矿	282.8	100	12.1551	12.13	0	1.485783	特级
123	淮北矿业集团童亭煤矿	179.87	100	8.1224	5.494	0	2.2297	一级
124	淮北矿业集团涡北煤矿	179.81	100	8.276	7.36	0	3.1863	特级
125	淮北矿业集团袁店一井煤矿	179.77	100	7.3505	5.7007	0	2.0955	一级
126	淮北矿业集团朱仙庄煤矿	244.97	100	6.6761	7.143	0	0.499121	一级
127	淮南矿业集团丁集煤矿	591.32	100	24.566	17.23	0	5.95815	特级

（续）

序号	井工煤矿	原煤产量/万 t	采煤机械化程度/%	综合单产/[万 t·(个·月)$^{-1}$]	原煤生产人员效率/(t·工$^{-1}$)	百万吨死亡率	利润/亿元	级别
128	淮南矿业集团顾北煤矿	330.6	100	18.8	11.8	0	1.3256	特级
129	淮南矿业集团顾桥煤矿	898.68	100	26.1699	24.28	0	13.5356	特级
130	淮南矿业集团潘二煤矿	361.8	100	10.022	7.6	0.276	0.06657	一级
131	淮南矿业集团潘一煤矿	490	100	13.0012	12.08	0	2.1865	特级
132	淮南矿业集团谢桥煤矿	889.23	100	25.438	19	0	9.5416	特级
133	淮南矿业集团新庄孜矿	303	100	10.077	7.52	0	0.0513	特级
134	淮南矿业集团张集煤矿	1173.71	100	26.1042	19.3	0	16.99	特级
135	宿州煤电集团界沟煤矿	139.6	100	8.86	7.67	0	0.5152	一级
136	皖北煤电集团恒源煤电股份有限公司	200	100	8.0231	8.2	0	1.7511	一级
137	皖北煤电集团刘一矿	140	100	6.2995	4.78	0	0.9823	一级
138	皖北煤电集团钱营孜煤矿	384.99	100	33.1258	15.51	0	3.90384	特级
139	皖北煤电集团五沟煤矿	150	100	12.2043	10.3	0	0.095515	特级
140	国投新集能源股份有限公司新集一矿	344.82	100	15.1236	11.48	0	0.109425	一级
141	甘肃靖远煤电股份有限公司红会一矿	220	100	18.58049	13.5	0	3.85	特级
142	甘肃靖远煤电股份有限公司魏家地矿	200	100	7.7169	7.2083	0	2.1348	二级
143	甘肃窑街煤电集团公司三矿	199.6	100	9.0456	7.52	0	2.713281	一级
144	广西百色那怀煤矿有限责任公司那怀煤矿	59.342	100	4.9452	6.2	0	0.142595	二级

（续）

序号	井　工　煤　矿	原煤产量/万t	采煤机械化程度/%	综合单产/[万t·(个·月)$^{-1}$]	原煤生产人员效率/(t·工$^{-1}$)	百万吨死亡率	利润/亿元	级别
145	广西东怀矿业有限责任公司东怀煤矿一号井	145.81	100	8.11	7.4	0	1.575791	一级
146	冀中能源峰峰集团有限公司大社煤矿	145	100	6.9484	7.308	0	0.34	一级
147	冀中能源峰峰集团有限公司大淑村矿	125	100	5.4676	5.06	0	0.28	一级
148	冀中能源峰峰集团有限公司九龙矿	150	100	9.7715	7.04	0	0.9443	特级
149	冀中能源峰峰集团有限公司六合煤矿	84.1	100	6.9675	4.08	0	0.9527	一级
150	冀中能源峰峰集团有限公司申家庄煤矿	84.67	100	6.7217	5.14	0	1.39	一级
151	冀中能源峰峰集团有限公司万年煤矿	299	100	12.0417	12.47	0	2.6	特级
152	冀中能源峰峰集团有限公司梧桐庄煤矿	210	100	8.0416	8.4	0	5.26	一级
153	冀中能源峰峰集团有限公司新三煤矿	82.5	98	7.7565	5.07	0	0.1762	一级
154	冀中能源峰峰集团有限公司羊东煤矿	130	100	4.8225	7.03	0	0.1229	一级
155	冀中能源股份有限公司邯郸郭二庄矿	159.11	100	9.5093	7.3	0	0.5611	一级
156	冀中能源股份有限公司邯郸聚隆矿	44.82	100	3.61	2.6	0	0.200237	二级
157	冀中能源股份有限公司邯郸陶二煤矿	124.7	100	5.8946	7.136	0	0.2213	一级
158	冀中能源股份有限公司邯郸陶一煤矿	64.03	100	6.3542	4.001	0	0.8002	二级
159	冀中能源股份有限公司邯郸云驾岭煤矿	164.4	100	9.1333	7.473	0	2.1	一级
160	冀中能源股份有限公司葛泉矿	95	100	6.2726	5.05	0	1.1798	二级
161	冀中能源股份有限公司邢东矿	124.2	100	12.1	12	0	2.8	特级
162	冀中能源股份有限公司邢煤矿	194.98	100	8.12102	8.002	0	3.0449	一级

（续）

序号	井工煤矿	原煤产量/万t	采煤机械化程度/%	综合单产/[万t·(个·月)$^{-1}$]	原煤生产人员效率/(t·工$^{-1}$)	百万吨死亡率	利润/亿元	级别
163	冀中能源股份有限公司章村矿	123.24	100	6.6677	6.84	0	0.4	二级
164	山西方山金晖凯川煤业有限公司	90	100	7.5	7.69	0	0.4328	一级
165	山西吕梁离石金晖荣泰煤业有限公司	90.5	100	8.57143	10.55	0	0.447386	一级
166	山西方山金晖瑞隆煤业有限公司	120	100	10	16.1	0	0.4632	一级
167	冀中能源邢矿集团老母坡煤业	62.4	100	6.0247	4.26	0	1.46	特级
168	冀中能源股份有限公司张家口宣东矿	120	100	5.8307	3.22	0	0.17472	二级
169	开滦（集团）蔚州矿业公司单侯煤矿	174.9	100	13.2327	12.15	0	2.3874	特级
170	开滦（集团）有限责任公司东欢坨矿业分公司	299.6	100	12.0397	15.54	0	2.3	特级
171	开滦（集团）有限责任公司荆各庄矿业分公司	123	100	4.6503	7.04	0	0.135	一级
172	开滦（集团）有限责任公司林南仓矿业分公司	115	100	6.0273	5.42	0	0.107	二级
173	开滦（集团）有限责任公司钱家营矿业分公司	598.8	100	16.2328	15.32	0	6.7734	特级
174	开滦（集团）有限责任公司唐山矿业分公司	386.18	100	11.6705	15.12	0.259	2.77	一级
175	开滦能源化工股份有限公司范各庄矿业分公司	469.92	100	13.0532	15.506	0	4.9447	特级

（续）

序号	井工煤矿	原煤产量/万t	采煤机械化程度/%	综合单产/[万t·(个·月)$^{-1}$]	原煤生产人员效率/(t·工$^{-1}$)	百万吨死亡率	利润/亿元	级别
176	开滦能源化工股份有限公司吕家坨矿业分公司	329.9	100	13.2249	15.59	0	2.1894	特级
177	准格尔旗云飞矿业有限责任公司串草圪旦煤矿	240	100	20.2829	26.04	0	0.4518	特级
178	河南能源新疆公司龟兹矿业有限公司	93.07	100	10.3432	10.26	0	1.1402	特级
179	新疆拜城县音西铁热克煤业有限公司铁列克厄肯煤矿	89.5	100	7.5351	13.18	0	0.669279	一级
180	拜城县众维煤业有限公司众维煤矿	80.92	100	9.3092	8.38	0	0.975387	一级
181	国投新登郑州煤业有限公司	83.98	100	8.2883	5.62	0	0.5498	二级
182	国投河南新能开发有限公司	119.8	100	10.5537	9.6	0	0.89838	一级
183	郑州磴槽企业集团金岭煤业有限公司	47.88	100	4.5516	10.7	0	0.5017	一级
184	河南能源化工集团鹤壁煤电股份有限公司第九煤矿	59.998	100	5.8822	4.63	0	0.5316	二级
185	河南能源化工集团鹤壁煤电股份有限公司第六煤矿	128.62	100	5.9546	4.01	0	0.5222	一级
186	河南能源化工集团鹤壁煤电股份有限公司第三煤矿	126.6	100	5.8288	5.1	0	0.3793	一级
187	河南能源集团鹤煤公司双祥公司	62.919	100	5.7617	6.03	0	0.026118	二级
188	河南能源焦煤集团宝雨山煤矿	50.8	100	4.23333	5.76	0	0.21432	二级

（续）

序号	井工煤矿	原煤产量/万t	采煤机械化程度/%	综合单产/[万t·(个·月)$^{-1}$]	原煤生产人员效率/(t·工$^{-1}$)	百万吨死亡率	利润/亿元	级别
189	河南能源焦煤集团古汉山煤矿	120.07	100	9.4469	7.26	0	0.5123	一级
190	河南能源焦煤集团九里山煤矿	80	100	6.3047	6.55	0	0.255353	一级
191	河南能源焦煤集团演马庄煤矿	52.77	100	4.4874	4.18	0	0.04099	二级
192	河南能源焦煤集团中马村煤矿	46.46	87.76	4.0329	2.98	0	0.0476	二级
193	焦作煤业（集团）新乡能源有限公司赵固二矿	161.7	100	13.473	10.3	0	3.33053	特级
194	焦作煤业（集团）有限责任公司朱村矿	45	100	3.75	5.47	0	0.1895	二级
195	焦作煤业集团赵固（新乡）能源有限责任公司赵固一矿	414.9	100	18.0096	21.16	0	1.64511	特级
196	河南大有能源股份有限公司常村煤矿	243.7	100	20.3763	12.11	0	3.06952	特级
197	河南大有能源股份有限公司大煤沟矿	84.26	100	8.9471	8.15	0	0.087531	一级
198	河南大有能源股份有限公司耿村煤矿	359.99	100	15.4377	15.07	0	2.382558	特级
199	河南大有能源股份有限公司铁生沟矿	104.72	100	8.5069	9.05	0	0.05637	一级
200	河南大有能源股份有限公司新安煤矿	143.97	100	6.2463	6.89	0	1.85352	一级
201	河南大有能源股份有限公司新义煤矿	108.4	100	4.9104	6.3	0	0.4336	一级
202	河南大有能源股份有限公司杨村煤矿	147.6	100	12.4742	8.61	0	0.578698	一级
203	河南大有能源股份有限公司跃进煤矿	115.9	100	9.741	7.3	0	0.1732	一级
204	永煤公司车集煤矿	209.8	100	11.724	10.2	0	2.5898	特级
205	永煤公司陈四楼煤矿	437.7	100	16.0619	16.34	0	13.9545	特级

（续）

序号	井工煤矿	原煤产量/万t	采煤机械化程度/%	综合单产/[万t·(个·月)$^{-1}$]	原煤生产人员效率/(t·工$^{-1}$)	百万吨死亡率	利润/亿元	级别
206	永煤公司城郊煤矿	499.5	100	21.3113	16.58	0	18.95	特级
207	永煤公司红岭煤矿	53.7	100	5.1646	4.34	0	0.1646	二级
208	永煤公司嵩山煤矿	59.9	100	5.2129	4.6	0	1.4878	一级
209	永煤公司新桥煤矿	119.6	100	10.0515	11.4	0	3.2	一级
210	永煤公司云煤二矿	44.79	100	3.8158	4.5	0	0.80633	二级
211	永煤公司云煤一矿	44.627	100	3.7191	4.51	0	0.6105	二级
212	永煤公司主焦煤矿	58.69	100	5.0468	4.98	0	1.0512	二级
213	河南能源化工集团鹤壁中泰矿业有限公司	139.1	100	7.6766	8.01	0	0.5126	一级
214	中国平煤神马集团平煤股份八矿	320.64	100	8.6069	8.47	0	3.70898	一级
215	中国平煤神马集团平煤股份二矿	169.1	100	6.9149	8.56	0	0.482104	一级
216	中国平煤神马集团平煤股份九矿	58.3	100	4.8759	6.12	0	0.316	二级
217	中国平煤神马集团平煤股份六矿	320	100	12.9781	9.71	0	1.27088	特级
218	中国平煤神马集团平煤股份平宝公司	155.5	100	6.315	6.807	0	2.1427	一级
219	中国平煤神马集团平煤股份七矿	102.5	100	8.2	5.83	0	0.090525	二级
220	中国平煤神马集团平煤股份三矿	64.4	100	6.0662	6.79	0	0.318863	二级
221	中国平煤神马集团平煤股份十二矿	120	100	9.9253	10.048	0	1.38624	特级
222	中国平煤神马集团平煤股份十矿	303	100	8.3333	10.075	0	2.3398	一级
223	中国平煤神马集团平煤股份十三矿	201.78	100	8.2704	6.38	0	3.67	一级

（续）

序号	井工煤矿	原煤产量/万 t	采煤机械化程度/%	综合单产/[万 t·（个·月）$^{-1}$]	原煤生产人员效率/（t·工$^{-1}$）	百万吨死亡率	利润/亿元	级别
224	中国平煤神马集团平煤股份十一矿	273	100	7.4	10.7	0	2.6318	一级
225	中国平煤神马集团平煤股份四矿	279.9	100	11.5428	12.35	0	3.275	特级
226	中国平煤神马集团平煤股份天力公司吴寨矿	68.7	100	6.0185	4.2	0	0.0762	二级
227	中国平煤神马集团平煤股份香山矿	99.6	100	8.0702	7.04	0	0.529635	一级
228	中国平煤神马集团平煤股份一矿	398.1	100	11.1882	10	0	2.099958	特级
229	中国平煤神马集团许平煤业庇山矿	84.6	100	6.8597	6.19	0	0.457	一级
230	中国平煤神马集团许平煤业宁庄井	80.6	100	6.6497	5.56	0	0.37	二级
231	中国平煤神马集团许平煤业平禹二矿	72.1	100	5.943	4.81	0	0.201931	二级
232	中国平煤神马集团许平煤业平禹凤翅山矿	56.5	100	4.5555	4.279	0	0.123019	二级
233	中国平煤神马集团许平煤业平禹六矿	61.4	100	5.3106	4.1	0	0.057	二级
234	中国平煤神马集团许平煤业张村矿	140	100	6.016	8	0	1.9616	一级
235	神火集团梁北煤矿	72	100	6.1404	10.4	0	0.222	一级
236	神火集团泉店煤矿	88.6	100	5.787	6.53	0	0.0469	一级
237	神火集团新庄煤矿	225.44	100	8.50267	12.43	0	4.5088	一级
238	神火集团薛湖煤矿	107.2	100	5.416	4.7	0	1.1657	一级
239	郑煤集团杨河煤业	163.98	100	13.898	12.11	0	0.958	特级
240	郑煤集团超化煤矿	193.5	100	10.3724	10.15	0	0.5685	一级
241	郑煤集团告成煤矿	96	100	7.5215	4.59	0	0.55592	一级

（续）

序号	井工煤矿	原煤产量/万t	采煤机械化程度/%	综合单产/[万t·(个·月)$^{-1}$]	原煤生产人员效率/(t·工$^{-1}$)	百万吨死亡率	利润/亿元	级别
242	郑煤集团芦沟煤矿	89.3	77.9	5.0172	5	0	0.94141	二级
243	郑煤集团米村煤矿	188.73	85.9	8.2583	10.23	0	1.614543	一级
244	郑煤集团赵家寨矿	334	100	14.4403	12.28	0	4.2985	特级
245	郑煤集团振兴二矿	44.4	100	4.6434	5.06	0	0.2838	二级
246	郑煤集团刍坪煤业公司	162	100	15.5126	10	0	1.207	特级
247	龙煤集团鸡西公司城山煤矿	239.3	100	10.96	10.73	0	0.8603	一级
248	龙煤集团鸡西公司东山煤矿	205.4	100	8.5	6.03	0	0.3547	二级
249	龙煤集团鸡西公司杏花煤矿	200	100	12.579	12.18	0	1.3165	特级
250	龙煤集团鹤岗分公司南山煤矿	242.7	100	10.1139	6.5	0	3.2779	一级
251	龙煤集团七台河分公司新立煤矿	100	100	4.2801	3.685	0	0.959325	二级
252	龙煤集团双鸭山分公司新安煤矿	219.67	100	8.5726	8.761	0	0.2338	特级
253	龙煤集团双鸭山分公司东保卫煤矿	102.07	100	3.2008	2.533	0	0.052	二级
254	龙煤集团双鸭山分公司东荣二矿	227.6	100	12.02	12.01	0	3.8129	一级
255	龙煤集团双鸭山分公司东荣三矿	210	100	9.0424	8.113	0	2.6874	一级
256	龙煤集团鹤岗分公司兴安煤矿	201	100	5.58	5.54	0	0.1491	二级
257	珲春矿业（集团）公司八连城煤矿	244.9	100	16.66971	12.24	0	0.55	特级
258	珲春矿业（集团）板石煤业有限公司	227.2	100	8.2372	8.28	0	0.5	一级
259	辽源矿业（集团）金宝屯煤矿	192.8	100	9.951	10.56	0	0.050426	一级
260	辽源矿业（集团）龙家堡矿业公司	188	100	12.9271	9.194	0.53	1.6944	二级

（续）

序号	井工煤矿	原煤产量/万 t	采煤机械化程度/%	综合单产/[万 t·(个·月)$^{-1}$]	原煤生产人员效率/(t·工$^{-1}$)	百万吨死亡率	利润/亿元	级别
261	长春羊草煤业股份有限公司羊草沟煤矿一矿	50.3	100	5.5924	6.01	0	0.1047	一级
262	徐矿集团夹河煤矿	117.8	100	4.0673	7.367	0	0.365	二级
263	徐矿集团庞庄煤矿	77.59	100	5.3356	4.7	0	0.02241	二级
264	徐矿集团三河尖煤矿	176.87	100	7.6511	7.537	0	1.672739	特级
265	徐矿集团张双楼煤矿	210.82	100	8.2957	7.41	0	2.56	特级
266	徐矿集团旗山煤矿	99.27	100	5.1919	10.3	0	0.4309	一级
267	徐矿集团宝鸡秦源煤业有限公司	138.8	100	11.5807	11.89	0	0.51	特级
268	徐矿集团甘肃平凉新安	88	100	6.5667	7.4	0	0.0889	一级
269	新疆库车县夏阔坦矿业开发有限责任公司夏阔坦煤矿	59.6	100	5.8458	6.67	0	1.12985	二级
270	徐州矿务（集团）新疆天山矿业有限责任公司俄霍布拉克煤矿	323.4	100	20.5709	15.25	0.31	1.0764	二级
271	徐矿集团新疆赛尔能源有限责任公司三矿	91.3	100	6.8427	11.38	0	0.43913	一级
272	徐矿集团新疆塔城铁煤能源公司昊源煤矿	40.7	100	3.0645	5.96	0	0.095	二级
273	徐矿集团新疆塔城铁煤能源公司盛源煤矿	44.95	100	3.6678	5.1	0	0.125	二级

（续）

序号	井 工 煤 矿	原煤产量/万t	采煤机械化程度/%	综合单产/[万t·(个·月)$^{-1}$]	原煤生产人员效率/(t·工$^{-1}$)	百万吨死亡率	利润/亿元	级别
274	沈阳焦煤股份有限公司红阳二矿	150	100	11.1189	10.4	0	0.1481	一级
275	沈阳矿业有限责任公司辽阳红阳三矿	270.8	100	11.5495	15.745	0	6.8223	特级
276	沈阳焦煤鸡西盛隆公司碱场煤矿一井	89.87	100	7.7435	6.14	0	0.2587	一级
277	呼伦贝尔蒙西煤业有限公司	120	100	11.5461	20.33	0	0.2685	一级
278	铁法煤业（集团）有限责任公司大平煤矿	395	100	40.3705	18.12	0	5.5	特级
279	铁法煤业（集团）有限责任公司大兴煤矿	313	100	27.0599	15.003	0	0.0097	特级
280	铁法煤业（集团）有限责任公司小康煤矿	208.8	100	18.6626	10.965	0	0.0127	特级
281	铁法煤业（集团）有限责任公司小青煤矿	208.5	100	17.9487	12.257	0	0.0478	特级
282	铁法煤业（集团）有限责任公司晓明煤矿	166	100	13.2456	8.685	0	0.0757	特级
283	铁法煤业（集团）有限责任公司晓南煤矿	190	100	15.7537	12.626	0	0.0572	特级
284	宁夏王洼煤业有限公司王洼二矿	238	100	15.2564	7.7	0	0.7543	特级
285	四川达竹煤电集团斌郎煤矿	49.96	95.8	3.317	2.231	0	0.216627	二级
286	四川达竹煤电集团金刚煤矿	59.69	94.12	3.2265	2.136	0	0.218899	二级

（续）

序号	井工煤矿	原煤产量/万 t	采煤机械化程度/%	综合单产/[万 t·(个·月)$^{-1}$]	原煤生产人员效率/(t·工$^{-1}$)	百万吨死亡率	利润/亿元	级别
287	陕煤集团神木红柳林矿业公司	1498.3	100	70.3303	84.46	0	25.44122	特级
288	陕煤集团神木张家峁矿	998.45	100	41.4411	69.15	0	11.2133	特级
289	陕西凉水井煤矿	453	100	40.3893	51.8	0	2.6483	特级
290	陕西柠条塔煤矿	1192	100	57.94	36.63	0	6.5	特级
291	陕西蒲白矿业建新矿	375.96	100	31.33	21.36	0	3.26	一级
292	陕西蒲白矿业建庄矿	401.15	100	33.4	23.71	0	3.626	特级
293	陕西陕煤铜川矿业公司金华山煤矿	149.27	100	12.5	7.03	0	0.45123	一级
294	陕西陕煤铜川矿业有限公司玉华煤矿	220	100	18.3334	12.1	0	0.85227	特级
295	陕西陕煤铜川矿业公司王石凹煤矿	117.1	100	9.7563	5.26	0	0.2354	二级
296	陕西陕煤铜川矿业公司下石节煤矿	184.7	100	15.39167	12.015	0	0.263036	特级
297	陕西陕煤铜川矿业有限公司东坡煤矿	104.8	100	8.74045	5.535	0	0.35447	二级
298	陕西陕煤澄合矿业有限公司王村煤矿	192.89	100	8.22973	6.02	0	0.046	二级
299	陕西陕煤黄陵矿业有限公司一号煤矿	596.2	100	26.5147	16.34	0	6.73	特级
300	陕西省神木县店塔镇榆林市杨伙盘煤矿	417	100	40	21.9	0	3.6	一级
301	陕西中能煤田有限公司榆阳煤矿	299.8	100	25.4857	17.7	0	2.01	特级
302	陕西黄陵二号煤矿有限公司	800	100	35.7975	34	0	12	特级
303	内蒙古伊泰煤炭股份有限公司凯达煤矿	89.58	100	7.465	19.33	0	0.5044	二级
304	中国华电内蒙古蒙泰不连沟煤矿	1499.7	100	68.8	56.1	0	0.4506	特级
305	内蒙古伊泰宝山煤炭有限责任公司宝山煤矿	180	100	15	27.79	0	3.42976	特级

（续）

序号	井工煤矿	原煤产量/万t	采煤机械化程度/%	综合单产/[万t·(个·月)$^{-1}$]	原煤生产人员效率/(t·工$^{-1}$)	百万吨死亡率	利润/亿元	级别
306	内蒙古伊泰京粤酸刺沟矿业有限责任公司酸刺沟煤矿	1198.3	100	49.9488	38.97	0	5.85477	特级
307	内蒙古伊泰煤炭股份有限公司大地精煤矿	239.63	100	21.680119	22.37	0	1.79712	特级
308	内蒙古伊泰煤炭股份有限公司宏景塔一矿	499.9	100	41.6666	68.85	0	9.8246	特级
309	内蒙古伊泰煤炭股份有限公司纳林庙煤矿二号井	500	100	41.666667	69.3	0	7.83342	特级
310	内蒙古伊泰煤炭股份有限公司纳林庙煤矿一号井	180	100	15	31.74	0	3.62	特级
311	内蒙古伊泰同达煤炭有限责任公司丁家渠煤矿	179.28	100	16.527	30.77	0	1.074	特级
312	伊东集团宏测煤矿	180	100	15	24.6	0	0.6	特级
313	伊东孙家壕煤矿	298	100	27.2	34.98	0	1.59608	特级
314	伊东炭窑渠煤矿	114	100	11	19.6	0	0.6	特级
315	伊东扶贫煤矿	200.5	100	22.5219	33.45	0	1.1809	一级
316	伊东宏鑫煤矿	174	100	12.8333	27.82	0	0.053375	一级
317	伊东沙咀子煤矿	124.9	100	10.4059	20.21	0	0.1685	一级
318	大同鹊山精煤有限责任公司	110	100	9.1667	5.37	0	0.0221	二级

（续）

序号	井 工 煤 矿	原煤产量/万 t	采煤机械化程度/%	综合单产/[万 t·(个·月)$^{-1}$]	原煤生产人员效率/(t·工$^{-1}$)	百万吨死亡率	利润/亿元	级别
319	国投大同能源有限责任公司塔山煤矿	285.2	100	25.289242	27.21	0	3.51858	特级
320	阳泉市上社煤炭有限责任公司	210.09	100	9.6125	6.5	0	0.2225	一级
321	国投昔阳能源有限责任公司白羊岭煤矿	144.57	100	10.84275	11.05	0	1.1161	特级
322	山西和顺天池能源有限责任公司	120	100	10.0515	7.6	0	0.341	一级
323	山西省晋中灵石煤矿有限公司	89.5	89.6	5.6182	7.4	0	0.47	一级
324	山西义棠煤业有限责任公司	179	100	14.3196	9.89	0	1.6263	一级
325	山西安泽玉华煤业有限公司	67.94	100	6.8027	7.32	0	0.2623	特级
326	山西乡宁焦煤集团台头前湾煤业有限公司	89.1	100	8.43373	8.4	0	4.1623	一级
327	山西乡宁焦煤集团神角煤业有限公司	89	100	8.07259	11.25	0	2.6842	一级
328	山西中煤华晋能源有限责任公司王家岭矿	600	100	36.82	53	0	16.3	特级
329	山西玉和泰煤业有限公司	105	100	5.255	12.32	0	0.2781	一级
330	山西省太原西峪煤矿	106.01	100	6.1485	5.15	0		二级
331	山西省阳泉固庄煤矿	96.087	100	4.0036	5.6	0	0.223	二级
332	山西河曲晋神磁窑沟煤业有限公司	239.94	100	16.8998	18.12	0	0.3409	特级
333	山西忻州神达台基麻地沟煤业有限公司	110	100	10.3909	19.37	0	0.16763	一级
334	山西鲁能河曲电煤公司上榆泉煤矿	398.4	100	18.549	20.6	0	0.16763	特级

（续）

序号	井工煤矿	原煤产量/万t	采煤机械化程度/%	综合单产/[万t·(个·月)$^{-1}$]	原煤生产人员效率/(t·工$^{-1}$)	百万吨死亡率	利润/亿元	级别
335	山东鲁能菏泽煤电开发有限公司彭庄煤矿	110	100	12.06	11.8	0	0.079562	特级
336	山西煤销集团泰安煤业有限公司	156.4	100	15.544943	17.85	0	17.85	特级
337	泰山隆安煤业有限公司	179.5	100	15.4166	20.1	0	0.0025	特级
338	山西华润大宁能源有限公司	360	100	27.928	16.6	0	12.25	特级
339	沁和能源集团有限公司端氏煤矿	96	100	8.7209	7.03	0	1.54	一级
340	沁和能源集团有限公司侯村煤矿	117.03	100	10.8522	8.52	0	1.872576	一级
341	山西高平科兴南阳煤业有限公司	117.16	100	10.984875	7.11	0	1.32174	一级
342	山西兰花科技创业股份有限公司伯方煤矿分公司	180	100	8.6141	10.2	0	3.6878	一级
343	山西兰花科技创业股份有限公司大阳煤矿分公司	170.4	100	10.0327	10.11	0	5.15	一级
344	山西兰花科技创业股份有限公司唐安煤矿分公司	149.98	100	12.4983	10.88	0	5.6633	特级
345	山西兰花科技创业股份有限公司望云煤矿分公司	76.617	100	6.3846	8.16	0	0.2225	一级
346	山西阳城阳泰集团义城煤业有限公司	79.8	100	6.9141	7.5	0	0.7888	一级
347	山西阳城阳泰集团竹林山煤业有限公司	89.6	100	7.4	6.9	0	0.77	二级
348	山西阳城阳泰集团屯城煤业有限公司	90.78	100	9.0915	13	0	1.8733	一级

（续）

序号	井工煤矿	原煤产量/万t	采煤机械化程度/%	综合单产/[万t·(个·月)$^{-1}$]	原煤生产人员效率/(t·工$^{-1}$)	百万吨死亡率	利润/亿元	级别
349	晋城蓝焰煤业股份有限公司成庄矿	801.945	100	21.1281	24.12	0	23.956561	特级
350	晋城煤业集团寺河煤矿	792.2	100	62.5871	26.542	0	19.19368	特级
351	山西晋城无烟煤矿业集团有限责任公司寺河煤矿二号井	176.37	100	9.2	8.24	0	1.437487	一级
352	山西晋煤集团沁秀煤业有限公司岳城煤矿	138.96	100	11.3348	6.86	0	2.198	一级
353	山西晋煤集团长平煤业有限责任公司	399.6	100	30.068	15.002	0	0.2869	一级
354	山西晋煤集团赵庄煤业有限责任公司赵庄二号井	119.84	100	9.314	7.68	0	0.1269	一级
355	山西潞安环保能源开发股份有限公司常村煤矿	699.92	100	56.216	24.074	0	8.347	特级
356	潞安集团高河煤矿	600.06	100	29.8239	30.3	0	6.4639	特级
357	潞安集团司马煤矿	299.91	100	23.2618	17.17	0	6.94	特级
358	山西潞安环保能源开发股份有限公司王庄煤矿	709.61	100	27.4833	31.88	0	11.57	特级
359	山西潞安集团余吾煤业有限责任公司	599.83	100	24.2313	15.72	0	8.1	特级
360	潞安环能股份公司漳村煤矿	398	100	32.4563	22.965	0	5.114383	特级
361	山西东江煤业集团有限公司	89.96	100	7.4967	8.83	0	0.0605	二级
362	山西柳林金家庄煤业有限公司	174.92	100	12.17146	12.1	0	7.61887	一级

（续）

序号	井工煤矿	原煤产量/万t	采煤机械化程度/%	综合单产/[万t·(个·月)$^{-1}$]	原煤生产人员效率/(t·工$^{-1}$)	百万吨死亡率	利润/亿元	级别
363	山西离柳焦煤集团兑镇煤矿	121.35	100	10.1126	8.82	0	0.8783	一级
364	山西柳林煤矿有限公司	119	100	9.916	10	0	6.81878	一级
365	山西柳林寨崖底煤业有限公司	170	100	14.5976	12.97	0	4.12	一级
366	山西柳林兴无煤矿有限责任公司	143.72	100	12.96	11.2	0	10.3478	一级
367	东辉集团西坡煤业	102	100	5.5572	8.3	0	12.2638	一级
368	山西柳林凌志兴家沟煤业有限公司	98	100	8.2	7.34	0	1.127	二级
369	汾西矿业高阳煤矿	401.6	100	16.744	34.5	0	0.5563	特级
370	山西汾西矿业（集团）有限责任公司河东煤矿	119.42	100	8.3629	8.55	0	-3.3947	一级
371	汾西矿业贺西煤矿	185.51	100	7.024	12.09	0	1.03423	一级
372	山西汾西矿业（集团）有限责任公司柳湾煤矿	296.3	100	15.5797	8.1	0	0.5003	一级
373	山西汾西矿业集团曙光煤业有限责任公司	87	100	6.684	5.32	0	0.000008	二级
374	山西汾西矿业（集团）有限责任公司双柳煤矿	259.99	100	18.2893	13.01	0	1.0366	特级
375	山西焦煤汾西矿业集团水峪煤业有限责任公司	395.5	100	16.1125	15.73	0	1.1414	特级
376	汾西宜兴煤业有限责任公司	131	100	10.9318.8	7.04	0	0.9798	一级

（续）

序号	井工煤矿	原煤产量/万 t	采煤机械化程度/%	综合单产/[万 t·(个·月)$^{-1}$]	原煤生产人员效率/(t·工$^{-1}$)	百万吨死亡率	利润/亿元	级别
377	山西焦煤霍州煤电集团有限责任公司辛置煤矿	200.08	100	10.6891	8.3	0	0.120335	一级
378	西山煤电集团公司白家庄矿业	69.2	100	6.01	4.06	0	0.11709	二级
379	山西焦煤集团有限责任公司东曲矿	383.42	100	12.3672	15.16	0	0.045672	特级
380	山西焦煤集团西山煤电有限公司杜儿坪矿	450	100	10.98	10.421	0	-0.599264	一级
381	山西焦煤集团西山煤电有限公司官地矿	367.44	100	10.3968	10.08	0	0.022754	一级
382	山西焦煤集团西山煤电有限公司马兰矿	359.04	100	12.3637	15.07	0	1.8984	特级
383	山西焦煤集团有限责任公司屯兰矿	302.6	100	10.2717	9.1	0	1.1696	特级
384	山西焦煤集团西山煤电有限公司西铭矿	351.04	100	11.1615	11.905	0	0.1448	一级
385	山西焦煤集团西山煤电有限公司西曲矿	322	100	10.2367	10.02	0	2.3987	一级
386	山西西山煤电股份有限公司镇城底矿	175.25	100	8.4508	8.443	0	0.06586	一级
387	山西怀仁联顺玺达柴沟煤业有限公司	487	100	40.584	90.92	0	1.827112	特级
388	山西朔州平鲁区后安煤炭有限公司	179.86	100	12.791406	20.13	0	0.078	特级
389	山西山阴芍药花煤业有限公司	111.03	100	11.9369	16.6	0	1.0251	一级
390	同煤集团大斗沟煤业公司	147.31	100	8.1159	7.52	0	0.1172	一级
391	同煤集团地煤公司东周窑煤矿	90	100	7.0975	5.16	0	0.0116	二级
392	大同煤矿集团大同地煤马口煤矿	90	100	7.56	5.16	0	0.0381	二级
393	同煤集团杏儿沟煤业有限责任公司	90	100	7.8924	5.03	0	0.3094	二级

（续）

序号	井工煤矿	原煤产量/万t	采煤机械化程度/%	综合单产/[万t·(个·月)$^{-1}$]	原煤生产人员效率/(t·工$^{-1}$)	百万吨死亡率	利润/亿元	级别
394	同煤集团马脊梁矿	371.95	100	12.0422	15.175	0	0.779486	特级
395	大同煤矿集团朔州朔煤王坪煤电有限责任公司	179.36	100	8.06596	8.05	0	0.0249	一级
396	大同煤矿集团朔州朔煤小峪煤矿	208.8	100	10.6853	11.4	0	0.155071	一级
397	大同煤矿集团四老沟煤矿	89.7	100	6.1458	4.1	0	0.61	一级
398	同煤大唐塔山煤矿有限公司	1500	100	61.9658	41.88	0	1.805	特级
399	同煤集团同家梁矿	138.42	100	8.0487	7.73	0	0.412	一级
400	大同煤矿集团轩岗煤电公司焦家寨矿	148.5	100	6.19	5.8	0	0.6558	二级
401	大同煤矿集团永定庄煤业有限责任公司	196	100	15	8.042	0	0.32	一级
402	阳煤集团寿阳开元矿业有限责任公司	295.58	100	12.11372	15.65	0	0.6465	特级
403	昔阳县坪上煤业有限责任公司	88.7	100	7.3207	6.096	0	0.0221	一级
404	阳煤集团三矿竖井	348.73	100	14.6068	10.924	0	0.1668	一级
405	阳泉煤业集团有限责任公司五矿贵石沟井	504.65	100	20.7064	14.127	0	0.466	特级
406	阳泉煤业集团和顺新大地煤业有限公司	90	100	6.6667	6.173	0	0.012	一级
407	山西新元煤炭有限责任公司	268.66	100	11.2484	15.266	0	0.718409	特级
408	山西国阳新能股份有限公司一矿	745.3	100	20.7593	25.36	0	6.0166	特级
409	阳泉煤业集团昔阳运裕煤业有限公司	90	100	8.6382	5.822	0	0.01	一级

（续）

序号	井工煤矿	原煤产量/万t	采煤机械化程度/%	综合单产/[万t·(个·月)$^{-1}$]	原煤生产人员效率/(t·工$^{-1}$)	百万吨死亡率	利润/亿元	级别
410	阳泉煤业集团长沟煤矿有限责任公司	160	100	13.3333	10.5	0	0.6409	特级
411	山西霍尔辛赫煤业有限责任公司	300	100	25	15.5	0	6.8347	特级
412	山西康伟集团南山煤业有限公司	74.71	100	7.412	7.3	0	0.712574	一级
413	山西襄垣七一新发煤业有限公司	127.1	100	13.4124	7.16	0	0.279434	一级
414	山西三元煤业股份有限公司	219.36	100	20.3111	21.05	0	8.45	特级
415	山西长治郊区三元南耀小常煤业有限公司	179.45	100	16.6159	9.71	0	4.4685	一级
416	山西长治王庄煤业有限责任公司	179.05	100	18.2853	12.5	0	2.52	一级
417	山西襄矿晋平煤业有限公司	269	100	12.3168	8.6	0	11.92	一级
418	准格尔旗荣祥煤焦化有限责任公司山不拉煤矿	120	100	10.0429	10.61	0	-0.1	一级
419	洛阳义安矿业有限公司正村煤矿	119.78	100	5.958	5.82	0	0.3916	一级
420	陕西陕煤铜川矿业有限公司陈家山煤矿	179.92	100	14.9933	12.67	0	0.80658	特级
421	陕西陕煤澄合矿业有限公司王村煤矿斜井	120	100	5.2141	5.828	0	0.089	二级
422	陕西陕北矿业韩家湾煤炭有限公司	396.2	100	33.0166	36.23	0	1.5201	特级

露天矿：

序号	露天煤矿	原煤产量/万t	采煤机械化程度/%	综合单产/[万t·(个·月)$^{-1}$]	原煤生产人员效率/(t·工$^{-1}$)	百万吨死亡率	利润/亿元	级别
1	神华包头矿业公司水泉露天煤矿	119.94	100	9.99	23.45	0	0.1806	一级
2	神华神宝能源公司露天煤矿	3130	100	28.9814	116.05	0	15.87	特级
3	神华胜利能源公司	1784	100	29.7336	81.27	0	0.6109	特级
4	神华准能集团哈尔乌素露天煤矿	3242.9	100	135.12	99.06	0	22.1532	特级
5	神华准能集团黑岱沟露天煤矿	3259.1	100	54.32	83.65	0.03	38.959	一级
6	中国华能呼伦贝尔公司伊敏露天矿	2070	100	43.125	96.28	0	21.5061	特级
7	中国华能魏家峁露天矿	600	100	50	50.56	0	0.006468	特级
8	中煤平朔集团有限公司安家岭露天矿	1990	100	25.5128	177.24	0	11.2277	特级
9	中煤平朔集团有限公司安太堡露天矿	2200	100	22.9167	128.81	0	17.0799	特级
10	平庄煤业元宝山露天矿	803	100	20.1391	35.91	0	3.3954	特级
11	云南省小龙潭矿务局布沼坝露天矿	657.03	100	13.688125	77.56	0	8.4714	特级
12	云南省小龙潭矿务局小龙潭露天矿	187.6	100	15.63333	35.54	0	5.2788	特级
13	张家梁露天煤矿	441.3	100	36.775	43.68	0	0.14	特级
14	抚顺矿业集团有限责任公司东露天矿	73	100	8.1104	17	0	1.1648	一级
15	抚顺矿业集团有限责任公司西露天矿	211	100	12.5595	25.4	0	1.2145	特级
16	内蒙古霍林河露天煤业股份有限公司南露天煤矿	1530	100	27.85	32.79	0	5.643812	特级
17	云南先锋煤业开发有限公司	390	100	14.5003	35.2	0	2.00319	特级
18	扎鲁特旗扎哈淖尔煤业有限公司	1510	100	17.2678	36.23	0	0.2281	特级

附录六　国务院办公厅关于印发能源发展战略行动计划（2014—2020年）的通知

国办发〔2014〕31号

各省、自治区、直辖市人民政府，国务院各部委、各直属机构：

《能源发展战略行动计划（2014—2020年）》已经国务院同意，现印发给你们，请认真贯彻落实。

国务院办公厅
2014年6月7日

能源发展战略行动计划（2014—2020年）

能源是现代化的基础和动力。能源供应和安全事关我国现代化建设全局。新世纪以来，我国能源发展成就显著，供应能力稳步增长，能源结构不断优化，节能减排取得成效，科技进步迈出新步伐，国际合作取得新突破，建成世界最大的能源供应体系，有效保障了经济社会持续发展。

当前，世界政治、经济格局深刻调整，能源供求关系深刻变化。我国能源资源约束日益加剧，生态环境问题突出，调整结构、提高能效和保障能源安全的压力进一步加大，能源发展面临一系列新问题新挑战。同时，我国可再生能源、非常规油气和深海油气资源开发潜力很大，能源科技创新取得新突破，能源国际合作不断深化，能源发展面临着难得的机遇。

从现在到2020年，是我国全面建成小康社会的关键时期，是能源发展转型的重要战略机遇期。为贯彻落实党的十八大精神，推动能源生产和消费革命，打造中国能源升级版，必须加强全局谋划，明确今后一段时期我国能源发展的总体方略和行动纲领，推动能源创新发展、安全发展、科学发展，特制定本行动计划。

一、总体战略

（一）指导思想

高举中国特色社会主义伟大旗帜，以邓小平理论、“三个代表”重要思想、科学发展观为指导，深入贯彻党的十八大和十八届二中、三中全会精神，全面落实党中央、国务院的各项决策部署，以开源、节流、减排为重点，确保能源安全供应，转变能源发展方式，调整优化能源结构，创新能源体制机制，着力提高能源效率，严格控制能源消费过快增长，着力发展清洁能源，推进能源绿色发展，着力推动科技进步，切实提高能源产业核心竞争力，打造中国能源升级版，为实现中华民族伟大复兴的中国梦提供安全可靠的能源保障。

（二）战略方针与目标

坚持“节约、清洁、安全”的战略方针，加快构建清洁、高效、安全、可持续的现代能源体系。重点实施四大战略：

1. 节约优先战略

把节约优先贯穿于经济社会及能源发展的全过程，集约高效开发能源，科学合理使用能源，大力提高能源效率，加快调整和优化经济结构，推进重点领域和关键环节节能，合理控制能源消费总量，以较少的能源消费支撑经济社会较快发展。

到2020年，一次能源消费总量控制在48亿吨标准煤左右，煤炭消费总量控制在42亿t左右。

2. 立足国内战略

坚持立足国内，将国内供应作为保障能源安全的主渠道，牢牢掌握能源安全主动权。发挥国内资源、技术、装备和人才优势，加强国内能源资源勘探开发，完善能源替代和储备应急体系，着力增强能源供应能力。加强国际合作，提高优质能源保障水平，加快推进油气战略进口通道建设，在开放格局中维护能源安全。

到2020年，基本形成比较完善的能源安全保障体系。国内一次能源生产总量达到42亿吨标准煤，能源自给能力保持在85%左右，石油储采比提高到14～15，能源储备应急体系基本建成。

3. 绿色低碳战略

着力优化能源结构，把发展清洁低碳能源作为调整能源结构的主攻方向。坚持发展非化石能源与化石能源高效清洁利用并举，逐步降低煤炭消费比重，提高天然气消费比重，大幅增加风电、太阳能、地热能等可再生能源和核电消费比重，形成与我国国情相适应、科学合理的能源消费结构，大幅减少能源消费排放，促进生态文明建设。

到2020年，非化石能源占一次能源消费比重达到15%，天然气比重达到10%以上，煤炭消费比重控制在62%以内。

4. 创新驱动战略

深化能源体制改革，加快重点领域和关键环节改革步伐，完善能源科学发展体制机制，充分发挥市场在能源资源配置中的决定性作用。树立科技决定能源未来、科技创造未来能源的理念，坚持追赶与跨越并重，加强能源科技创新体系建设，依托重大工程推进科技自主创新，建设能源科技强国，能源科技总体接近世界先进水平。

到2020年，基本形成统一开放、竞争有序的现代能源市场体系。

二、主要任务

（一）增强能源自主保障能力

立足国内，加强能源供应能力建设，不断提高自主控制能源对外依存度的能力。

1. 推进煤炭清洁高效开发利用

按照安全、绿色、集约、高效的原则，加快发展煤炭清洁开发利用技术，不断提高煤炭清洁高效开发利用水平。

清洁高效发展煤电。转变煤炭使用方式，着力提高煤炭集中高效发电比例。提高煤电机组准入标准，新建燃煤发电机组供电煤耗低于每千瓦时300克标准煤，污染物排放接近燃气机组排放水平。

推进煤电大基地大通道建设。依据区域水资源分布特点和生态环境承载能力，严格煤矿环保和安全准入标准，推广充填、保水等绿色开采技术，重点建设晋北、晋中、晋东、神东、陕北、黄陇、宁东、鲁西、两淮、云贵、冀中、河南、内蒙古东部、新疆等14个亿吨级大型煤炭基地。到2020年，基地产量占全国的95%。采用最先进节能节水环保发电技术，重点建设锡林郭勒、鄂尔多斯、晋北、晋中、晋东、陕北、哈密、准东、宁东等9个千万千瓦级大型煤电基地。发展远距离大容量输电技术，扩大西电东送规模，实施北电南送工程。加强煤炭铁路运输通道建设，重点建设内蒙古西部至华中地区的铁路煤运通道，完善西煤东运通道。到2020年，全国煤炭铁路运输能力达到30亿t。

提高煤炭清洁利用水平。制定和实施煤炭清洁高效利用规划，积极推进煤炭分级分质梯级利用，加大煤炭洗选比重，鼓励煤矸石等低热值煤和劣质煤就地清洁转化利用。建立健全煤炭质量管理体系，加强对煤炭开发、加工转化和使用过程的监督管理。加强进口煤炭质量监管。大幅减少煤炭分散直接燃烧，鼓励农村地区使用洁净煤和型煤。

2. 稳步提高国内石油产量

坚持陆上和海上并重，巩固老油田，开发新油田，突破海上油田，大力支持低品位资源开发，建设大庆、辽河、新疆、塔里木、胜利、长庆、渤海、南海、延长等9个千万吨级大油田。

稳定东部老油田产量。以松辽盆地、渤海湾盆地为重点，深化精细勘探开发，积极发展先进采油技术，努力增储挖潜，提高原油采收率，保持产量基本稳定。

实现西部增储上产。以塔里木盆地、鄂尔多斯盆地、准噶尔盆地、柴达木盆地为重点，加大油气资源勘探开发力度，推广应用先进技术，努力探明更多优质储量，提高石油产量。加大羌塘盆地等新区油气地质调查研究和勘探开发技术攻关力度，拓展新的储量和产量增长区域。

加快海洋石油开发。按照以近养远、远近结合，自主开发与对外合作并举的方针，加强渤海、东海和南海等海域近海油气勘探开发，加强南海深水油气勘探开发形势跟踪分析，积极推进深海对外招标和合作，尽快突破深海采油技术和装备自主制造能力，大力提升海洋油气产量。

大力支持低品位资源开发。开展低品位资源开发示范工程建设，鼓励难动用储量和濒临枯竭油田的开发及市场化转让，支持采用技术服务、工程总承包等方式开发低品位资源。

3. 大力发展天然气

按照陆地与海域并举、常规与非常规并重的原则，加快常规天然气增储上产，尽快突破非常规天然气发展瓶颈，促进天然气储量产量快速增长。

加快常规天然气勘探开发。以四川盆地、鄂尔多斯盆地、塔里木盆地和南海为重点，加强西部低品位、东部深层、海域深水三大领域科技攻关，加大勘探开发力度，力争获得大突破、大发现，努力建设8个年产量百亿立方米级以上的大型天然气生产基地。到2020年，累计新增常规天然气探明地质储量5.5万亿m^3，年产常规天然气1850亿m^3。

重点突破页岩气和煤层气开发。加强页岩气地质调查研究，加快“工厂化”“成套化”技术研发和应用，探索形成先进适用的页岩气勘探开发技术模式和商业模式，培育自主创新和装备制造能力。着力提高四川长宁—威远、重庆涪陵、云南昭通、陕西延安等国家级示范区储量和产量规模，同时争取在湘鄂、云贵和苏皖等地区实现突破。到2020年，页岩气产量力争超过300亿m^3。以沁水盆地、鄂尔多斯盆地东缘为重点，加大支持力度，加快煤层气勘探开采步伐。到2020年，煤层气产量力争达到300亿m^3。

积极推进天然气水合物资源勘查与评价。加大天然气水合物勘探开发技术攻关力度，培育具有自主知识产权的核心技术，积极推进试采工程。

4. 积极发展能源替代

坚持煤基替代、生物质替代和交通替代并举的方针，科学发展石油替代。到2020年，形成石油替代能力4000万t以上。

稳妥实施煤制油、煤制气示范工程。按照清洁高效、量水而行、科学布局、突出示范、自主创新的原则，以新疆、内蒙古、陕西、山西等地为重点，稳妥推进煤制油、煤制气技术研发和产业化升级示范工程，掌握核心技术，严格控制能耗、水耗和污染物排放，形成适度规模的煤基燃料替代能力。

积极发展交通燃油替代。加强先进生物质能技术攻关和示范，重点发展新一代非粮燃料乙醇和生物柴油，超前部署微藻制油技术研发和示范。加快发展纯电动汽车、混合动力汽车和船舶、天然气汽车和船舶，扩大交通燃油替代规模。

5. 加强储备应急能力建设

完善能源储备制度，建立国家储备与企业储备相结合、战略储备与生产运行储备并举的储备体系，建立健全国家能源应急保障体系，提高能源安全保障能力。

扩大石油储备规模。建成国家石油储备二期工程，启动三期工程，鼓励民间资本参与储备建设，建立企业义务储备，鼓励发展商业储备。

提高天然气储备能力。加快天然气储气库建设，鼓励发展企业商业储备，支持天然气生产企业参与调峰，提高储气规模和应急调峰能力。

建立煤炭稀缺品种资源储备。鼓励优质、稀缺煤炭资源进口，支持企业在缺煤地区和煤炭集散地建设中转储运设施，完善煤炭应急储备体系。

完善能源应急体系。加强能源安全信息化保障和决策支持能力建设，逐步建立重点能源品种和能源通道应急指挥和综合管理系统，提升预测预警和防范应对水平。

（二）推进能源消费革命

调整优化经济结构，转变能源消费理念，强化工业、交通、建筑节能和需求侧管理，重视生活节能，严格控制能源消费总量过快增长，切实扭转粗放用能方式，不断提高能源使用效率。

1. 严格控制能源消费过快增长

按照差别化原则，结合区域和行业用能特点，严格控制能源消费过快增长，切实转变能源开发和利用方式。

推行“一挂双控”措施。将能源消费与经济增长挂钩，对高耗能产业和产能过剩行业实行能源消费总量控制强约束，其他产业按先进能效标准实行强约束，现有产能能效要限期达标，新增产能必须符合国内先进能效标准。

推行区域差别化能源政策。在能源资源丰富的西部地区，根据水资源和生态环境承载能力，在节水节能环保、技术先进的前提下，合理加大能源开发力度，增强跨区调出能力。合理控制中部地区能源开发强度。大力优化东部地区能源结构，鼓励发展有竞争力的新能源和可再生能源。

控制煤炭消费总量。制定国家煤炭消费总量中长期控制目标，实施煤炭消费减量替代，降低煤炭消费比重。

2. 着力实施能效提升计划

坚持节能优先，以工业、建筑和交通领域为重点，创新发展方式，形成节能型生产和消费模式。

实施煤电升级改造行动计划。实施老旧煤电机组节能减排升级改造工程，现役 60 万 kW（风冷机组除外）及以上机组力争 5 年内供电煤耗降至每千瓦时 300 克标准煤左右。

实施工业节能行动计划。严格限制高耗能产业和过剩产业扩张，加快淘汰落后产能，实施十大重点节能工程，深入开展万家企业节能低碳行动。实施电机、内燃机、锅炉等重点用能设备能效提升计划，推进工业企业余热余压利用。深入推进工业领域需求侧管理，积极发展高效锅炉和高效电机，推进终端用能产品能效提升和重点用能行业能效水平对标达标。认真开展新建项目环境影响评价和节能评估审查。

实施绿色建筑行动计划。加强建筑用能规划，实施建筑能效提升工程，尽快推行 75% 的居住建筑节能设计标准，加快绿色建筑建设和既有建筑改造，推行公共建筑能耗限额和绿色建筑评级与标识制度，大力推广节能电器和绿色照明，积极推进新能源城市建设。大力发展低碳生态城市和绿色生态城区，到2020年，城镇绿色建筑占新建建筑的比例达到50%。加快推进供热计量改革，新建建筑和经供热计量改造的既有建筑实行供热计量收费。

实行绿色交通行动计划。完善综合交通运输体系规划，加快推进综合交通运输体系建设。积极推进清洁能源汽车和船舶产业化步伐，提高车用燃油经济性标准和环保标准。加快发展轨道交通和水运等资源节约型、环境友好型运输方式，推进主要城市群内城际铁路建设。大力发展城市公共交通，加强城市步行和自行车交通系统建设，提高公共出行和非机动出行比例。

3. 推动城乡用能方式变革

按照城乡发展一体化和新型城镇化的总体要求，坚持集中与分散供能相结合，因地制宜建设城乡供能设施，推进城乡用能方式转变，提高城乡用能水平和效率。

实施新城镇、新能源、新生活行动计划。科学编制城镇规划，优化城镇空间布局，推动信息化、低碳化与城镇化的深度融合，建设低碳智能城镇。制定城镇综合能源规划，大力发展分布式能源，科学发展热电联产，鼓励有条件的地区发展热电冷联供，发展风能、太阳能、生物质能、地热能供暖。

加快农村用能方式变革。抓紧研究制定长效政策措施，推进绿色能源县、乡、村建设，大力发展农村小水电，加强水电新农村电气化县和小水电代燃料生态保护工程建设，因地制宜发展农村可再生能源，推动非商品能源的清洁高效利用，加强农村节能工作。

开展全民节能行动。实施全民节能行动计划，加强宣传教育，普及节能知识，推广节能新技术、新产品，大力提倡绿色生活方式，引导居民科学合理用能，使节约用能成为全社会的自觉行动。

（三）优化能源结构

积极发展天然气、核电、可再生能源等清洁能源，降低煤炭消费比重，推动能源结构持续优化。

1. 降低煤炭消费比重

加快清洁能源供应，控制重点地区、重点领域煤炭消费总量，推进减量替代，压减煤炭消费，到2020年，全国煤炭消费比重降至62%以内。

削减京津冀鲁、长三角和珠三角等区域煤炭消费总量。加大高耗能产业落后产能淘汰力度，扩大外来电、天然气及非化石能源供应规模，耗煤项目实现煤炭减量替代。到2020年，京津冀鲁四省市煤炭消费比2012年净削减1亿t，长三角和珠三角地区煤炭消费总量负增长。

控制重点用煤领域煤炭消费。以经济发达地区和大中城市为重点，有序推进重点用煤领域“煤改气”工程，加强余热、余压利用，加快淘汰分散燃煤小锅炉，到2017年，基本完成重点地区燃煤锅炉、工业窑炉等天然气替代改造任务。结合城中村、城乡结合部、棚户区改造，扩大城市无煤区范围，逐步由城市建成区扩展到近郊，大幅减少城市煤炭分散使用。

2. 提高天然气消费比重

坚持增加供应与提高能效相结合，加强供气设施建设，扩大天然气进口，有序拓展天然气城镇燃气应用。到2020年，天然气在一次能源消费中的比重提高到10%以上。

实施气化城市民生工程。新增天然气应优先保障居民生活和替代分散燃煤，组织实施城镇居民用能清洁化计划，到2020年，城镇居民基本用上天然气。

稳步发展天然气交通运输。结合国家天然气发展规划布局，制定天然气交通发展中长期规划，加快天然气加气站设施建设，以城市出租车、公交车为重点，积极有序发展液化天然气汽车和压缩天然气汽车，稳妥发展天然气家庭轿车、城际客车、重型卡车和轮船。

适度发展天然气发电。在京津冀鲁、长三角、珠三角等大气污染重点防控区，有序发展天然气调峰电站，结合热负荷需求适度发展燃气-蒸汽联合循环热电联产。

加快天然气管网和储气设施建设。按照西气东输、北气南下、海气登陆的供气格局，加快天然气管道及储气设施建设，形成进口通道、主要生产区和消费区相连接的全国天然气主干管网。到2020年，天然气主干管道里程达到12万km以上。

扩大天然气进口规模。加大液化天然气和管道天然气进口力度。

3. 安全发展核电

在采用国际最高安全标准、确保安全的前提下，适时在东部沿海地区启动新的核电项目建设，研究论证内陆核电建设。坚持引进消化吸收再创新，重点推进AP1000、CAP1400、高温气冷堆、快堆及后处理技术攻关。加快国内自主技术工程验证，重点建设大型先进压水堆、高温气冷堆重大专项示范工程。积极推进核电基础理论研究、核安全技术研究开发设计和工程建设，完善核燃料循环体系。积极推进核电“走出去”。加强核电科普和核安全知识宣传。到2020年，核电装机容量达到5800万kW，在建容量达到3000万kW以上。

4. 大力发展可再生能源

按照输出与就地消纳利用并重、集中式与分布式发展并举的原则，加快发展可再生能源。到2020年，非化石能源占一次能源消费比重达到15%。

积极开发水电。在做好生态环境保护和移民安置的前提下，以西南地区金沙江、雅砻江、大渡河、澜沧江等河流为重点，积极有序推进大型水电基地建设。因地制宜发展中小型电站，开展抽水蓄能电站规划和建设，加强水资源综合利用。到2020年，力争常规水电装机达到3.5亿kW左右。

大力发展风电。重点规划建设酒泉、内蒙古西部、内蒙古东部、冀北、吉林、黑龙江、山东、哈密、江苏等9个大型现代风电基地以及配套送出工程。以南方和中东部地区为重点，大力发展分散式风电，稳步发展海上风电。到2020年，风电装机达到2亿kW，风电与煤电上网电价相当。

加快发展太阳能发电。有序推进光伏基地建设，同步做好就地消纳利用和集中送出通道建设。加快建设分布式光伏发电应用示范区，稳步实施太阳能热发电示范工程。加强太阳能发电并网服务。鼓励大型公共建筑及公用设施、工业园区等建设屋顶分布式光伏发电。到2020年，光伏装机达到1亿kW左右，光伏发电与电网销售电价相当。

积极发展地热能、生物质能和海洋能。坚持统筹兼顾、因地制宜、多元发展的方针，有序开展地热能、海洋能资源普查，制定生物质能和地热能开发利用规划，积极推动地热能、生物质和海洋能清洁高效利用，推广生物质能和地热供热，开展地热发电和海洋能发电示范工程。到2020年，地热能利用规模达到5000万吨标准煤。

提高可再生能源利用水平。加强电源与电网统筹规划，科学安排调峰、调频、储能配套能力，切实解决弃风、弃水、弃光问题。

（四）拓展能源国际合作

统筹利用国内国际两种资源、两个市场，坚持投资与贸易并举、陆海通道并举，加快制定利用海外能源资源中长期规划，着力拓展进口通道，着力建设丝绸之路经济带、21世纪海上丝绸之路、孟中印缅经济走廊和中巴经济走廊，积极支持能源技术、装备和工程队伍“走出去”。

加强俄罗斯中亚、中东、非洲、美洲和亚太五大重点能源合作区域建设，深化国际能源双边多边合作，建立区域性能源交易市场。积极参与全球能源治理。加强统筹协调，支持企业“走出去”。

（五）推进能源科技创新

按照创新机制、夯实基础、超前部署、重点跨越的原则，加强科技自主创新，鼓励引进消化吸收再创新，打造能源科技创新升级版，建设能源科技强国。

1. 明确能源科技创新战略方向和重点

抓住能源绿色、低碳、智能发展的战略方向，围绕保障安全、优化结构和节能减排等长期目标，确立非常规油气及深海油气勘探开发、煤炭清洁高效利用、分布式能源、智能电网、新一代核电、先进可再生能源、节能节水、储能、基础材料等9个重点创新领域，明确页岩气、煤层气、页岩油、深海油气、煤炭深加工、高参数节能环保燃煤发电、整体煤气化联合循环发电、燃气轮机、现代电网、先进核电、光伏、太阳能热发电、风电、生物燃料、地热能利用、海洋能发电、天然气水合物、大容量储能、氢能与燃料电池、能源基础材料等20个重点创新方向，相应开展页岩气、煤层气、深水油气开发等重大示范工程。

2. 抓好科技重大专项

加快实施大型油气田及煤层气开发国家科技重大专项。加强大型先进压水堆及高温气冷堆核电站国家科技重大专项。加强技术攻关，力争页岩气、深海油气、天然气水合物、新一代核电等核心技术取得重大突破。

3. 依托重大工程带动自主创新

依托海洋油气和非常规油气勘探开发、煤炭高效清洁利用、先进核电、可再生能源开发、智能电网等重大能源工程，加快科技成果转化，加快能源装备制造创新平台建设，支持先进能源技术装备“走出去”，形成有国际竞争力的能源装备工业体系。

4. 加快能源科技创新体系建设

制定国家能源科技创新及能源装备发展战略。建立以企业为主体、市场为导向、政产学研用相结合的创新体系。鼓励建立多元化的能源科技风险投资基金。加强能源人才队伍建设，鼓励引进高端人才，培育一批能源科技领军人才。

三、保障措施

（一）深化能源体制改革

坚持社会主义市场经济改革方向，使市场在资源配置中起决定性作用和更好发挥政府作用，深化能源体制改革，为建立现代能源体系、保障国家能源安全营造良好的制度环境。

完善现代能源市场体系。建立统一开放、竞争有序的现代能源市场体系。深入推进政企分开，分离自然垄断业务和竞争性业务，放开竞争性领域和环节。实行统一的市场准入制度，在制定负面清单基础上，鼓励和引导各类市场主体依法平等进入负面清单以外的领域，推动能源投资主体多元化。深化国有能源企业改革，完善激励和考核机制，提高企业竞争力。鼓励利用期货市场套期保值，推进原油期货市场建设。

推进能源价格改革。推进石油、天然气、电力等领域价格改革，有序放开竞争性环节价格，天然气井口价格及销售价格、上网电价和销售电价由市场形成，输配电价和油气管输价格由政府定价。

深化重点领域和关键环节改革。重点推进电网、油气管网建设运营体制改革，明确电网和油气管网功能定位，逐步建立公平接入、供需导向、可靠灵活的电力和油气输送网络。加快电力体制改革步伐，推动供求双方直接交易，构建竞争性电力交易市场。

健全能源法律法规。加快推动能源法制定和电力法、煤炭法修订工作。积极推进海洋石油天然气管道保护、核电管理、能源储备等行政法规制定或修订工作。

进一步转变政府职能，健全能源监管体系。加强能源发展战略、规划、政策、标准等制定和实施，加快简政放权，继续取消和下放行政审批事项。强化能源监管，健全监管组织体系和法规体系，创新监管方式，提高监管效能，维护公平公正的市场秩序，为能源产业健康发展创造良好环境。

（二）健全和完善能源政策

完善能源税费政策。加快资源税费改革，积极推进清费立税，逐步扩大资源税从价计征范围。研究调整能源消费税征税环节和税率，将部分高耗能、高污染产品纳入征收范围。完善节能减排税收政策，建立和完善生态补偿机制，加快推进环境保护税立法工作，探索建立绿色税收体系。

完善能源投资和产业政策。在充分发挥市场作用的基础上，扩大地质勘探基金规模，重点支持和引导非常规油气及深海油气资源开发和国际合作，完善政府对基础性、战略性、前沿性科学研究和共性技术研究及重大装备的支持机制。完善调峰调频备用补偿政策，实施可再生能源电力配额制和全额保障性收购政策及配套措施。鼓励银行业金融机构按照风险可控、商业可持续的原则，加大对节能提效、能源资源综合利用和清洁能源项目的支持。研究制定推动绿色信贷发展的激励政策。

完善能源消费政策。实行差别化能源价格政策。加强能源需求侧管理，推行合同能源管理，培育节能服务机构和能源服务公司，实施能源审计制度。健全固定资产投资项目节能评估审查制度，落实能效“领跑者”制度。

（三）做好组织实施

加强组织领导。充分发挥国家能源委员会的领导作用，加强对能源重大战略问题的研究和审议，指导推动本行动计划的实施。能源局要切实履行国家能源委员会办公室职责，组织协调各部门制定实施细则。

细化任务落实。国务院有关部门、各省（区、市）和重点能源企业要将贯彻落实本行动计划列入本部门、本地区、本企业的重要议事日程，做好各类规划计划与本行动计划的衔接。国家能源委员会办公室要制定实施方案，分解落实目标任务，明确进度安排和协调机制，精心组织实施。

加强督促检查。国家能源委员会办公室要密切跟踪工作进展，掌握目标任务完成情况，督促各项措施落到实处、见到实效。在实施过程中，要定期组织开展评估检查和考核评价，重大情况及时报告国务院。

附录七　国家能源局关于促进煤炭工业科学发展的指导意见

国能煤炭〔2015〕37号

各省（自治区、直辖市）、新疆生产建设兵团发展改革委（能源局）、煤炭行业管理部门，国家能源局各派出机构，有关中央管理企业：

煤炭是我国的主体能源和重要工业原料，煤炭工业是关系国家经济命脉和能源安全的重要基础产业。近年来，煤炭行业全面贯彻落实党中央、国务院一系列重大决策部署，积极转变发展方式、大力调整产业结构，煤炭工业整体发展水平显著提高，为国民经济和社会发展提供了可靠能源保障。但煤炭工业一些长期积累的深层次矛盾和问题尚未有效解决，同时遇到一系列新情况、新问题，面临艰巨挑战和难得的历史机遇。为适应经济发展新常态对煤炭工业提出的新要求，促进煤炭工业科学发展，提出以下指导意见：

一、指导思想

全面贯彻党的十八大、十八届二中、三中、四中全会精神，深入落实中央财经领导小组第六次会议和新一届国家能源委员会第一次会议精神，大力推进能源消费、供给、技术、体制革命，坚持“节约、清洁、安全”的能源战略方针，实施节约优先、立足国内、绿色低碳、创新驱动的能源发展战略，遵循煤炭工业发展规律，着力优化产业布局，调整产业结构，推进煤炭安全绿色开采和清洁高效利用，为经济社会发展提供经济可靠的能源保障。

二、基本原则

坚持调整存量、做优增量。完善安全、环境等强制性标准，体现技术进步要求，加快淘汰煤炭落后产能；按照市场原则优化配置煤炭生产要素，最大限度发挥现有资本、技术、人才等要素的效用；严格资源开发管理，遏制盲目扩张和无序建设；推进煤炭消费减量替代，控制重点地区、重点区域煤炭消费总量。

坚持提质增效、集约发展。提高企业发展质量和核心竞争力，增强煤炭资源开发利用的经济效益、社会效益、生态效益；发挥大型煤炭基地主体作用，合理安排区域煤炭开发强度；提高煤炭资源回采率和利用效率，推进煤炭及共伴生资源综合开发利用。

坚持深化改革、创新驱动。建立公平开放透明的市场规则，鼓励各类市场主体公平竞争、优胜劣汰；营造宽松政策环境，支持企业开展技术创新、管理创新、产品创新、商业模式创新，将创新成果转化为现实效益。

坚持绿色开发、清洁利用。把生态文明建设放在突出地位，建设资源节约型和环境友好型矿区，最大限度减少煤炭资源开发对生态环境影响。实施洗选、流通、终端消费全过程管理，依靠科技创新、强化监管，降低煤炭利用污染物排放。

三、主要意见

我国经济发展进入新常态，经济增速已转向中高速增长，能源结构调整步伐加快，煤炭消费比重将不断下降，煤炭工业发展形势正在发生重大变化。煤炭需求已从高速增长降为低速增长，增长空间不断缩小；环境约束日趋强化，煤炭开发、流通、利用环节的环境保护要求不断提高；过去十年快速发展期形成的规模扩张冲动仍然存在，在建煤矿产能对未来供需平衡构成较大压力；进口煤具有较强竞争力，进口量仍将保持高位。各产煤地区、煤炭企业要充分认识当前和今后一段时期煤炭工业发展形势的复杂性、艰巨性，增强加快转变煤炭工业发展方式的自觉性和坚定性，苦练内功、积极作为，通过煤炭行业自身主动调整适应形势变化。

（一）优化煤炭开发布局

按照“控制东部、稳定中部、发展西部”的总体要求，依据煤炭资源禀赋、市场区位、环境容量等因素优化煤炭开发布局。今后一段时期，东部地区原则上不再新建煤矿项目；中部地区（含东北）保持合理开发强度，按照“退一建一”模式，适度建设资源枯竭煤矿生产接续项目；西部地区加大资源开发与生态环境保护统筹协调力度，重点围绕以电力外送为主的大型煤电基地和现代煤化工项目用煤需要，在充分利用现有煤矿生产能力的前提下，新建煤矿项目。

（二）调整煤炭产业结构

以大型煤炭基地为依托，稳步建设大中型现代化煤矿，积极培育一批大中型煤炭骨干企业。新建煤矿以大型现代化煤矿为主，优先建设露天煤矿、特大型矿井。支持煤矿根据资源条件、市场需求升级改造，提高大中型煤矿比重。严格新建煤矿准入，严禁核准新建 30 万 t/a 以下煤矿、90 万 t/a 以下煤与瓦斯突出矿井。完善煤炭落后产能标准，加大淘汰落后产能力度，继续淘汰 9 万 t/a 及以下煤矿，支持具备条件的地区淘汰 30 万 t/a 以下煤矿，加快关闭煤与瓦斯突出等灾害隐患严重的煤矿。支持资源枯竭煤矿依法有序退出。

（三）加强煤炭规划管理

坚持发挥规划引领作用。按照煤炭工业大型化、现代化、集约化、生态化的发展方向，科学制定煤炭工业发展规划，合理安排煤炭总量，优化煤炭开发布局。根据规划确定的区域建设规模控制矿区开发强度，做好国家规划和地方规划在总量平衡、产业布局等方面的衔接。科学编制煤炭矿区总体规划，合理确定矿区范围、井田开发方式及规模。矿区总体规划是煤矿建设生产的基本依据。

（四）规范煤炭生产建设秩序

严格落实煤矿生产能力登记公告制度，健全涵盖产能认定、建档登记、属地公告、定期上报等流程的常态化工作机制。坚持煤矿产能信息向社会公开，发挥全社会对超能力生产的监督作用。凡未经登记公告的煤矿不予安排政府性补助资金，不得核准（批复）改扩建项目。煤矿企业要按照登记公告的生产能力组织生产，不得超能力生产。煤矿生产能力核定工作坚持核增从严、核减从快原则，严禁弄虚作假。坚决查处未批先建、批小建大等违法违规建设行为，严格落实违法违规建设煤矿停工停产和限期整改要求。

（五）推进煤炭安全绿色开采

坚持安全发展理念，强化政府监管，落实企业主体责任，依靠科技进步，以灾害防治为重点，健全煤矿安全生产投入及管理的长效机制，有效防范重特大事故，加强职业健康监护。控制新建煤矿开采深度，简化煤矿开拓布局，加强煤矿自动化、数字化、智能化技术装备研发，提高煤矿安全保障能力。因地制宜推广使用充填开采等绿色开采技术。建立健全采煤沉陷区综合治理协调机构，完善政策、规范和标准，落实资金，制定和实施治理规划及方案，促进生态文明矿区建设。

（六）推进煤炭清洁高效利用

严格执行《商品煤质量管理暂行办法》，研究建立商品煤质量标准体系及配套政策，提高煤炭质量和利用效率。加快建设煤炭洗选设施，大中型煤矿应配套建设选煤厂，小型煤矿集中矿区建设群矿选煤厂，提高原煤入洗率和商品煤质量。有序开展煤炭加工转化为清洁能源产品项目的示范工作，抓紧建立项目示范工程标准体系。鼓励建设煤炭分级分质梯级利用示范项目。有序发展低热值煤发电等资源综合利用项目，加大与煤共伴生资源和矿井水的利用力度，发展矿区循环经济。依托主要消费地、沿海沿江主要港口和重要铁路枢纽，重点建设环渤海等 11 个大型煤炭储配基地和大型现代化煤炭物流园区，推动煤炭精细化加工配送。

（七）加快煤层气产业化发展

全面推进煤矿瓦斯先抽后采、抽采达标，重点实施煤矿瓦斯抽采利用规模化矿区建设。拓展瓦斯利用范围，推广低浓度瓦斯发电，有效提高瓦斯抽采利用率，严禁高浓度瓦斯直接排放。完善煤矿企业瓦斯防治能力评估制度，加强评估结果执行情况监督检查。继续实施国家科技重大专项等科技计划，支持煤层气（煤矿瓦斯）开发利用技术装备研发。加快沁水盆地和鄂尔多斯盆地东缘煤层气产业化基地建设，在新疆、贵州等地区开展勘探开发试验。煤层气就近利用，余气外输，依据资源分布、市场需求和天然气输气管网建设情况，统筹建设煤层气输气管网，因地制宜发展压缩、液化。完善资源协调开发机制，统筹煤炭、煤层气勘探开采布局和时序。落实财政补贴、税费扶持、市场定价等政策措施，引导各类所有制企业参与煤层气勘探开发。

（八）营造煤炭企业良好发展环境

推进煤炭资源税改革，合理确定资源税适用税率，加快涉煤收费清理，坚决取缔强加给煤炭企业的乱收费、乱集资、乱摊派，切实减轻煤炭企业负担。支持国有煤炭企业加快分离办社会职能，彻底解决老国有煤炭企业历史遗留问题。鼓励各地积极探索国有煤炭企业改革路径，增强企业活力，提高生产经营效率。继续安排煤矿安全改造中央预算内资金，引导企业保障安全生产投入。

（九）加强煤炭行业监督管理

建立健全规划、规则、政策、监管“四位一体”的煤炭行业管理新机制，提高煤炭行业管理的制度化、法治化、专业化水平。推进煤炭法制建设，完善煤炭监管规章制度，加强煤炭相关标准制定和修订工作。坚持转变政府职能，落实简政放权要求，积极推进阳光审批和政府信息公开。推进煤炭监管体系和监管能力建设，提高事中事后监管的针对性、有效性。完善行业信息统计体系，继续实施服务煤炭企业科学发展协调工作机制。加强煤炭行业管理部门与国土、环保、安全监管监察等部门的协调配合，形成工作合力，提高行业管理实效。

（十）统筹推进煤炭国际合作

坚持统筹国内国际两个大局、两个市场、两种资源，围绕国内煤炭供应安全和煤炭行业健康发展，遵循总体谋划、多元合作、分类施策、互利共赢、掌握主动的方针，进一步提升煤炭工业国际合作水平。稳步开展国际煤炭贸易，巩固和发展与主要煤炭资源国长期稳定的贸易关系。鼓励煤炭企业开展对外工程承包和技术服务，承揽境外煤矿建设、技术改造以及运营管理，带动先进技术和大型装备出口。

附录八　关于促进煤炭安全绿色开发和清洁高效利用的意见

国能煤炭〔2014〕571号

各省（自治区、直辖市）和新疆生产建设兵团发展改革委（能源局）、环保厅、工信厅（经信委、经委）、煤炭行业管理部门，煤炭工业协会，神华集团公司、中煤集团公司：

为贯彻中央财经领导小组第六次会议和国家能源委员会第一次会议精神，落实“节约、清洁、安全”的能源战略方针，促进能源生产和消费革命，进一步提升煤炭开发利用水平，提出以下意见：

一、重要意义

煤炭是重要的基础能源和工业原料，为保障我国经济社会快速健康发展作出了重要贡献。今后一个时期，煤炭仍将是我国的主体能源。近年来，我国煤炭产业取得了长足发展，为国民经济和社会发展提供了可靠能源保障，但自身存在的开发布局不合理、增长方式粗放、安全保障能力不足、效率低、污染严重等突出问题仍未得到根本性解决。党的十八大对能源产业发展提出了更高要求，中央财经领导小组第六次会议和国家能源委员会第一次会议明确了煤炭开发利用的发展方向。推进煤炭安全绿色开发和清洁高效利用，是煤炭工业可持续发展的必由之路，是改善民生和建设生态文明的必然要求。

二、指导思想和发展目标

（一）指导思想

以邓小平理论、“三个代表”重要思想、科学发展观为指导，深入贯彻党的十八大和十八届二中、三中、四中全会精神，按照统筹规划、科学布局，集约开发、绿色开采，高效转化、清洁利用的发展方针，坚持政府引导、企业为主、市场推进、科技支撑、法律规范、公众参与的原则，积极推进煤炭发展方式转变，提高煤炭资源综合开发利用水平，实现煤炭工业安全、绿色、集约、高效发展。

（二）发展目标

到2020年，煤炭工业生产力水平大幅提升，资源适度合理开发，全国煤矿采煤机械化程度达到85%以上，掘进机械化程度达到62%以上；煤矿区安全生产形势根本好转，煤炭百万吨死亡率下降到0.15以下；资源开发利用率大幅提高，资源循环利用体系进一步完善，生态环境显著改善，绿色矿山建设取得积极成效，资源节约型和环境友好型生态文明矿区建设取得重大进展；煤炭清洁高效利用水平显著提高，燃煤发电技术和单位供电煤耗达到世界先进水平，电煤占煤炭消费比重提高到60%以上；燃煤工业锅炉平均运行效率在2013年基础上提高7个百分点，煤炭转化能源效率在2013年基础上提高2个百分点以上，低阶煤炭资源的开发和综合利用研究取得积极进展，新型煤化工产业实现高效、环保、低耗发展；实现资源利用率高、安全有保障、经济效益好、环境污染少和可持续的发展目标。

三、主要任务

（一）科学规划煤炭开发利用规模

按照统一规划、合理开发、综合利用的发展方针，促进煤炭资源集约安全绿色开发和集中清洁高效利用。统筹煤炭资源条件、矿山地质环境、水资源承载力和生态环境容量，确定合理的科学产能。重点建设资源储量丰富、开采技术条件好、发展潜力大的神东等14个大型煤炭基地，优化煤炭生产开发布局。统筹地区经济发展水平、产业转移步伐和大气环境容量，结合全国主体功能区定位，合理规划建设煤电、煤炭深加工等主要耗煤项目和能源输送通道，优化煤炭消费布局。京津冀、长三角、珠三角等重点区域严格实行煤炭消费总量控制。

到2020年，大型煤炭基地煤炭生产能力占全国总生产能力的95%左右；煤炭占一次能源消费比重控制在62%以内。

（二）大力推行煤矿安全绿色开采

以建设大型现代化煤矿、改造现有大中型煤矿、淘汰落后产能为重点，按照“安全、科学、经济、绿色”的理念，全面提升生产技术水平和安全保障能力。积极支持企业按照安全绿色开发矿区标准规划、设计、建设和改造煤矿，新建煤矿要从设计源头入手，采用高新技术和先进适用绿色开采技术，实现装备现代化、系统自动化、管理信息化。生产煤矿要优化开拓部署，简化、优化生产系统，减少工作面个数，做到生产系统可靠、节能，提高生产效率和资源回收率，实现高效集约化生产。关闭不具备安全生产条件和煤与瓦斯突出等灾害严重的小煤矿，淘汰落后产能及装备，限制高硫煤矿开采。因地制宜推广使用“充填开采”“保水开采”和“煤与瓦斯共采”等绿色开采技术。遵循矿区生态环境内在规律，结合区域自然地理特征，科学制定矿区生态环境治理与恢复规划及实施方案，严格执行相关矿产资源开发生态环境保护技术标准和指南，建立完善矿山环境治理和生态恢复责任机制，促进资源开发与环境保护协调发展。

到2020年，厚及特厚煤层、中厚煤层、薄煤层采区回采率分别达到70%、85%和90%以上；鼓励对“三下一上（建筑物、铁路、水体下，承压水体上）”煤炭资源、煤柱和边角残煤实施充填开采。

（三）深入发展矿区循环经济

按照减量化、资源化、再利用的原则，科学利用矿井水、煤矸石、煤泥、粉煤灰等副产品，综合开发利用煤系共伴生资源，大力推进矿山机械再制造，构建煤基循环经济产业链，提高产品附加值和资源综合利用率。鼓励利用矸石、灰渣等对沉陷区进行立体生态整治和土地复垦，发展生态农业和旅游业等适宜产业。积极探索大型矿区园区化集中高效管理模式，鼓励因地制宜建设矿区循环经济园区，优化园区内产业结构和布局，提高集约化生产利用水平。建设一批煤炭安全绿色开发示范矿区，努力实现矿产开发经济、生态、社会效益最大化。

到2020年，煤矸石综合利用率不低于75%；在水资源短缺矿区、一般水资源矿区、水资源丰富矿区，矿井水或露天矿矿坑水利用率分别不低于95%、80%、75%；煤矿稳定塌陷土地治理率达到80%以上，排矸场和露天矿排土场复垦率达到90%以上。

（四）加快煤层气（煤矿瓦斯）开发利用

煤炭远景区实施“先采气、后采煤”，加快沁水盆地和鄂尔多斯盆地东缘等煤层气产业化基地建设，加强新疆、辽宁、黑龙江、河南、四川、贵州、云南、甘肃等地区煤层气资源勘探，在河北、吉林、安徽、江西、湖南等地区开展勘探开发试验，推动煤层气产业化发展。煤炭规划生产区实施“先抽后采”“采煤采气一体化”，所有应抽采瓦斯的矿井要按照有关规定建立完善的抽采系统，抽采达标，鼓励煤矿实施井上下立体化联合抽采，推动煤矿瓦斯规模化抽采利用矿区建设，提高瓦斯抽采利用率。煤层气以管道输送为主，就近利用，余气外输，统筹建设煤层气输送管网，适度发展煤层气压缩和液化。煤矿瓦斯以就地发电和民用为主，严禁高浓度瓦斯直接排放，支持低浓度瓦斯发电、热电冷联供或浓缩利用，鼓励乏风瓦斯发电或供热等利用，提高瓦斯利用率。加大煤层气勘查开发利用技术和装备研发，提升科技创新能力和技术装备水平。

到2020年，新增煤层气探明储量1万亿m^3。煤层气（煤矿瓦斯）产量400亿m^3。其中：地面开发200亿m^3，基本全部利用；井下抽采200亿m^3，利用率60%以上。

（五）提高煤炭产品质量和利用标准

大力发展煤炭洗选加工，所有大中型煤矿均应配套建设选煤厂或中心选煤厂，开展井下选煤厂建设和运营示范，提高原煤入选比重。积极推广先进的型煤和水煤浆技术。在矿区、港口、主要消费地等煤炭集散地建设大型煤炭储配基地和大型现代化煤炭物流园区，实现煤炭精细化加工配送。落实国家有关商品煤质量的规定，建立健全煤炭质量管理体系，完善煤炭清洁储运体系，加强煤炭质量全过程监督管理。京津冀及周边、长三角、珠三角等重点区域，限制使用灰分高于16%、硫分高于1%的散煤，在北京、天津、河北等农村地区建设洁净煤配送中心，鼓励北方地区使用型煤等洁净煤。

到2020年，原煤入选率达到80%以上，实现应选尽选；重点建设环渤海、山东半岛、长三角、海西、珠三角、北部湾、中原、长株潭、泛武汉、环鄱阳湖、成渝等11个大型煤炭储配基地及一批物流园区。

（六）大力发展清洁高效燃煤发电

逐步提高电煤在煤炭消费中的比重，推进煤电节能减排升级改造。

根据水资源、环境容量和生态承载力，在新疆、内蒙古、陕西、山西、宁夏等煤炭资源富集地区，按照最先进的节能、节水、环保标准，科学推进鄂尔多斯、锡盟、晋北、晋中、晋东、陕北、宁东、哈密、准东等9个以电力外送为主的千万千瓦级清洁高效大型煤电基地建设。

认真落实《煤电节能减排升级改造行动计划》各项任务要求，进一步加快燃煤电站节能减排改造步伐，提升煤电高效清洁利用水平，打造煤电产业升级版。

（七）提高燃煤工业炉窑技术水平

实施炉窑改造工程，鼓励发展热电联供、集中供热等供热方式，以天然气、电力等清洁燃料和生物质能替代落后的分散中小燃煤锅炉。加快推广高效煤粉工业锅炉等高效节能环保锅炉，加快淘汰低效层燃炉等落后设备。推广先进适用的工业炉窑余热、余能回收利用技术，实现余热、余能高效回收及梯级利用。

到2020年，现役低效、排放不达标炉窑基本淘汰或升级改造，先进高效锅炉达到50%以上。

（八）切实提高煤炭加工转化水平

加快煤炭由单一燃料向原料和燃料并重转变。按照节水、环保、高效的原则，继续推进煤炭焦化、气化、煤炭液化（含煤油共炼）、煤制天然气、煤制烯烃等关键技术攻关和示范，提升煤炭综合利用效率，降低系统能耗、资源消耗和污染物排放，实现清洁生产。适度发展现代煤化工产业。在满足最严格的环保要求和保障水资源供应的前提下，统一规划，合理布局，统筹推进现代煤化工产业高标准、高水平发展。在条件适合地区，积极推进煤炭分级分质利用，优化褐煤资源开发，鼓励低阶煤提质技术研发和示范，推广低阶煤产地分级提质，提高煤炭利用附加值。

2020年，现代煤化工产业化示范取得阶段性成果，形成更加完整的自主技术和装备体系，具备开展更高水平示范的基础。低阶煤分级提质核心关键技术取得突破，实现百万吨级示范应用。

（九）减少煤炭利用污染物排放

大力推广可资源化的烟气脱硫、脱氮技术，开展细颗粒物（PM2.5）、硫氧化物、氮氧化物、重金属等多种污染物协同控制技术研究及应用。严格执行排污许可制度，落实排放标准和总量控制要求，加强细颗粒物排放控制。研究煤炭深加工转化废弃物治理技术。

到2020年，燃煤固体废弃物实现资源化利用率超过75%。

四、保障措施

充分发挥市场配置资源的决定性作用，完善政策制度保障体系，促进煤炭安全绿色开发和清洁高效利用，形成煤炭企业优胜劣汰、煤炭产品优质优价的良性运行机制。

（一）建立完善实施和监管体系

完善煤炭安全绿色开发和清洁高效利用管理体系，研究建立协调、统一、高效的监管机制。各有关部门根据职责分工，协调配合，加快完善有利于煤炭安全绿色开发和清洁高效利用的资源管理、产业规划、政策标准、技术装备支撑等体系建设。制定发展规划和行动计划，将指标分解落实各部门、各地方，分步骤、有重点地推进煤炭安全绿色开发和清洁高效利用。加强工业用煤排放监测与管理，杜绝不达标排放。各地要加强民用散煤治理，建立本地区民用散煤治理实施方案。

（二）建立完善标准和评价机制

加快制定煤炭安全绿色开发和清洁高效利用技术和装备标准，研究建立煤炭安全绿色开发和清洁高效利用技术和装备评价机制，及时向社会发布先进技术和装备目录。研究制定煤炭安全绿色开发矿区评价标准，积极推动煤炭安全绿色开发示范矿区（井）和清洁高效利用项目建设，并优先给予政策支持。建立和规范全过程用煤质量保障体系，完善煤炭加工转化产品质量和能效标准。

（三）完善鼓励政策措施

列入煤炭安全绿色开发和清洁高效利用先进技术和装备目录，以及符合《矿产资源节约与综合利用鼓励、限制和淘汰技术目录》的有关技术和装备，可依法享受有关税费减免、贷款支持等政策。进一步落实粉煤灰、煤矸石等资源综合利用产品税收优惠政策，改进规范煤炭安全绿色开发和高效利用园区规划内相互配套项目的核准行为，按照“统筹规划、同步设计、同步建设”的原则，确保园区相互配套项目协调发展，发挥整体循环经济效益，推进矿区产业集群发展。积极推进煤炭安全绿色开发和清洁高效利用技术国际合作与交流，鼓励优质煤炭进口，优化煤炭产品结构。

（四）大力推进科技创新

做好煤炭安全绿色开发和清洁高效利用科研工作顶层设计，加强相关科技计划（专项、基金）的统筹，着力推进新技术、新装备等研发。重点加大对煤矿安全绿色开采、煤矿区循环经济、煤层气开发及煤炭清洁高效利用、煤矸石和粉煤灰综合利用、矿山机械再制造等技术研发、示范及应用的支持，加快科技成果推广应用。积极开展二氧化碳捕集、利用与封存技术研究和示范。

（五）加强宣传交流

各地区、各部门要进一步提高认识，切实履行职责，加强协调配合，加大宣传力度，以高度的责任感、使命感和改革创新精神，合力推进煤炭安全绿色开发和清洁高效利用。科研机构、行业协会要加强技术研发、技术交流、市场推广和信息咨询服务等工作，为煤炭安全绿色开发和清洁高效利用创造有利条件。要充分发挥新闻媒体舆论引导和社会公众的监督作用，为煤炭安全绿色开发和清洁高效利用创造良好的社会氛围。

国家能源局
环境保护部
工业和信息化部
2014 年 12 月 26 日

附录九　国家能源局　国家煤矿安全监察局关于做好2015年煤炭行业淘汰落后产能工作的通知

国能煤炭〔2015〕95号

有关省、自治区、直辖市人民政府，新疆生产建设兵团：

根据《国务院关于进一步加强淘汰落后产能工作的通知》(国发〔2010〕7号）和《工信部　国家发展改革委　国家能源局等部门关于印发淘汰落后产能工作考核实施方案的通知》（工信部联产业〔2011〕46号）要求，经研究，现将2015年煤炭行业淘汰落后产能工作有关事项通知如下：

（1）淘汰煤炭落后产能是优化煤炭产业结构的重要手段，是控制煤炭总量的重要举措，对转变煤炭发展方式、提高煤炭生产力水平具有重要意义。各地要充分认识此项工作的重要性，加强组织领导，采取切实有效措施，加大监督检查力度，加快工作进度，确保完成2015年淘汰落后产能计划（附后）。

（2）请按照《国务院办公厅关于进一步加强煤矿安全生产工作的意见》（国办发〔2013〕99号）和《国务院办公厅关于促进煤炭行业平稳运行的意见》（国办发〔2013〕104号）等文件要求，逐步淘汰9万t/a及以下煤矿；对非法违法开采和不具备安全生产条件的煤矿，坚决予以关闭；对安全基础条件差且难以改造，以及煤与瓦斯突出等灾害严重的小煤矿，要加强监管，加快引导其退出煤炭生产领域；支持具备条件的地区淘汰30万t/a以下煤矿；对具备资源优势和改造提升条件的小煤矿，鼓励其参与煤矿企业兼并重组，实施改造升级。

（3）请认真组织淘汰落后产能煤矿的检查验收，并将淘汰煤炭落后产能完成情况通过省级人民政府网站向社会公告。公告中安全生产许可证编号、淘汰完成时间等内容应据实填写。

（4）各地方有关部门要继续完善煤炭行业淘汰落后产能相关政策，强化环境保护、安全生产、职业健康等对落后产能的约束，推进淘汰煤炭落后产能工作落实。要加强对拟退出煤矿和长期停产停建煤矿的日常监管，防止非法违法生产。

附件：2015 年煤炭行业淘汰落后产能计划

国家能源局
国家煤矿安全监察局
2015 年 3 月 26 日

附件　2015 年煤炭行业淘汰落后产能计划

序号	省别	淘汰煤矿数量/处	淘汰落后产能/（万 t·a^{-1}）	关闭退出		改造升级	
				数量/处	产能/（万 t·a^{-1}）	数量/处	产能/（万 t·a^{-1}）
全国		1254	7779	1052	6391	202	1388
1	北京	0	0	0	0	0	0
2	河北	5	30	0	0	5	30
3	山西	0	0	0	0	0	0
4	内蒙古	0	0	0	0	0	0
5	辽宁	30	75	20	60	10	15
6	吉林	5	35	5	35	0	0
7	黑龙江	233	1270	233	1270	0	0
8	江苏	0	0	0	0	0	0
9	安徽	5	76	5	76	0	0
10	福建	54	225	54	225	0	0
11	江西	50	110	50	110	0	0
12	山东	56	834	35	483	21	351
13	河南	23	320	23	320	0	0
14	湖北	65	195	50	150	15	45
15	湖南	150	900	100	600	50	300
16	广西	37	340	37	340	0	0
17	重庆	80	240	80	240	0	0

（续）

序号	省别	淘汰煤矿数量/处	淘汰落后产能/（万 t·a^{-1}）	关闭退出		改造升级	
				数量/处	产能/（万 t·a^{-1}）	数量/处	产能/（万 t·a^{-1}）
18	四川	60	180	0	0	60	180
19	贵州	220	2100	200	1800	20	300
20	云南	131	416	115	345	16	71
21	陕西	25	216	20	120	5	96
22	甘肃	11	105	11	105	0	0
23	青海	2	12	2	12	0	0
24	宁夏	0	0	0	0	0	0
25	新疆	12	100	12	100	0	0

注：北京、山西、内蒙古、江苏、宁夏基本完成淘汰落后小煤矿任务。

附录十　国家安全监管总局关于开展“机械化换人、自动化减人”科技强安专项行动的通知

安监总科技〔2015〕63号

各省、自治区、直辖市及新疆生产建设兵团安全生产监督管理局，各省级煤矿安全监察局，有关中央企业：

近年来，煤矿、金属非金属矿山、危险化学品和烟花爆竹等重点行业领域安全生产形势持续稳定好转，但部分企业关键环节、重点部位用人多，机械化、自动化程度低，群死群伤事故风险较大，防范重特大事故的任务依然十分艰巨。为推动更多企业安全生产实现“零死亡”目标，从根本上有效防范和遏制重特大事故发生，国家安全监管总局决定在煤矿、金属非金属矿山、危险化学品和烟花爆竹等重点行业领域开展“机械化换人、自动化减人”科技强安专项行动，重点是以机械化生产替换人工作业、以自动化控制减少人为操作，大力提高企业安全生产科技保障能力。现就有关事项通知如下：

一、工作目标

通过“机械化换人、自动化减人”示范企业（矿井）建设，建立较为完善的“机械化换人、自动化减人”标准体系，推动煤矿、金属非金属矿山、危险化学品和烟花爆竹等重点行业领域机械化、自动化程度大幅提升，到2018年6月底，实现高危作业场所作业人员减少30%以上，大幅提高企业安全生产水平。

二、专项行动内容

（一）煤矿

1. 煤（岩）巷掘进机械化、自动化

——煤巷掘支运三位一体高效快速掘进。针对地质条件简单且围岩完整

稳定的巷道，通过采用掘支运一体化控制技术，应用掘锚一体机、破碎转载机、多臂锚杆钻车、可弯曲带式输送机、迈步式自移机尾等成套装备，代替单一功能的掘进机、单体锚杆机、皮带转载机等设备，实现掘进、支护、运输平行连续作业，巷道掘进施工工序全部机械化一次完成，减少掘进工作面人员 50% 以上。

——煤巷综掘机快速掘进。针对一般地质条件、围岩完整性和稳定性较差、需要随掘随支的巷道，通过采用综合掘进机械化技术，应用综掘机、综掘机载锚杆钻机、连续转载胶带机等成套设备，代替掘、锚、支交替作业的普通综掘，实现掘进、支护、运输的半连续作业，巷道掘进与支护施工全部采用机械化，减少掘进工作面人员 60% 以上。

——岩石巷道快速掘进。针对岩石巷道坚硬的特点，应用大功率岩巷掘进机、锚杆台车、连续运输机等成套设备，代替传统的钻爆法掘进技术，实现掘进、支护、运输的机械化作业，减少掘进工作面人员 50% 以上。

2. 煤矿综采工作面机械化、自动化

——大中型煤矿综采工作面自动化。针对地质条件简单、煤层稳定的大中型煤矿，通过采用综采工作面智能控制技术和可视化远程干预控制技术，应用液压支架电液控制系统、智能集成供液系统、图像视频远程跟踪系统、采煤机和刮板机协同控制系统、远程智能控制平台等综采工作面智能成套装备，代替液压支架手工操作阀、传统采煤机刮板输送机泵站控制系统等手动操作平台，实现割煤、推溜、移架、运输、除尘等工艺过程智能化，减少工作面作业人员 50% 以上。

——中小煤矿机械化。针对地质条件一般、采煤工艺落后的中小煤矿，通过采用综采机械化采煤技术，应用采煤机、刮板输送机、液压支架、转载机、破碎机、乳化液泵站系统、顺槽变电开关、控制系统等综采成套装备，代替中小煤矿的炮采、普采、高档普采等采煤工艺，实现中小煤矿机械化开采，提高中小煤矿安全生产水平，减少工作面人员 40% 以上。

——采煤工作面端头及巷道超前支护自动化。通过采用工作面端头及巷道超前区域联合支护技术，应用能够与工作面设备同步推移的后置式端头支架、迈步式自移超前支护系统、搬移式超前支护装备等机械化、自动化设备，代替单体支柱、木垛等人工非机械化支护装置，实现工作面端头与巷道连接区安全、高效支护，减少作业人员 50% 以上。

——综采工作面快速搬家机械化。通过采用无轨胶轮辅助运输快速搬家工艺技术，应用支架搬运车、铲板式搬运车、多功能铲运机和大功率清洁燃料运输车等无轨胶轮辅助运输成套装备，代替无极绳轨道车、小绞车、轨道机车等多段分散的传统搬家倒面设备，实现综采工作面搬家所需人员减少 50% 以上。

3. 煤矿井下辅助运输自动化

——煤矿井下无轨辅助运输装备系统。针对埋层较浅、底板稳定的大中型现代化煤矿，通过采用无轨辅助运输装备智能化监控系统，应用支架搬运车、多功能铲运机、蓄电池动力车辆和大功率清洁燃烧运人、运料车等无轨辅助成套装备，代替无极绳轨道车、小绞车、轨道机车等多段分散的传统运输设备，实现煤矿井下全工艺运输系统的机械化，减少人员 30% 左右。

——煤矿井下高效有轨辅助运输系统。针对地质条件复杂、需要升级改造的传统煤矿，通过应用单轨吊车、架空乘人装置、轨道运输机车等有轨辅助装备，代替传统人工、半机械化运输方式，实现煤矿井下运输过程连续化和综合化、驱动方式多样化、运输集装箱化、转载机械化，减少人员 30% 左右。

4. 煤矿生产保障系统智能监测控制

——主运输智能管控系统。通过采用智能感知、故障诊断、自动控制、信息通信技术，应用输送机智能保护系统、输送机智能调速系统、运输系统智能集控系统，代替固定人员值守，实现主运输系统的智能监测监控和人员巡检，减少人员 80% 以上。

——井下大型固定设备无人值守系统。通过采用智能监测、自动控制技术和远程监控信息平台，应用集智能识别煤矿电网管理系统、多水平阶梯式联合排水智能监控系统、中央集控平台等为一体的矿井智能无人值守系统，代替人工井下现场值守，实现中央变电所、水泵房、风机房等场所的无人值守，减少原有值守系统工作人员数量 60% 以上。

——煤矿安全物联网。通过采用多信息融合、海量数据挖掘、嵌入式实时分析、故障诊断、信息共享等技术，应用新型传感器、煤矿大型机电设备状态监测与故障智能诊断系统、矿山物资智能储运管控系统等，代替传感器定期调校、设备定期检修、物资人工管理，实现设备、物资、环境等智能监测与管理，减少人员 30% 以上。

（二）金属非金属矿山

1. 采矿机械化、自动化

——大型矿山数字化采矿系统。在大型矿山采用井下信息采集与高带宽无线通信、精确定位与智能导航、空区三维激光扫描测量、智能爆破、智能调度与控制等技术，应用自动化的采掘凿岩台车、装药车、铲运机、地下运矿卡车、多功能辅助台车等装备与充填自动化系统，实现凿岩、装药、出矿、运搬、充填等生产工艺的机械化、自动化、连续化，减少作业人员50%以上。

——中小型矿山回采机械化。在中小型矿山采用低矮式凿岩台车、装药器、撬毛台车、小型铲运机、液压支柱、小型多功能服务车、小型移动式充填设备，代替手持凿岩、人工装药、人工撬毛、人工出矿、人工倒运废石充填，实现中小型矿山回采机械化，减少作业人员50%以上。

2. 掘支机械化

——大中型矿山掘支机械化。在大中型矿山通过采用激光指向与精确定位、井巷三维激光扫描测量、井筒反向施工、喷锚网联合支护等技术，应用掘进台车、天井钻机、装药车、扒渣机、锚索锚杆台车、喷射混凝土台车等装备，实现凿岩、装药、出渣、支护等掘支工艺机械化，减少作业人员40%以上。

——小型矿山掘支半机械化。在小型矿山应用小型单臂掘进凿岩台车、扒渣机、液压支柱、喷浆机，代替手持凿岩设备、人工出渣、人工支护，实现小型矿山掘支半机械化，减少作业人员30%以上。

3. 运输系统无人化、机械化

——大中型矿山无人有轨运输系统。在大中型矿山，通过采用电机车远程遥控、有轨运输智能化调度与控制、视频无线传输、信集闭监控等技术，应用具有远程遥控或全自动无人驾驶功能的有轨运输电机车，结合自动放矿、溜井料位监测、自动化称重计量等配套手段，代替人工驾驶机车、人工放矿等工艺技术与装备，实现井下有轨运输系统无人操作，减少作业人员50%以上。

——小型矿山机械化运输系统。针对小型矿山，通过采用小型铲运机、无轨或有轨车辆实现机械化运输系统，代替人工运输，减少作业人员50%以上。

4. 井下大型固定设施无人值守系统

采用智能监测与自动控制技术，应用集智能电网管理、排水智能监控、变频伺服按需通风控制、提升系统管控、矿井中央集控平台等为一体的矿井无人值守系统，代替人工井下现场值守，实现中央变电所、水泵房、风机站、空压机房、皮带运输巷等场所的无人值守，减少作业人员60%以上。

（三）危险化学品

1. 重点监管危险化学品和化工工艺装置自动化

通过采用自动化控制和智能感知预警技术，应用过程控制系统、安全联锁系统、紧急停车系统和有毒有害、可燃气体及火灾检测保护系统，实现涉及重点监管危险化学品、重点监管化工工艺装置的自动化生产和智能化监控，减少生产过程中相关人员30%以上。

2. 重大危险源安全管理自动化

通过采用远程监控、遥控应急处置技术，应用可监测温度、压力、液位、流量、组分等参数的实时监测预警系统和可燃、有毒、有害气体泄漏检测报警装置，实现危险化学品重大危险源的安全管理自动化，减少现场巡检人员及应急处置人员30%以上。

3. 间歇式化工生产机械化、自动化

通过采用自动控制技术，应用DCS、PLC等过程控制系统，代替间歇式化工生产过程中进料、配比、反应、放料等岗位的人工操作，实现间歇式化工生产机械化、自动化，减少间歇式化工生产过程中的操作人员50%以上。

4. 化工企业固体产品包装机械化

通过采用自动控制技术，应用自动包装机械、自动输送机械等设施，代替化工企业固体产品人工包装，实现化工企业固体产品包装机械化作业，减少操作人员30%以上。

（四）烟花爆竹

1. 烟花爆竹药物生产自动化

通过采用自动化控制技术和远程监控手段，研究开发烟花爆竹药物（烟火药、黑火药、裸药效果件）生产机械设备和自动化控制信息平台，对烟花爆竹药物生产线进行机械化改造，提高自动化水平，实现人机隔离、远程控制，减少现场作业人员20%以上。

2. 烟花爆竹产品生产自动化

通过采用机械化生产和自动化控制技术，研究开发烟花爆竹生产机械设备和自控联锁装置，对引火线、爆竹的混（装）药、组合烟花的装药和组装、喷花的压（筑）药等涉药工序进行机械化、自动化改造，用机械设备代替手工操作，实现人机隔离操作，安全联锁控制，提高劳动生产效率，减少现场作业人员30%以上。

三、实施途径

（一）注重示范引领，抓好试点示范项目建设

各省级安全监管监察部门根据本地区实际，分别在煤矿、金属非金属矿山、危险化学品和烟花爆竹等重点行业领域，选定若干个通过发展机械化、

自动化实现安全生产的企业作为试点示范，宣传推广试点示范企业先进经验、好的做法，带动其他企业进行机械化、自动化改造。

（二）完善标准规范，形成机械化、自动化长效机制

制修订“机械化换人、自动化减人”安全生产标准规范，严格重点行业领域关键环节、重点部位进行机械化、自动化改造的技术标准和准入要求，建立健全机械化、自动化长效机制。

（三）强化推广应用，推进企业机械化、自动化改造

发布《推广先进机械化、自动化技术装备目录》和《淘汰落后安全技术装备目录》，鼓励和支持先进机械化、自动化技术装备的推广应用，加快淘汰落后安全技术装备，引导企业实施机械化、自动化改造，提升安全生产保障能力。

四、工作要求

（一）提升摆位，加强领导

各级安全监管监察部门要把开展专项行动，作为贯彻落实习近平总书记、李克强总理等党中央、国务院领导同志关于安全生产的系列重要指示精神，坚守安全红线、促进安全发展的重大举措；作为践行“三严三实”、履行保护人民生命安全最高职责的具体行动，摆上重要议事日程。要建立必要的组织机构，及时研究解决开展专项行动遇到的困难和问题，做到“组织领导、工作责任、计划进度、保障措施、实施效果”五到位，确保专项行动顺利进行。

（二）落实责任，细化方案

各级安全监管监察部门要建立健全开展专项行动工作责任制，把责任分解落实部门、单位和人员。要制定实施方案，明确此项工作的线路图、进度表和时间节点。要加强监督检查，上级安全监管部门每月要对下级部门专项行动的进展情况进行检查，确保一级督促一级，逐级抓好落实。省级安全监管监察部门每季度要向国家安全监管总局报告一次专项行动进展情况。

（三）统筹协调，整体推进

专项行动要坚持以企业为主、政府引导。在充分发挥企业责任主体作用的同时，政府及相关部门要加强政策研究，加大资金支持、政策扶持力度统筹协调，做到与煤矿安全治本攻坚、加强监察执法、安全科技“四个一批”项目等重点工作紧密结合。

（四）加强宣传，强化引导

充分利用电视、广播、报纸、网络等媒体，采取专题专栏、热点追踪、系列报道以及座谈、讲座等多种方法途径，宣传开展专项行动的目的意义、方法步骤和具体要求，宣传依靠机械化、自动化实现安全生产的先进典型，引导企业坚定地走依靠科技进步保障安全生产的正确道路，增强搞机械化、自动化的积极性和主动性，为专项行动创造有利的舆论环境。

安全监管总局

2015 年 6 月 11 日

图书在版编目（CIP）数据

中国煤炭工业安全高效矿井建设年度报告．2014/王显政主编．--北京：煤炭工业出版社，2015
ISBN 978-7-5020-4992-8

Ⅰ．①中…　Ⅱ．①王…　Ⅲ．①煤炭工业—研究报告—中国—2014　Ⅳ．①TD82

中国版本图书馆 CIP 数据核字（2015）第 213662 号

中国煤炭工业安全高效矿井建设年度报告（2014）

主　　编　王显政
责任编辑　武鸿儒　赵金园　尹燕华　杨晓艳
编　　辑　杜　秋
责任校对　李邓硕
封面设计　王　滨

出版发行　煤炭工业出版社（北京市朝阳区芍药居 35 号　100029）
电　　话　010-84657898（总编室）
010-64018321（发行部）　010-84657880（读者服务部）
电子信箱　cciph612@126.com
网　　址　www.cciph.com.cn
印　　刷　三河市万龙印装有限公司
经　　销　全国新华书店

开　　本　710mm×1000mm 1/16　**印张**　26 1/2　**字数**　461 千字
版　　次　2015 年 9 月第 1 版　2015 年 9 月第 1 次印刷
社内编号　7838　**定价**　108.00 元